"十二五"普通高等教育本科国家级规划教材

普通高等教育机械类国家级特色专业系列规划教材

冲压成形工艺与模具设计

（第二版）

主编　李奇涵

参编　李广明　　韦丽君

　　　王洪芬　　曹延欣

　　　王东明　　陈永久

主审　李明哲

科学出版社

北　京

内 容 简 介

本书在介绍冲压成形基本理论的基础上,重点介绍了冲裁、弯曲、拉深及成形等基本冲压工艺和模具设计方法,并对应用日益广泛的级进模具设计和汽车覆盖件模具设计进行了专门介绍,还对冲压加工领域研究的热点和新成果、新工艺作了简要阐述。

本书可作为高等学校机械类、材料工程类专业本科及专科教材,也可供从事金属板料塑性成形生产的工程技术人员和科研人员参考。

图书在版编目(CIP)数据

冲压成形工艺与模具设计/李奇涵主编. —2 版. —北京:科学出版社,2012

"十二五"普通高等教育本科国家级规划教材 · 普通高等教育机械类国家级特色专业系列规划教材
ISBN 978-7-03-034445-8

Ⅰ.①冲… Ⅱ.①李… Ⅲ.①冲压-工艺学-高等学校-教材②冲模-设计-高等学校-教材 Ⅳ.①TG38

中国版本图书馆 CIP 数据核字(2012)第 105881 号

责任编辑:朱晓颖 / 责任校对:刘小梅
责任印制:徐晓晨 / 封面设计:迷底书装

*科 学 出 版 社*出版
北京东黄城根北街 16 号
邮政编码: 100717
http://www.sciencep.com

北京中石油彩色印刷有限责任公司 印刷
科学出版社发行 各地新华书店经销

*

2007 年 8 月第 一 版 开本:787×1092 1/16
2012 年 6 月第 二 版 印张:18 1/2
2018 年 5 月第十一次印刷 字数:459 000

定价:59.00 元
(如有印装质量问题,我社负责调换)

第二版前言

本书作为普通高等教育"十一五"国家级规划教材,是根据教育部颁布的本科专业目录和高等教育教学改革与教材建设的需要,为适应近年来冲压加工技术日益广泛应用的形势,培养急需的应用型人才,引导相关专业课程建设而编写的。

《冲压成形工艺与模具设计》自 2007 年出版发行以来,经过众多院校的教学实践检验,效果显著,相关专家和使用者一致认为该书理论严谨、内容丰富、重点突出、特色鲜明,并在 2011 年被评为吉林省高等学校优秀教材一等奖。

本书在第一版基础上,根据经济社会发展、学科专业建设和教育教学改革需要,对内容进行了必要的增删完善,增加了实物图片并改进了部分插图,补充更新了附录中常用冲压术语,从而更契合日益变化的工程应用和各类高等学校多样化人才培养的需要。

"冲压成形工艺与模具设计"是相关专业培养计划中重要的必修专业课程,因此在本书编写过程中,突出了以下特点:由浅入深,配备教学课件,有利于教学开展;理论和生产实践相联系,强调应用能力的培养;内容丰富,文字简明通顺,插图清晰生动;吸收学科的新理论、新技术、新工艺;难度适中,以讲清概念、原理,够用为度;系统性、实践性、先进性突出,易教易学,适用面宽。

全书共 10 章,首先由浅入深地介绍冲压成形基本知识,包括对冲压加工和冲压模具的基本认识及冲压变形基本理论的阐述;之后重点介绍基本冲压工艺和相应的模具设计知识,包括冲裁、弯曲、拉深、局部成形等;在此基础上,介绍了复杂冲压工艺与模具设计方法,包括多工位级进模具和汽车覆盖件模具的相关内容;最后对多点成形等冲压新技术、新工艺进行了简要介绍,旨在拓展学生视野。附录中专门列举了常用专业术语的英汉对照,有利于提高学生在工程应用中的外语阅读能力。

每章主要内容按照成形工艺原理、工艺计算、模具设计、讨论与思考的顺序编排,条理清晰。

本书的编写分工如下:第 1～5 章、第 7 章由长春工业大学李奇涵编写,第 6 章由吉林工程技术师范学院王洪芬编写,第 8 章由长春工业大学韦丽君、吉林工程技术师范学院王东明编写,第 9 章由长春工程学院曹延欣编写,第 10 章由吉林大学陈永久编写;长春工业大学李广明绘制了书中部分插图。李奇涵负责全书统稿;吉林大学李明哲教授对全书进行了详细审阅,在此衷心地表示感谢。在本书编写过程中还得到了兄弟院校领导和专家的悉心指导,课题组研究生毛茂、王娟、张庆芳、张亮、苍鹏等给予大力协助,在此一并表示感谢。

限于编者水平,书中不足之处在所难免,恳请读者提出宝贵意见,以便今后改正。

李奇涵

2012 年 4 月于长春

第一版前言

本书作为普通高等教育"十一五"国家级规划教材,是根据教育部颁布的本科专业目录和高等教育教学改革与教材建设的需要,为适应近年来冲压加工技术日益广泛应用的形势,培养急需的应用型人才,引导相关专业课程建设而编写的。

"冲压成形工艺与模具设计"是相关专业培养计划中重要的必修专业课程,因此本书在编写过程中,突出了以下一些特点:由浅入深,有利于教学开展;理论和生产实践相联系,强调应用能力的培养;内容丰富,文字简明通顺,插图清晰生动;吸收学科的新理论、新技术、新工艺;难度适中,以讲清概念、原理,够用为度;力争使之成为一本系统性、实践性、先进性突出,易教易学,适用面宽的教材。

全书共 10 章,首先由浅入深地介绍冲压成形基本知识,包括对冲压加工和冲压模具的基本认识以及对冲压变形基本理论阐述;之后重点介绍基本冲压工艺和相应的模具设计知识,包括冲裁、弯曲、拉深、局部成形等部分;在此基础上,介绍了复杂冲压工艺与模具设计方法,包括多工位级进模具和汽车覆盖件模具的相关内容;最后对多点成形等冲压新技术、新工艺进行了简明介绍,旨在拓展学生视野。附录中专门列举了常用专业词汇的英汉对照,有利于提高学生在工程应用中的外语阅读能力。

每章主要内容按照成形工艺原理、工艺计算、模具设计、讨论与思考的顺序编排,条理清晰。

本书第 1~3 章、第 5 章由长春工业大学李奇涵编写,第 4 章由长春工业大学李广明编写,第 6 章由吉林工程技术师范学院王洪芬和长春工业大学李广明编写,第 7 章由李奇涵和李广明编写,第 8 章由长春工业大学韦丽君编写,第 9 章由长春工程学院曹延欣编写,第 10 章由吉林大学陈永久编写。全书由李奇涵统稿,吉林大学李明哲教授对全书进行了详细审阅,在此衷心地表示谢意。编写过程中还得到了长春工业大学机电工程学院领导和专家的悉心指导和课题组研究生毛茂、王娟、张庆芳、田新莉、李春梅、孙莹的大力协助,在此一并表示感谢。

限于编者水平有限,不足之处在所难免,诚请读者提出宝贵意见,以便及时改正。

李奇涵

2007 年 3 月于长春

目　　录

第1章 冲压成形与模具技术概述

1.1 冲压成形在工业生产中的地位

冲压成形是一个涉及领域极其广泛的行业,深入到制造业的方方面面,在国外冲压被称为板料成形。冲压成形加工是通过冲压模具来实现的。冲压模具是大批量生产同形产品的工具,是冲压成形的主要工艺装备。

采用冲压模具生产零部件,具有生产效率高、质量好、成本低、节约能源和原材料等一系列优点,其生产的制件所具备的高精度、高复杂程度、高一致性、高生产率和低消耗,是其他加工制造方法所不能比拟的,它已成为当代工业生产的重要手段和工艺发展方向,其产业带动比例高达 1∶100,被誉为"富裕社会原动力",已成为衡量一个国家工业化水平和创新能力的重要标志。而整个模具工业,已经很大程度上决定着现代工业品的发展和技术水平的提高,因此模具工业对国民经济和社会发展起着举足轻重的作用。

鉴于模具工业的特点和重要性,政府对模具产业的发展极为重视,并采取了多种措施给予大力扶持。早在 1989 年 3 月国务院颁布的《关于当前产业政策要点的决定》中,就把模具列为机械工业技术改造序列的第一位、生产和基本建设序列的第二位(仅次于大型发电设备及相应的输变电设备),确立模具工业在国民经济中的重要地位。1997 年以来,又相继把模具及其加工技术和设备列入了《当前国家重点鼓励发展的产业、产品和技术目录》和《鼓励外商投资产业目录》。经国务院批准,从 1997~2000 年,对 80 多家国有专业模具厂实行增值税返还 70% 的优惠政策,以扶植模具工业的发展。1999 年又将有关模具技术和产品列入原国家计委和科学技术部发布的《当前国家优先发展的高新技术产业化重点领域指南(目录)》。所有这些,都充分体现了国家对发展模具工业的重视和支持。

中国的模具潜在市场很大,决定了中国必然将发展成为模具制造大国,20 世纪 90 年代起,中国的模具工业步入了高速发展时期,产业结构渐趋合理,技术水平不断提高,投资环境越来越好,模具行业在"十二五"期间将迎来再次腾飞的契机;近 10 几年来,模具工业一直以每年 15%~20% 的增长速度快速发展。2010 年中国模具工业总产值已达 1120 亿元,2011 年中国大陆模具产值已超过日本、美国等工业发达国家,跃居世界第一。

据统计,在家电、玩具等轻工行业,近 90% 的零件是模具生产的;在飞机、汽车、农机和无线电行业,这个比例也超过 60%。从产值看,20 世纪 80 年代以来,美、日等工业发达国家模具行业的产值已超过机床行业,并又有继续增长的趋势。据国际生产技术协会预测,21 世纪机械制造工业中,产品零件粗加工的 75%、精加工的 55% 将由模具完成,65% 以上的金属板材都将通过模具转化成产品,其中汽车、装备制造业、电器、通信、石化和建筑等行业最为突出。图 1-1 所示为常见冲压模具生产的产品。

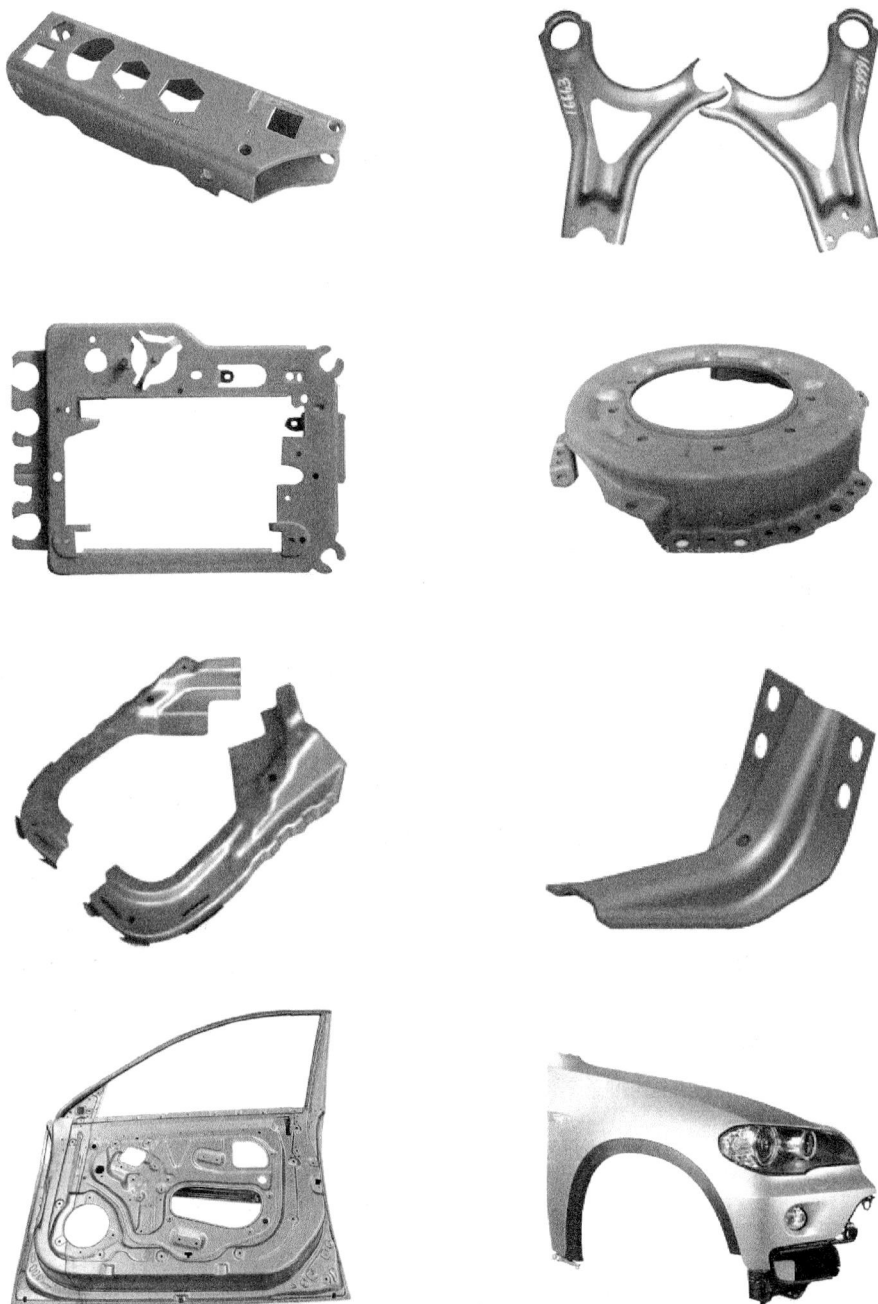

图 1-1　常见冲压模具生产的产品

1.2　冲压成形基本问题

1.2.1　冲压与冷冲模的概念

　　冲压是一种先进的材料（金属或非金属）加工方法，它是建立在材料塑性变形基础上，利用模具和冲压设备对板料进行加工，以获得要求的零件形状、尺寸及精度。

冲压模具是指在冲压加工中,将材料(金属或非金属)加工成零件(或半成品)的一种特殊工艺装备,称为冲压模具,由于冲压加工一般是在常温下进行的,所以冲压模具俗称冷冲模。

冲压加工在批量生产中得到了广泛的应用,在现代工业生产中占有十分重要的地位,具有一般机械加工不具备的优点:

(1) 在冲压加工中,废料比其他加工少,且废料可制成其他小零件,材料利用率高。

(2) 在生产中,可应用自动化的机械设备及多工位自动化送料装置,生产效率高。

(3) 同一模具制造出来的产品,具有相同的尺寸与形状,有良好的互换性。

(4) 可加工形状复杂或其他加工方法难以加工的精度高、强度高的零件。

(5) 节省劳力,操作简单,批量越大,产品成本越低。

同时,冲压加工也存在一些缺点:

(1) 冲压加工所使用的模具是技术密集型产品,精度高、成本高(约占产品成本的$10\%\sim30\%$)、模具制造周期长,所以只有生产批量大时,冲压加工的优点才能充分体现。

(2) 工作危险性与伤害率比一般机械加工高。

1.2.2 冲压工序的分类

冲压加工因制件的形状、尺寸和精度的不同,所采用的工序也不同。根据材料的变形特点可将冷冲压工序分为分离工序(二维冲压工序)和成形工序(三维冲压工序)两类。

(1) 分离工序是指板料在冲压力作用下,变形部分的应力达到强度极限 σ_b 以后,使坯料发生断裂而产生分离。分离工序包括落料、冲孔、剪切、切断、切槽、切口和切边等几大类,这是以被加工材料的形态及受力状态为划分依据的。分离工序所加工的板料可以是平面的也可以是立体的,当然也可以加工型材、棒材、管材等。其所用的冲模可通称为冲裁模,其中有代表性的为落料模、冲孔模、切边模以及包含多道工序的复合模和连续模。

落料模通常用来在平板上封闭冲裁出所需零件。

冲孔模通常用来在零件上封闭冲除多余的材料,得到所需要的孔。

切边模通常用来在毛坯或零件上冲去多余的边料。

其余分离工序各包括有不同个数的冲裁面,均不封闭。

(2) 成形工序是指坯料在冲压力作用下,变形部分的应力达到屈服极限 σ_s,但未超出抗拉强度极限 σ_b,使板料产生塑性变形,成为具有一定形状、尺寸与精度制件的加工工序。

广义成形工序指利用金属板料的永久变形制成所需形状和尺寸的制件加工。

广义成形除包括狭义成形所含的内容以外还包括其他压力加工工序,如锻造、轧制、锻压、挤压等。

狭义成形是指保持作为毛坯的板料状态而改变其外观的加工。狭义成形通常包括拉深、胀形、翻边、扩口、缩口等工序,弯曲也可以划为成形的一种。

1.2.3 冲模的分类

冲压模具是冲压生产必不可少的工艺装备,是技术密集型产品。冲压件的质量、生产效率以及生产成本等,与模具设计和制造有直接关系。模具设计与制造技术水平的高低,是衡量一个国家产品制造水平高低的重要标志之一,在很大程度上决定着产品的质量、效益和新产品的开发能力。

冲压模具的形式很多,一般可按以下几个主要特征分类。

1. 根据工艺性质分类

(1) 冲裁模。沿封闭或敞开的轮廓线使材料产生分离的模具。如落料模、冲孔模、切断模、切口模、切边模、剖切模等。

(2) 弯曲模。使板料毛坯或其他坯料沿着直线(弯曲线)产生弯曲变形,从而获得一定角度和形状的工件的模具。

(3) 拉深模。是把板坯制成开口空心件,或使空心件进一步改变形状和尺寸的模具。

(4) 成形模。是将毛坯或半成品工件按照凸、凹模的形状直接复制成形,而材料本身仅产生局部塑性变形的模具。如胀形模、缩口模、扩口模、起伏成形模、翻边模、整形模等。

2. 根据工序组合程度分类

(1) 单工序模。在压力机的一次行程中,只完成一道冲压工序的模具。

(2) 复合模。只有一个工位,在压力机的一次行程中,在同一工位上同时完成两道或两道以上冲压工序的模具。

(3) 级进模(也称连续模)。在毛坯的送进方向上,具有两个或更多的工位,在压力机的一次行程中,在不同的工位上逐次完成两道或两道以上冲压工序的模具。

1.3 冲 压 设 备

冲压设备的选用对冲压质量、效率及成本,模具寿命,冲压生产的组织与管理等都有重要影响,熟悉冲压设备典型结构、工作过程、技术参数、选用原则及安全操作规程是冲压加工的重要工作之一。本节介绍如何结合现有冲压设备等具体生产条件,合理制定产品的冲压工艺方案、选择冲床、确定模具的相关结构及尺寸。

1.3.1 常用冲压设备的分类

冲压车间的设备以压力机为主,压力机种类较多,常用的分类方法如下。

(1) 按照驱动方式的不同,可分为机械压力机、液压压力机、气动压力机等。其中机械压力机又可分为曲柄压力机(图1-2)、偏心压力机、摩擦压力机等,液压机又可分为油压机(图1-3)和水压机。

(2) 按照滑块数量不同,压力机可分为三种:单动压力机、双动压力机、三动压力机。其中,单动压力机应用最广,双动压力机、三动压力机主要用于拉深成形。如图1-4所示。

(3) 按照连杆数量不同,压力机分为三种:单点压力机、双点压力机、多点压力机。连杆的数量主要取决于压力机的吨位和滑块的面积,大吨位要求连杆数量多,滑块承受偏心载荷的能力强。如图1-5所示。

(4) 按照床身结构的不同,压力机分为两种:开式压力机(C形床身结构),如图1-6所示;闭式压力机(Ⅱ形床身结构),如图1-7所示。其中,开式压力机机身前侧及左右两侧敞开,操作空间大,但因机身呈C形,刚度较差,冲压精度较低。闭式压力机的左右两侧封闭,操作空间较小,但刚度较好,冲压精度较高。

图 1-2 曲柄压力机

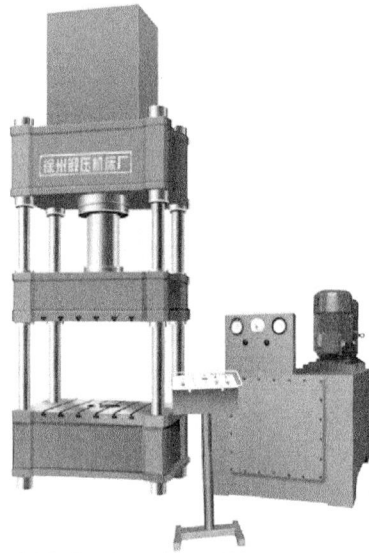

图 1-3 油压机

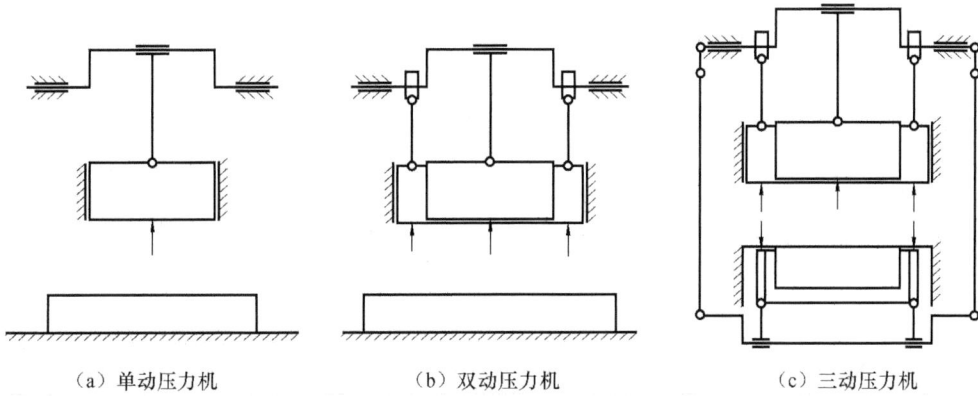

（a）单动压力机

（b）双动压力机

（c）三动压力机

图 1-4 按照滑块数量分类

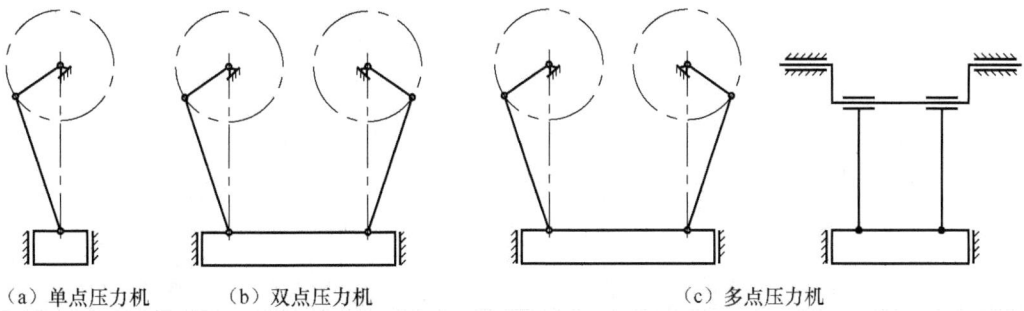

（a）单点压力机

（b）双点压力机

（c）多点压力机

图 1-5 按照连杆数量分类

图 1-6 开式压力机(C 形床身结构)

图 1-7 闭式压力机(Ⅱ形床身结构)

常用冷冲压设备的工作原理和特点如表 1-1 所示。

表 1-1 常用冷冲压设备的工作原理和特点

类型	设备名称	工作原理	特点
机械压力机	摩擦压力机	利用摩擦盘与飞轮之间相互接触并传递动力,借助螺杆与螺母相对运动的原理而工作,其传动系统如图 1-8 所示	结构简单。超负载时只会引起飞轮与摩擦轮之间的滑动,而不致损坏机床。 但飞轮轮缘磨损大,生产效率低。适于中小型冲件的校形、压印和成形工序
	曲柄压力机	利用曲柄连杆机构进行工作,电动机通过皮带轮和齿轮带动曲轴传动,经连杆使滑块做直线往复运动。曲柄压力机分为偏心压力机和曲轴压力机,前者主轴是偏心轴,后者主轴是曲轴。偏心压力机一般是开式结构,而曲轴压力机又分为开式和闭式两种结构,曲轴压力机的传动系统如图 1-9 所示	生产效率高,适用性广
	高速冲床	工作原理与曲柄压力机相同,但其刚度、精度和行程次数都高于曲柄压力机,一般都配有自动送料和安全检测装置	生产效率高,适合于大批量生产,模具一般采用多工位级进模
液压机	油压机 水压机	利用帕斯卡原理,以水或者油作为工作介质,通过静压力传递动力进行工作,使滑块上下往复运动	静压力大,动作平稳可靠,但生产效率较低,适合于拉深、挤压等工序

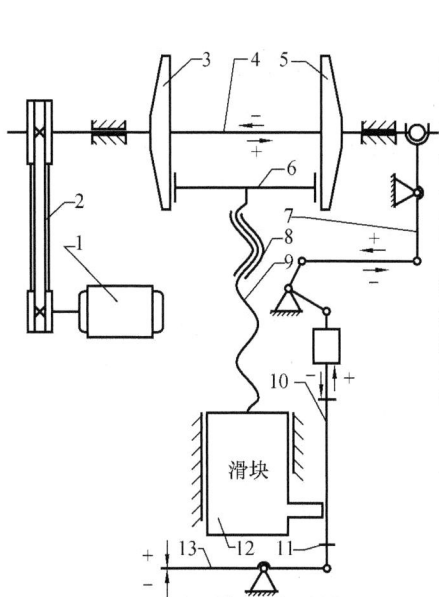

图 1-8　摩擦压力机传动系统

1-电动机;2-传送带;3、5-摩擦盘;4-轴;

6-飞轮;7、10-连杆;8-螺母;9-螺杆;11-挡块;

12-滑块;13-手柄

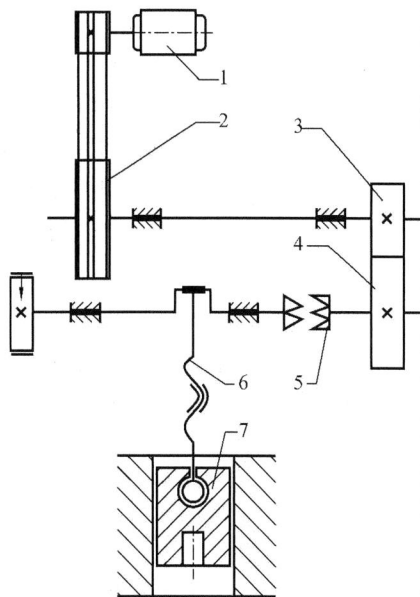

图 1-9　曲轴压力机传动系统

1-电动机;2-皮带轮;3、4-齿轮;

5-离合器;6-连杆;7-滑块

1.3.2　冲压设备的选用

1. 压力机类型的选择

(1)中、小型冲压件选用开式机械压力机。

(2)大、中型冲压件选用双柱闭式机械压力机。

(3)导板模或要求导套不离开导柱的模具,选用偏心压力机、形模等。

(4)大量生产的冲压件选用高速压力机或多工位自动压力机。

(5)校平、整形和温热挤压工序选用摩擦压力机。

(6)薄板冲裁、精密冲裁选用刚度高的精密压力机。

(7)大型、形状复杂的拉深件选用双动或三动压力机。

(8)小批量生产中的大型厚板件的成形工序,多采用液压压力机。

2. 压力机规格的选择

机械式曲柄压力机应用最为广泛,下面以其为例,说明压力机规格的选择。

1)压力机型号

国产压力机命名可参见 JB/T9965—1999,其中,曲柄压力机的型号采用汉语拼音字母、英文字母和数字表示。如"JB23-63"表示公称压力为 630kN 的开式双动可倾式压力机的第二种变形产品,具体含义如下:

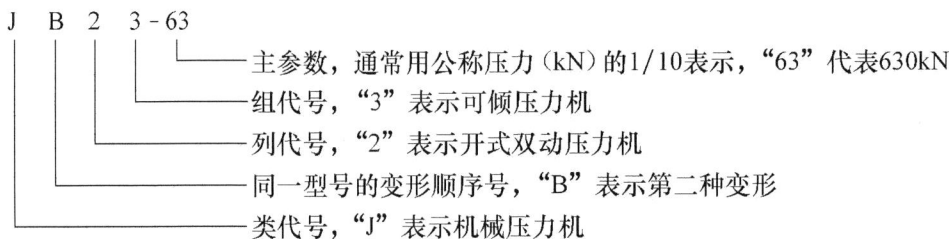

J   B   2   3 - 63

主参数,通常用公称压力(kN)的1/10表示,"63"代表630kN
组代号,"3"表示可倾压力机
列代号,"2"表示开式双动压力机
同一型号的变形顺序号,"B"表示第二种变形
类代号,"J"表示机械压力机

2)公称压力

压力机滑块下滑过程中的冲击力就是压力机的压力。压力的大小随滑块下滑的位置不同,也就是随曲柄旋转的角度不同而不同,如图1-10中曲线1所示,压力机的公称压力必须大于所需的冲压力,即冲压工艺曲线必须处于压力机许用压力曲线之内。

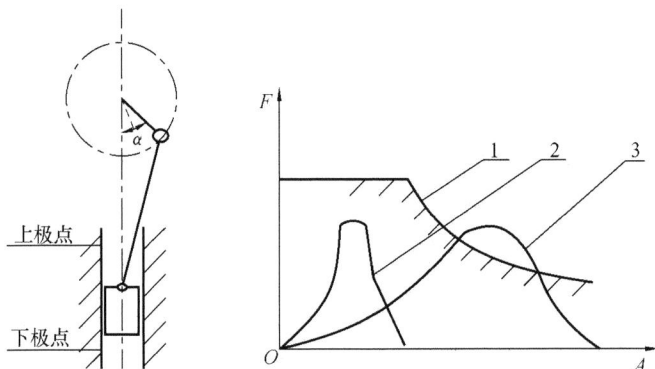

图 1-10　压力机许用压力曲线

1-压力机许用压力曲线;2-冲裁工艺冲裁力实际变化曲线;3-拉深工艺拉深力实际变化曲线

我国规定滑块下滑到距下极点某一特定的距离 Sp(此距离称为公称压力行程,随压力机不同此距离也不同,如 JC23-40 规定为 7mm,JA31-400 规定为 13mm,一般约为 0.05～0.07 倍滑块行程)或曲柄旋转到距下极点某一特定角度 α(此角度称为公称压力角,随压力机不同公称压力角也不相同)时,所产生的冲击力称为压力机的公称压力。公称压力的大小,表示压力机本身能够承受冲击的大小。压力机的强度和刚性就是按公称压力进行设计的。

压力机的公称压力与实际所需冲压力的关系——冲压工序中冲压力的大小也是随凸模(或压力机滑块)的行程而变化的。在图1-10中曲线2、3分别表示冲裁、拉深的实际冲压力曲线。从图中可以看出两种实际冲压力曲线不同步,与压力机许用压力曲线也不同步。在冲压过程中,凸模在任何位置所需的冲压力应小于压力机在该位置所发出的冲压力。图1-10中,最大拉深力虽然小于压力机的最大公称压力,但大于曲柄旋转到最大拉深力位置时压力机所发出的冲压力,也就是拉深冲压力曲线不在压力机许用压力曲线范围内。故应选用比图中曲线1所示压力更大吨位的压力机。因此为保证冲压力足够,一般冲裁、弯曲时压力机的吨位应比计算的冲压力大 30% 左右。拉深时压力机吨位应比计算出的拉深力大 60%～100%。

3)滑块行程长度

滑块行程长度是指曲柄旋转一周滑块所移动的距离,其值为曲柄半径的两倍。选择压力机时,滑块行程长度应保证毛坯能顺利地放入模具和冲压件能顺利地从模具中取出。特别是成形拉深件和弯曲件应使滑块行程长度大于制件高度的 2.5～3.0 倍。

4）滑块行程次数

行程次数即滑块每分钟冲击次数。应根据材料的变形要求和生产率来考虑。

5）工作台面尺寸

工作台面长、宽尺寸应大于模具下模座尺寸，并每边留出 60～100mm，以便于安装固定模具用的螺栓、垫铁和压板。当制件或废料需下落时，工作台面孔尺寸必须大于下落件的尺寸。对有弹顶装置的模具，工作台面孔尺寸还应大于下弹顶装置的外形尺寸。

6）滑块模柄孔尺寸

模柄孔直径要与模柄直径相符，模柄孔的深度应大于模柄的长度。

7）闭合高度

压力机的闭合高度是指滑块在下止点时，滑块底面到工作台上平面（即垫板下平面）之间的距离。压力机的闭合高度可通过调节连杆长度在一定范围内变化。当连杆调至最短（对偏心压力机的行程应调到最小），滑块底面到工作台上平面之间的距离，为压力机的最大闭合高度；当连杆调至最长（对偏心压力机的行程应调到最大），滑块处于下止点，滑块底面到工作台上平面之间的距离，为压力机的最小闭合高度。

压力机的装模高度是指压力机的闭合高度减去垫板厚度的差值。没有垫板的压力机，其装模高度等于压力机的闭合高度。

模具的闭合高度是指冲模在最低工作位置时，上模座上平面至下模座下平面之间的距离。

模具闭合高度与压力机装模高度的关系，如图 1-11 所示。理论上为

$$H_{min} - H_1 \leqslant H_{max} - H_1$$

也可写成

$$H_{max} - M - H_1 \leqslant H \leqslant H_{max} - H_1$$

式中，H 为模具闭合高度；H_{min} 为压力机的最小闭合高度；H_{max} 为压力机的最大闭合高度；H_1 为垫板厚度；M 为连杆调节量；$H_{min} - H_1$ 为压力机的最小装模高度；$H_{max} - H_1$ 为压力机的最大装模高度。

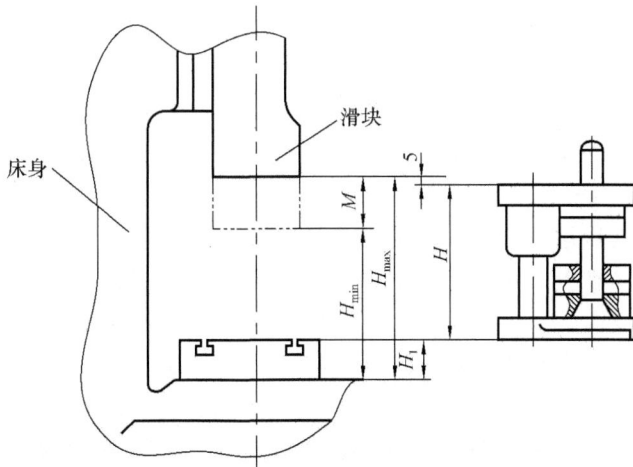

图 1-11　模具闭合高度与装模高度的关系

由于缩短连杆对其刚度有利,同时在修模后,模具的闭合高度可能要减小,因此一般模具的闭合高度接近于压力机的最大装模高度。所以在实用上为

$$H_{max} - H_1 - 5 \leqslant H \leqslant H_{max} - H_1 + 10$$

8)电动机功率的选择

必须保证压力机的电动机功率大于冲压时所需要的功率。常用压力机的技术参数可查阅本书后的附录或有关手册。

1.4 冲压行业现状与发展方向

目前,我国冲压技术与先进工业发达国家存在一定差距,但进步很快,发展空间也很大。

1.4.1 冲压行业现状

1. 冲压行业产品结构的现状

按照中国模具工业协会的划分,我国模具基本分为十大类,其中,冲压模占主要部分。按产值计算,目前我国冲压模占50%左右。

我国冲压模大多为简单模、单工序模和复合模等,精密、复杂的冲压模具和塑料模具、轿车覆盖件模具、电子接插件等电子产品模具这类高档(高精密)模具,仍有很大一部分依靠进口,近五年来,平均每年进口的模具约11.2亿美元。精冲模、精密多工位级进模还为数不多,模具平均寿命不足100万次,模具最高寿命可达到1亿次以上,精度达到$3 \sim 5 \mu m$,有50个以上的级进工位,与国际上最高模具寿命6亿次、平均模具寿命5 000万次、精度达到$2 \sim 3 \mu m$相比,我国还处于20世纪80年代中期国际先进水平。

2. 冲压行业技术结构现状

目前,我国冲压模具工业技术水平参差不齐,分布差异性较大。从总体上来讲,与发达工业国家先进水平相比,还有较大的差距。

在采用CAD/CAM/CAE/CAPP等技术设计与制造模具方面,无论是应用的广泛性,还是技术水平上都存在很大的差距。在应用CAD技术设计模具方面,约50%的模具在设计中采用了三维CAD;在应用CAE进行模具方案设计和分析计算方面,也才刚刚起步,大多还处于试用阶段;在应用CAM技术制造模具方面,一是缺乏先进适用的制造装备,二是现有的工艺设备(包括近20多年来引进的先进设备)联网率较低,只有15%左右的模具制造设备近年来才开展这项工作;在应用CAPP技术进行工艺规划方面,基本上处于空白状态,需要进行大量的标准化基础工作;在模具共性工艺技术,如模具快速成型技术、抛光技术、电铸成型技术、表面处理技术等方面的CAD/CAM技术应用在我国尚处于较低水平,需要知识和经验的积累。我国大部分模具厂、车间的模具加工设备陈旧,在役期长、精度差、效率低,至今仍在使用普通的锻、车、铣、刨、钻、磨设备加工模具,热处理加工仍在使用盐浴、箱式炉,操作凭工人的经验,设备简陋,能耗高。设备更新速度缓慢,技术进步力度不大。虽然近年来也引进了不少先进的模具加工设备,但过于分散,或不配套,利用率一般仅有25%左右,设备的一些先进功能也未能得到充分发挥。

缺乏技术素质较高的冲压模具设计、制造工艺技术人员和技术工人,尤其缺乏知识面宽、知识结构层次高的复合型人才。中国模具行业中的技术人员,只占从业人员的 8%～12%。此外,技术人员和技术工人知识老化,知识结构不能适应现在的需要。

3. 冲压模具行业配套材料,标准件结构现状

近十多年来,国家已多次组织有关材料研究所、大专院校和钢铁企业,研究和开发模具专用系列钢种、模具专用硬质合金及其他模具加工的专用工具、辅助材料等,并有所推广。但因材料的质量不够稳定,缺乏必要的试验条件和试验数据,规格品种较少,大型模具和特种模具所需的钢材及规格还有缺口。在钢材供应上,解决用户的零星用量与钢厂的批量生产的供需矛盾,尚未得到有效的解决。另外,国外模具钢材近年来相继在国内建立了销售网点,但因渠道不畅、技术服务支撑薄弱及价格偏高、外汇结算制度等因素的影响,目前推广应用不多。

模具加工的辅助材料和专用技术近年来虽有所推广应用,但未形成成熟的生产技术,大多仍还处于试验摸索阶段,如模具表面涂层技术、模具表面热处理技术、模具导向副润滑技术、模具型腔传感技术及润滑技术、模具去应力技术、模具抗疲劳及防腐技术等尚未完全形成生产力,走向商品化。一些关键、重要的技术也还缺少知识产权的保护。

我国的模具标准件生产,20 世纪 80 年代初才形成小规模生产,模具标准化程度及标准件的使用覆盖面约占 20%,从市场上能配到的也只有约 30 个品种,且仅限于中小规格。标准凸凹模等刚刚开始供应,模架及零件生产供应渠道不畅,精度和质量也较差。

4. 冲压模具行业产业组织结构现状

据不完全统计,全国现有模具专业生产厂、产品厂配套的模具车间(分厂)近 17 000 家,约 60 万从业人员,年模具总产值达 200 亿元人民币。但是,我国模具工业现有能力只能满足需求量的 60% 左右,还不能适应国民经济发展的需要。目前,国内需要的大型、精密、复杂和长寿命的模具还主要依靠进口。据海关统计,1997 年进口模具价值 6.3 亿美元,这还不包括随设备一起进口的模具;1997 年出口模具仅为 7 800 万美元。目前我国模具工业的技术水平和制造能力,是我国国民经济建设中的薄弱环节和制约经济持续发展的瓶颈。

我国的模具工业相对较落后,至今仍不能称其为一个独立的行业。我国目前的模具生产企业可划分为四大类:专业模具厂,专业生产外供模具;产品厂的模具分厂或车间,以供给本产品厂所需的模具为主要任务;三资企业的模具分厂,其组织模式与专业模具厂相类似,以小而专为主;乡镇模具企业,与专业模具厂相类似。其中以第一类数量最多,模具产量约占总产量的 70% 以上。我国的模具行业管理体制分散。目前有 19 个大行业部门制造和使用模具,没有统一管理的部门。仅靠中国模具工业协会统筹规划,集中攻关,跨行业、跨部门管理困难很多。

模具适宜于中小型企业组织生产,而我国技术改造投资向大中型企业倾斜时,中小型模具企业的投资得不到保证。包括产品厂的模具车间、分厂在内,技术改造后不能很快收回其投资,甚至负债累累,影响发展。

虽然大多数产品厂的模具车间、分厂技术力量强,设备条件较好,生产的模具水平也较高,但设备利用率低。

我国模具价格长期以来同其价值不协调,造成模具行业“自身经济效益小,社会效益大”的

现象。

1.4.2 冲压行业发展趋势

随着工业产品质量的不断提高,冲压产品生产正呈现多品种、少批量、复杂、大型、精密,更新换代速度快的变化特点,冲压模具正向高效、精密、长寿命、大型化方向发展。为适应市场变化,随着计算机技术和制造技术的迅速发展,冲压模具设计与制造技术正由手工设计、依靠人工经验和常规机械加工技术向以计算机辅助设计(CAD)、数控切削加工、数控电加工为核心的计算机辅助设计与制造(CAD/CAM)技术转变。

1. 模具 CAD/CAE/CAM 正向集成化、三维化、智能化和网络化方向发展

1) 模具软件功能集成化

模具软件功能的集成化要求软件的功能模块比较齐全,同时各功能模块采用同一数据模型,以实现信息的综合管理与共享,从而支持模具设计、制造、装配、检验、测试及生产管理的全过程,达到实现最佳效益的目的。如英国 Delcam 公司的系列化软件就包括了曲面/实体几何造型、复杂形体工程制图、工业设计高级渲染、塑料模设计专家系统、复杂形体 CAM、艺术造型及雕刻自动编程系统、逆向工程系统及复杂形体在线测量系统等。集成化程度较高的软件还包括:Pro/ENGINEER、UG 和 CATIA 等。国内有上海交通大学金属塑性成型有限元分析系统和冲裁模 CAD/CAM 系统、北京北航海尔软件有限公司的 CAXA 系列软件、吉林金网格模具工程研究中心的冲压模 CAD/CAE/CAM 系统等。

2) 模具设计、分析及制造的三维化

传统的二维模具结构设计已越来越不适应现代化生产和集成化技术要求。模具设计、分析、制造的三维化、无纸化要求新一代模具软件以立体的、直观的感觉来设计模具,所采用的三维数字化模型能方便地用于产品结构的 CAE 分析、模具可制造性评价和数控加工、成形过程模拟及信息的管理与共享。如 UG 和 CATIA 等软件具备参数化、基于特征、全相关等特点,从而使模具并行工程成为可能。澳大利亚 Moldflow 公司的三维真实感流动模拟软件 Mold-flow Advisers 已经受到用户广泛的好评和应用。国内有华中理工大学研制的同类软件 HSC3D4.5F 及郑州工业大学的 Z-mold 软件。面向制造、基于知识的智能化功能是衡量模具软件先进性和实用性的重要标志之一。如 Cimatron 公司的注塑模专家软件能根据脱模方向自动产生分型线和分型面,生成与制品相对应的型芯和型腔,实现模架零件的全相关,自动产生材料明细表和供 NC 加工的钻孔表格,并能进行智能化加工参数设定、加工结果校验等。

3) 模具软件应用的网络化趋势

随着模具在企业竞争、合作、生产和管理等方面的全球化、国际化,以及计算机软硬件技术的迅速发展,网络使得在模具行业应用虚拟设计、敏捷制造技术既有必要,也有可能。美国在其《21 世纪制造企业战略》中指出,到 2006 年要实现汽车工业敏捷生产/虚拟工程方案,使汽车开发周期从 40 个月缩短到 4 个月。

2. 模具检测、加工设备向精密、高效和多功能方向发展

1) 模具检测设备的日益精密、高效

产品结构的复杂,必然导致模具零件形状的复杂。精密、复杂、大型模具的发展,对检测设备的要求越来越高。现在精密模具的精度已达 $2\sim3\mu m$,传统的几何检测手段已无法适应模具的生产。现代模具制造已广泛使用三坐标数控测量机进行模具零件的几何量的测量,模具加工过程的检测手段也取得了很大进展。

目前国内厂家使用较多的有意大利、美国、日本等国的高精度三坐标测量机,并具有数字化扫描功能。如东风汽车模具厂不仅拥有意大利产 $3\,250mm\times3\,250mm$ 三坐标测量机,还拥有数码摄影光学扫描仪,率先在国内采用数码摄影、光学扫描作为空间三维信息的获得手段,从而实现了从测量实物→建立数学模型→输出工程图纸→模具制造全过程,成功实现了逆向工程技术的开发和应用。

2)数控电火花加工机床

目前,数控慢走丝线切割技术发展水平已相当高,功能相当完善,自动化程度已达到无人看管运行的程度。最大切割速度已达 $300mm^2/min$,加工精度可达到 $\pm1.5\mu m$,加工表面粗糙度 $Ra0.1\sim0.2\mu m$。直径 $0.03\sim0.1mm$ 细丝线切割技术的开发,可实现凹凸模的一次切割完成,并可进行 $0.04mm$ 的窄槽及半径 $0.02mm$ 内圆角的切割加工。锥度切割技术已能进行 $30°$ 以上锥度的精密加工。

电火花铣削加工是电火花加工技术的重大发展,这是一种替代传统用成形电极加工模具型腔的新技术。像数控铣削加工一样,电火花铣削加工采用高速旋转的杆状电极对工件进行二维或三维轮廓加工,无需制造复杂、昂贵的成形电极。日本三菱公司最近推出的 ED-SCAN8E 电火花创成加工机床,配置有电极损耗自动补偿系统、CAD/CAM 集成系统、在线自动测量系统和动态仿真系统,体现了当今电火花创成加工机床的水平。

3)高速铣削加工(HSM)和五轴机床加工

铣削加工是型腔模具加工的重要手段。普通铣削加工采用低的进给速度和大的切削参数,而高速铣削具有工件温升低、切削力小、加工平稳、加工质量好、加工效率高及可加工硬材料等诸多优点。因而在模具加工中日益受到重视。

高速铣削的主轴转速一般为 $15\,000\sim40\,000r/min$,最高可达 $100\,000r/min$。在切削钢时,其切削速度约为 $400m/min$,比传统的铣削加工高 $5\sim10$ 倍;在加工模具型腔时与传统的加工方法(传统铣削、电火花成形加工等)相比其效率提高 $4\sim5$ 倍。

高速铣削加工精度一般为 $10\mu m$,有的精度还要高。

(1)高的表面质量。由于高速铣削时工件温升小(约为 $3℃$),故表面没有变质层及微裂纹,热变形也小。最好的表面粗糙度 $Ra<1\mu m$,减少了后续磨削及抛光工作量。鉴于高速加工具备上述优点,所以高速加工在模具制造中正得到广泛应用,并逐步替代部分磨削加工和电加工。

(2)可加工高硬材料。可铣削 $50\sim54HRC$ 的钢材,铣削的最高硬度可达 $60HRC$。

瑞士克朗公司 UCP710 型五轴联动加工中心,其机床定位精度可达 $8\mu m$,自制的具有矢量闭环控制电主轴,最大转速为 $42\,000r/min$。意大利 RAMBAUDI 公司的高速铣床,其加工范围达 $2\,500mm\times5\,000mm\times1\,800mm$,转速达 $20\,500r/min$,切削进给速度达 $20m/min$。HSM 主要用于大、中型模具加工,如汽车覆盖件模具、压铸模、大型塑料等曲面加工,其曲面加工精度可达 $0.01mm$。

3. 快速经济制模技术

为了适应工业生产中多品种、小批量生产的需要,加快模具的制造速度,降低模具生产成本,开发和应用快速经济制模技术越来越受到人们的重视。具体主要有以下一些技术。

(1) 快速原型制造技术(RPM)。它包括激光立体光刻技术(SLA)、叠层轮廓制造技术(LOM)、激光粉末选区烧结成形技术(SLS)、熔融沉积成形技术(FDM)和三维印刷成形技术(3D-P)等。

(2) 表面成形制模技术。它是指利用喷涂、电铸和化学腐蚀等新的工艺方法形成型腔表面及精细花纹的一种工艺技术。

(3) 浇铸成形制模技术。主要有铋锡合金制模技术、锌基合金制模技术、树脂复合成形模具技术及硅橡胶制模技术等。

(4) 冷挤压及超塑成形制模技术。

(5) 无模多点成形技术。

(6) KEVRON 钢带冲裁落料制模技术。

(7) 模具毛坯快速制造技术。主要有干砂实型铸造、负压实型铸造、树脂砂实型铸造及失蜡精铸等技术。

(8) 其他方面技术。如采用氮气弹簧压边、卸料、快速换模技术、冲压单元组合技术、刃口堆焊技术及实型铸造冲模刃口镶块技术等。

4. 模具材料及表面处理技术发展迅速

随着产品质量的提高,对模具质量和寿命要求越来越高。而提高模具质量和寿命最有效的办法就是开发和应用模具新材料及热、表处理新工艺,不断提高使用性能,改善加工性能。

1) 模具新材料

模具工业要上水平,材料应用是关键。因选材和用材不当,致使模具过早失效,大约占失效模具的 45% 以上。冲压模具使用的材料属于冷作模具钢,是应用量大、使用面广、种类最多的模具钢。主要性能要求为强度、韧性、耐磨性。

常用冷作模具钢有 CrWMn、Cr12、Cr12MoV 和 W6Mo5Cr4V2,火焰淬火钢(如日本的 AUX2、SX105V(7CrSiMnMoV))等;常用新型热作模具钢有美国 H13、瑞典 QRO80M、QRO90SUPREME 等;常用塑料模具用钢有预硬钢(如美国 P20)、时效硬化型钢(如美国 P21、日本 NAK55 等)、热处理硬化型钢(如美国 D2,日本 PD613、PD555、瑞典—胜白 136 等)、粉末模具钢(如日本 KAD18 和 KAS440)等;覆盖件拉延模常用 HT300、QT60-2、Mo-Cr、Mo-V 铸铁等,大型模架用 HT250。多工位精密冲模常采用钢结硬质合金及硬质合金 YG20 等。

2) 热处理、表处理新工艺

为了提高模具工作表面的耐磨性、硬度和耐蚀性,必须采用热、表处理新技术,尤其是表面处理新技术。除人们熟悉的镀硬铬、氮化等表面硬化处理方法外,近年来模具表面性能强化技术发展很快,实际应用效果很好。其中,化学气相沉积(CVD)、物理气相沉积(PVD)以及盐浴渗金属(TD)的方法是几种发展较快,应用最广的表面涂覆硬化处理的新技术。它们对提高模具寿命和减少模具昂贵材料的消耗,有着十分重要的意义。

在模具表面处理方面,其主要趋势:由渗入单一元素向多元素共渗、复合渗(如 TD 法)发展;由一般扩散向 CVD、PVD、PCVD、离子渗入、离子注入等方向发展;可采用的镀膜有 TiC、TiN、TiCN、TiAlN、CrN、Cr7C3、W2C 等,同时热处理手段由大气热处理向真空热处理发展。另外,目前激光强化、辉光离子氮化技术及电镀(刷镀)防腐强化等技术也日益受到重视。

5. 模具工业创新理念和先进生产管理模式

随着需求的个性化和制造的全球化、信息化,企业内部和外部环境的变化,以及制造技术的先进化,冲压模具行业的传统生产观念和生产组织方式发生了改变,出现了一些新的设计、生产、管理理念与模式。

具体主要有:以技术为中心向以人为中心转变,强调协同能力,以适应模具单件生产特点的柔性制造技术;创造最佳管理和效益的团队精神,精益生产;由传统的顺序工作方式向并行工作方式的转变,提高快速应变能力的并行工程、虚拟制造及全球敏捷制造、网络制造、虚拟技术等新的生产哲理;广泛采用标准件、通用件的分工协作生产模式;适应可持续发展和环保要求的绿色设计与制造等。

进入 21 世纪,在经济全球化的新形势下,随着资本、技术和劳动力市场的重新整合,我国装备制造业将成为世界装备制造业的基地。而在现代制造业中,无论哪一行业的工程装备,都越来越多地采用由模具工业提供的产品。为了适应用户对模具制造的高精度、短交货期、低成本的迫切要求,模具工业正广泛应用现代先进制造技术来加速模具工业的技术进步,满足各行各业对模具这一基础工艺装备的迫切需求。

讨论与思考

1. 什么是冲压加工?冲压成形加工与其他加工方法相比有何特点?
2. 什么是冷冲模?它有何特点?
3. 如何选择冲压设备?
4. 冷冲压有哪些基本工序?各是什么?
5. 在自己的周围尽可能多地找出冷冲压制品。
6. 压力机的技术参数有哪些?
7. 什么是曲柄压力机的理论压力曲线、公称压力曲线?
8. 什么是滑块行程?它和曲柄尺寸有何关系?
9. 什么是曲柄压力机的装模高度?
10. 模具的闭合高度和最大装模高度、最小装模高度有何关系?
11. 常用的冲压设备有哪几种?
12. 摩擦压力机工作压力是怎么产生的?
13. 我国冲压加工行业现状与发展趋势如何?

第 2 章　冲压变形理论基础

冲压成形是金属塑性成形加工方法之一,是建立在金属塑性变形理论基础上的材料成形工程技术。要掌握冷冲压成形加工技术,就必须具有金属塑性变形理论的基础知识。

2.1　塑性变形的基本概念

2.1.1　塑性变形的物理概念

固体金属都是晶体,原子在晶体所占的空间内有序排列。在金属材料中,原子之间作用着相当大的作用力,足以抵抗重力的作用,所以在没有其他外力作用的条件下,金属物体将保持自有的形状和尺寸,如图 2-1(a)所示;施加外力,会破坏原子间原来的平衡状态,造成原子排列畸变,引起金属形状与尺寸的变化,如图 2-1(b)～(d)所示。

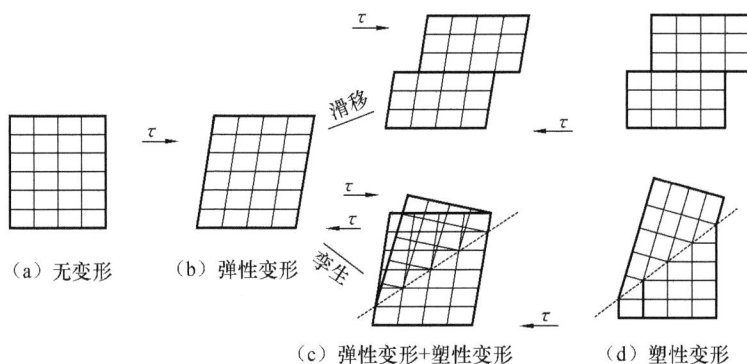

图 2-1　晶体变形

假若除去外力,金属中原子立即恢复到原来稳定平衡的位置,原子排列畸变消失,金属完全恢复了自己的原始形状和尺寸,则这样的变形称为弹性变形,如图 2-1(b)所示。变形的实质就是原子间的距离产生变化。增加外力,原子排列的畸变程度增加,移动距离有可能大于受力前的原子间距离,这时晶体中一部分原子相对于另一部分产生较大的错动,如图 2-1(c)所示。外力除去以后,原子间的距离虽然仍可恢复原状,但错动了的原子并不能再回到其原始位置,如图 2-1(d)所示。金属的形状和尺寸也都发生了永久改变。这种在外力作用下产生不可恢复的永久变形称为塑性变形。

受外力作用时,原子总是离开平衡位置而移动。因此,在塑性变形条件下,总变形既包括塑性变形,也包括除去外力后消失的弹性变形。塑性变形和弹性变形都是在变形体不破坏的条件下进行的(即连续性不破坏)。

2.1.2　塑性及塑性指标

通常用塑性表示材料塑性变形能力。

1. 塑性

塑性指固体材料在外力作用下发生永久变形而不破坏其完整性能力。它反映了金属材料的变形能力,是金属的一种重要的加工性能。金属的塑性不是固定不变的,影响它的因素很多,归纳如表 2-1 所示。

表 2-1　影响金属塑性的因素

影响因素	影响规律
化学成分及组织	金属塑性随其纯度的增加而提高。合金元素对金属塑性的影响,取决于加入元素的特性、数量、元素之间的相互作用及分布等。一般情况下,单向组织比多向组织的塑性好,固溶体比化合物的塑性好
变形温度	就大多数金属和合金而言,总的趋势是:随着温度的增加,塑性增加。但在升温过程中的某些区间内,塑性会降低,出现脆性区
应力状态	主应力状态中的压应力个数越多,数值越大,金属塑性越好;反之,拉应力个数越多,数值越大,其塑性越低
尺寸因素	同一种材料,在其他条件相同的情况下,尺寸越大,塑性越差
变形速度	变形速度的增大使金属的真实流动应力提高,导致金属的塑性降低;同时,变形速度的增大,温度效应显著,会提高金属的塑性

2. 塑性指标

衡量金属塑性高低的参数称为塑性指标,包括延伸率 δ 和断面收缩率 ψ。

(1)塑性指标。是以材料开始破坏时的塑性变形量来表示,它可借助于各种实验方法测定。目前应用比较广泛的是拉伸试验,对应于拉伸试验的塑性指标,用延伸率 δ 和断面收缩率 ψ 表示。

需要指出,各种试验方法都是相对于特定的受力状况和变形条件的,由此所测定的塑性指标,仅具有相对的比较意义。

(2)变形力。塑性变形时,使金属产生变形的外力称为变形力。

(3)变形抗力。金属抵抗变形的力称为变形抗力,它反映材料产生塑性变形的难易程度,一般用金属材料产生塑性变形的单位变形力表示其大小。

金属受外力作用产生塑性变形后不仅形状和尺寸发生变化,而且其内部的组织和性能也将发生变化。一般会产生加工硬化或应变刚现象,即金属的机械性能,随着变形程度的增加,强度和硬度逐渐增加,而塑性和韧性逐渐降低;晶粒会沿变形方向伸长排列形成纤维组织使材料产生各向异性;由于变形不均,会在材料内部产生内应力,变形后作为残余应力保留在材料内部。

2.2　塑性力学基础

金属冲压成形时,外力通过模具作用在坯料上,使其内部产生应力,并且发生塑性变形。一定的力的作用方式和大小都对应着一定的变形,受力不同,变形就不同,所引起材料内各点的应力与应变也各不相同,因此必须研究变形体内各点的应力和应变状态、屈服条件产生塑性变形时各应力之间的关系及应力应变之间的关系。

2.2.1 点的应力和应变状态

由于坯料变形区内各点的受力和变形情况不同,为了全面、完整地描述变形区内各点的受力情况,引入点的应力状态的概念。某点的应力状态,通常是围绕该点取出一个微小(正)六面体(即所谓单元体),用该单元体上三个相互垂直面上的应力来表示。一般可沿坐标方向将这些应力分解成九个应力分量,即三个正应力和六个剪应力,如图 2-2(a)所示。由于单元体处于静平衡状态,根据剪应力互等定理($\tau_{xy}=\tau_{yx}$,$\tau_{xz}=\tau_{zx}$,$\tau_{yz}=\tau_{zy}$),实际上只需要知道六个应力分量,即三个正应力和三个剪应力,就可以确定该点的应力状态。

对于任何一种应力状态,总是存在这样一组坐标系,使得单元体各表面只有正应力而无剪应力,如图 2-2(b)所示,这样,应力状态的表示将大大的简化。我们称剪应力为零的平面为主平面,与主平面垂直的各条轴线称为主轴,作用在主平面上的正应力称为主应力(一般用 σ_1、σ_2、σ_3 表示),以主应力表示的应力状态称为主应力状态,表示主应力有无与方向的图形称为主应力状态图。塑性变形过程中,可能出现的主应力状态图共有九种,如图 2-3 所示。

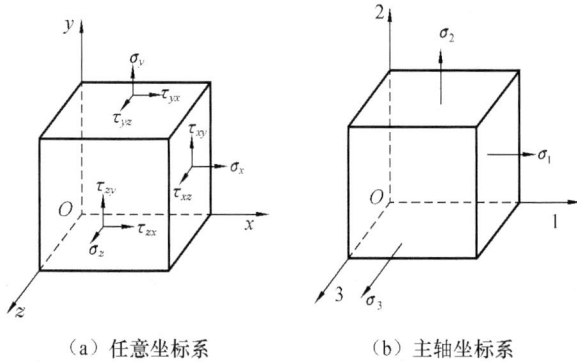

（a）任意坐标系　　　（b）主轴坐标系

图 2-2　点的应力状态

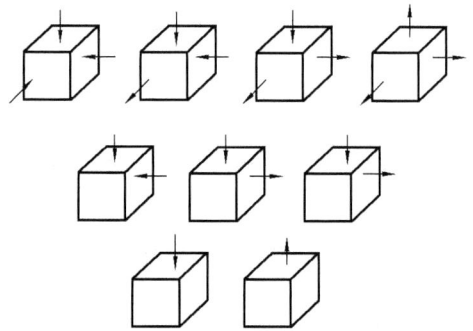

图 2-3　九种主应力状态

变形体内存在应力必然产生应变。通常用应变状态来描述点的变形情况,点的应变状态与点的应力状态类似。应变也有正应变和剪应变之分,当采用主轴坐标系时,单元体上也只有三个主应变分量 ε_1、ε_2、ε_3。

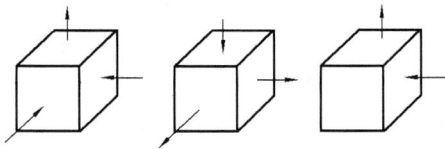

图 2-4　三种主应变状态

金属材料在塑性变形时,体积变化很小,可以忽略不计。因此,一般认为金属材料在塑性变形时体积不变,可证明满足 $\varepsilon_1+\varepsilon_2+\varepsilon_3=0$,由此可见,塑性变形时,三个主应变分量不可能全部同号,只可能有三向和二向应变状态,不可能有单向应变状态。其主应变状态图只有三种,如图 2-4 所示。

2.2.2 屈服条件

当物体受单向应力作用时,只要其主应力达到材料的屈服极限,该点就进入塑性状态。在多向应力状态时,显然就不能仅仅用某一应力分量来判断质点是否进入塑性状态,必须同时考虑其他应力分量。研究表明,只有当各个应力分量之间符合一定的关系时,该点才开始屈服,这种关系就称为塑性条件,或称屈服条件。

工程上经常采用屈服条件通式来判别变形状态

$$\sigma_1 - \sigma_3 = \beta\sigma_s \tag{2-1}$$

式中,σ_1、σ_3、σ_s 分别为最大主应力、最小主应力、坯料的屈服应力;β 为应力状态系数,其值在 1.0～1.155。单向应力状态及轴对称应力状态(双向等拉、双向等压)时,取 $\beta=1.0$;平面变形状态时,取 $\beta=1.155$。在应力分量未知情况下,β 一般近似取 1.1。

满足屈服条件表明材料处于塑性状态。材料要进行塑性变形,必须始终满足屈服条件。对于应变硬化材料,材料要由弹性变形转为塑性变形,必须满足的屈服条件称为初始屈服条件;而塑性变形要继续发展,必须满足的屈服条件则称为后继屈服条件。在一般应力状态下,塑性变形过程的发生、发展,实质上可以理解为一系列的弹性极限状态的突破——初始屈服和后继屈服。

2.2.3 金属塑性变形时的应力应变关系

弹性变形阶段,应力与应变之间的关系是线性的、可逆的,与加载历史无关;而塑性变形阶段,应力与应变之间的关系则是非线性的、不可逆的,与加载历史有关。应变不仅与应力大小有关,而且还与加载历史有着密切的关系。

目前常用的塑性变形时应力与应变关系主要有两类。

一类简称增量理论,它着眼于每一加载瞬间,认为应力状态确定的不是塑性应变分量的全量而是它的瞬时增量,其表达式为

$$\frac{d\varepsilon_1 - d\varepsilon_2}{\sigma_1 - \sigma_2} = \frac{d\varepsilon_2 - d\varepsilon_3}{\sigma_2 - \sigma_3} = \frac{d\varepsilon_3 - d\varepsilon_1}{\sigma_3 - \sigma_1} = 常数$$

另一类简称全量理论,它认为在简单加载(即在塑性变形发展的过程中,只加载,不卸载,各应力分量一直按同一比例系数增长,又称比例加载)条件下,应力状态可确定塑性应变分量。

全量理论认为在简单加载条件下,塑性变形的每一瞬间,主应力差与主应变差成比例

$$\frac{\sigma_1 - \sigma_2}{\varepsilon_1 - \varepsilon_2} = \frac{\sigma_2 - \sigma_3}{\varepsilon_2 - \varepsilon_3} = \frac{\sigma_3 - \sigma_1}{\varepsilon_3 - \varepsilon_1} = \psi$$

式中,σ_1、σ_2、σ_3 为主应力;ε_1、ε_2、ε_3 为主应变;ψ 为非负比例系数,是一个与材料性质和变形程度有关的函数,而与变形体所处的应力状态无关。

了解塑性变形时应力应变关系有助于分析冲压成形时板材的应力与应变。通过对塑性变形时应力应变关系的分析,可得出以下结论:

(1) 应力分量与应变分量符号不一定一致,即拉应力不一定对应拉应变,压应力不一定对应压应变。

(2) 某方向应力为零其应变不一定为零。

(3) 在任何一种应力状态下,应力分量的大小与应变分量的大小次序是相对应的,即 $\sigma_1 > \sigma_2 > \sigma_3$,则有 $\varepsilon_1 > \varepsilon_2 > \varepsilon_3$。

(4) 若有两个应力分量相等,则对应的应变分量也相等,即若 $\sigma_1 = \sigma_2$,则有 $\varepsilon_1 = \varepsilon_2$。

2.3 金属塑性变形的基本特点

2.3.1 硬化规律

金属冲压成形过程是一个塑性变形过程,而且生产一般都在常温下进行。对金属材料来

说,在进行塑性变形过程中,随着变形程度的增加,其变形抗力是不断增高的,硬度也将提高,其结果是引起材料力学性能的变化,表现为材料的强度指标(屈服强度 σ_s 与抗拉强度 σ_b)随变形程度的增加而增加;塑性指标(伸长率 δ 与断面收缩率 ψ)随之降低,这种现象称为加工硬化。材料不同,变形条件不同,其加工硬化的程度也就不同。材料加工硬化对冲压成形的影响既有有利的方面,也有不利的方面。有利的是板材的硬化能够减少过大的局部集中变形,使变形趋向均匀,增大成形极限,尤其对伸长类变形有利;不利的是变形抗力的增加,使变形变得困难,对后续变形工序不利,有时不得不增加中间退火工序以消除硬化。因此应了解材料的硬化现象及其规律,并在实际生产中应用。

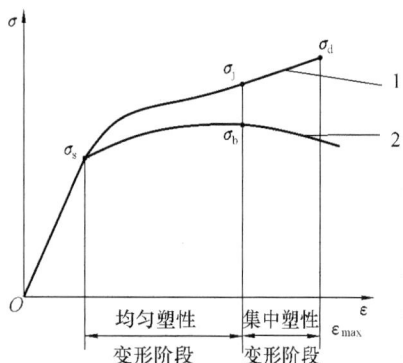

图 2-5 金属的应力-应变图
1-实际应力曲线;2-假象应力曲线

表示变形抗力随变形程度增加而变化的曲线称为硬化曲线,也称实际应力曲线或真实应力曲线,它可以通过拉伸等实验方法求得。实际应力曲线与材料力学中所学的工程应力曲线(也称假象应力曲线)是有所区别的,假象应力曲线的应力指标是采用假象应力来表示的,即应力是按各加载瞬间的载荷 F 除以变形前试样的原始截面积计算,没有考虑变形过程中试样截面积的变化,显然是不准确的;而实际应力曲线的应力指标是采用真实应力来表示的,即应力是按各加载瞬间的载荷 F 除以该瞬间试样的截面积计算。实际应力曲线与假象应力曲线如图 2-5 所示。从图中可以看出,实际应力曲线能真实反映变形材料的加工硬化现象。

为了使用方便,可将硬化曲线用数学函数式来表示。常用的数学函数的幂次式为

$$\sigma = A\varepsilon^n \tag{2-2}$$

式中,A 为材料常数;n 为材料的硬化指数;σ 为应力;ε 为应变。

A 取决于材料的种类和性能,可通过拉伸试验求得。硬化指数是表明材料冷变形硬化的重要参数,对板材的冲压成形性能以及制件的质量都有较为重要的影响。n 大表示在冷变形过程中,材料的变形抗力随变形程度的增加而迅速地增大,材料均匀变形能力强。部分冲压板材的 n 值和 A 值列入表 2-2 中。

表 2-2 冲压板材的 A 值和 n 值

材料	A 值/MPa	n 值	材料	A 值/MPa	n 值
08F	708.76	0.185	Q235	630.27	0.236
H62	773.38	0.513	10	583.84	0.215
H68	759.12	0.435	20	709.06	0.166
QSn6.5-0.1	864.4	0.492	LF2	165.64	0.164
08Al(ZF)	553.47	0.252	LF12M	366.29	0.192
08Al(HF)	521.27	0.247	T2	538.37	0.455
1Cr18Ni9Ti	1 093.61	0.347	SPCC(日本)	0.212	569.76
L4M	112.43	0.286	SPCD(日本)	0.249	497.63

图 2-6 是用实验方法求得的几种金属在室温下的硬化曲线。从曲线的变化规律来看,几乎所有的硬化曲线都具有一个共同的特点,即在塑性变形的开始阶段,随变形程度的增大,实

际应力剧烈增加,当变形程度达到某些值以后,变形的增加不再引起实际应力值的显著增加。

2.3.2 卸载弹性恢复和反载软化现象

由图 2-7 所示的硬化曲线可知,在弹性变形范围内,应力与应变的关系是直线函数关系。在弹性变形的范围内卸载,应力、应变仍然按照同一直线回到原点,变形完全消失,没有残留的永久变形。如果变形进入塑性变形范围,超过屈服点 A,达到某点 $B(\sigma,\varepsilon)$,再逐渐减小外载,应力应变的关系就

图 2-6 几种常用冲压板材的硬化曲线

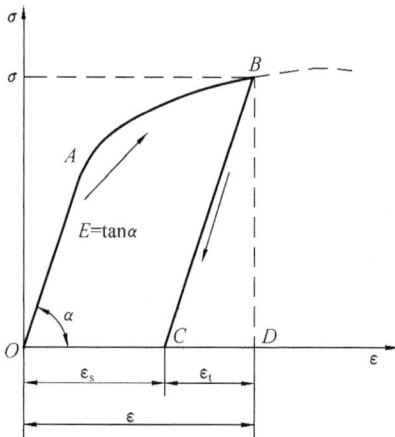

按另一条直线逐渐降低,不再重复加载曲线所经过的路线了。卸载直线正好与加载时弹性变形的直线段相平行,直至载荷为零。于是,加载时的总变形 ε 就分为两部分:一部分 ε_t 因弹性恢复而消失,另一部分 ε_s 仍然保留下来,成为永久变形。总的变形 $\varepsilon=\varepsilon_t+\varepsilon_s$。弹性恢复的应变量为

$$\varepsilon_t = \sigma/E \tag{2-3}$$

式中,E 为材料的弹性模量(Pa)。

如卸载后再重新同向加载,应力应变关系将沿直线 CB 逐渐上升,到达 B 点应力 σ 时,材料才又开始屈服,随后应力应变关系继续沿着加载曲线变化。所以 σ 又可以理解为材料在变形程度 ε 时的屈服点。推而广之,在塑性变形阶段,实际应力曲线上每一点的应力值,都可理解为材料在相应的变形程度下的屈服点。

如果卸载后反向加载,由拉伸改为压缩,应力与应变的关系又会产生什么样的变化呢?试验表明,反向加载时,材料的屈服应力较拉伸时的屈服应力有所降低,出现所谓反载软化现象。反向加载时屈服应力的降低量,视材料的种类及正向加载的变形程度不同而异。关于反载软化现象,有人认为可能是因为正向加载时材料中的残余应力引起的。

反向加载,材料屈服后,应力应变之间基本上按照加载时的曲线规律变化(图 2-8)。

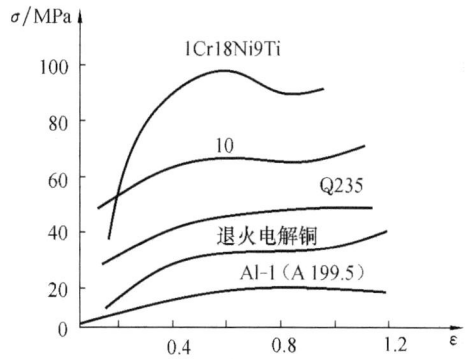

图 2-7 硬化曲线

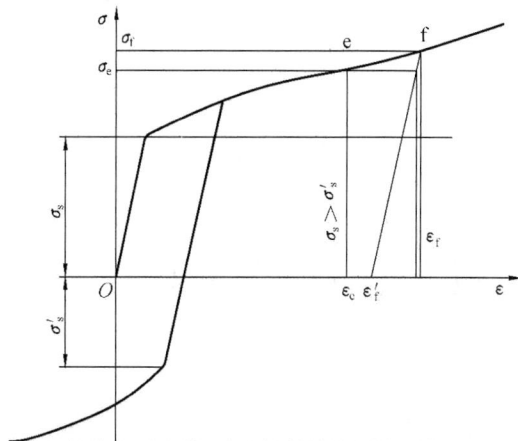

图 2-8 反载软化曲线

2.3.3 冲压成形的力学特点与分类

　　板料冲压成形时,毛坯不同位置的应力状态和应变状态并不相同,由于板料和模具形状与尺寸的不同,板料上变形的部位与形状也不相同。随着变形过程的进展,变形区的位置也会发生变化。板料上除变形区外即为不变形区,不变形区包括已变形区和待变形区,当不变形区受力的作用时,称为传力区。几种典型冲压成形中毛坯的分析如图 2-9 所示。在这四种成形工序中,A 是塑性变形区,它在图示的冲压成形状态下正在进行塑性变形;B、C、D 都可称为不变形区。其中 B 是已经完成了塑性变形的已变形区;C 是自始至终都不参与变形的不变形区;D 是暂不变形的待变形区,虽然在图示的状态下,它不参与变形,但随冲压过程的进行,它将不断地进入变形区参与变形。

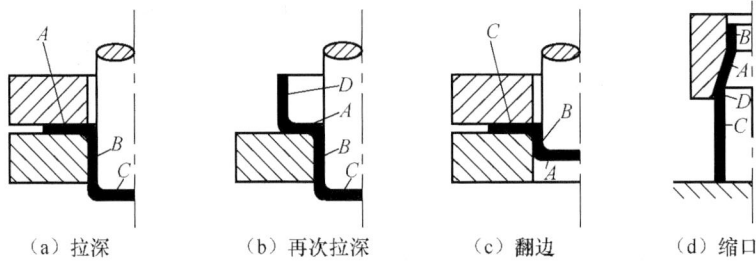

(a) 拉深　　　　　(b) 再次拉深　　　　　(c) 翻边　　　　　(d) 缩口

图 2-9　冲压毛坯分析

　　从本质上看各种冲压成形过程就是毛坯变形区在力的作用下产生变形的过程,所以毛坯变形区的受力情况和变形特点是决定各种冲压变形性质的主要依据。日本的吉田青太教授根据成形毛坯与冲压件的几何尺寸参数把冲压成形分为胀形、拉深、翻边、弯曲等类型。

　　在绝大多数冲压变形中,板料的表面不受力或受力很小,可以认为垂直板面方向应力为零,即 $\sigma_t = 0$,毛坯变形区处于平面应力状态。使板料产生塑性变形的是作用于板平面方向上相互垂直的两个主应力(径向记为 σ_r,切向记为 σ_θ),通常近似认为这两个主应力在厚度方向上均匀分布,因此,可以根据塑性成形理论做出冲压成形时平面应力状态的应力图(图 2-10)和相应的两向应变状态的变形图(图 2-11)。

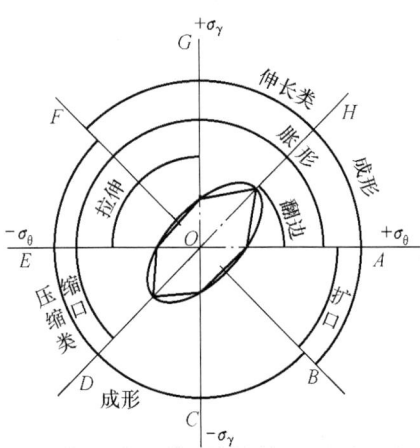

图 2-10　冲压应力图

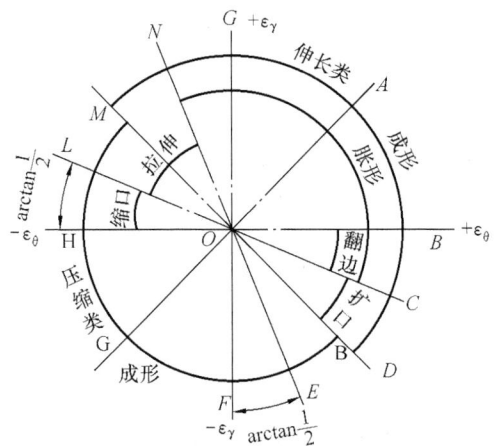

图 2-11　冲压变形图

不同的毛坯变形区应力状态和应变状态对应不同的冲压类型。下面将分析怎样在图中把各种形式的毛坯变形区受力状态与变形特点以坐标的决定位置表达出来。

（1）冲压毛坯变形区受两向拉应力的作用可分为以下两种情况：

$$\sigma_r > \sigma_\theta > 0, \qquad 且 \sigma_t = 0$$
$$\sigma_\theta > \sigma_r > 0, \qquad 且 \sigma_t = 0$$

这时由应力应变关系的全量理论可知，最大拉应力方向上的变形一定是伸长变形，应力为零的方向（一般为料厚方向）上的变形一定是压缩变形。因此，可以判断在两向拉应力作用下的变形，会产生材料变薄。在两个拉应力相等（双向等拉应力状态）时 $\varepsilon_\theta = \varepsilon_r > 0, \varepsilon_t = -2\varepsilon_\theta = -2\varepsilon_r$，厚向上的压缩变形是伸长变形的两倍，平板材料胀形时的中心部位就属于这种变形状况。相对应的变形是平板毛坯的局部胀形、内孔翻边、空心毛坯胀形等。根据以上分析可知，这种变形情况处于冲压应力图中 GOA 范围；在冲压变形图中处于 NOC 范围。

（2）冲压毛坯变形区受两向压应力的作用可分为以下两种情况：

$$\sigma_r < \sigma_\theta < 0, \qquad 且 \sigma_t = 0$$
$$\sigma_\theta < \sigma_r < 0, \qquad 且 \sigma_t = 0$$

由应力应变关系的全量理论可知，在最小压应力（绝对值最大）方向（缩口的径向、弯曲的周向）上的变形一定是压缩变形，而在没有应力的方向（如缩口厚向、弯曲宽向）的变形一定是伸长变形。与此相对应的变形是缩口和窄板弯曲内区等。根据以上分析可知，这种变形情况处于冲压应力图中 COE 范围；在冲压变形图中处于 LOE 范围。

（3）冲压毛坯变形区受异号应力的作用，且拉应力的绝对值大于压应力的绝对值，可分为以下两种情况：

$$\sigma_r > 0 > \sigma_\theta, \quad \sigma_t = 0 \quad 且 \sigma_{|r|} > \sigma_{|\theta|}$$
$$\sigma_\theta > 0 > \sigma_r, \quad \sigma_t = 0 \quad 且 \sigma_{|\theta|} > \sigma_{|r|}$$

同理可知，在拉应力（绝对值大）的方向上的变形一定是伸长变形，且为最大变形，而在压应力的方向（如拉深的周向、弯曲的径向）的变形一定是压缩变形，而无应力的方向（如拉深的厚向、弯曲的宽向）也是压缩变形。相对应的是无压边拉深凸缘的偏内位置、扩口、弯曲外区等，在冲压应力图中处于 GOF 和 AOB 范围内，在对应的冲压变形图中处于 MON 和 COD 范围。

（4）冲压毛坯变形区受异号应力的作用，且压应力的绝对值大于拉应力的绝对值，可分为以下两种情况：

$$\sigma_r > 0 > \sigma_\theta, \quad \sigma_t = 0 \quad 且 \sigma_{|\theta|} > \sigma_{|r|}$$
$$\sigma_\theta > 0 > \sigma_r, \quad \sigma_t = 0 \quad 且 \sigma_{|r|} > \sigma_{|\theta|}$$

同理，在压应力方向（如拉深外区周向，应力的绝对值大）的变形一定是压缩变形，且为最大变形，在拉应力方向为伸长变形，无应力方向（厚向）也为伸长变形（增厚）。与其相对应的是无压边拉深凸缘的偏外位置等，在冲压应力图中处于 EOF 和 BOC 范围内，在对应的冲压变形图中处于 MOL 和 DOE 范围。

由于塑性变形过程中材料所受的应力和由此应力引起的应变之间存在对应关系，所以冲压应力图和冲压变形图也存在对应关系。每种冲压变形都可以在冲压应力图和冲压变形图上找到相应位置。根据冲压毛坯变形区内的应力状态及变形情况就可以判断冲压变形的性质和特点。

综上所述,可以把冲压变形概括为两大类:伸长类变形与压缩类变形。当作用于毛坯变形区内的拉应力绝对值最大时,在这个方向上的变形一定是伸长类变形,如胀形翻孔与弯曲外侧变形等。成形主要是靠材料的伸长和厚度的减薄来实现。当作用于毛坯变形区内的压应力绝对值最大时,在这个方向上的变形一定是压缩类变形,如拉深较外区和弯曲内侧变形等。成形主要是靠材料的压缩与增厚来实现。伸长类变形和压缩类变形的比较如表2-3所示。

表 2-3 伸长类变形和压缩类变形

工艺项目	伸长类变形	压缩类变形
变形区的板厚	减薄	增厚
变形区的质量问题	变形程度过大引起变形区破坏	压应力作用下失稳起皱
成形极限	主要取决于板材的塑性,与板材厚度无关,可用断后伸长率及成形极限线判断	主要取决于传力区的承载能力与板材抗失稳能力密切相关,与板材厚度有关
提高成形极限的措施	改变板材塑性使变形均化,降低局部变形程度工序间热处理	采用多道工序成形,改变传力区与变形区的力学关系,采用防起皱措施

2.3.4 冲压变形趋向性及其控制

1. 冲压变形趋向性

在塑性变形中,成形毛坯的各个部分在同一个模具的作用下,破坏了金属的整体平衡而强制金属流动,有可能发生不同形式的变形,即具有不同的变形趋向性。当金属质点有向几个方向移动的可能时,它向阻力最小的方向移动,这就是塑性变形中的最小阻力定律。冲压成形过程要求保证在毛坯需要变形的部位产生需要的变形,排除其他一切不必要的和有害的变形。因此,合理地利用冲压变形的趋向性并加以控制,有助于制定工艺过程、确定各种工艺参数、设计冲模和分析冲压过程中出现的某些产品质量问题。

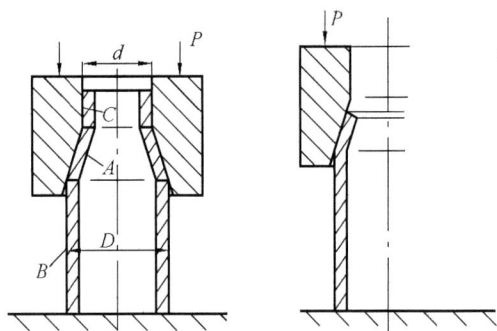

图 2-12 变形趋向性对冲压工艺的影响
A-变形区;B-传力区;C-已变形区

下面以缩口为例加以分析(图 2-12)。稳定缩口时坯料可分为图示的三个区域。在外力作用下,A、B 两区都有可能发生变形,A 区可能会发生缩口塑性变形;B 区也可能会发生镦粗变形。但是由于它们可能产生的塑性变形的方式不同,而且也由于变形区和传力区之间的尺寸关系不同,总是有一个区需要比较小的塑性变形力,并首先进入塑性状态,产生塑性变形。因此,可以认为这个区是个相对的弱区。为了保证冲压过程的顺利进行,必须保证在该道冲压工序应该变形的部分——变形区成为弱区以便

在把塑性变形局限于变形区的同时,排除传力区产生任何不必要的塑性变形的可能。

"弱区必先变形,变形区应为弱区"的结论,对所有冲压变形都适用,在生产中具有很重要的实用意义,是确定某些冲压工艺的极限变形参数和制定复杂形状零件的冲压工艺的依据。

下面仍以缩口为例来说明这个道理。在图 2-12 所示的缩口过程中,变形区 A 和传力区 B 的交界面上作用有数值相等的压应力 σ,传力区 B 产生塑性变形的方式是镦粗,其变形所需

要的压应力为 σ_s，所以传力区不致产生镦粗变形的条件是

$$\sigma < \sigma_s \qquad (2\text{-}4)$$

变形区 A 产生的塑性变形方式为切向收缩的缩口，所需要的轴向压应力为 σ_k，所以变形区产生缩口变形的条件是

$$\sigma \geqslant \sigma_k \qquad (2\text{-}5)$$

由式(2-5)和式(2-6)可以得出在保证传力区不致产生塑性变形下能够进行缩口的条件为

$$\sigma_k < \sigma_s \qquad (2\text{-}6)$$

因为 σ_k 的数值取决于缩口系数 d/D，所以式(2-6)就成为确定极限缩口系数的依据。极限拉深系数的确定方法，也与此相类似。

最小变形力的变形方式首先实现。在缩口过程中，受缩口模作用的变形区 A 可能产生的塑性变形是切向收缩的缩口变形和变形区在切向压应力作用下的失稳起皱；受到变形力 P 作用的传力区 B 可能产生的塑性变形是直筒部分的镦粗和纵向失稳。在这四种变形趋向中，只能实现缩口变形的必要条件是与其他所有变形方式相比，缩口变形所需的变形力最小，即为了使缩口成形工艺能够正常地进行，就要求在传力区不产生上述两种之一的任何变形的同时，变形区也不要发生失稳起皱，而仅仅产生所要求的切向收缩的缩口变形。

综上所述，在工艺过程设计和模具设计时，除要保证变形区为弱区外，还要保证变形区必须实现的变形方式要求最小的变形力。

2. 变形趋向性的控制

在冲压生产当中，毛坯的变形区和传力区并不是固定不变，而是在一定的条件下可以互相转化的。因此改变这些条件，就可以实现对变形趋向性的控制。

在实际生产当中，用来控制毛坯的变形趋向性的措施有下列几个方面。

(1) 变形毛坯各部分的相对尺寸关系是决定变形趋向性的最重要的因素，所以在设计工艺过程时一定要合理地确定初始毛坯的尺寸和中间毛坯的尺寸，保证变形的趋向符合工艺的要求。如图 2-13(a)所示的环形毛坯 D_0、内孔 d_0 及凸模直径 d_p 具有不同比例关系时(表 2-4)，有三种可能的变形趋势，即拉深、翻边和胀形，从而形成三种形状完全不同的零件，如图 2-13(b)、(c)、(d)所示。

表 2-4　平面毛坯的变形趋势

尺寸关系	变形方式
$d_p/D_0 > 0.5 \sim 0.66;\quad d_0/D_p < 0.15$	拉深
$d_p/D_0 > 0.4;\quad d_0/D_p > 0.2 \sim 0.3$	翻边
$d_p/D_0 < 0.4;\quad d_0/D_p < 0.15$	胀形

(2) 改变模具工作部分的几何形状和尺寸也可以毛坯变形的趋向性进行控制。如图 2-13(a)中，增大 R_p，减小 R_d，可以减小翻边阻力，增大拉深变形阻力。反之，增大 R_d，减小 R_p，则有利于拉深成形。生产中常采用修正圆角的方法来控制毛坯的变形趋向。

(3) 改变毛坯与模具之间的摩擦阻力，也可以控制毛坯变形的趋向。如增大图 2-13 中的压边力 Q，使其加大，将有利于实现翻边或胀形成形，如果减小压边力 Q，或者采用润滑，将减小毛坯与凹模表面的摩擦力，有利于拉深成形。

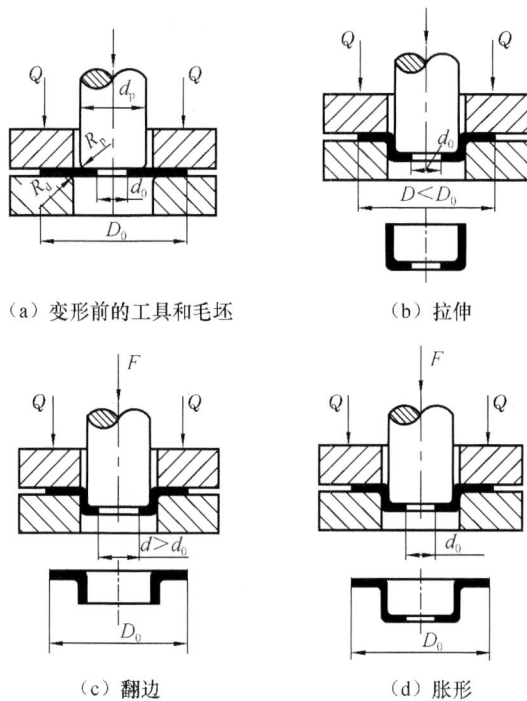

（a）变形前的工具和毛坯　　　　　（b）拉伸

（c）翻边　　　　　（d）胀形

图 2-13　变形趋向性的控制

（4）降低变形区的变形抗力或提高传力区的强度,都能达到控制变形趋向性的目的。如在拉深和缩口时采用局部加热变形区的工艺方法,在不锈钢毛坯拉深时局部深冷的方法,都可以使一次成形的极限变形程度加大,提高生产效率。

2.4　冲压成形性能与冲压材料

冲压成形加工方法与其他加工方法一样,都是以自身性能作为加工依据,优良的冲压成形性能有利于材料冲压成形加工的实现。

2.4.1　材料的冲压成形性能

材料对各种冲压加工方法的适应能力称为材料的冲压成形性能。材料的冲压性能好,就是指其便于冲压加工,一次冲压工序的极限变形程度和总的极限变形程度大,容易得到高质量的冲压件等。冲压成形性能是一个综合性的概念,主要包括两方面:一是成形极限,二是成形质量。

1. 成形极限

在冲压成形过程中,材料能达到的最大变形程度称为成形极限。对于不同的成形工艺,成形极限是采用不同的极限变形系数来表示的。由于大多数冲压成形都是在板厚方向上的应力数值近似为零的平面应力状态下进行的,因此,不难分析:在变形坯料的内部,凡是受到过大拉应力作用的区域,就会使坯料受拉部位严重变薄,甚至发生颈缩断裂;凡是受到过大压应力作用的区域,若超过了临界应力就会使坯料受压部位发生压屈起皱。因此,从材料方面来看,为了提高成形极限,就必须提高材料的塑性指标和增强抗拉、抗压能力。

冲压时,当作用于坯料变形区内的拉应力的绝对值最大时,在这个方向上的变形一定是伸长变形,故称这种冲压变形为伸长类变形(如胀形、扩口、内孔翻边等)。当作用于坯料变形区内的压应力的绝对值最大时,在这个方向上的变形一定是压缩变形,故称这种冲压变形为压缩类变形(如拉深、缩口等)。伸长类变形的极限变形系数主要取决于材料的塑性;压缩类变形的极限变形系数通常是受坯料传力区的承载能力的限制,有时则受变形区或传力区的失稳起皱的限制。

2. 成形质量

冲压件的质量指标主要是指尺寸精度、厚度变化、表面质量以及成形后材料的物理机械性能等。影响工件质量的因素很多,不同的冲压工序情况又各不相同。

材料在塑性变形的同时总伴随着弹性变形,当载荷卸除后,由于材料的弹性回复,造成制件的尺寸和形状偏离模具,影响制件的尺寸和形状精度。因此,掌握回弹规律,控制回弹量是非常重要的。

冲压成形后,一般板厚都要发生变化,有的是变厚,有的是变薄。厚度变薄直接影响冲压件的强度和使用,对强度有要求时,往往要限制其最大变薄量。

材料经过塑性变形后,除产生加工硬化现象外,还由于变形不均,造成残余应力,从而引起工件尺寸及形状的变化,严重时还会引起工件的自行开裂。所有这些情况,在制定冲压工艺时都应予以考虑。

影响工件表面质量的主要因素是原材料的表面状态、晶粒大小以及模具对冲压件表面的擦伤等。其中产生擦伤的原因除冲模间隙不合理或不均匀、模具表面粗糙外,往往还由于材料黏附模具所致。例如不锈钢拉深就很容易有此问题。

2.4.2 板材冲压成形性能的试验方法

板料的冲压成形性能是通过试验来测定的。板料的冲压性能试验方法很多,大致可分为间接试验和直接试验两类。间接试验方法有拉伸试验、剪切试验、硬度试验、金相试验等,由于试验时试件的受力情况与变形特点都与实际冲压时有一定的差别,因此这些试验所得结果只能间接反映出板料的冲压成形性能。但由于这些试验在通用试验设备上即可进行,故常常采用。直接试验方法有反复弯曲试验、胀形性能试验、拉深性能试验等,这类试验方法试样所处的应力状态和变形特点基本上与实际的冲压过程相同,所以能直接可靠地鉴定板料某类冲压成形的性能,但需要专用试验设备或工装。下面仅对板材简单拉伸试验进行介绍。

板材的简单拉伸试验也称单向拉伸试验。试验时须在待试验板料的不同部位和方向上截取试样,按标准制成图2-14所示的拉伸试样,然后在万能材料试验机上进行拉伸。根据试验结果或利用自动记录装置,可得到图2-15所示应力与应变之间的关系曲线,即拉伸曲线。

应用拉伸试验方法可测得板料的各项机械性能。板料的机械性能与冲压成形性能有很紧密的关系,可从不同角度反映板材的冲压成形性能。一般而言,板料的强度指标越高,产生相同变形量的力就越大;塑性指标越高,成形时所能承受的极限变形量就越大;刚度指标越高,成形时抵抗失稳起皱的能力就越大。现就其中较为重要的几项说明如下。

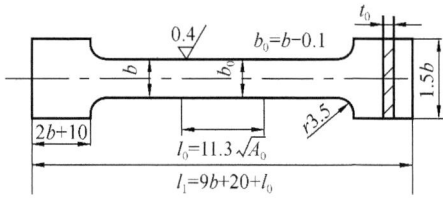

图 2-14　拉伸试验用的标准试样图

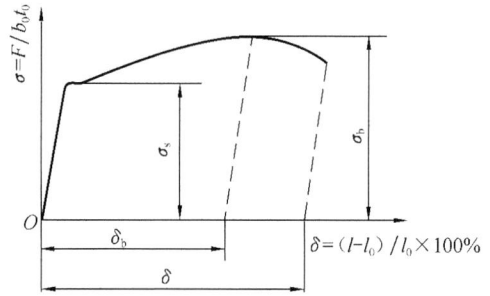

图 2-15　拉伸曲线

1. 总延伸率 δ 和均匀延伸率 δ_b

δ 是在拉伸试验中试样破坏时的延伸率,称为总延伸,简称延伸率。δ_b 是在拉伸试验中开始产生局部集中变形时(刚出现细颈时)的延伸率,称为均匀延伸率。δ_b 表示板料产生均匀变形或稳定变形的能力。一般情况下,冲压成形都在板材的均匀变形范围内进行,故 δ_b 对冲压性能有较为直接的意义。在伸长类变形工序中,例如圆孔翻边、胀形等工序中,δ_b 愈大,则极限变形程度愈大。

2. 屈强比 (σ_s/σ_b)

σ_s/σ_b 是材料的屈服极限与强度极限的比值,称为屈强比。屈强比小,说明 σ_s 值小而 σ_b 值大,即容易产生塑性变形而不易产生拉裂,也就是说,从产生屈服至拉裂有较大的塑性变形区间。尤其是对压缩类变形中的拉深变形而言,具有重大影响,当变形抗力小而强度高时,变形区的材料易于变形不易起皱,传力区的材料又有较高强度而不易拉裂,有利于提高拉深变形的变形程度。

3. 弹性模量 E

弹性模量是材料的刚度指标。弹性模量愈大,在成形过程中抗压失稳能力愈强,卸载后弹性恢复愈小,有利于提高零件的尺寸精度。

4. 硬化指数 n

硬化指数 n 表示材料在冷塑性变形中材料硬化的强度。n 值越大的材料,硬化效应就大,这对于伸长类变形来说是有利的。因此 n 值增大,则变形过程中材料局部变形程度的增加会使该处变形抗力增大,这样就可以补偿该处因截面积减小而引起的承载能力的减弱,从而制止了局部集中变形的进一步发展,具有扩展变形区、使变形均匀化和增大极限变形程度的作用。可以证明,材料的硬化指数 n,其值为细颈点应变 ε_j,所以硬化指数 n 愈高,材料均匀变形的能力愈强。

5. 板料厚向异性指数 γ

由于板料轧制时出现的纤维组织等因素,板料的塑性会因方向不同而出现差异,这种现象称为塑性各向异性。厚向异性系数是指单向拉伸试样宽度应变和厚度应变之比,即

$$\gamma = \varepsilon_b/\varepsilon_t \qquad (2-7)$$

式中，ε_b、ε_t 分别为宽度方向、厚度方向的应变。

厚向异性指数表示板料在厚度方向上的变形能力，γ 值越大，表示板料越不易在厚度方向上产生变形，即不易出现变薄或增厚，γ 值对压缩类变形的拉深影响较大，当 γ 值增大，板料易于在宽度方向变形，可减小起皱的可能性，而板料受拉处厚度不易变薄，又使拉深不易出现裂纹，因此 γ 值大时，有助于提高拉深变形程度。

6. 板平面各向异性指数 $\Delta\gamma$

板料在不同方位上厚向异性指数不同，造成板平面内各向异性。用 $\Delta\gamma$ 表示

$$\Delta\gamma = (\gamma_0 + \gamma_{90} + 2\gamma_{45})/2 \qquad (2-8)$$

式中，γ_0、γ_{90}、γ_{45} 为纵向试样、横向试样和与轧制方向成 45° 试样厚向异性指数。

$\Delta\gamma$ 越大，表示板平面内各向异性越严重，拉深时在零件端部出现不平整的凸耳现象，就是材料的各向异性造成的，它既浪费材料又要增加一道修边工序。

2.4.3 冲压材料

1. 对冲压材料的要求

冲压所用的材料，不仅要满足产品设计的技术要求，还应当满足冲压工艺的要求和冲压后继的加工要求（如切削加工、焊接、电镀等）。冲压工艺对材料的基本要求如下。

1）对冲压成形性能的要求

为了保障冲压变形顺利进行和提高制件质量，材料应具有良好的冲压成形性能。而冲压成形性能与材料的机械性能密切相关。在机械性能方面，通常要求材料应具有：良好的塑性，屈强比小，弹性模量高，板料厚向异性指数大，板平面异性指数小。不同冲压工序对板材性能的具体要求也有所不同。

2）对材料厚度公差的要求

材料的厚度公差应符合国家规定标准。冲压生产中的模具间隙与冲压材料厚度紧密相关。材料厚度公差太大，不仅直接影响制件的质量，还可能导致模具和冲床的损坏。

3）对表面质量的要求

材料的表面应光洁平整，无分层和机械性质的损伤，无锈斑、氧化皮及其他附着物。表面质量好的材料，冲压时不易破裂，不易擦伤模具，工件表面质量好。

2. 常用冲压材料

冲压用材料的形状有各种规格的板料、带料和块料。板料的尺寸较大，一般用于大型零件的冲压，对于中小型零件，多数是将板料剪裁成条料后使用。带料（也称卷料）有各种规格的宽度，展开长度较大，适用于大批量生产的自动送料。块料只用于少数钢号和价钱昂贵的有色金属的冲压。

冷冲压常用材料有以下三种。

（1）黑色金属。普通碳素钢钢板，如 Q195、Q235、SPCC（普通级冷轧钢板）、SPCD（冲压级钢板）、SPCE（深冲级冷轧钢板）等。需要说明的是：SP□□等牌号原为日本 JIS 标准钢材牌

号,但目前许多国家或企业(如宝钢)直接用来表示自己生产的同类钢材;优质碳素结构钢钢板,常用牌号有:08、08F、10、20 等,这类钢板的化学成分和力学性能都有保证,其中碳钢以低碳钢使用较多,冲压性能和焊接性能均较好,用以制造受力不大的冲压件;低合金结构钢板,常用的如 Q345(16Mn)、Q295(09Mn2),用以制造有强度要求的重要冲压件;此外,还有不锈钢板,如 1Crl8Ni9Ti,1Cr13 等,用以制造有防腐蚀防锈要求的零件。

对厚度在 4mm 以下的轧制薄钢板,按国家标准 GB/T708—1991 规定,钢板的厚度精度可分为 A(高级精度)、B(较高精度)、C(普通精度)级。

对于优质碳素结构钢薄钢板,根据国家标准规定,钢板的表面质量可分为 I(特别高级的精整表面)、II(高级的精整表面)、III(较高的精整表面)、IV(普通的精整表面)组;每组按拉深级别又可分为 Z(最深拉深),S(深拉深),P(普通拉深)级。用于拉深复杂零件的铝镇静钢板,其拉深性能可分为 ZF、HF、F 三种。一般深拉深低碳薄钢板可分为 Z、S、P 三种。板料供应状态可为:退火状态 M、淬火状态 C、硬态 Y、半硬(1/2 硬)Y_2 等。板料有冷轧和热轧两种轧制状态。

(2)有色金属。常用的有色金属有铜及铜锌合金(如黄铜)、铜镍合金(白铜)等,牌号有 T1、T2、H62、H68 等,其塑性、导电性与导热性均很好,在电气电子行业元件冲压中应用广泛。还有铝及铝合金,常用的牌号有 L2、L3、LF21、LY12 等,有较好塑性,变形抗力小且轻,在运载工具制造业中广泛应用。

(3)非金属材料。纸板、胶木板、塑料板、纤维板和云母等。

关于各类材料的牌号、规格和性能以及国内外钢材对照信息,可查阅本书附录 8 及有关手册和标准。

讨论与思考

1. 影响金属塑性和变形抗力的因素有哪些?

2. 屈服条件的含义是什么? 写出其条件公式。

3. 什么是冲压成形质量和成形极限?

4. 什么是加工硬化现象? 它对冲压工艺有何影响?

5. 什么是板厚方向性系数? 它对冲压工艺有何影响?

6. 什么是板平面各向异性指数 $\Delta\gamma$? 它对冲压工艺有何影响?

7. 如何判定冲压材料的冲压成形性能的好坏?

8. 控制毛坯的变形趋向性的措施有哪些?

第3章 冲裁工艺与冲裁模设计

3.1 概　　述

冲裁是利用模具使板料的一部分沿一定的轮廓形状与另一部分产生分离以获得制件的工序。若冲裁的目的在于获得一定形状和尺寸的内孔,封闭曲线以外的部分为制件称为冲孔;若冲裁的目的在于获得具有一定外形轮廓和尺寸的制件,封闭曲线以内的部分为制件称为落料,如图 3-1 所示。落料和冲孔的性质完全相同,在设计模具工作部分尺寸时,应分开加以考虑。

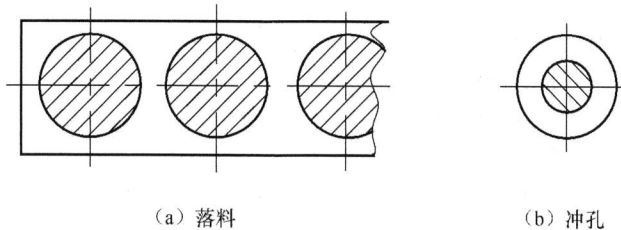

（a）落料　　　　　　　　（b）冲孔

图 3-1　垫圈的落料与冲孔

冲裁是冲压工艺的最基本工序之一。在冲压加工中应用极广。它既可直接冲出成品零件也可以为弯曲、拉深、成形和挤压等其他工序准备坯料,还可以在已成形的工件进行再加工(切边、冲孔等工序)。

冲裁所使用的模具称为冲裁模,它是冲裁过程必不可少的工艺装备。根据变形机理的差异,冲裁可分为普通冲裁和精密冲裁,通常我们说的冲裁是指普通冲裁,包括落料、冲孔、切口、剖切、修边等。本章主要就普通冲裁的冲裁变形过程、冲裁件质量、冲裁模刀口尺寸设计及冲裁模结构设计等问题进行分析讨论。

图 3-2 为一副典型的落料冲孔复合模,冲模开始工作时,将条料放在卸料板 19 上,并由三个定位销 22 定位。冲裁开始时,凹模 7 和推件块 8 首先接触条料。当压力机滑块下行时,凸凹模 18 的外形与凹模 7 共同作用冲出制件外形。与此同时,冲孔凸模 17 与凸凹模 18 的内孔共同作用冲出制件内孔。冲裁变形完成后,滑块回升时,在打杆 15 作用下,打下推件块 8,将制件排除凹模 7 外。而卸料板 19 在橡胶反弹力作用下,将条料刮出凸凹模,从而完成冲裁全部过程。

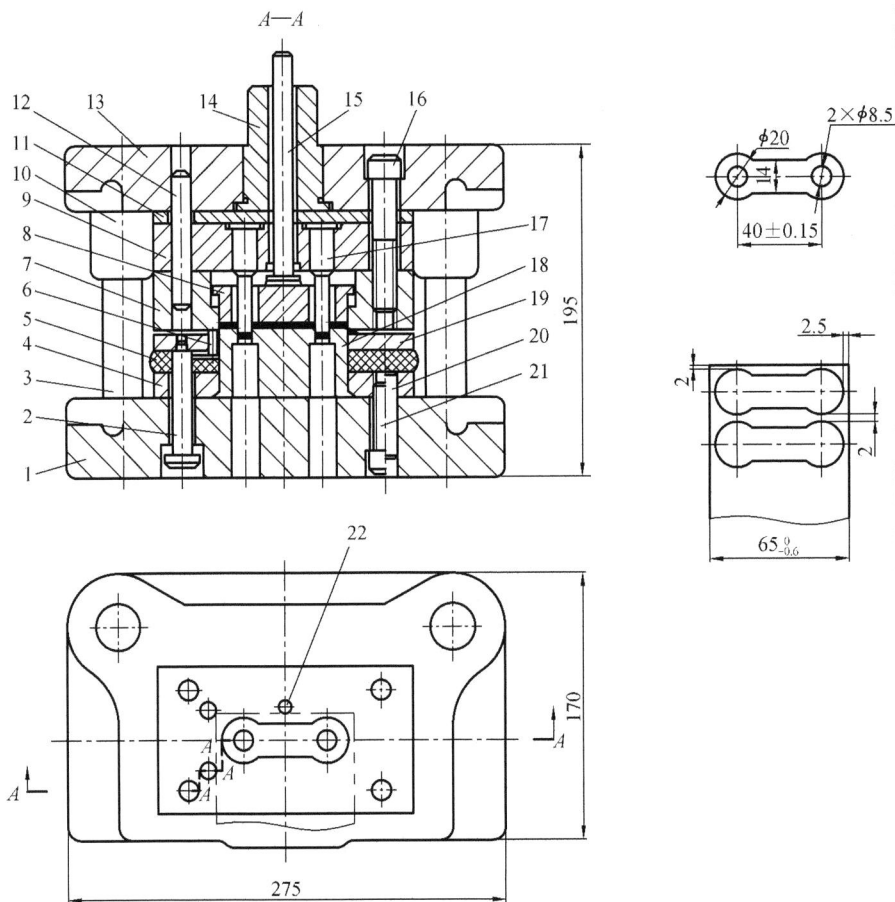

图 3-2 落料冲孔复合模

1-下模板；2-卸料螺钉；3-导柱；4-固定板；5-橡胶；6-导料销；7-落料凹模；8-推件块；9-固定板；10-导套；11-垫板；
12、20-销钉；13-上模板；14-模柄；15-打杆；16、21-螺钉；17-冲孔凸模；18-凸凹模；19-卸料板；22-挡料销

3.2　冲裁变形过程分析

为了正确设计冲裁工艺和模具，控制冲裁件质量，必须对冲裁变形过程认真分析，了解和掌握冲裁变形规律。

3.2.1　冲裁变形时板料变形区受力情况分析

图 3-3 所示是无压边装置的模具对板料进行冲裁时的状态。凸模 1 与凹模 3 都具有与制件轮廓一样形状的锋利刃口，凸凹模之间存在一定间隙。当凸模下降至与板料接触时，板料就受到凸、凹模端面的作用力。由于凸、凹模之间的间隙，F_1、F_2 不在同一垂直线上，使凸、凹模施加于板料的力产生一个力矩 M，$M \approx F_1 Z/2$。使模具表面和板料的接触面仅限在刃口附近的狭小区域，其接触面宽度约为板厚的 0.2～0.4。并且，凸、凹模作用于板料垂直压力呈不均匀分布，随着向模具刃口靠近而急剧增大（图 3-3）。

图中，F_1、F_2 分别为凸、凹模对板料的垂直作用力；F_3、F_4 分别为凸、凹模对板料的侧压

力;μF_1、μF_2 分别为凸、凹模端面与板料间的摩擦力,其方向与间隙大小有关,一般从模具刃口指向外;μF_3、μF_4 分别为凸、凹模侧面与板料间的摩擦力。

冲裁时,由于板料翘曲的影响,其变形区的应力状态是复杂的,且与变形过程有关。其变形区应力状态如图 3-4 所示,其中 A、B、C、D、E 各点的应力状态如下。

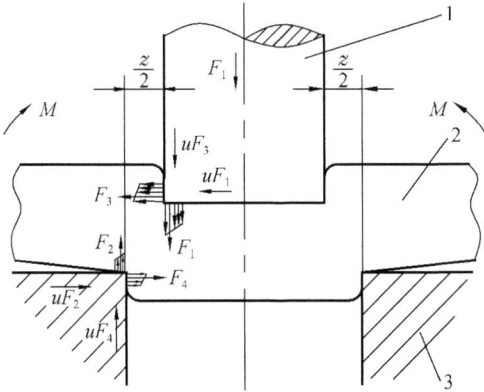

图 3-3　冲裁时作用于板料上的力
1-凸模;2-板材;3-凹模

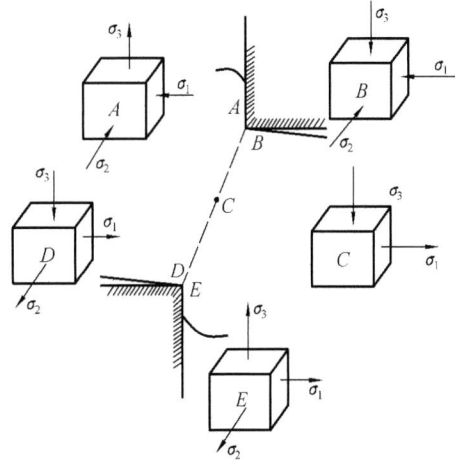

图 3-4　冲裁时板料的应力状态图

A 点(凸模侧面):凸模下压引起轴向拉应力 σ_3,板料翘曲与凸模侧压力引起径向压应力 σ_1,而切向应力 σ_2 为上述两种应力引起的合成应力。

B 点(凸模端面):凸模下压及板料翘曲引起的三向压缩应力。

C 点(断裂区中部):沿径向为拉应力 σ_1,垂直于板平面方向为压应力 σ_3。

D 点(凹模端面):凹模挤压板料产生轴向压应力 σ_3,板料翘曲引起径向拉应力 σ_1 和切向拉应力 σ_2。

E 点(凹模侧面):凸模下压引起轴向拉应力 σ_3,由板料翘曲引起的拉应力与凹模侧压力引起压应力合成产生应力 σ_1 与 σ_2,该合成应力可能是拉应力,也可能是压应力,与间隙大小有关。一般情况下,该处以拉应力为主。

3.2.2　冲裁变形过程

图 3-5 所示冲裁变形过程。如果模具间隙正常,工件受力后必然从弹性变形开始,进入塑性变形,最后以断裂分离告终,如图 3-6 所示。冲裁变形过程大致可分为如下三个阶段。

1. 弹性变形阶段(图 3-5(a))

在凸模压力下,材料产生弹性压缩、拉伸和弯曲变形,凹模上的板料则向上翘曲,间隙越大,弯曲和上翘越严重。同时,凸模稍许挤入板料上部,板料的下部则略挤入凹模洞口,但材料内的应力未超过材料的弹性极限。

2. 塑性变形阶段(图 3-5(b))

凸模沿宽度为 b 的环形带继续加压,当材料内的应力达到屈服强度时便开始进入塑性剪

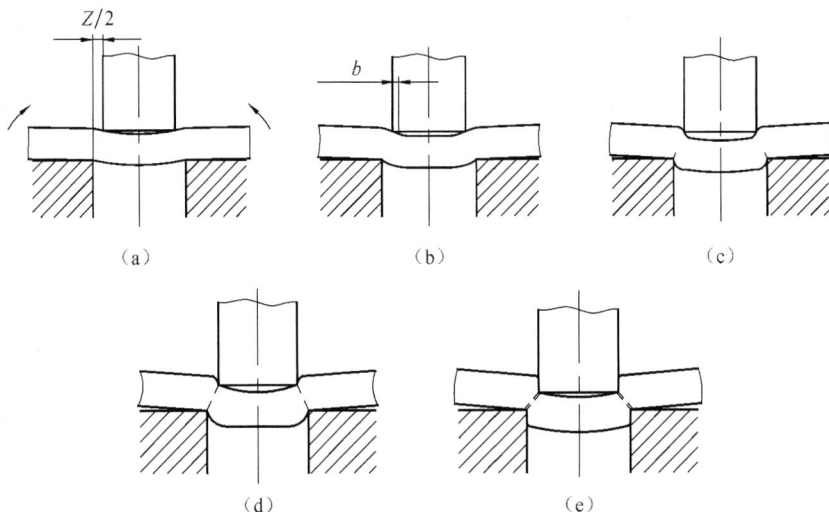

图 3-5 冲裁变形过程图

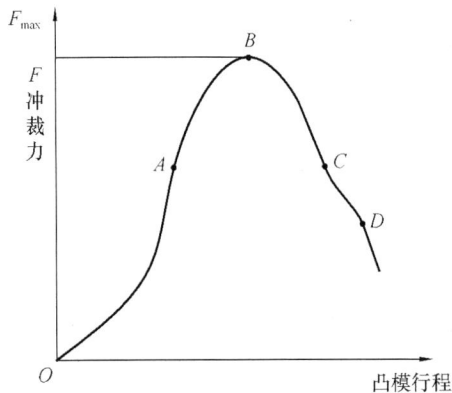

图 3-6 冲裁力曲线

切变形阶段。凸模挤入板料上部,同时板料下部挤入凹模洞口,形成光亮的塑性剪切断面。随凸模挤入板料深度的增大,塑性变形程度增大,变形区材料硬化加剧,冲裁变形抗力不断上升,直到刃口附近侧面的材料由于拉应力的作用出现微裂纹时,塑性变形阶段结束,此时冲裁变形抗力达到最大值。由于凸、凹模间存在有间隙,故在这个阶段中板料还伴随着弯曲和拉伸变形。间隙越大,弯曲和拉伸变形也越大。

3. 断裂分离阶段(图 3-5(c)、(d)、(e))

材料内裂纹首先在凹模刃口附近的侧面产生,紧接着才在凸模刃口附近的侧面产生。已形成的上下微裂纹随凸模继续压入沿最大切应力方向不断向材料内部扩展,当上下裂纹重合时,板料便被拉断分离。随后,凸模将分离的材料推入凹模洞口,冲裁过程到此结束。由于拉断的结果,断面上形成一个粗糙的区域。

从图 3-6 所示冲裁力-凸模行程曲线可明显看出冲裁变形过程的三个阶段。图中 OA 段是冲裁的弹性变形阶段;AB 段是塑性变形阶段,B 点为冲裁力的最大值,在此点材料开始剪裂,BC 段为微裂纹扩展直至材料分离的断裂阶段,CD 段主要是用于克服摩擦力将冲件推出凹模孔口时所需的力。

3.2.3 冲裁件质量及其影响因素

冲裁件质量是指断面状况、尺寸精度和形状误差。冲裁质量高是指断面状况尽可能垂直、光洁、毛刺小;尺寸精度应该保证在图纸规定的公差范围之内,零件外形应该满足图纸要求;表面尽可能平直,即拱弯小。

1. 冲裁件断面质量及其影响因素

冲裁件正常的断面特征并不是光滑垂直的,如图 3-7 所示,明显存在四个特征区,即圆角带 a、光亮带 b、断裂带 c 与毛刺区 d。

圆角带 a:该区域的形成是当凸模刃口压入材料时,刃口附近的材料产生弯曲和伸长变形,材料被拉入间隙的结果。

光亮带 b:该区域发生在塑形变形阶段,当刃口切入材料后,材料与凸、凹模切刃的侧表面挤压而形成的光亮垂直的断面。通常占全断面的 $1/2\sim1/3$。

断裂带 c:该区域是在断裂阶段形成。是由刃口附近的微裂纹在拉应力作用下不断扩展而形成的撕裂面,其断面粗糙,具有金属本色,且略带有斜度。

毛刺区 d:该区域是在塑性变形阶段后期形成,凸模和凹模的刃口切入被加工板料一定深度时,刃口正面材料被压缩,刃尖部分是高静水压应力状态,使微裂纹的起点不会在刃尖处发生,而是在模具侧面距刃尖不远的地方发生,在拉应力的作用下,裂纹加长,材料断裂而产生毛刺。

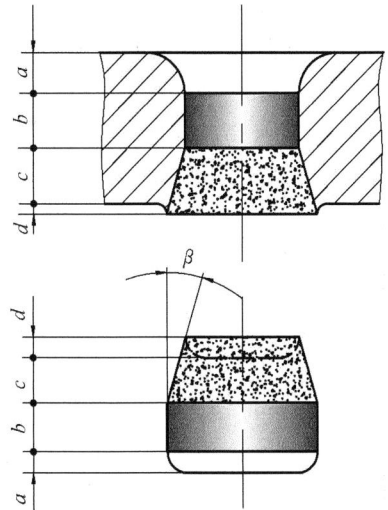

图 3-7 冲裁件正常的断面状况

在普通冲裁中毛刺是不可避免的。普通冲裁允许的毛刺高度如表 3-1 所示。

表 3-1 普通冲裁毛刺的允许高度 (单位:mm)

料厚 t	≈0.3	$>0.3\sim0.5$	$>0.5\sim1.0$	$>1.0\sim1.5$	$>1.5\sim2$
生产时	$\leqslant0.05$	$\leqslant0.08$	$\leqslant0.10$	$\leqslant0.13$	$\leqslant0.15$
试模时	$\leqslant0.015$	$\leqslant0.02$	$\leqslant0.03$	$\leqslant0.04$	$\leqslant0.05$

在四个特征区中,光亮带剪切面的质量最佳,是冲裁件的测量部位。光亮带越宽,断面质量越好。但四个特征区域的大小和断面上所占的比例大小并非一成不变,而是随材料的性能、厚度、模具冲裁间隙、刃口状态及摩擦等条件的不同而变化。

影响断面质量的因素有以下三种。

1) 材料性能的影响

材料塑性好,冲裁时裂纹出现得较迟,材料剪切的深度也较大,所得断面光亮带所占的比例就大,圆角也大。而塑性差的材料,容易拉断,材料被剪切不久就出现裂纹,使断面光亮带所占的比例小,圆角小,拱弯小,而大部分是有斜度的粗糙断裂带。

2) 模具间隙的影响

冲裁时,间隙值的大小,影响上、下裂纹的会合,影响变形应力的性质和大小。当凸、凹间隙合适时,凸、凹模刃口附近沿最大切应力方向产生的裂纹在冲裁过程中能会合,此时尽管断面与材料表面不垂直,但还是比较平直、光滑,毛刺较小,制件的断面质量较好,如图 3-8(b) 所示。

当间隙增大时,材料内的拉应力增大,使得拉伸断裂发生早,于是断裂带变宽;光亮带变窄;弯曲变形增大,因而塌角和拱弯也增大。

当间隙减小时,变形区内弯矩小、压应力成分高,使材料塑性得到充分发挥,裂纹的产生受到抑制而推迟。上、下裂纹不重合,在两条裂纹之间的材料将被第二次剪切。当上裂纹压入凹模时,受到凹模壁的挤压,产生第二光亮带,同时部分材料被挤出,在表面形成薄而高的毛刺,如图 3-8(a)所示。

当间隙过小时,虽然塌角小、拱弯小,但断面质量也有缺陷。如断面中部出现夹层,两头呈光亮带,在端面有挤长的毛刺。

当间隙过大时,因为弯矩大,拉应力成分高,上、下裂纹仍然不重合。材料容易产生微裂纹,使塑性变形较早结束,并且拉裂产生的斜度增大,断面出现两个斜角 α_1 和 α_2,断面质量也是不理想的。由于塌角大、拱弯大、光亮带小、毛刺又高又厚,冲裁件质量下降,如图 3-8(c)所示。因此,模具间隙应保持在一个合理的范围之内。

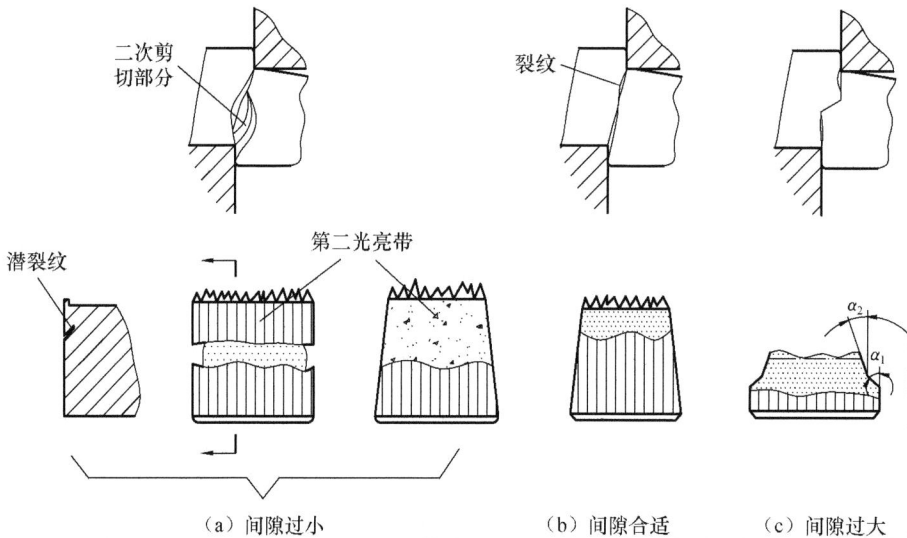

（a）间隙过小　　　　　　　（b）间隙合适　　　　　（c）间隙过大

图 3-8　间隙大小对剪切裂纹与断面质量的影响

另外,间隙不均匀,模具会出现部分间隙过大和过小的质量现象。因此,模具设计、制造与安装时必须保证均匀的间隙。

3) 模具刃口状态的影响

模具刃口状态对冲裁过程中的应力状态及制件的断面质量有较大影响。当刃口磨损成圆角时,挤压作用增大,则制件塌角带和光亮带增大。同时,材料中减少了应力集中现象而增大了变形区域,产生的裂纹偏离刃口,凸、凹模间金属在剪裂前有很大的拉伸,这就使冲裁断面上产生明显的毛刺。当凸、凹刃口磨钝后,即使间隙合理也会在制件产生毛刺。凸模磨钝时,落料件产生毛刺;凹模磨钝时,冲孔件产生毛刺。

2. 冲裁件尺寸精度及其影响因素

冲裁件的尺寸精度,是指冲裁件的实际尺寸与图纸上基本尺寸的差值。差值越小,精度越高。这个差值包括两方面的偏差,一是冲裁件相对于凸模或凹模尺寸的偏差,二是模具本身的制造偏差。

冲裁件尺寸精度与许多因素有关,如冲模的制造精度、材料性质、冲裁间隙等。

1) 冲模的制造精度

冲模的制造精度对冲裁件尺寸精度有直接影响。冲模的精度愈高,冲裁件的精度亦愈高。表 3-2 所示为当冲裁模具有合理间隙与锋利刃口时,其模具制造精度与冲裁件精度的关系。

表 3-2　冲模的精度与冲裁件精度的关系

冲模制造精度	冲裁件精度											
	材料厚度 t/mm											
	0.5	0.8	1.0	1.5	2	3	4	5	6	8	10	12
IT6~IT7	IT8	IT8	IT9	IT10	IT10	—	—	—	—	—	—	—
IT7~IT8	—	IT9	IT10	IT10	IT12	IT12	IT12	—	—	—	—	—
IT9	—	—	—	IT12	IT12	IT12	IT12	IT12	IT12	IT14	IT14	IT14

需要指出的是冲模的制造精度与冲模结构、加工、装配等多方面因素有关。

2) 材料的性质

材料的性质对该材料在冲裁过程中的弹性变形量有很大影响。对于比较软的材料,弹性变形量较小,冲裁后的回弹值亦少,因而零件精度高。而硬的材料,情况正好与此相反。

3) 冲裁间隙

当间隙适当时,在冲裁过程中,板料的变形区在比较纯的剪切作用下被分离,使落料件的尺寸等于凹模尺寸,冲孔件尺寸等于凸模的尺寸。

间隙过大时,板料在冲裁过程中除受剪切作用外还产生较大的拉伸与弯曲变形,冲裁后因材料弹性恢复,将使冲裁件尺寸向实际方向收缩。对于落料件,其尺寸将会小于凹模尺寸;对于冲孔件,其尺寸将会大于凸模尺寸。但因拱弯的弹性恢复方向与以上相反,故偏差值是二者的综合结果。

当间隙过小,则板料的冲裁过程中除剪切外还会受到较大的挤压作用,冲裁后。材料的弹性恢复使冲裁件尺寸向实体的反方向胀大。对于落料件,其尺寸将会大于凹模尺寸;对于冲孔件,其尺寸将会小于凸模尺寸。

3. 冲裁件形状误差及其影响因素

冲裁件的形状误差是指翘曲、扭曲、变形等缺陷。冲裁件呈曲面不平的现象称为翘曲。它是由于间隙过大、弯矩增大、变形拉伸和弯曲成分增多而造成的,另外材料的各向异性和卷料未矫正也会产生翘曲。冲裁件呈扭歪现象称之为扭曲。它是由于材料的不平、间隙不均匀、凹模后角对材料摩擦不均匀等造成的。冲裁件的变形是由于坯料的边缘冲孔或孔距太小等原因,因胀形而产生的。

关于模具结构对冲裁件质量的影响,将会在后面章节讲述。

综上所述,用普通冲裁方法所能得到的冲裁件,其尺寸精度与断面质量都不太高。金属冲裁件所能达到的经济精度为 IT14~IT10,要求高的可达到 IT10~IT8 级。若要进一步提高冲裁件的质量要求,则要在冲裁后加整修工序或直接采用精密冲裁法。

3.3　冲裁模间隙

由前述的分析可知,影响冲裁件质量的因素很多,其中凸、凹模间隙大小及间隙均匀性是

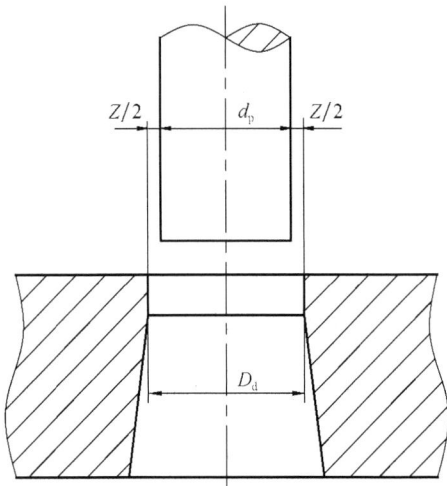

图 3-9　冲裁间隙

对冲裁质量起着决定性作用的因素。

Z 是指冲裁模中凹模刃口横向尺寸 D_d 与凸模刃口横向尺寸 d_p 的差值,如图 3-9 所示。Z 表示双面间隙,单面间隙用 Z/2 表示,如无特殊说明,冲裁间隙就是指双面间隙。在普通冲裁中,间隙均为正值。

3.3.1　冲裁模间隙的重要性

间隙对冲裁件质量、冲裁力和模具寿命均有很大影响,是冲裁工艺与冲裁模设计中的一个非常重要的工艺参数。

1. 间隙对冲裁件质量的影响

间隙是影响冲裁件质量的主要因素之一,详见 3.2.3 节。

2. 间隙对冲裁力的影响

试验证明,随间隙的增大冲裁力有一定程度的降低,但当单面间隙介于材料厚度的 5%～20% 时冲裁力的降低不超过 5%～10%。因此,在正常情况下,间隙对冲裁力的影响不很大。

间隙对卸料力、推件力的影响比较显著。随间隙增大后,卸料力和推件力都将减小。一般当单面间隙增大到材料厚度的 15%～25% 时,卸料力几乎降到零。但间隙继续增大时毛刺会增大,又将引起卸料、顶件力的迅速增大,所以间隙增大应适当。

3. 间隙对模具寿命的影响

模具寿命受各种因素的综合影响,间隙是影响模具寿命诸因素中最主要的因素之一。冲裁过程中作用于凸、凹模上的力为被冲材料的反作用力,其方向与图 3-3 所示相反,凸、凹模刃口受着极大的垂直压力与侧压力的作用,在这些力的作用下模具的失效形式一般有磨损、崩刃、变形、胀裂。模具与被冲制件之间均有摩擦,而且间隙越小,模具作用的压应力越大,磨损也越严重。过小的间隙会引起冲裁力、侧压力、摩擦力、卸料力、推件力增大,甚至会使材料粘连刃口,这就加剧了刃口的磨损;如果出现二次剪切,产生的碎屑也会使磨损加大,间隙小,落料件或废料往往梗塞在凹模洞口,导致凹模胀裂。所以过小的间隙对模具寿命极为不利。间隙增大,可使冲裁力、卸料力等减小,使模具侧面与材料间的摩擦减小,从而刃口磨损减小。适当大的间隙还可补偿因模具制造精度不够及动态间隙不匀所造成的不足,不至于啃伤刃口,起到延长模具寿命的作用。

3.3.2　冲裁模间隙值的确定

由以上分析可见,凸、凹模间隙对冲裁件质晨、冲裁力、模具寿命都有很大的影响,因此设计模具时一定选择一个合理的间隙,以保证冲裁件的断面质量、所需冲裁力、模具寿命。但是分别从质量、精度、冲裁力多方面的要求分别确定的合限间隙并不是一个固定的间隙数值,只是彼此接近。同时考虑到模具制造中的偏差及使用中的磨损,故冲压生产中常是选择一个适当的范围为合理间隙,只要间隙落在这个范围内,就可以冲出良好制件,这个范围的最小值称为最小合理间隙 Z_{min},最大值称为最大合理间隙 Z_{max}。无论在最小合理间隙 Z_{min},还是在最大合理间隙 Z_{max} 时都可以得到合格制件,只是断面质量有所区别。考虑到模具在使用过程中的磨损使间隙增大,故设计与制造新模时要采用最小合理间隙 Z_{min}。确定合理间隙的方法有理论确定法和经验确定法两种。

1. 理 论 确 定 法

理论确定法主要是根据凸、凹模刃口处产生的裂纹会合的原则进行计算。图 3-10 所示为冲裁过程中开始产生裂纹的瞬时状态,根据图中几何关系可求得合理间隙 Z。

$$Z = 2(t - h_0)\tan\beta = 2t\left(1 - \frac{h_0}{t}\right)\tan\beta \quad (3-1)$$

式中,t 为材料厚度,mm;h_0 为产生裂纹时凸模挤入材料深度,mm;h_0/t 为产生裂纹时凸模挤入材料相对深度;β 为剪切裂纹与垂线间的夹角,(°)。

由式(3-1)可看出,合理间隙 Z 与材料厚度、凸模相对挤入材料深度、裂纹角有关,而 h_0 与 β 又与材料塑性有关,表 3-3 为常用冲压材料的 h_0/t 与 β 的近似值。因此,影响间隙值的主要因素是材料性质和厚度。材料厚度越大,塑性越低的硬脆材料,则所需间隙 Z 值就越大;材料厚度越薄,塑性越好的材料,则所需间隙 Z 值就越小。由于理论计算方法在生产中使用不方便,故目前间隙值的确定广泛使用的是经验公式与图表。

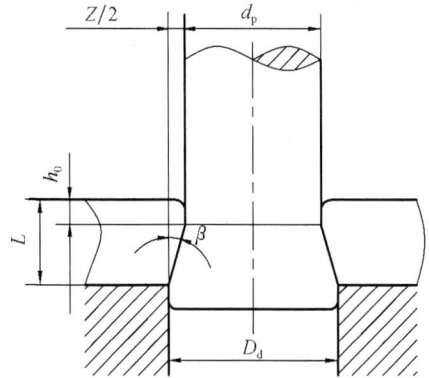

图 3-10 冲裁产生裂纹的瞬时状况

表 3-3 常用冲压材料的 h_0/t 与 β 的近似值

材料	h_0/t		$\beta/(°)$	
	退火	硬化	退火	硬化
软钢、纯铜、软黄铜	0.5	0.35	6	5
中硬钢、硬黄铜	0.3	0.2	5	4
硬钢、硬青铜	0.2	0.01	4	4

2. 经 验 确 定 法

经验确定法是根据材料性质与厚度,按式(3-2)确定

$$Z_{min} = Kt \quad (3-2)$$

式中,K 为与材料性质有关的系数;t 为材料厚度,mm。

软材料如 08、10、黄铜、紫铜,$Z = (0.08 \sim 0.1)t$;中硬材料如 A3、A4、20、25,$Z = (0.1 \sim 0.12)t$;硬材料如 A5、50 等,$Z = (0.1 \sim 0.14)t$,其中薄料取下限。

3. 图 表 确 定 法

过去我国一般采用前苏联资料介绍的间隙值,其值一般较小,而且以冲裁件精度作为主要依据,忽视了断面质量及模具寿命等其他重要因素。根据近年来的研究与实际生产经验,在确定间隙值时要按要求分类确定。对于尺寸精度、断面垂直度要求高的制件应选用较小间隙值，这时冲裁力与模具寿命作为次要因素考虑(表 3-4)。对于断面垂直度与尺寸精度要求不高的制件,在满足冲裁件要求的前提下,应以降低冲裁力、提高模具寿命为主,采用较大间隙值(表 3-5)。

表 3-4 冲裁模初始间隙值 　　　　　　　　　　　　　　　　　　　（单位：mm）

材料厚度 t	软铝		纯钢、黄钢、软钢 $w_c = (0.08 \sim 0.2)\%$		杜拉铝、中等硬钢 $w_c = (0.3 \sim 0.4)\%$		硬钢 $w_c = (0.5 \sim 0.6)\%$	
	Z_{min}	Z_{max}	Z_{min}	Z_{max}	Z_{min}	Z_{max}	Z_{min}	Z_{max}
0.2	0.008	0.012	0.010	0.014	0.012	0.016	0.014	0.018
0.3	0.012	0.018	0.015	0.021	0.018	0.024	0.021	0.027
0.4	0.016	0.024	0.020	0.028	0.024	0.032	0.028	0.036
0.5	0.020	0.030	0.025	0.035	0.030	0.040	0.035	0.045
0.6	0.024	0.036	0.030	0.042	0.036	0.048	0.042	0.054
0.7	0.028	0.042	0.035	0.049	0.042	0.056	0.049	0.063
0.8	0.032	0.048	0.040	0.056	0.048	0.064	0.056	0.072
0.9	0.036	0.054	0.045	0.063	0.054	0.072	0.063	0.081
1.0	0.040	0.060	0.050	0.070	0.060	0.080	0.070	0.090
1.2	0.050	0.084	0.072	0.096	0.084	0.108	0.096	0.120
1.5	0.075	0.105	0.090	0.120	0.105	0.135	0.120	0.150
1.8	0.090	0.126	0.108	0.144	0.126	0.162	0.144	0.180
2.0	0.100	0.140	0.120	0.160	0.140	0.180	0.160	0.200
2.2	0.132	0.176	0.154	0.198	0.176	0.220	0.198	0.242
2.5	0.150	0.200	0.175	0.225	0.200	0.250	0.225	0.275
2.8	0.168	0.225	0.196	0.252	0.224	0.280	0.252	0.308
3.0	0.180	0.240	0.210	0.270	0.240	0.300	0.270	0.330
3.5	0.245	0.315	0.280	0.350	0.315	0.385	0.350	0.420
4.0	0.280	0.360	0.320	0.400	0.360	0.440	0.400	0.480
4.5	0.315	0.405	0.360	0.450	0.405	0.490	0.450	0.540
5.0	0.350	0.450	0.400	0.500	0.450	0.550	0.500	0.600
6.0	0.480	0.600	0.540	0.660	0.600	0.720	0.660	0.780
7.0	0.560	0.700	0.630	0.770	0.700	0.840	0.770	0.910
8.0	0.720	0.880	0.800	0.960	0.880	1.040	0.960	1.120
9.0	0.870	0.990	0.900	1.080	0.990	1.170	1.080	1.260
10.0	0.900	1.100	1.000	1.200	1.100	1.300	1.200	1.400

表 3-5 冲裁模初始间隙值 　　　　　　　　　　　　　　　　　　　（单位：mm）

材料厚度 t	08、10、35、Q295、Q235A		Q345		40、50		60Mn	
	Z_{min}	Z_{max}	Z_{min}	Z_{max}	Z_{min}	Z_{max}	Z_{min}	Z_{max}
小于 0.5	极小间隙							
0.5	0.040	0.060	0.040	0.060	0.040	0.006	0.040	0.060
0.6	0.048	0.072	0.048	0.072	0.048	0.072	0.048	0.072
0.7	0.064	0.092	0.064	0.092	0.064	0.092	0.064	0.092

材料厚度 t	08、10、35、Q295、Q235A		Q345		40、50		60Mn	
	Z_{min}	Z_{max}	Z_{min}	Z_{max}	Z_{min}	Z_{max}	Z_{min}	Z_{max}
0.8	0.072	0.104	0.072	0.104	0.072	0.104	0.064	0.092
0.9	0.090	0.126	0.090	0.126	0.090	0.126	0.090	0.126
1.0	0.100	0.140	0.100	0.140	0.100	0.140	0.090	0.126
1.2	0.126	0.180	0.132	0.180	0.132	0.180		
1.5	0.132	0.240	0.170	0.240	0.170	0.240		
1.75	0.220	0.320	0.220	0.320	0.220	0.320		
2.0	0.246	0.360	0.260	0.380	0.260	0.380		
2.1	0.260	0.380	0.280	0.400	0.280	0.400		
2.5	0.360	0.500	0.380	0.540	0.380	0.540		
2.75	0.400	0.560	0.420	0.600	0.420	0.600		
3.0	0.460	0.640	0.480	0.660	0.480	0.660		
3.5	0.540	0.740	0.580	0.780	0.580	0.780		
4.0	0.640	0.880	0.680	0.920	0.680	0.920		
4.5	0.720	1.000	0.780	0.960	0.780	1.040		
5.5	0.940	1.280	0.840	1.100	0.980	1.320		
6.0	1.080	1.440	1.140	1.200	1.140	1.500		
6.5			0.940	1.300				
8.0			1.200	1.680				

注:冲裁皮革、石棉和纸板时,间隙取 08 钢的 25%。

3.4 凸模与凹模刃口尺寸的计算

凸模和凹模的刃口尺寸和公差,直接影响冲裁件的尺寸精度。模具的合理间隙值也靠凸、凹模刃口尺寸及其公差来保证。因此,正确计算凸、凹模刃口尺寸和公差,是冲裁模设计中的一项重要工作。

3.4.1 凸模和凹模刃口尺寸的计算原则

由于凸、凹模之间存在着间隙,所以冲裁件断面都带有锥度。但在冲裁件尺寸的测量和使用中,则是以光亮带的尺寸为依据。

落料件的光亮带处于大端尺寸,其光亮带是因凹模刃口挤切材料产生的,且落料件的大端(光面)尺寸等于凹模尺寸。

冲孔件的光亮带处于小端尺寸,其光亮带是因凸模刃口挤切材料产生的,且冲孔件的小端(光面)尺寸等于凸模尺寸。

冲裁过程中,凸、凹模要与冲裁零件或废料发生摩擦,凸模轮廓越磨越小,凹模轮廓越磨越大,结果使间隙越用越大。因此,确定凸、凹模刃口尺寸应区分落料和冲孔工序,并遵循下述原则:

(1)由于落料件尺寸由凹模尺寸决定,冲孔时孔的尺寸由凸模尺寸决定,因此设计落料模时以凹模为基准,间隙取在凸模上,冲裁间隙通过减小凸模刃口尺寸来取得;设计冲孔模时,以凸模为基准,间隙取在凹模上,冲裁间隙通过增大凹模刃口尺寸来取得。

(2)根据冲模在使用过程中的磨损规律,设计落料模时,凹模基本尺寸应取接近或等于工件的最小极限尺寸;设计冲孔模时,凸模基本尺寸则取接近或等于工件孔的最大极限尺寸。这样,凸、凹在磨损到一定程度时,仍能冲出合格的制件。

(3)无论落料还是冲孔,冲裁间隙一般选用最小合理间隙值 Z_{min}。

(4)选择模具刃口制造公差时,要考虑工件精度与模具精度的关系,即要保证工件的精度要求,又要保证有合理的间隙值。一般冲模精度较工件精度高 2～3 级。冲裁制件精度与模具制造精度的关系参见表 3-2。

(5)工件尺寸公差与冲模刃口尺寸的制造偏差原则上都应按"入体"原则标注为单向公差,落料件上偏差为零,下偏差为负;冲孔件上偏差为正,下偏差为零。但对于磨损后无变化的尺寸,一般标注双向偏差。

3.4.2 凸、凹模刃口尺寸的计算方法

由于冲模加工方法不同,刃口尺寸的计算方法也不同,可分为两种情况。

1. 凸模与凹模分别加工法

这种方法主要适用于圆形或简单规则形状的工件,因冲裁此类工件的凸、凹模制造相对简单,精度容易保证,可以分别加工,设计时,需在图纸上分别标注凸模和凹模刃口尺寸及制造公差。

冲模刃口与工件尺寸及公差分布情况如图 3-11 所示。其计算公式有如下几个。

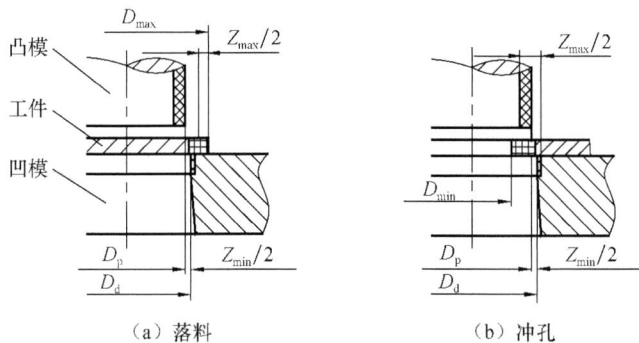

图 3-11　冲模刃口与工件尺寸及公差分布

▨ 凸模、凹模制造公差; ▥ 工件公差

1) 落料

设工件的尺寸为 $D_0^{-\Delta}$,根据计算原则,落料时以凹模为设计基准。首先确定凹模尺寸,使凹模的基本尺寸接近或等于工件轮廓的最小极限尺寸;将凹模尺寸减小最小合理间隙值即得到凸模尺寸

$$D_d = (D_{max} - x\Delta)_0^{\delta_d} \tag{3-3}$$

$$D_p = (D_d - Z_{min})_{-\delta_p}^0 = (D_{max} - x\Delta - Z_{min})_{-\delta_p}^0 \tag{3-4}$$

2) 冲孔

设冲孔尺寸为 $d_0^{+\Delta}$,根据计算原则,冲孔时以凸模为设计基准。首先确定凸模尺寸,使凸模的基本尺寸接近或等于工件孔的最大极限尺寸;将凸模尺寸增大最小合理间隙值即得到凸模尺寸。

$$d_p = (d_{min} + x\Delta)_{-\delta_p}^0 \tag{3-5}$$

$$d_{\mathrm{d}} = (d_{\mathrm{p}} + Z_{\min})_0^{+\delta_{\mathrm{d}}} = (d_{\min} + x\Delta + Z_{\min})_0^{+\delta_{\mathrm{d}}} \qquad (3\text{-}6)$$

3）孔心距

孔心距属于磨损后基本不变的尺寸。在同一工步中，在工件上冲出孔距为 $L\pm\Delta$ 两个孔时，其凹模型孔中心距可按式(3-7)确定

$$L_{\mathrm{d}} = L \pm \frac{1}{8}\Delta \qquad (3\text{-}7)$$

式中，D_{d}、D_{p} 分别为落料凸、凹模基本尺寸，mm；d_{d}、d_{p} 分别为冲孔凹、凸模基本尺寸，mm；$D_{\max}$ 为落料件最大极限尺寸，mm；$d_{\min}$ 为冲孔件孔的最小极限尺寸，mm；$L_{\min}$、L_{d} 分别为制件孔距最小极限尺寸、同一工步中凹模孔距基本尺寸，mm；Δ 为制件公差，mm；$Z_{\min}$ 为凸、凹模最小初始双面间隙，mm；x 为磨损系数，是为了使冲裁件的实际尺寸尽量接近冲裁件公差带的中间尺寸，与工件制造精度有关，可查表 3-6 或按下列关系取值：工件精度 IT10 以上时 $x=1$，工件精度 IT11～IT13 时 $x=0.75$，工件精度 IT14 时 $x=0.5$；δ_{p} 为凸模制造公差，可按 IT6 选用，mm；δ_{d} 为凹模制造公差，可按 IT7 选用，mm。

表 3-6　磨损系数 x

材料厚度 t/mm	非圆形			圆形	
	1	0.75	0.5	0.75	0.5
	工件公差 Δ				
<1	≤0.16	0.17～0.35	≥0.36	<0.16	≥0.16
1～2	≤0.20	0.21～0.41	≥0.42	<0.20	≥0.20
2～4	≤0.24	0.25～0.44	≥0.50	<0.24	≥0.24
>4	≤0.30	0.31～0.59	≥0.60	<0.30	≥0.30

为了保证间隙不超过 $Z_{\max}$，即 $|\delta_{\mathrm{p}}| + |\delta_{\mathrm{d}}| + Z_{\min} \leqslant Z_{\max}$，$\delta_{\mathrm{p}}$ 和 δ_{d} 选取必须满足

$$|\delta_{\mathrm{p}}| + |\delta_{\mathrm{d}}| \leqslant Z_{\max} - Z_{\min} \qquad (3\text{-}8)$$

或者取 $\delta_{\mathrm{p}} \leqslant 0.4(Z_{\max} - Z_{\min})$、$\delta_{\mathrm{d}} \leqslant 0.6(Z_{\max} - Z_{\min})$。

模具精度与冲裁件精度的关系参见表 3-2。

需要说明的是，若工件尺寸没有标注公差，则按未注公差 IT14 级来处理，而模具则按 IT11 级制造(对非圆形件)，或按 IT6～IT7 级制造(对圆形件)。

由上可见，凸、凹模分别加工法的优点是凸、凹模具有互换性，制造周期短，便于成批制造。其缺点是为了保证初始间隙在合理范围内，需要采用较小的凸、凹模具制造公差才能满足 $|\delta_{\mathrm{p}}| + |\delta_{\mathrm{d}}| \leqslant Z_{\max} - Z_{\min}$ 的要求，所以模具制造成本相对较高。

例 3-1　冲制图 3-12 所示零件，材料为 Q235 钢，料厚 $t = 0.5\,\mathrm{mm}$。计算冲裁凸、凹模刃口尺寸及公差。

解　由图可知，该零件属于无特殊要求的一般冲孔、落料件。$\phi 36$ 由落料获得，$2\text{-}\phi 6$ 及 18 由冲孔同时获得。查表 3-3，$Z_{\min} = 0.04$，$Z_{\max} = 0.06$，则

$$Z_{\max} - Z_{\min} = 0.06 - 0.04 = 0.02\,(\mathrm{mm})$$

由公差表查得：$\phi 6^{+0.12} + 0.12$ 为 IT12 级，取 $x = 0.75$；$\phi 36^{+0.62}$ 为 IT14 级，取 $x = 0.5$。

设凸、凹模分别按 IT6 和 IT7 级加工制造，则

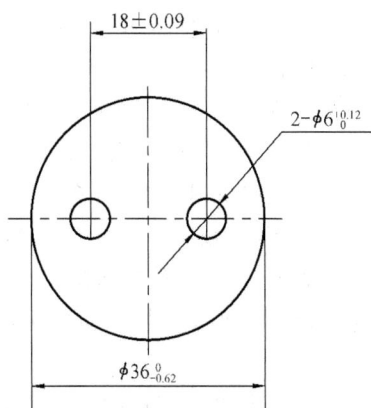

图 3-12　冲制零件图

18±0.09　　2-$\phi 6_0^{+0.12}$　　$\phi 36_{-0.62}^{0}$

冲孔
$$d_p = (d_{min} + x\Delta)^0_{-\delta_p} = (6 + 0.75 \times 0.12)^0_{-0.008} = 6.09^0_{-0.008}(\text{mm})$$
$$d_d = (d_p + Z_{min})^{+\delta_d}_0 = (6.09 + 0.04)^{0.012}_0 = 6.13^{+0.012}_0(\text{mm})$$
校核 $|\delta_p| + |\delta_d| \leqslant Z_{min}$
$$0.008 + 0.012 \leqslant 0.06 - 0.04$$
$$0.02 = 0.02(\text{满足间隙公差条件})$$
孔距尺寸
$$L_d = \left(L_{min} + \frac{1}{2}\Delta\right) \pm \frac{1}{8}\Delta = \left[(18 - 0.09) + \frac{1}{2} \times 0.18\right] \pm \frac{1}{8} 0.18$$
$$= 18 \pm 0.023(\text{mm})$$
落料
$$D_d = (D_{max} - x\Delta)^{+\delta_d}_0 = (36 - 0.5 \times 0.62)^{0.025}_0 = 35.69^{+0.025}_0(\text{mm})$$
$$D_P = (D_d - Z_{min})^0_{-\delta_p} = (35.69 - 0.04)^0_{-0.016} = 35.65^0_{-0.016}(\text{mm})$$
校核
$$0.016 + 0.025 = 0.04 > 0.02$$
由此可知,只有缩小 δ_p、δ_d,提高制造精度,才能保证间隙在合理范围内,此时可取
$$\delta_p = 0.4 \times 0.02 = 0.008(\text{mm})$$
$$\delta_d = 0.6 \times 0.02 = 0.012(\text{mm})$$
故
$$D_d = 35.69^{+0.012}_0 \text{mm}, \quad D_p = 35.65^0_{-0.008} \text{mm}$$

2. 凸模与凹模配作法

对于形状复杂或薄板工件(Z_{max} 与 Z_{min} 的差值很小)的模具,为了保证冲裁凸、凹模间有一定的间隙值,必须采用配合加工。此方法是先做好其中的一件(凸模或凹模)作为基准件,然后以此基准件的实际尺寸来配加工另一件,使它们之间保持一定的间隙。设计时,基准件的刃口尺寸及制造公差应详细标注,而配作件上只标注公称尺寸,不注公差,但在图纸上注明:"凸(凹)模刃口按凹(凸)模实际刃口尺寸配制,保证最小双面合理间隙值 Z_{min}"。这样 δ_p 与 δ_d 就不再受间隙限制。根据经验,普通模具的制造公差一般可取 $\delta = \Delta/4$。这种方法不仅容易保证凸、凹模间隙值很小,而且还可放大基准件的制造公差,使制造容易。

采用配作法,计算凸模或凹模刃口尺寸,首先是根据凸模或凹模磨损后轮廓变化情况,正确判断出模具刃口各个尺寸在磨损过程中是变大、变小还是不变这三种情况,然后分别按不同的公式计算。

1)凸模或凹模磨损后会增大的尺寸——第一类尺寸 A

落料凹模或冲孔凸模磨损后将会增大的尺寸,相当于简单形状的落料凹模尺寸,所以它的基本尺寸及制造公差的确定方法与公式(3-3)相同。

第一类尺寸 $\qquad\qquad\qquad A_j = (A_{max} - x\Delta)^{+\frac{1}{4}\Delta}$ $\qquad\qquad\qquad$ (3-9)

2)凸模或凹模磨损后会减小的尺寸——第二类尺寸 B

冲孔凸模或落料凹模磨损后将会减小的尺寸,相当于简单形状的冲孔凸模尺寸,所以它的

基本尺寸及制造公差的确定方法与公式(3-5)相同。

第二类尺寸
$$B_j = (B_{min} + x\Delta)_{-\frac{1}{4}\Delta} \qquad (3-10)$$

3) 凸模或凹模磨损后会基本不变的尺寸——第三类尺寸 C

凸模或凹模在磨损后基本不变的尺寸,不必考虑磨损的影响,相当于简单形状的孔心距尺寸,所以它的基本尺寸及制造公差的确定方法与公式(3-7)相同。

第三类尺寸
$$C_j = \left(C_{min} + \frac{1}{2}\Delta\right) \pm \frac{1}{8}\Delta \qquad (3-11)$$

例 3-2 计算图 3-13 所示落料件,$a = 80_{-0.42}^{0}$ mm,$b = 40_{-0.34}^{0}$ mm,$c = 35_{-0.34}^{0}$ mm,$d = (22 \pm 0.14)$ mm,$e = 15_{-0.12}^{0}$ mm,厚度 $t = 1$ mm,材料为 10 号钢,计算冲裁件的凸、凹模刃口尺寸及制造公差。

解 该冲裁件属落料件,选凹模为设计基准件,只需要计算落料凹模刃口尺寸及制造公差,凸模刃口尺寸由凹模实际尺寸按间隙要求配作。

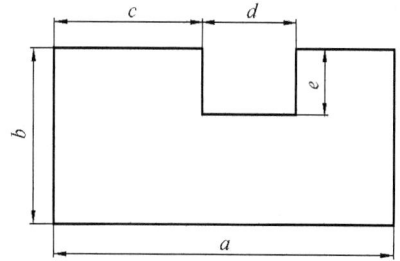

图 3-13 落料零件图

由表 3-6 查得:由公差表查得工件各尺寸的公差等级,然后确定 x,对于尺寸 80mm,选 $x = 0.5$;尺寸 15mm,选 $x = 1$;其余尺寸均选 $x = 0.75$。

落料凹模的基本尺寸计算如下:

$$a_d = (80 - 0.5 \times 0.42)_{0}^{+\frac{1}{4} \times 0.42} = 79.79_{0}^{+0.105} (\text{mm})$$

$$b_d = (35 - 0.75 \times 0.34)_{0}^{+\frac{1}{4} \times 0.34} = 39.75_{0}^{+0.085} (\text{mm})$$

$$c_d = (35 - 0.75 \times 0.34)_{0}^{+\frac{1}{4} \times 0.34} = 34.75_{0}^{+0.085} (\text{mm})$$

$$d_d = (22 - 0.14 + 0.75 \times 0.28)_{-\frac{1}{4} \times 0.28}^{0} = 22.07_{-0.07}^{0} (\text{mm})$$

$$e_d = (15 - 0.12 + 0.5 \times 0.12) \pm \frac{1}{8} \times 0.12 = 14.94 \pm 0.015 (\text{mm})$$

落料凸模的基本尺寸与凹模相同,分别是 79.79mm、39.75mm、34.75mm、22.07mm 和 14.94mm。但不必标注公差,只需注明:以 0.10~0.14mm 双面间隙与落料凹模配作。落料凸、凹模尺寸如图 3-14 所示。

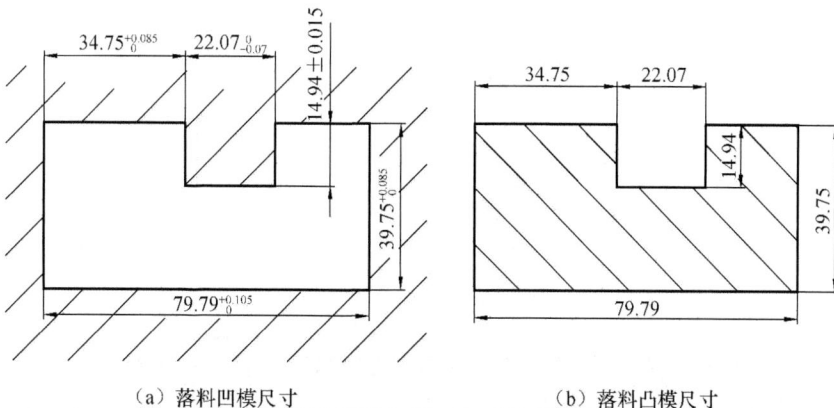

（a）落料凹模尺寸 　　　　　　　（b）落料凸模尺寸

图 3-14 落料凸、凹模尺寸

3.5 冲裁排样与搭边设计

冲裁件在条料、带料或板料上的布置方法称为排样。在冲压零件的成本中，材料费用约占60％以上，合理的排样是提高材料利用率、降低成本，保证冲件质量及模具寿命的有效措施。

3.5.1 材料的经济利用

1. 材料利用率

在冲压产生中，冲压大工件一般采用单个的块料作为毛坯；冲压较小的工件时，为了便于操作和提高生产率，通常采用板料裁成的条料作为毛坯。

冲裁件的实际面积与所用板料面积的百分比称为材料利用率，它是衡量合理利用材料的经济性指标。

一个步距内的材料利用率(图 3-15)可表示为

$$\eta = \frac{A}{BS} \times 100\% \tag{3-12}$$

式中，η 为材料利用率；A 为一个步距内工件的实际面积；S 为送料步距；B 为条料宽度。

若考虑到料头、料尾和边余料的材料消耗，则一张板料(或带料、条料)上总的材料利用率为

$$\eta_{总} = \frac{nA_1}{LB} \times 100\% \tag{3-13}$$

式中，n 为一张板料(或带料、条料)上冲裁件的总数目；A_1 为一个冲裁件的实际面积；L 为板料长度；B 为板料宽度。

2. 提高材料利用率的方法

从上述公式可看出，若能减少废料面积，则材料利用率高。废料可分为工艺废料与结构废料两种(图 3-15)：一类是结构废料，是由冲件的形状特点产生的；另一类是由于冲件之间和冲件与条料侧边之间的搭边，以及料头、料尾和边余料而产生的废料，称为工艺废料。所以只有设计合理的排样方案，减少工艺废料，才能提高材料利用率。

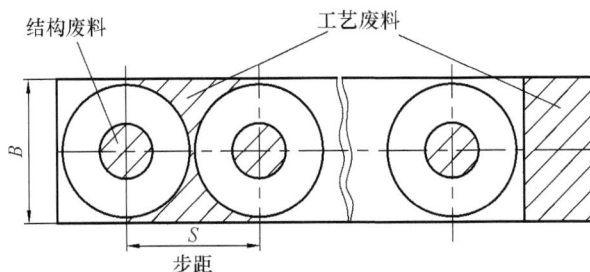

图 3-15 废料的分类

减少工艺废料的有力措施是：设计合理的排样方案，选择合适的板料规格和合理的裁板法(减少料头、料尾和边余料)，或利用废料做小零件(如表 3-7 中的混合排样)等。

对一定形状的冲件，结构废料是不可避免的，但充分利用结构废料是可能的。当两个不同

冲件的材料和厚度相同时,在尺寸允许的情况下,较小尺寸的冲件可在较大尺寸冲件的废料中冲制出来。如电动机转子硅钢片,就是在定子硅钢片的废料中取出的。另外,在不影响使用功能的前提下,也可通过改变零件的结构形状,提高材料利用率,如图 3-16 所示。

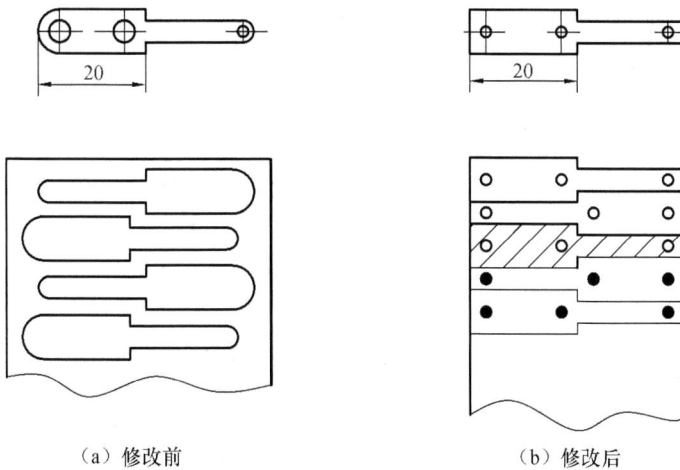

（a）修改前　　　　　　　　　　　（b）修改后

图 3-16　不同零件形状的材料利用情况的对比

3.5.2　排样方法

根据材料的合理利用程度,条料排样方法可分为三种,如图 3-17 所示。

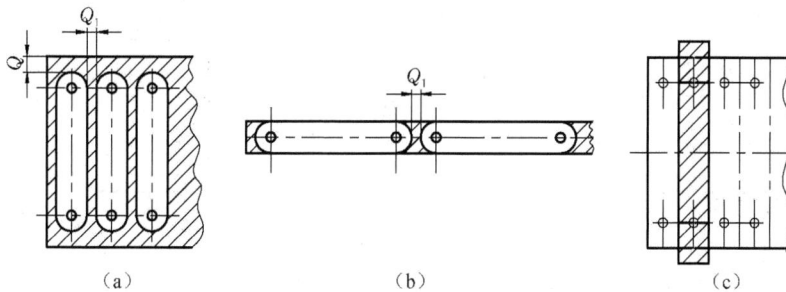

（a）　　　　　　　　　　（b）　　　　　　　　　　（c）

图 3-17　排样方法分类

根据制件在条料上的布置形式,排样又可分为直排、斜排、直对排、混合排和多排等多种形式,如表 3-7 所示。

1. 有废料排样

如图 3-17(a)所示。沿冲件全部外形冲裁,冲件与冲件之间、冲件与条料之间都存在有工艺废料(搭边)。冲件尺寸完全由冲模来保证,因此精度高,模具寿命也高,但材料利用率低。

2. 少废料排样

如图 3-17(b)所示。沿冲件部分外形切断或冲裁,只在冲件与冲件之间(或冲件与条料侧边之间)留有搭边。因受剪裁条料质量和定位误差的影响,其冲件质量稍差,同时边缘毛刺被

表 3-7　主要的排样形式

排样形式	有废料排样		少、无废料排样	
	简图	应用	简图	应用
直排	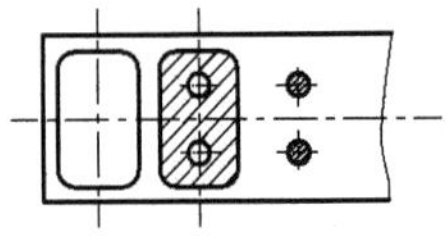	用于简单几何形状（方行、圆形、矩形）的冲件	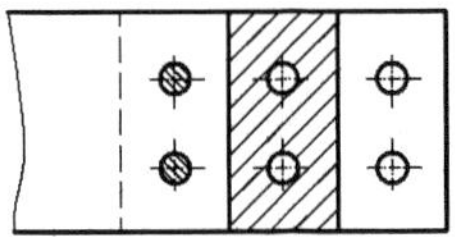	用于矩形或方形
斜排	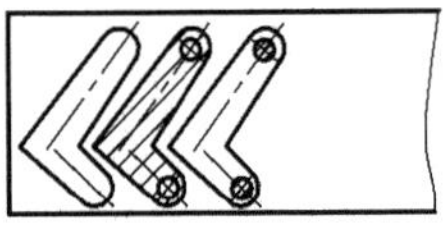	用于 T 形、L 形、S 形、十字形、椭圆形冲件	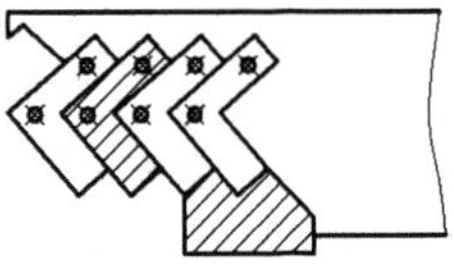	用于 L 形或其他形状的冲件，在外形上允许有不大的缺陷
直对排	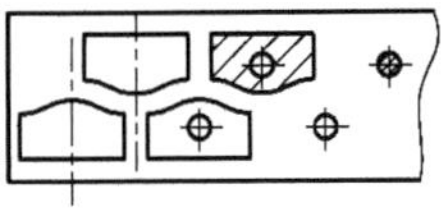	用于 T 形、п 形、山形、梯形、三角形、半圆形的冲件	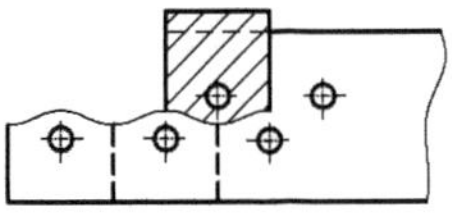	用于 T 形、п 形、山形、梯形、三角形冲件，在外形上允许有少量的缺陷
斜对排	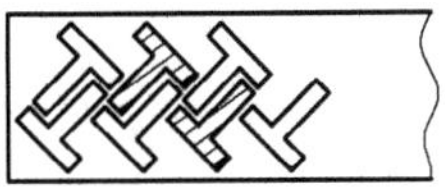	用于材料利用率比直对排高时的情况	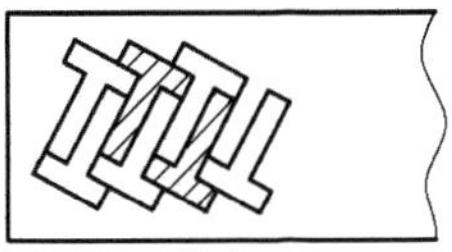	多用于 T 形冲件
混合排	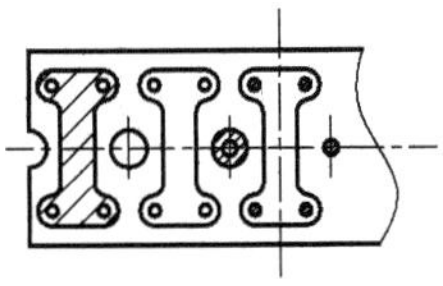	用于材料和厚度都相同的两种以上的冲件	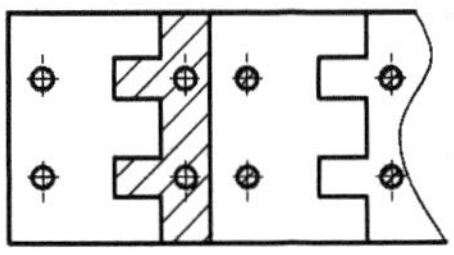	用于两个外形互相嵌入的不同冲件（铰链等）
多排	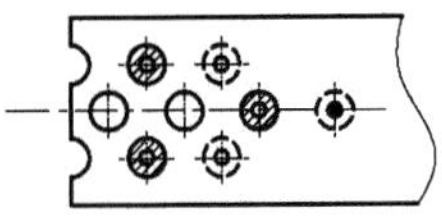	用于大批量生产中尺寸不大的圆形、方形、矩形及六角形冲件	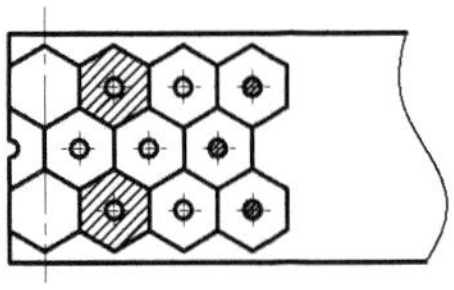	用于大量生产中尺寸不大的方形、矩形及六角形冲件
冲裁搭边	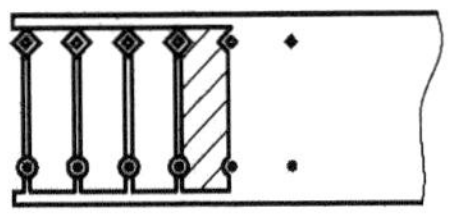	大批生产中用于小窄冲件（表针及类似的冲件）或带料的连续拉深	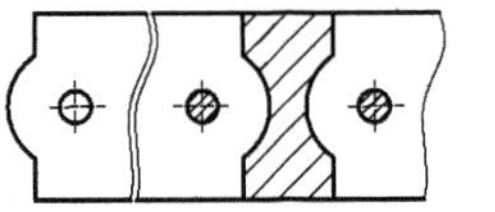	用于以宽度均匀的条料或带料冲裁长形件

凸模带入间隙也影响模具寿命，但材料利用率稍高，冲模结构简单。

3．无废料排样

如图 3-17(c)所示。冲件与冲件之间或冲件与条料侧边之间均无工艺搭边的排样，沿直线或曲线切断条料而获得冲件。冲件的质量和模具寿命要差一些，但材料利用率最高。另外，如图 3-17(c)所示，当送进步距为两倍零件宽度时，可实现一模两件效果，利于提高劳动生产率。

采用少、无废料的排样可以简化冲裁模结构，减小冲裁力，提高材料利用率。但是，因条料本身的公差以及条料导向与定位所产生的误差影响，冲裁件公差等级低。同时，由于模具单边受力（单边切断），导致模具磨损加剧，降低模具寿命。为此，排样时必须统筹兼顾、全面考虑。

对有废料排样，少、无废料排样还可以进一步按冲裁件在条料上的布置方法加以分类，其主要形式列于表 3-7 中。

在冲压生产实际中,由于零件的形状、尺寸、精度要求、批量大小和原材料供应等方面的影响,没有一种固定不变的合理排样方案。所以在决定排样方案时应遵循的原则是:保证在最低的材料消耗和最高的劳动生产率的条件下得到符合技术条件要求的零件,同时要考虑方便生产操作、冲模结构简单、寿命长以及车间生产条件和原材料供应情况等。

3.5.3 搭边

排样时冲裁件之间以及冲裁件与条料侧边之间留下的工艺废料称为搭边。搭边的作用一是补偿定位误差和剪板误差;二是增加条料刚度,以保证零件质量和送料方便。

确定合理搭边值有利于提高冲裁件质量。搭边过大时,材料利用率低;搭边过小时,搭边的强度和刚度不够,冲裁时容易翘曲或被拉断,不仅会增大冲裁件毛刺,有时甚至单边拉入模具间隙,造成冲裁力不均,损坏模具刃口。据统计,正常搭边比无搭边冲裁时的模具寿命高50%以上。

搭边值一般是由经验确定的。表 3-8 为最小搭边值的经验数表之一,设计时可参考。

表 3-8 最小搭边值 a
(单位:mm)

材料厚度 t	圆形或圆角 $r \geqslant 2t$		矩形件边长 $L < 50\text{mm}$		矩形件边长 $L \geqslant 50\text{mm}$,圆角 $r \geqslant 2t$	
	工件间 a_1	侧面 a	工件间 a_1	侧面 a	工件间 a_1	侧面 a
<0.25	1.8	2.0	2.2	2.5	2.8	3.0
0.25~0.5	1.2	1.5	1.8	2.0	2.2	2.5
0.5~0.8	1.0	1.2	1.5	1.8	1.8	2.0
0.8~1.2	0.8	1.0	1.2	1.5	1.5	1.8
1.2~1.6	1.0	1.2	1.5	1.8	1.8	2.0
1.6~2.0	1.2	1.5	1.8	2.5	2.0	2.2
2.0~2.5	1.5	1.8	2.0	2.2	2.2	2.5
2.5~3.0	1.8	2.2	2.2	2.5	2.5	2.8
3.0~3.5	2.2	2.5	2.5	2.8	2.8	3.2
3.5~4.0	2.5	2.8	2.5	3.2	3.2	3.5
4.5~5.0	3.0	3.5	3.5	4.0	4.0	4.5
5.0~12	0.6t	0.7t	0.7t	0.8t	0.86t	0.9t

另外在选取搭边值时,还应注意以下一些问题:硬材料的搭边值可小一些;软材料、脆材料的搭边值要大一些;材料越厚,搭边值也越大;零件外形越复杂,圆角半径越小,搭边值取大些;用手工送料,有侧压装置的搭边值可以小一些;用侧刃定距比用挡料销定距的搭边小一些;弹性卸料比刚性卸料的搭边小一些。

3.5.4 条料的宽度和导料板间距离的计算

在排样方案和搭边值确定之后,就可以确定条料的宽度和导料板间距离。由于表 3-8 所列侧面搭边值 a 已经考虑了剪料公差所引起的减小值,所以条料宽度的计算一般采用下列简化公式。

(1) 有侧压装置时条料的宽度与导料板间距离,如图 3-18 所示。

有侧压装置的模具,能使条料始终沿着导料板送进,故按下式计算:

条料宽度 $\qquad\qquad B_{-\Delta}^{0}=(D_{max}+2a)_{-\Delta}^{0}$ (3-14)

导料板间距离 $\qquad A=B+C=D_{max}+2a+C$ (3-15)

(2) 无侧压装置时条料的宽度与导料板间距离,如图 3-19 所示侧压装置的模具,应考虑在送料过程中因条料的摆动而使侧面搭边减少。为了补偿侧面搭边的减少,条料宽度应增加一个条料可能的摆动量,故按下式计算:

条料宽度 $\qquad\qquad B_{-\Delta}^{0}=(D_{max}+2a+C)_{-\Delta}^{0}$ (3-16)

导料板间距离 $\qquad A=B+Z=D_{max}+2a+2C$ (3-17)

式中,D_{max} 为条料宽度方向冲裁件的最大尺寸;a 为侧搭边值,可参考表 3-8;Δ 为条料宽度的单向(负向)偏差,见表 3-9、表 3-10;C 为导料板与最宽条料之间的间隙,其最小值见表 3-11。

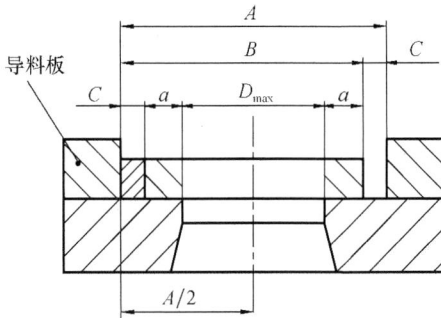

图 3-18　有侧压板的冲裁　　　　图 3-19　无侧压板的冲裁

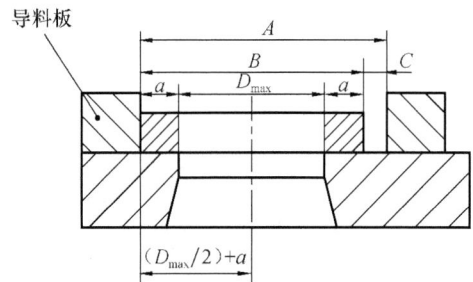

表 3-9　条料宽度偏差 I　　　　　　　　　　　　　　(单位:mm)

条料宽度 t	材料厚度 t			
	~1	1~2	2~3	3~5
~50	0.4	0.5	0.7	0.9
50~100	0.5	0.6	0.8	1.0
100~150	0.6	0.7	0.9	1.1
150~220	0.7	0.8	1.0	1.2
220~300	0.8	0.9	1.1	1.3

表 3-10　条料宽度偏差 II　　　　　　　　　　　　　(单位:mm)

条料宽度 B	材料厚度 t		
	~0.5	>0.5~1	>1~2
~20	0.05	0.08	0.10
>20~30	0.08	0.10	0.15
>30~50	0.10	0.15	0.20

表 3-11　导料板与条料之间的最小间隙　　　　　　　　　　（单位:mm）

材料厚度 t	无侧压装置			有侧压装置	
	条料宽度 B			条料宽度 B	
	100 以下	100～200	200～300	100 以下	100 以上
<0.5	0.5	0.5	1	5	8
0.5～1	0.5	0.5	1	5	8
1～2	0.5	1	1	5	8
2～3	0.5	1	1	5	8
3～4	0.5	1	1	5	8
4～5	0.5	1	1	5	8

（3）用侧刃定距时条料的宽度与导料板间距离,如图 3-20 所示。

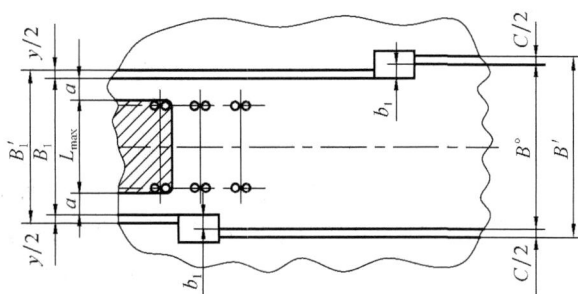

图 3-20　有侧刃的冲裁

当条料的送进步距用侧刃定位时,条料宽度必须增加侧刃切去的部分,故按下式计算:

条料宽度
$$B^0_{-\Delta}=(L_{\max}+2a+nb_1)^0_{-\Delta} \tag{3-18}$$

式中,$L_{\max}$ 为条料宽度方向冲裁件的最大尺寸;a 为侧搭边值,可参考表 3-8;n 为侧刃数;b_1 为侧刃冲切的料边宽度,如表 3-12 所示;C 为冲切前的条料宽度与导料板间的间隙,如表 3-11 所示;y 为冲切后的条料宽度与导料板间的间隙,如表 3-12 所示。

表 3-12　冲切后条料宽度与导料板的间隙　　　　　　　　　（单位:mm）

条料厚度 t	b_1		y
	金属材料	金属材料	
<1.5	1.5	2	0.10
>1.5～2.5	2.0	3	0.15
>2.5～3	2.5	4	0.20

3.5.5　排样图

在确定条料宽度之后,还要选择板料规格,并确定裁板方法（纵向剪裁或横向剪裁）,之后就可以绘出排样图。如图 3-21 所示,一张完整的排样图应标注条料宽度尺寸、条料长度 L、板料厚度 t、端距 l、步距 S、工件间搭边和侧搭边 α。习惯以剖面线表示冲压位置。

排样图是排样设计的最终表达形式。它应绘在冲压工艺规程卡片上和冲裁模总装图的右上角。

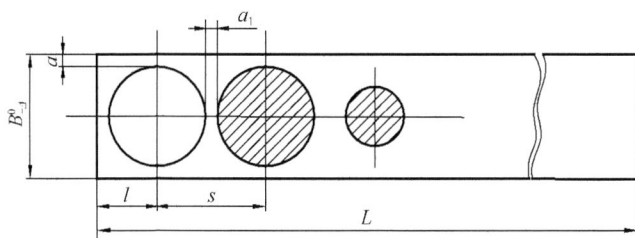

图 3-21 排样图

值得注意的是:排样时,除了考虑材料利用率外,还要考虑模具结构是否复杂、生产率的高低和操作是否安全和方便等因素。

目前已有计算机排样软件,通过键的操作就可以快捷地确定最优的排样方案。

3.6 冲裁工艺力和压力中心的计算

冲裁工艺力包括冲裁力以及卸料力、推件力和顶件力。冲裁时分离材料所需的力为冲裁力;将冲裁后由于弹性恢复而扩张、堵塞在凹模洞口内的工件(或废料)推出或顶出所需的力为推料(件)力或顶料(件)力;将因弹性收缩而箍紧在凸模上的废料(或工件)卸掉的力为卸料力,如图 3-22 所示。为了合理选择压力机的吨位,需要计算冲压工艺力。

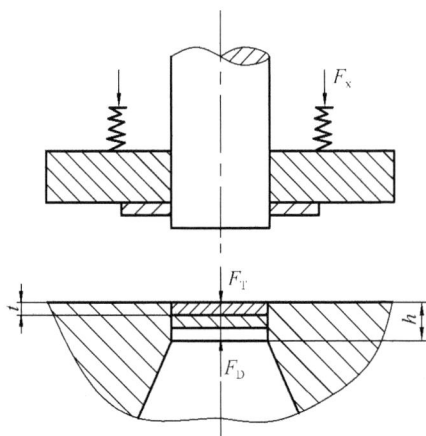

图 3-22 卸料力、推件力和顶件力

3.6.1 冲裁力的计算

冲裁力是冲裁过程中凸模对板料施加的压力,它是随凸模进入材料的深度(凸模行程)而变化的,如图 3-6 所示。通常说的冲裁力是指冲裁力的最大值,它是选用压力机和设计模具的重要依据之一。

用普通平刃口模具冲裁时,其冲裁力 F 一般为

$$F = KLt\tau_b \qquad (3\text{-}19)$$

式中,F 为冲裁力,N;L 为冲裁周边长度,mm;t 为材料厚度,mm;τ_b 为材料抗剪强度,MPa;K 为系数。考虑冲裁模刃口的磨损、凸模与凹模间隙之波动(数值的变化或分布不均)、润滑情况、材料力学性能与厚度公差的变化等因素而设置的安全系数,一般取 1.3。

当查不到抗剪强度 τ_b 时,可用抗拉强度 σ_b 代替 τ_b,而取 $K=1$ 近似计算:

$$F \approx Lt\sigma_b \qquad (3\text{-}20)$$

式中,σ_b 为材料的抗拉强度。

3.6.2 卸料力、推件力和顶件力的计算

卸料力、推件力和顶件力是由压力机和模具卸料装置或顶件装置传递的。所以在选择设备的公称压力或设计冲模时,应分别予以考虑。影响这些力的因素较多,而且影响规律也很复

杂,精确地计算这些力的大小比较困难,生产中常参照冲裁力用经验公式计算:

卸料力 $\qquad F_X = K_X F$ $\qquad\qquad$ (3-21)

推件力 $\qquad F_T = n K_T F$ $\qquad\qquad$ (3-22)

顶件力 $\qquad F_D = K_D F$ $\qquad\qquad$ (3-23)

式中,F 为冲裁力,N;K_X、K_T、K_D 分别为卸料力、推件力、顶件力系数,如表 3-13 所示;n 为同时卡在凹模内的冲裁件(或废料)数,$n = h/t$;h 为凹模洞口的直刃壁高度,mm;t 为板料厚度,mm。

表 3-13 卸料力、推件力、顶件力系数

料厚 t/mm		K_X	K_T	K_D
钢	≤0.1	0.065~0.075	0.1	0.14
	>0.1~0.5	0.045~0.055	0.63	0.08
	>0.5~2.5	0.04~0.05	0.55	0.06
	>2.5~6.5	0.03~0.04	0.45	0.05
	>6.5	0.02~0.03	0.25	0.03
铝、铝合金		0.025~0.08	0.03~0.07	
纯铜、黄铜		0.02~0.06	0.03~0.09	

3.6.3 压力机公称压力的确定

压力机的公称压力必须大于或等于各种冲压工艺力的总和 F_Z。由于模具结构的不同,F_Z 的计算应根据实际情况具体分析。

采用弹性卸料装置和下出料方式的冲裁模时

$$F_Z = F + F_X + F_T \qquad\qquad (3-24)$$

采用弹性卸料装置和上出料方式的冲裁模时

$$F_Z = F + F_X + F_D \qquad\qquad (3-25)$$

采用刚性卸料装置和下出料方式的冲裁模时

$$F_Z = F + F_T \qquad\qquad (3-26)$$

3.6.4 降低冲裁力的方法

在生产中,当压力机的吨位不足或者小设备冲裁大工件时,需要降低冲裁力。根据冲裁力计算公式,常用下列方法来降低冲裁力。

1. 阶梯凸模冲裁

在多凸模的冲模中,将凸模设计成不同长度,使工作端面呈阶梯式布置,如图 3-23 所示,使各凸模冲裁力的最大峰值不同时出现,从而达到降低冲裁力目的。尤其在几个凸模直径相差较大、相距很近的情况下,为了能避免小直径凸模折断或倾斜,也可采用阶梯布置,即将小凸模做短一些。

凸模间的高度差 H 与板料厚度 t 有关,当 $t < 3$mm,取 $H = t$;当 $t > 3$mm,取 $H = 0.5t$。

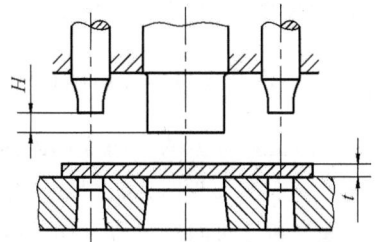

图 3-23 凸模的阶梯布置形式

阶梯凸模冲裁的冲裁力,一般只按产生最大冲裁力的那一个阶梯进行计算。

2. 斜刃冲裁

用平刃口模具冲裁时,沿刃口整个周边同时冲切材料,故冲裁力较大。若将凸模(或凹模)刃口平面做成与其轴线倾斜一个角度的斜刃,则冲裁时刃口就不是全部同时切入,而是逐步地将材料切离,这样就相当于把冲裁件整个周边长分成若干小段进行剪切分离,因而能显著降低冲裁力。

斜刃冲裁时,会使板料产生弯曲,因此必须保证工件平整,只允许废料发生弯曲变形。因此,落料时凸模应为平刃,将凹模做成斜刃,如图 3-24(a)、(b)、(c)所示。冲孔时则凹模应为平刃,凸模为斜刃,如图 3-24(d)、(e)、(f)所示。斜刃冲模制造复杂,刃口磨损快,修磨困难,冲件不够平整,不适于冲裁外形复杂的冲件,只用于大型冲件或厚板的冲裁。

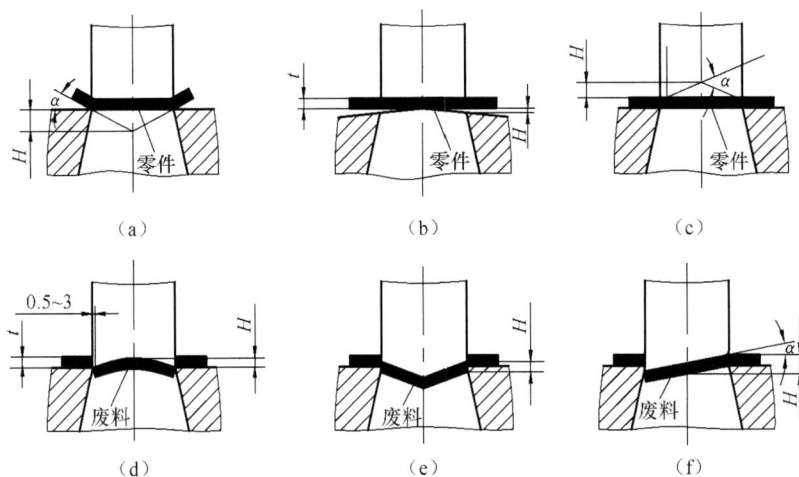

图 3-24 斜刃冲裁的形式

最后应当指出,采用斜刃冲裁或阶梯凸模冲裁时,虽然减低了冲裁力,但凸模进入凹模较深,冲裁行程增加,因此这些模具省力而不省功。

3. 加热冲裁(红冲)

金属在常温时其抗剪强度是一定的,而当金属材料被加热到一定的温度之后,其抗剪强度显著降低,所以加热冲裁能降低了冲裁力。但加热冲裁易破坏工件表面质量,同时会产生热变形,精度低,因此应用比较少。

3.6.5 模具压力中心的确定

冲压力合力的作用点称为模具的压力中心。为了保证压力机和模具的正常工作,应使模具的压力中心与压力机滑块的中心线相重合。否则,会使冲模和压力机滑块产生偏心载荷,导致滑块和导轨间和模具导向零件之间非正常的磨损,还会使合理间隙得不到保证,从而影响制件质量和降低模具寿命甚至损坏模具。

1. 简单几何图形压力中心的位置

（1）对称冲件的压力中心,位于冲件轮廓图形的几何中心上。

（2）冲裁直线段时,其压力中心位于直线段的中心。

（3）冲裁圆弧线段时,其压力中心的位置 y,如图 3-25 所示,按式(3-27)计算

$$y = 180R\sin(\alpha/\pi\alpha) = Rs/b \qquad (3\text{-}27)$$

2. 确定多凸模模具的压力中心

形状复杂的零件、多孔冲模、级进模的压力中心可用解析计算法求出。计算依据是:合力对某轴之力矩等于各分力对同轴力矩之代数和。在分别计算凸模刃口轮廓的压力中心坐标位置 x_1、x_2、x_3、$\cdots$、x_n 和 y_1、y_2、y_3、$\cdots$、y_n 后,则可按下述方法计算压力中心坐标 (x_0,y_0)（图 3-26）。

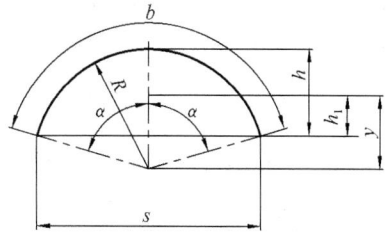

图 3-25　简单几何图形的压力中心

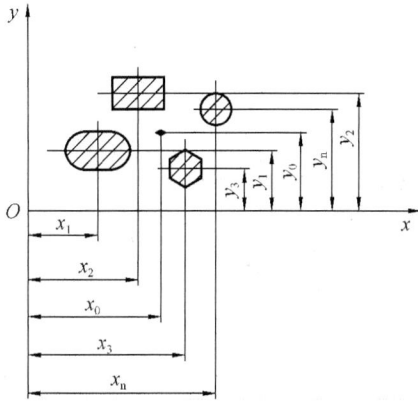

图 3-26　多凸模模具的压力中心计算

$$x_0 = \frac{F_1 x_1 + F_2 x_2 + \cdots + F_n x_n}{F_1 + F_2 + \cdots + F_n} = \frac{\sum_{i=1}^{n} F_i x_i}{\sum_{i=1}^{n} F_i} \qquad (3\text{-}28)$$

$$y_0 = \frac{F_1 y_1 + F_2 y_2 + \cdots + F_n y_n}{F_1 + F_2 + \cdots + F_n} = \frac{\sum_{i=1}^{n} F_i y_i}{\sum_{i=1}^{n} F_i} \qquad (3\text{-}29)$$

因为冲裁力与周边长度成正比,所以式中个冲裁力 F_1、F_2、F_3、$\cdots$、F_n 可分别用相应的冲裁周边长度 L_1、L_2、L_3、$\cdots$、L_n 代替;并且对于平行力系,冲裁力的合力等于各力的代数和,即 $F=F_1+F_2+\cdots+F_N$,整理后得到

$$x_0 = \frac{L_1 x_1 + L_2 x_2 + \cdots + L_n x_n}{L_1 + L_2 + \cdots + L_n} = \frac{\sum_{i=1}^{n} L_i x_i}{\sum_{i=1}^{n} L_i} \qquad (3\text{-}30)$$

$$y_0 = \frac{L_1 y_1 + L_2 y_2 + \cdots + L_n y_n}{L_1 + L_2 + \cdots + L_n} = \frac{\sum_{i=1}^{n} L_i y_i}{\sum_{i=1}^{n} L_i} \qquad (3\text{-}31)$$

除上述的解析法外,还可以用作图法和悬挂法（精确度不高）或者利用 CAD 绘图软件的质心查询功能确定冲裁模压力中心（快速精确）。

3.7　冲裁工艺设计

冲裁工艺设计包括冲裁件的工艺性和冲裁工艺方案确定。良好的工艺性和合理的工艺方案,可以用最少的材料,最少的工序数和工时,结构简单、长寿命模具稳定地获得合格冲件。

3.7.1 冲裁件的工艺性分析

冲裁件的工艺性,是指冲裁件对冲压工艺的适应程度,即冲裁件的结构、形状、尺寸及公差等技术要求是否符合冲裁加工的工艺要求。冲裁件工艺性优劣对冲裁件质量、模具寿命和生产效率有很大影响。

1. 冲裁件的结构工艺性

(1) 冲裁件形状应尽可能简单、对称、排样废料少,有利于材料的合理利用。如图 3-27(a) 所示零件,若只要求三孔位置,外形无关紧要,改为图 3-27(b)所示形状,可用无废料排样,材料利用率大幅度提高。

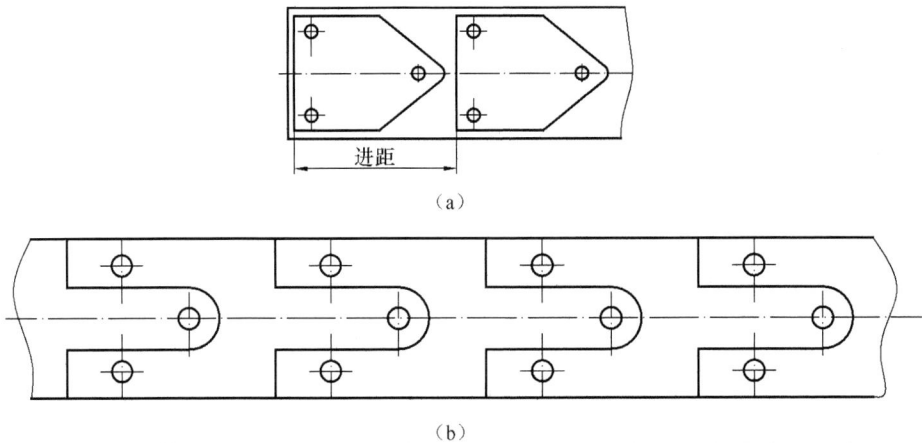

(a)

(b)

图 3-27 冲裁件形状对工艺性的影响

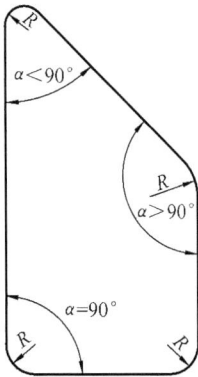

图 3-28 冲裁件的圆角

(2) 除在少、无废料排样或采用镶拼模结构时,允许工件有尖角外,冲裁件的外形或内孔交角处应采用圆角过渡,以便于模具加工,减少热处理开裂,减少冲裁时尖角处崩刃和过快磨损,如图 3-28 所示。圆角半径 R 最小值参照表 3-14 选取。

(3) 尽量避免冲裁件上过长的凸出悬臂和凹槽,且悬臂和凹槽宽度不宜过小;同时,为避免工件变形和保证模具强度,孔边距和孔间距也不能过小。极限值分别为 $b_{min} = 1.5t$,$l_{max} = 5b$,$c_{min} = (1 \sim 1.5)t$,$c'_{min} = (1.5 \sim 2)t$,如图 3-29 所示。

(4) 在弯曲件或拉深件上冲孔时,孔边与直壁之间应保持一定距离,以免冲孔时凸模受水平推力而折断,其要求如图 3-30 所示,$l \geqslant R + 0.5t$,$l_2 \geqslant R_1 + 0.5t$。

表 3-14 冲裁件最小圆角半径 R

零件种类		黄铜、铝	合金铜	软钢	备注/mm
落料	交角≥90°	$0.18t$	$0.35t$	$0.25t$	>0.25
	<90°	$0.35t$	$0.70t$	$0.5t$	>0.5
冲孔	交角≥90°	$0.2t$	$0.45t$	$0.3t$	>0.3
	<90°	$0.4t$	$0.90t$	$0.6t$	>0.6

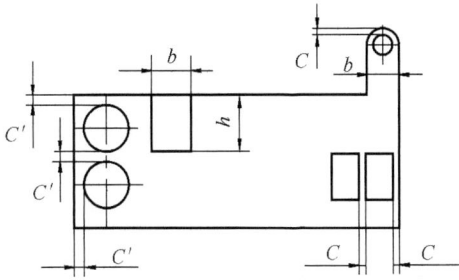

图 3-29　冲裁件的悬臂和凹槽

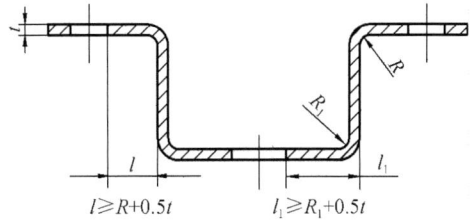

图 3-30　弯曲件的冲孔位置

（5）冲孔时，因受凸模强度的限制，孔的尺寸不应太小，否则凸模易折断或压弯。用无导向凸模和有导向的凸模所能冲制的最小尺寸，分别如表 3-15 和表 3-16 所示。

表 3-15　无导向凸模冲孔最小尺寸

材料		圆形孔（直径 d）	方形孔（孔宽 b）	矩形孔（孔宽 b）	长圆形孔（孔宽 b）
钢	$\tau \approx 685\mathrm{MPa}$	$\geqslant 1.5t$	$\geqslant 1.35t$	$\geqslant 1.2t$	$\geqslant 1.1t$
	$\tau \approx 390 \sim 685\mathrm{MPa}$	$\geqslant 1.3t$	$\geqslant 1.2t$	$\geqslant 1.0t$	$\geqslant 0.9t$
	$\tau \approx 390\mathrm{MPa}$	$\geqslant 1.0t$	$\geqslant 0.9t$	$\geqslant 0.8t$	$\geqslant 0.7t$
黄铜、铜		$\geqslant 0.9t$	$\geqslant 0.8t$	$\geqslant 0.7t$	$\geqslant 0.6t$
铝、锌		$\geqslant 0.8t$	$\geqslant 0.7t$	$\geqslant 0.6t$	$\geqslant 0.5t$

注：t 为板料厚度，τ 为抗剪强度。

表 3-16　有导向凸模冲孔最小尺寸

材料	圆形（直径 d）	矩形（孔宽 b）
硬钢	$0.5t$	$0.4t$
软钢及黄铜	$0.35t$	$0.3t$
铝、锌	$0.3t$	$0.28t$

注：t 为板料厚度。

2. 冲裁件的尺寸精度和表面粗糙度

冲裁件的经济精度是指模具达到最大许可磨损时，其所完成的冲压加工在技术上可以实现而在经济上又最合理的精度。为获得最佳的技术经济效果，应尽可能采用经济精度。

（1）冲裁件的经济公差等级不高于 IT11 级，一般要求落料件公差等级最好低于 IT10 级，冲孔件最好低于 IT9 级。

冲裁得到的工件公差列于表 3-17、表 3-18 中。如果工件要求的公差值小于表值，则需在冲裁后整修或采用精密冲裁。

表 3-17　冲裁件外形与内孔尺寸公差　　　　　　　　　　　　　　　（单位：mm）

料厚	冲裁件尺寸							
	一般精度的冲裁件				较高精度的冲裁件			
t	<10	$10 \sim 50$	$50 \sim 150$	$150 \sim 300$	<10	$10 \sim 50$	$50 \sim 150$	$150 \sim 300$
$0.2 \sim 0.5$	$\dfrac{0.08}{0.05}$	$\dfrac{0.10}{0.08}$	$\dfrac{0.14}{0.12}$	0.20	$\dfrac{0.025}{0.02}$	$\dfrac{0.03}{0.04}$	$\dfrac{0.05}{0.08}$	0.08
$0.5 \sim 1$	$\dfrac{0.12}{0.05}$	$\dfrac{0.16}{0.08}$	$\dfrac{0.22}{0.12}$	0.30	$\dfrac{0.03}{0.02}$	$\dfrac{0.04}{0.04}$	$\dfrac{0.06}{0.08}$	0.10

料厚	冲裁件尺寸							
	一般精度的冲裁件				较高精度的冲裁件			
t	<10	10~50	50~150	150~300	<10	10~50	50~150	150~300
1~2	$\dfrac{0.18}{0.06}$	$\dfrac{0.22}{0.10}$	$\dfrac{0.30}{0.16}$	0.50	$\dfrac{0.04}{0.03}$	$\dfrac{0.06}{0.06}$	$\dfrac{0.08}{0.10}$	0.12
2~4	$\dfrac{0.24}{0.08}$	$\dfrac{0.28}{0.12}$	$\dfrac{0.40}{0.20}$	0.70	$\dfrac{0.06}{0.04}$	$\dfrac{0.08}{0.08}$	$\dfrac{0.10}{0.12}$	0.15
4~6	$\dfrac{0.30}{0.10}$	$\dfrac{0.35}{0.15}$	$\dfrac{0.50}{0.25}$	1.0	$\dfrac{0.10}{0.06}$	$\dfrac{0.12}{0.10}$	$\dfrac{0.15}{0.15}$	0.20

注:(1) 分子为外形公差,分母为内孔公差。
　　(2) 一般精度的工件采用 IT8~IT7 级精度的普通冲裁模;较高精度的工件采用 IT7~IT6 级精度的高级冲裁模。

表 3-18　冲裁件孔中心距公差　　　　　　　　　(单位:mm)

料厚 t	普通冲裁			高级冲裁		
	孔距尺寸			孔距尺寸		
	<50	50~150	150~300	<50	50~150	150~300
<1	±0.10	±0.15	±0.20	±0.03	±0.05	±0.08
1~2	±0.12	±0.20	±0.30	±0.04	±0.06	±0.10
2~4	±0.15	±0.25	±0.35	±0.06	±0.08	±0.12
4~6	±0.20	±0.30	±0.40	±0.08	±0.10	±0.15

注:适用于本表数值所指的孔应同时冲出。

(2) 冲裁件的断面粗糙度与材料塑性、材料厚度、冲裁模间隙、刃口锐钝以及冲模结构等有关。当冲裁厚度为 2mm 以下的金属板料时,其断面粗糙度 Ra 一般可达 12.5~3.2 μm。冲裁件断面的表面粗糙度和允许的毛刺高度如表 3-19 和表 3-20 所示。

表 3-19　冲裁件断面的表面粗糙度

材料厚度 t/mm	<1	>1~2	>2~3	>3~4	>4~5
表面粗糙度 Ra/μm	3.2▽	6.3▽	12.5▽	25▽	50▽

表 3-20　冲裁断面允许毛刺的高度　　　　　　　(单位:mm)

冲裁材料厚度	<0.3	>0.3~0.5	>0.5~1.0	>1.0~1.5	>1.5~2.0
新模试冲时允许的毛刺高度	≤0.015	≤0.02	≤0.03	≤0.04	≤0.05
生产时允许的毛刺高度	≤0.05	≤0.08	≤0.10	≤0.13	≤0.15

3. 冲裁件的尺寸基准

冲裁件尺寸的基准应尽可能与其冲压时定位基准重合,并选择在冲裁过程中基本上下不变动的面或线上。如图 3-31(a)所示的尺寸标注,对孔距要求较高的冲裁件是不合理的。这是因为当两孔中心距要求较高时,尺寸 B 和 C 标注的公差等级高,而模具(同时冲孔与落料)的磨损,使尺寸 B 和 C 的精度难以达到要求。改用图 3-31(b)的标注方法,孔中心距尺寸不再受模具磨损的影响,比较合理。冲裁件两孔中心距所能达到的公差参见表 3-18。

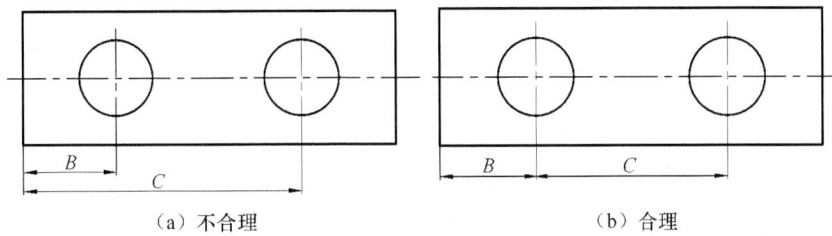

| （a）不合理 | （b）合理 |

图 3-31　冲裁件尺寸基准

3.7.2　冲裁工艺方案的确定

在冲裁工艺性分析的基础上,根据冲件的特点确定冲裁工艺方案。确定工艺方案包括冲裁的工序数的确定、冲裁工序的组合以及冲裁工序顺序的安排。工序数一般容易确定,关键是确定冲裁工序的组合与冲裁工序顺序。

1. 冲裁工序的组合

冲裁工序的组合方式可分为单工序冲裁、复合冲裁和级进冲裁,所使用的模具对应为单工序模、复合模、级进模。

一般组合冲裁工序比单工序冲裁生产效率高,加工的精度等级高。

冲裁工序的组合方式可根据下列因素确定:

（1）根据生产批量来确定。一般来说,小批量和试制生产采用单工序模,中、大批量生产采用复合模或级进模,生产批量与模具类型的关系如表 3-21 所示。

表 3-21　生产批量与模具类型的关系

项目	生产批量/万件				
	单件	小批	中批	大批	大量
大型件		1～2	>2～20	20～300	>300
中型件	<1	1～5	>5～50	>50～100	>1000
小型件		1～10	>10～100	>100～500	>5000
模具类型	单工序模 组合模 简易模	单工序模 组合模 简易模	单工序模 级进模、复合模 半自动模	单工序模 级进模、复合模 自动模	硬质合金连续、 复合模、自动模

（2）根据冲裁件尺寸和精度等级来确定。复合冲裁所得到的工件尺寸精度等级高,避免了多次单工序冲裁的定位误差,并且在冲裁过程中可以进行压料,冲裁件较平整。级进冲裁比复合冲裁精度等级低。

（3）根据对冲裁件尺寸形状的适应性来确定。冲裁件的尺寸较小时,考虑到单工序上料不方便和生产率低,常采用复合冲裁或级进冲裁。对于尺寸中等的冲裁件,由于制造多副单工序模具的费用比复合模昂贵,则采用复合冲裁;当冲裁件上的孔与孔之间或孔与边缘之间的距离过小,不宜采用复合冲裁或单工序冲裁,宜采用级进冲裁。所以级进冲裁可以加工形状复杂、宽度很小的异形冲裁件,且可冲裁的材料厚度比复合冲裁时要厚,但级进冲裁受压力机工作台面尺寸与工序数的限制,冲裁件尺寸不宜太大。各种冲裁模的比较如表 3-22 所示。

表 3-22　各种冲裁模的对比关系

比较项目	单工序模		模具种类	
	无导向	有导向	级进模	复合模
零件工差等级	低	一般	可达 IT13～IT10 级	可达 IT10～IT8 级
零件特点	尺寸不受限制厚度不限	中小型尺寸厚度较厚	小型件,$t=0.2\sim6mm$ 可加工复杂零件,如宽度极小的异形件、特殊形状零件	形状与尺寸受模具结构与强度的限制,尺寸可以较大,厚度可达 3mm
零件平面度	差	一般	中、小型件不平直,高质量工件需校平	由于压料冲裁的同时得到了校平,冲件平直且有较好的剪切断面
生产效率	低	较低	工序间自动送料,可以自动排除冲件,生产效率高	冲件被顶到模具工作面上,必须用手工或机械排除,生产效率稍低
使用高速自动冲床的可能性	不能使用	可以使用	可以在行程次数为 400 次/min 或更多的高速压力机上工作	操作时出件困难,可能损坏弹簧缓冲机构,不作推荐
安全性	不安全,需采取完全措施		比较安全	不安全,需采取完全措施
多排冲压法的应用			广泛采用于尺寸较小的冲件	很少采用
模具制造工作量和成本	低	比无导向的稍高	冲裁较简单的零件时,比复合模低	冲裁复杂零件时,比级进模低

（4）根据模具制造安装调整的难易和成本的高低来确定。对复杂形状的冲裁件来说,因为模具制造安装调整比较容易,且成本较低,故采用复合冲裁比采用级进冲裁较为适宜。

（5）根据操作是否方便与安全来确定。复合冲裁其出件或清除废料较困难,工作安全性较差,级进冲裁较安全。

综上所述分析,对于一个冲裁件,可以有多种工艺方案。必须对这些方案进行比较,选取在满足冲裁件质量与生产率的要求下,模具制造成本较低、模具寿命较长、操作方便、安全性高的工艺方案。

2. 冲裁顺序的安排

1）级进冲裁顺序的安排

（1）先冲孔或冲缺口,最后落料或切断,将冲裁件与条料分离。首先冲出的孔可作后续工序的定位孔。当定位也要求较高时,则可冲裁专供定位用的工艺孔（一般为两个）,如图 3-32 所示。

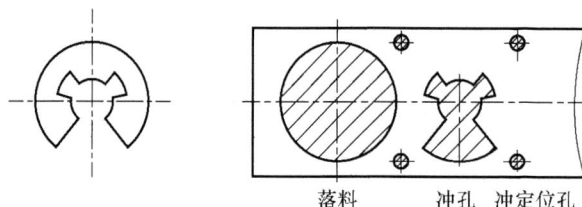

落料　冲孔　冲定位孔

图 3-32　级进冲裁

（2）采用定距侧刃时,定距侧刃切边工序安排与首次冲孔同时进行,以便控制送料进距。采用两个定距侧刃时,可以安排成一前一后,也可并列安排。

2）多工序冲裁件用单工序冲裁时的顺序安排

先落料使坯料与条料分离,再冲孔或冲缺口。后继工序的定位基准要一致,以避免定位误差和尺寸链换算。冲裁大小不同、相距较近的孔时,为减少孔的变形,应先冲大孔,后冲小孔。

3.8 冲裁模的结构设计

冲裁模是冲裁工序所用的模具,良好的模具结构是实现工艺方案的可靠保证。冲裁模结构是否合理、先进直接决定冲裁件的质量,也影响到生产效率、冲裁模使用寿命和操作的安全、方便性等。

由于冲裁件形状、尺寸、精度和生产批量及生产条件不同,冲裁模的结构类型也不同,本节主要根据工序组合方式不同,分析冲压生产中典型冲裁模结构类型和特点。

3.8.1 单工序冲裁模

单工序冲裁模是指在压力机一次行程内只完成一个冲压工序的冲裁模,如落料模、冲孔模、切边模、切口模等。

1. 落料模

落料模常见有三种形式。

1) 无导向的敞开式落料模

图 3-33 是无导向单工序落料模。工作零件为凸模 2 和凹模 5,定位零件为两个导料板 4 和定位板 7,导料板 4 对条料送进起导向作用,定位板 7 是限制条料的送进距离;卸料零件为两个固定卸料板 3;支承零件为上模座(带模柄)1 和下模座 6;此外还有紧固螺钉等。上、下模之间没有直接导向关系。分离后的冲件靠凸模直接从凹模洞口依次推出。箍在凸模上的废料由固定卸料板刮下。

该模具具有一定的通用性,通过更换凸模和凹模,调整导料板、定位板,卸料板位置,可以冲裁不同冲件。无导向冲裁模的特点是结构简单,制造容易,冲裁间隙由冲床滑块的导向精度决定。安装和调整间隙较麻烦,冲裁件质量差,模具寿命低,操作安全性差。因而,无导向简单冲裁模适用于冲裁精度要求不高、形状简单、批量小的冲裁件。

2) 导板式落料模

图 3-34 为导板式简单落料模。其上、下模的导向是依靠凸模 5 与导板 9 的间选用 H7/h6 的间隙配合实现的,且该间隙小于冲裁间隙。回程时不允许凸模离开导板,以保证对凸模的导向作用。

冲模的工作零件为凸模 5 和凹模 13;定位零件为导料板 10 和固定挡料销 16、始用挡料销 20;

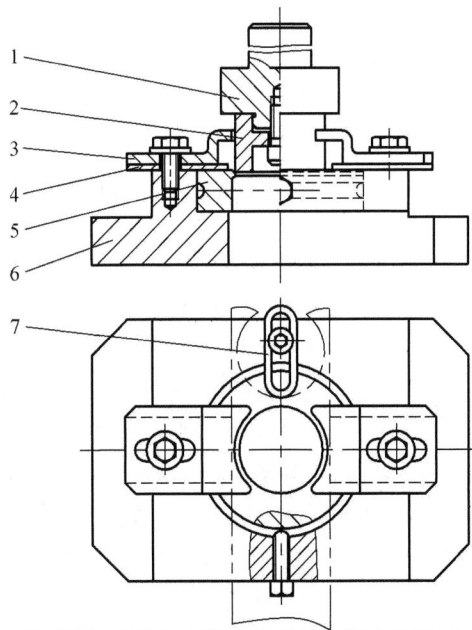

图 3-33 无导向单工序落料模
1-上模座;2-凸模;3-固定卸料板;4-导料板;
5-凹模;6-下模座;7-定位板

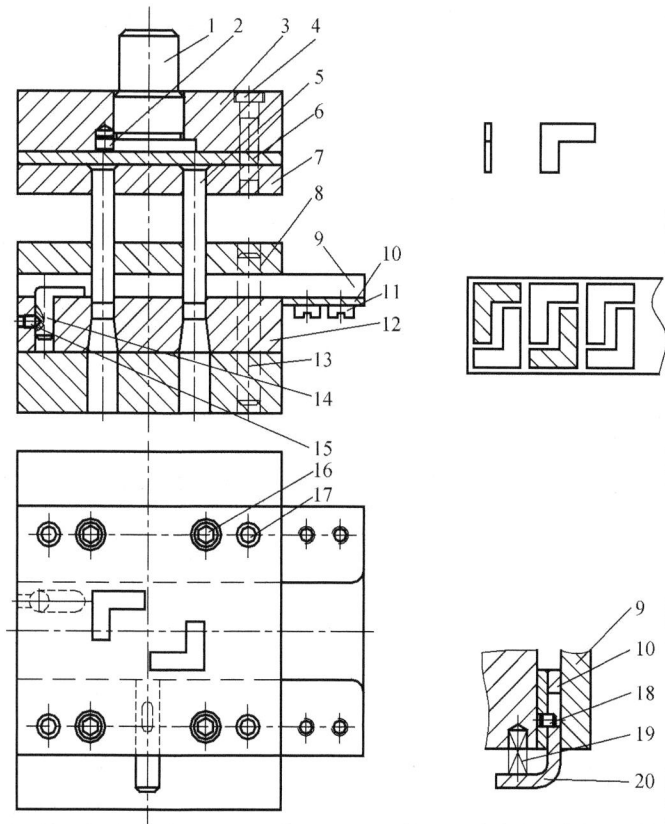

图 3-34 导板式单工序落料模

1-模柄;2-止动销;3-上模座;4、8-内六角螺钉;5-凸模;6-垫板;7-凸模固
定板;9-导板;10-导料板;11-承料板;12-螺钉;13-凹模;14-圆柱销;15-下
模座;16-固定挡料销;17-止动销;18-限位销;19-弹簧;20-始用挡料销

导向零件是导板 9(兼起固定卸料板作用);支承零件是凸模固定板 7、垫板 6、上模座 3、模柄 1、下模座 15。

根据排样的需要,这副冲模的固定挡料销所设置的位置对首次冲裁不起定位作用,为此采用了始用挡料销 20。在首件冲裁之前,用手压入始用挡料销以限定条料的位置,在以后各次冲裁中,放开的始用挡料销被弹簧弹出,不再起挡料作用,而靠固定挡料销对条料定位。当条料沿导料板 10 送进时,凸模 5 由导板 9 导向而进入凹模,完成了首次冲裁,冲下一个零件。条料继续送至固定挡料销 16 时,进行第二次冲裁,并落下两个零件。此后,每一次冲压都是同时落下两个零件,分离后的零件靠凸模从凹模洞口中依次推出。

这种冲模的主要特征是凸、凹模的正确配合是依靠导板导向。导板模比无导向简单模的精度高,寿命也较长,使用时安装较容易,卸料可靠,操作较安全,轮廓尺寸也不大。导板模一般用于冲裁形状比较简单、尺寸不大、厚度大于 0.3mm 的冲裁件。

3) 导柱式单工序落料模

图 3-35 是导柱式落料模。上下模依靠导柱导套导向,凸、凹模在进行冲裁之前,导柱已经进入导套,从而保证了在冲裁过程中凸模和凹模之间间隙的均匀性。

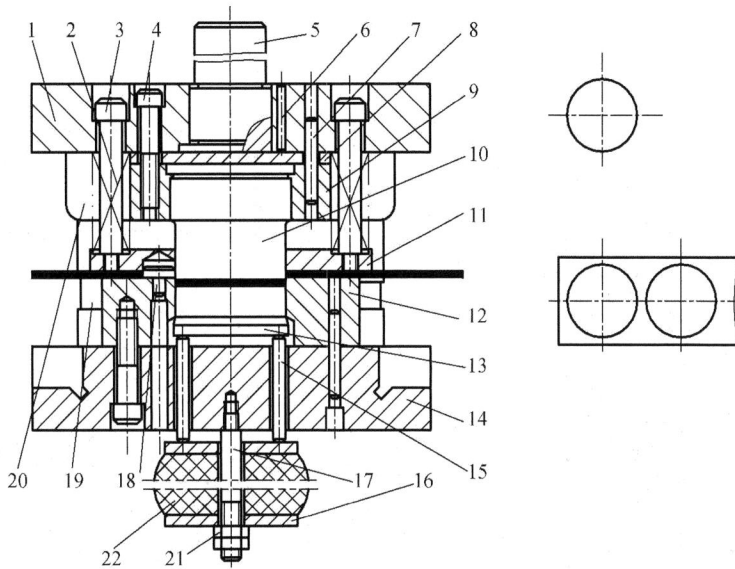

图 3-35　导柱式单工序落料模

1-上模座；2-卸料弹簧；3-卸料螺钉；4-螺钉；5-模柄；6-防转销；7-销；8-垫板；9-凸模固定板；10-落料凸模；11-卸料板；12-落料凹模；13-顶件板；14-下模座；15-顶杆；16-板；17-螺栓；18-固定挡料销；19-导柱；20-导套；21-螺母；22-橡皮

　　条料被送至挡料销 18 定位，模具下行，在凸、凹模进行冲裁工作之前，由于弹簧力的作用，卸料板先压住条料，上模继续下压时进行冲裁分离，此时弹簧被压缩。上模回程时，弹簧恢复推动卸料板把箍在凸模上的边料卸下。

　　导柱式冲裁模的导向比导板模的可靠，零件的变形小，精度高，模具寿命长，使用安装方便，但轮廓尺寸较大，模具较重、制造工艺复杂、成本较高。它广泛用于生产批量大、精度要求高的冲裁件。

　　2. 冲孔模

　　冲孔模的结构与一般落料模相似，但冲孔模有其自己的特点，冲孔模的对象是已经落料或其他冲压加工后的半成品，所以冲孔模要解决半成品在模具上如何定位、如何使半成品放进模具以及冲好后取出既方便又安全；而冲小孔模具，必须考虑凸模的强度和刚度，以及快速更换凸模的结构；成形零件上侧壁孔冲压时，必须考虑凸模水平运动方向的转换机构等。

　　1）导柱式冲孔模

　　图 3-36 是导柱式冲孔模。冲件上的所有孔一次全部冲出，是多凸模的单工序冲裁模。由于工序件是经过拉深的空心件，而且孔边与侧壁距离较近，因此采用工序件口部朝上，用定位圈 5 实行外形定位，以保证凹模有足够强度。但增加了凸模长度，设计时必须注意凸模的强度和稳定性问题。如果孔边与侧壁距离大，则可采用工序件口部朝下，利用凹模实行内形定位。该模具采用弹性卸料装置，除卸料作用外，该装置还可保证冲孔零件的平整，提高零件的质量。

　　2）冲侧孔模

　　图 3-37 是在成形零件的侧壁上冲孔。图 3-37（a）是依靠固定在上模的斜楔 1 来推动滑块

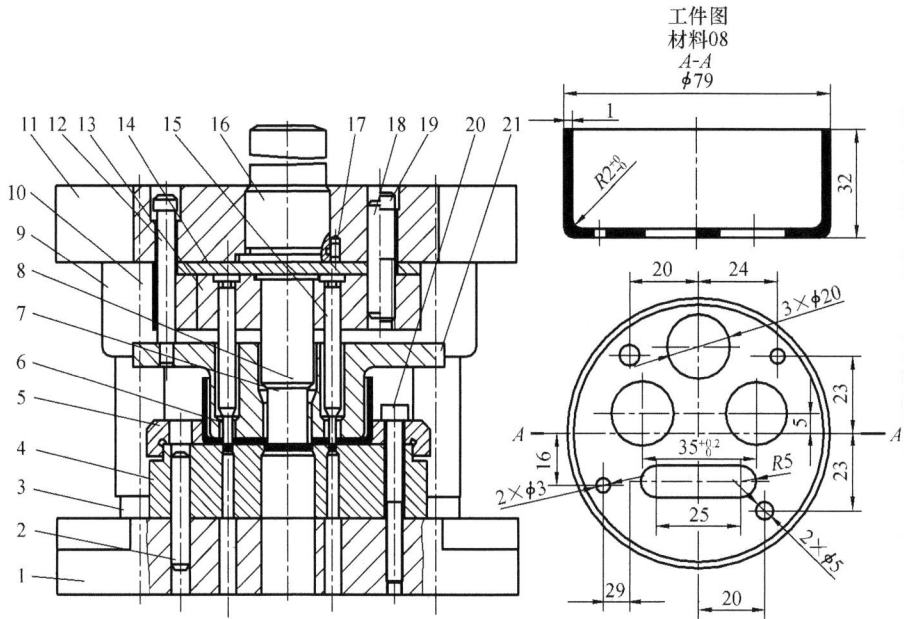

图 3-36 导柱式冲孔模

1-上模座;2、18-圆柱销;3-导柱;4-凹模;5-定位圈;6、7、8、15-凸模;9-导套;10-弹簧;11-下模座;
12-卸料螺钉;13-凸模固定板;14-垫板;16-模柄;17-止动销;19、20-内六角螺钉;21-卸料板

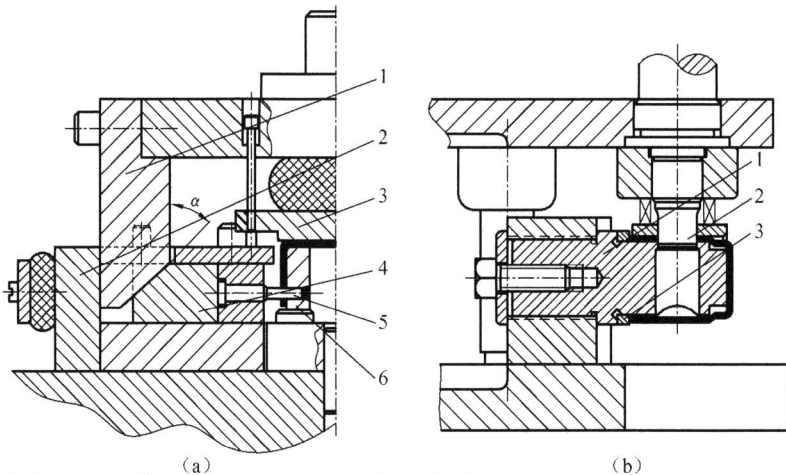

（a）   （b）

图 3-37 侧壁冲孔模

（a）1-斜楔;2-座板;3-弹压板;4-滑块;5-凸模;6-凹模   （b）1-凹模体;2-凸模体;3-定位环

4,使凸模 5 做水平方向移动,完成筒形件或 U 形件的侧壁冲孔、冲槽、切口等工序。图 3-37
（b)采用的是悬臂式凹模结构,可用于圆筒形件的侧壁冲孔、冲槽等。毛坯套入凹模体 1,由定
位环 3 控制轴向位置。此种结构可在侧壁上完成多个孔的冲制。在冲压多个孔时,结构上要
考虑分度定位机构。

　　斜楔的返回行程运动是靠橡皮或弹簧完成。斜楔的工作角度 α 以 40°～45°为宜。40°的
斜楔滑块机构的机械效率最高,45°时滑块的移动距离与斜楔的行程相等。

　　这种模具结构紧凑,重量轻,主要用于生产批量不大、孔距要求不高的小型空心件的侧面冲孔或冲槽。

3）小孔冲模

图 3-38 是一副全长导向结构的小孔冲模，其与一般冲孔模的区别是：凸模在工作行程中除了进入被冲材料内的工作部分外，其余全部得到不间断的导向作用，因而大大提高凸模的稳定性和强度。该模具的结构特点是：

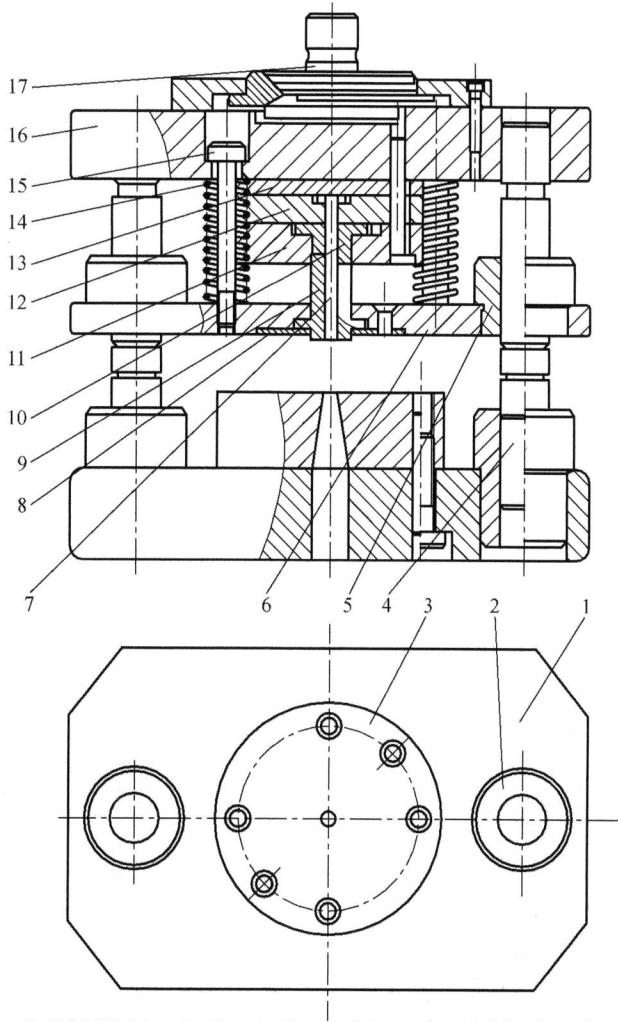

图 3-38　全长导向结构的小孔冲模

1-下模座；2、6-导套；3-凹模；4-导柱；5-弹压卸料板；7-凸模；8-托板；9-凸模护套；10-扇形块；
11-扇形块固定板；12-凸模固定板；13-垫板；14-弹簧；15-阶梯螺钉；16-上模座；17-模柄

（1）导向精度高。这副模具的导柱不但在上、下模座之间进行导向，而且对卸料板也导向。在冲压过程中，导柱装在上模座上，在工作行程中上模座、导柱、弹压卸料板一同运动，严格地保持与上、下模座平行装配的卸料板中的凸模护套精确地与凸模滑配，当凸模受侧向力时，卸料板通过凸模护套承受侧向力，保护凸模不致发生弯曲。

为了提高导向精度，排除压力机导轨的干扰，采用了浮动模柄的结构。但必须保证在冲压过程中，导柱始终不脱离导套。

（2）凸模全长导向。该模采用凸模全长导向结构。冲裁时,凸模 7 由件 9 凸模护套全长导向,伸出护套后,即冲出一个孔。

（3）在所冲孔周围先对材料加压。从图中可见,凸模护套伸出于卸料板,冲压时,卸料板不接触材料。由于凸模护套与材料的接触面积上的压力很大,使其产生了立体的压应力状态,改善了材料的塑性条件,有利于塑性变形过程。因而,在冲制的孔径小于材料厚度时,仍能获得断面光洁孔。

3.8.2 复合冲裁模

复合模是一种多工序的冲模。在压力机的一次工作行程中,在模具同一部位同时完成数道冲压工序的模具,称为复合冲裁模。复合模的设计难点是如何在同一工作位置上合理地布置好几对凸、凹模。它在结构上的主要特征是有一个既是落料凸模又是冲孔凹模的凸凹模。按照复合模工作零件的安装位置不同,分为正装式复合模和倒装式复合模两种。

1. 倒装式复合模

图 3-39 为倒装式复合模。凸凹模装在下模,落料凹模和冲孔凸模装在上模。

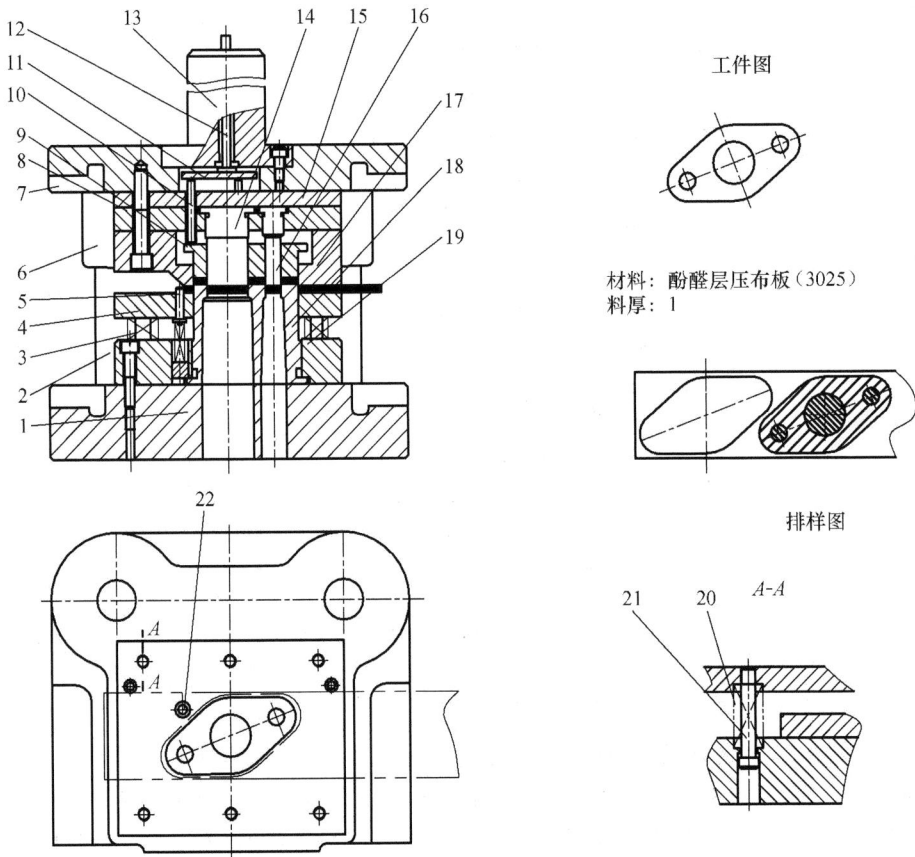

工件图

材料：酚醛层压布板（3025）
料厚：1

排样图

图 3-39　倒装式复合模

1-下模座;2-导柱;3、20-弹簧;4-卸料板;5-活动挡料销;6-导套;7-上模座;8-凸模固定板;9-推件块;10-连接推杆;
11-推板;12-打杆;13-模柄;14、16-冲孔凸模;15-垫板;17-落料凹模;18-凸凹模;19-固定板;21-导料销;22-挡料销

倒装式复合模通常采用刚性推件装置把卡在凹模中的冲件推下,刚性推件装置由打杆12、推板11、连接维杆10和推件块9组成。冲孔废料直接由冲孔凸模从凸凹模内孔推下,无顶件装置,结构简单,操作方便,但如果采用直刃壁凹模洞口,凸凹模内有积存废料,胀力较大,当凸凹模壁厚较小时,可能导致凸凹模破裂。板料的定位靠导料销21和弹顶活动挡料销5来完成,实现在非工作行程被弹簧3顶起定位;而工作时,挡料销被压下,上端面与板料平。这种弹顶挡料装置使模具在凹模上不必设置相应的让位孔,其缺点是工作可靠性较差。

采用刚性推件的倒装式复合模,板料不是处在被压紧的状态下冲裁,因而平直度不高。这种结构适用于冲裁较硬的或厚度大于 0.3mm 的板料。如果在上模内采用弹性推件装置,可用于冲制材质较软的或板料厚度小于 0.3mm,且平直度要求较高的冲裁件。

2. 顺装式复合模(又称正装式复合模)

图 3-40 为顺装式落料冲孔复合模,凸凹模在上模,落料凹模和冲孔凸模在下模。

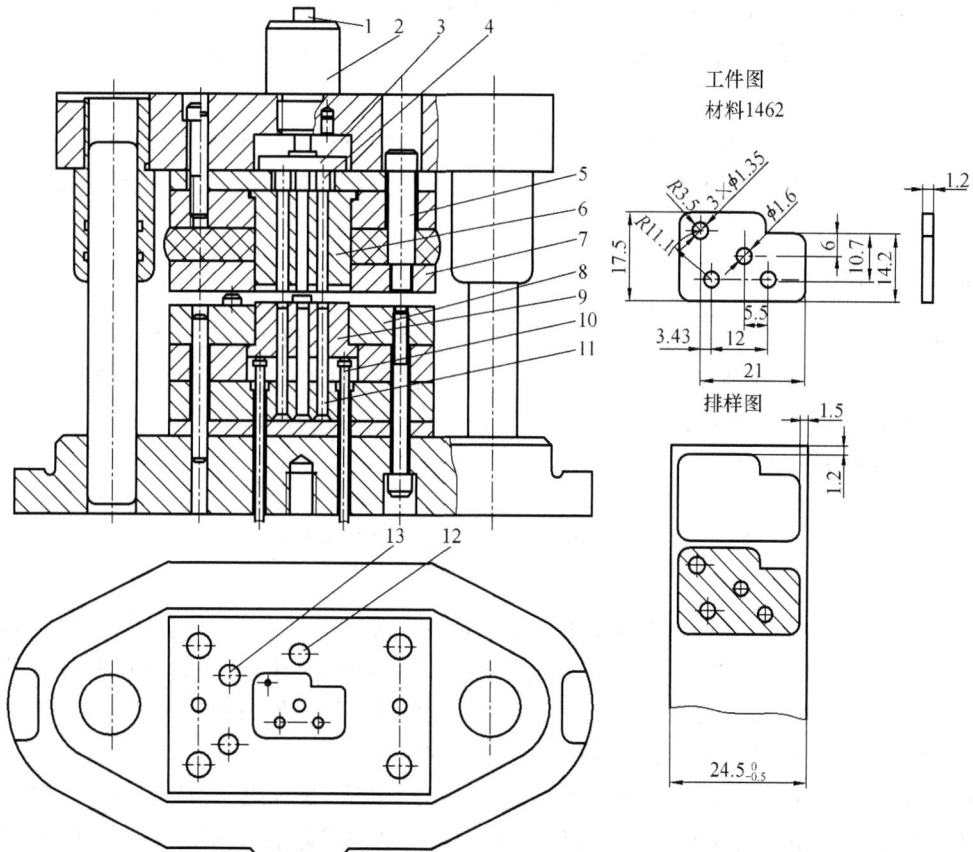

图 3-40　顺装式复合模
1-打杆;2-模柄;3-推板;4-推杆;5-卸料螺钉;6-凸凹模;7-卸料板;8-落料凹模;
9-顶件块;10-带肩顶杆;11-冲孔凸模;12-挡料销;13-导料销

顺装式复合模工作时,板料以导料销13和挡料销12定位。上模下压,凸凹模外形和凹模8进行落料,落下料卡在凹模中,同时冲孔凸模与凸凹模内孔进行冲孔,冲孔废料卡在凸凹模孔内。卡在凹模中的冲件由顶件装置顶出凹模面。顶件装置由带肩顶杆10和顶件块9及装在下模座底下的弹顶器组成。

该模具采用装在下模座底下的弹顶器推动顶杆和顶件块,弹性元件高度不受模具有关空间的限制,顶件力大小可调。卡在凸凹模内的冲孔废料由推件装置推出。推件装置由打杆 1、推板 3 和推杆 4 组成。当上模上行至上止点时,把废料推出。每冲裁一次,冲孔废料被推下一次,凸凹模孔内不积存废料,胀力小,不易破裂。但冲孔废料落在下模工作面上,清除麻烦,可用风源吹除。边缘废料由弹压卸料装置卸下。由于采用固定挡料销和导料销,在卸料板上需钻出让位孔,或采用活动导料销或挡料销。

从上述工作过程可以看出,顺装式复合模工作时,板料是在压紧的状态下分离,冲出的冲件平直度较高。但由于弹顶器和弹压卸料装置的作用,分离后的冲件容易被嵌入边料中影响操作,从而降低了生产率。

比较倒装式和顺装式复合冲裁模,可以看出:

顺装式较适用于冲制材质较软的或板料较薄的平直度要求较高的冲裁件,还可以冲制孔边距离较小的冲裁件。倒装式不宜冲制孔边距离较小的冲裁件,但倒装式复合模结构简单,又可以直接利用压力机的打杆装置进行推件,卸件可靠,便于操作,并为机械化出件提供了有利条件,故应用十分广泛。

复合模的特点是生产率高,冲裁件的内孔与外缘的相对位置精度高,板料的定位精度要求比级进模低,冲模的轮廓尺寸较小。但复合模结构复杂,制造成本高。所以复合模主要用于生产批量大、精度要求高的冲裁件。

3.8.3　级进冲裁模

级进模(又称连续模、跳步模),是指压力机在一次行程中,依次在模具几个不同的位置上同时完成多道冲压工序的冲模。整个制件的成形是在级进过程中逐步完成的。级进成形是属工序集中的工艺方法,可使切边、切口、切槽、冲孔、塑性成形、落料等多种工序在一副模具上完成。级进冲裁模相关知识将在第 8 章中讨论。

3.9　冲裁模主要零部件设计

从 3.8 节知识可知,尽管各类冲裁模的结构形式和复杂程度不同,但按其不同作用,可将其分为工艺零件和结构零件两大类。工艺零件是在完成冲压工序时,与材料或制件直接接触的零件;结构零件是在模具的制造和使用中起装配、安装、定位、导向作用的零件,具体分类如图 3-41 所示。本节将主要讨论常见冲裁模零部件的设计。

模具标准化是简化模具设计,缩短生产周期的有效方法,是应用 CAD/CAM 技术的前提,必须推广和优先应用模具标准。目前我国已制订了冲模基础标准、冲模产品(零部件)标准和冲模工艺标准,设计时应优先选用。

3.9.1　工作零件

1. 凸模

1) 凸模的结构形式及其固定方法

由于冲件的形状和尺寸不同,冲模的加工以及装配工艺条件也不同,所以在实际生产中使

模具零件分类

工艺零件 ——— 结构零件

成形零件　定位零件　卸料及压料零件　导向零件　支承固定零件　紧固件及其他零件

凸模　凹模　凸凹模　挡料销　导料销　导正销　定位板　定位销　定距侧刃　卸料板　推件块　顶件器　压料板　弹簧　导柱　导套　导板　导筒　上下模座　模柄　凸模固定板　凹模固定板　垫板　螺钉　销钉　键

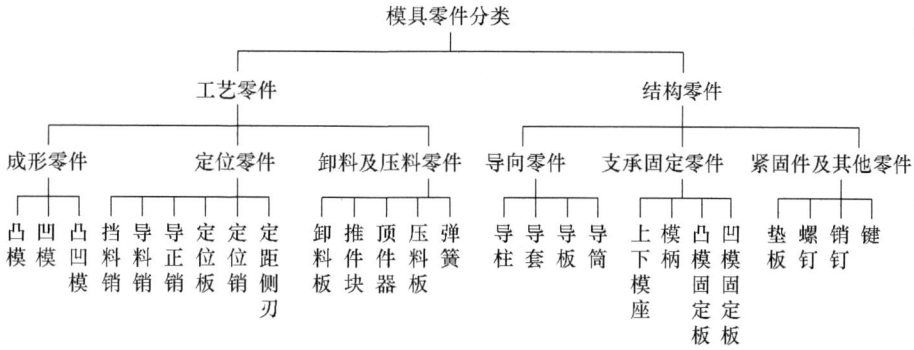

图 3-41　冲裁模主要零部件分类

用的凸模结构形式很多。其截面形状有圆形和非圆形;刃口形状有平刃和斜刃等;结构有整体式、镶拼式、阶梯式、直通式和带护套式等。凸模的固定方法有台肩固定、铆接、螺钉和销钉固定,粘结剂浇注固定等。

下面通过介绍圆形和非圆形凸模、大中型和小孔凸模,来分析凸模的结构形式、固定方法、特点及应用场合。

(1) 圆形凸模。台阶式的凸模强度刚性较好,装配修磨方便。其工作部分的尺寸由计算而得,其余结构尺寸及公差可参照标准类比设计,与凸模固定板配合部分按过渡配合(H7/m6 或 H7/n6)制造。一般冲孔直径 $\phi5\sim50$ 的圆形凸模常用图 3-42 所示的方式固定,特点是加工方便、装配便捷,被广泛应用。

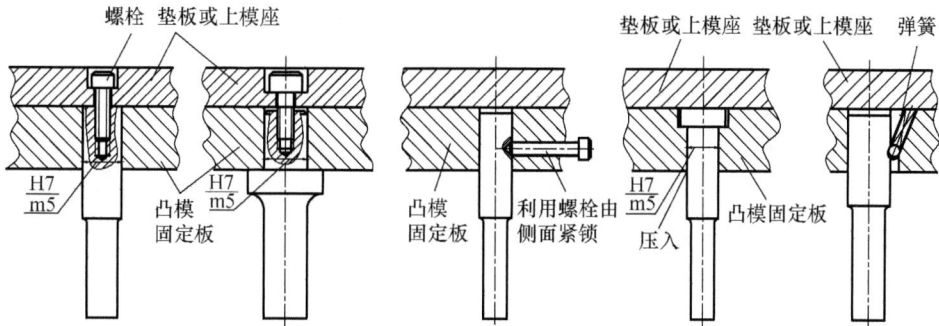

螺栓　垫板或上模座　垫板或上模座　垫板或上模座　弹簧

$\dfrac{H7}{m5}$　凸模固定板　$\dfrac{H7}{m5}$　凸模固定板　利用螺栓由侧面紧锁　$\dfrac{H7}{m5}$ 压入　凸模固定板

图 3-42　圆形凸模及其固定方式

(2) 非圆形凸模。常用的非圆形凸模及固定方式如图 3-43 所示。

图 3-43(a)和(b)是台阶式的。凡是截面为非圆形的凸模,如果采用台阶式的结构,其固定部分应尽量简化成简单形状的几何截面(圆形或矩形的),注意防止松动。

图 3-43(c)和(d)是直通式凸模。直通式凸模用线切割加工或成形铣、成形磨削加工。截面形状复杂的凸模,广泛应用这种结构。

图 3-43(a)是台肩固定,图 3-43(b)、(c)是铆接固定。这两种固定方法应用较广泛,需注意的是:圆形固定的非圆形凸模应在固定端接缝处加防转销。

图 3-43(d)用低熔点合金浇注固定。此方法的优点在于当多凸模时,可简化凸模固定板加工工艺。常用的粘结剂有低熔点合金、环氧树脂等。图 3-43(e)是一种快装式的凸模结构。

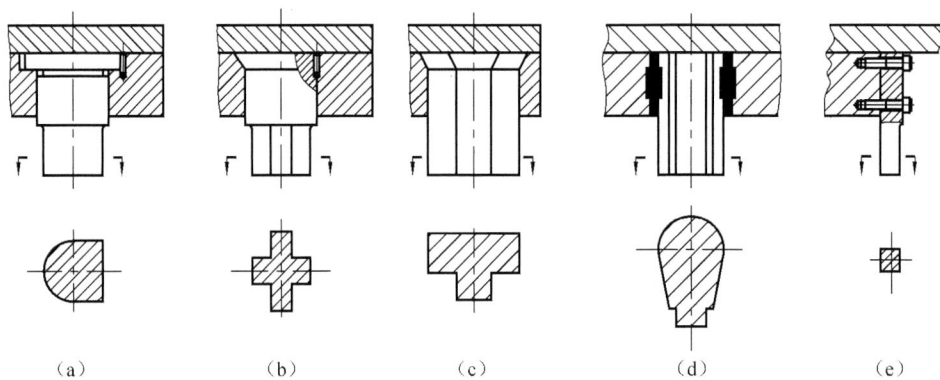

图 3-43 非圆形的凸模

(3) 大、中型凸模。大、中型的冲裁凸模,有整体式和组合式两种。图 3-44(a)是大、中型整体式凸模,直接用螺钉、销钉固定,也可通过上口定位,螺钉固定。图 3-44(b)为组合式的,它不但节约贵重的模具钢,而且减少锻造、热处理和机械加工的困难,因而大型凸模宜采用这种结构。关于组合式结构的设计方法,将在后面详细叙述。

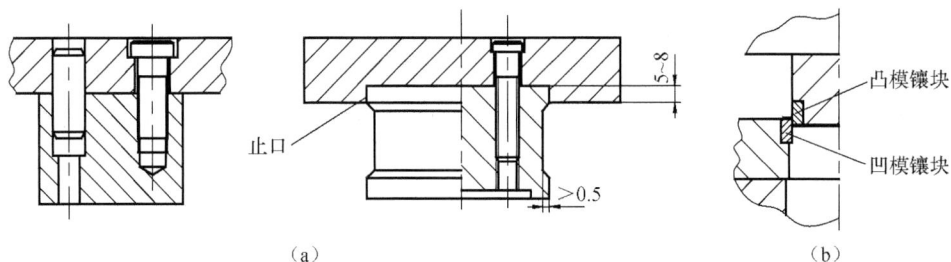

图 3-44 大、中型凸模凸模

(4) 冲微小孔凸模。所谓微小孔,一般系指孔径 d 小于被冲板料的厚度或直径 $d<1\text{mm}$ 的圆孔和面积 $A<1\text{mm}$ 的异形孔。冲微小孔的凸模强度和刚度差,容易弯曲和折断,所以必须采取措施提高它的强度和刚度,从而提高其使用寿命。其方法有以下几种。

① 冲微小孔凸模加保护与导向,如图 3-45 所示。这种保护与导向结构有两种,即局部保护与导向和全长保护与导向。图 3-45(a)是局部导向结构,它利用弹压卸料板对凸模进行保护与导向。图 3-45(b)基本上是全长保护与导向,其护套装在卸料板或导板上,在工作中始终不离上模导板、等分扇形块或上护套。模具处于闭合状态,护套上端也不碰到凸模固定板。当上模下压时,护套相对上滑,凸模从护套中相对伸出进行冲孔。这种结构避免了小凸模可能受到侧压力,防止凸模弯折。

② 采用短凸模的冲孔模。由于凸模大为缩短,同时凸模又以卸料板为导向,因此大大提高了凸模的刚度。

③ 在冲模的其他结构设计与制造上采取保护小凸模措施。如提高模架刚度和精度;采用较大的冲裁间隙;采用斜刃壁凹模以减小冲裁力;保证凸、凹模间隙的均匀性等。

2) 凸模长度计算

凸模长度尺寸应根据模具的具体结构,并考虑修磨、固定板与卸料板之间的安全距离、装配等的需要来确定。

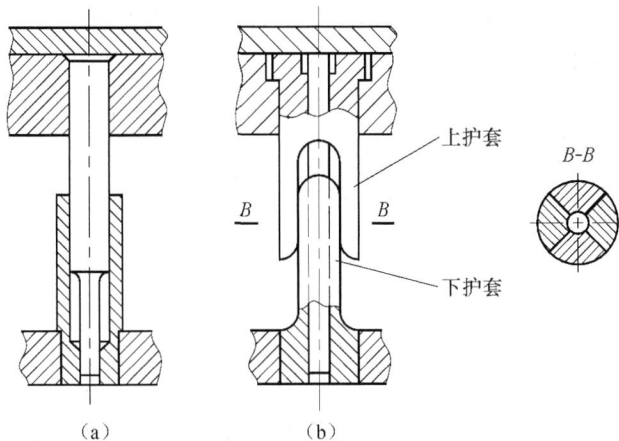

图 3-45　冲小孔凸模保护与导向结构

当采用固定卸料板和导料板时,如图 3-46(a)所示,其凸模长度按式(3-32)计算

$$L = h_1 + h_2 + h_3 + h \tag{3-32}$$

当采用弹压卸料板时,如图 3-46(b)所示,其凸模长度按式(3-33)计算

$$L = h_1 + h_2 + t + h \tag{3-33}$$

式中,L 为长度,mm;h_1 为凸模固定板厚度,mm;h_2 为卸料板厚度,mm;t 为材料厚度,mm;h 为增加长度。它包括凸模的修磨量、凸模进入凹模的深度(0.5～1mm)、凸模固定板与卸料板之间的安全距离等,一般为 10～20mm。

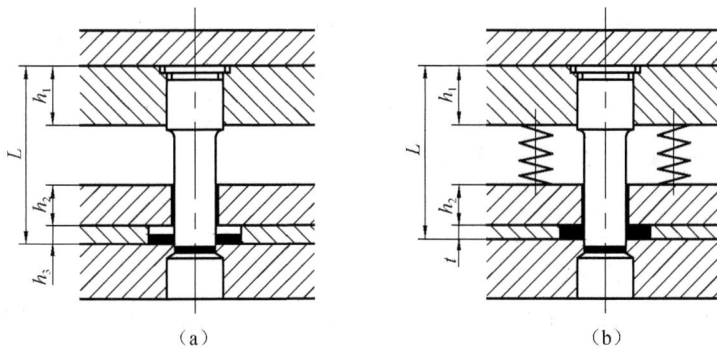

图 3-46　凸模长度尺寸

3) 凸模的强度校核

在一般情况下,凸模的强度是足够的,不必进行强度计算。但是,对细长的凸模,或凸模断面尺寸较小而毛坯厚度又比较大的情况下,必须进行承压能力和抗失稳能力两方面的校验。

(1) 凸模承载能力校核。凸模最小断面承受的压应力 σ,必须小于凸模材料强度允许的压力$[\sigma]$,即

$$\sigma = F/A_{\min} \leqslant [\sigma] \tag{3-34}$$

即

非圆凸模　　　　　　　　　　　　$A_{\min} \geqslant F/[\sigma]$ 　　　　　　　　　　　　(3-35)

圆形凸模　　　　　　　　　　　　$d_{\min} \geqslant 4t\tau[\sigma]$ 　　　　　　　　　　　　(3-36)

式中,σ 为凸模最小断面的压应力,MPa;F 为凸模纵向总压力,N;$A_{\min}$ 为凸模最小断面积,

mm²; d_{min} 为凸模最小直径,mm;t 为冲裁材料厚度,mm;τ 为冲裁材料抗剪强度,MPa;$[\sigma]$ 为凸模材料的许用压应力,MPa。

（2）凸模抗失稳能力校核。凸模冲裁时稳定性校验采用杆件受轴向压力的欧拉公式。根据模具结构的特点,可分为无导向装置和有导向装置的凸模进行校验。

对无导向装置的凸模,其受力情况相当于一端固定另一端自由的压杆,其纵向的抗失稳能力可用下列公式校验:

对圆形凸模

$$L_{max} \leqslant 90\ \frac{d^2}{\sqrt{F}} \tag{3-37}$$

对非圆形凸模

$$L_{max} \leqslant 416\ \sqrt{\frac{J}{F}} \tag{3-38}$$

有导向装置的凸模,其受力情况相当于两端固定的压杆,其不发生失稳弯曲的凸模最大长度为:

对圆形凸模

$$L_{max} \leqslant 270\ \frac{d^2}{\sqrt{F}} \tag{3-39}$$

对非圆形凸模

$$L_{max} \leqslant 1180\ \sqrt{\frac{J}{F}} \tag{3-40}$$

以上各式中,J 为凸模最小截面的惯性矩;F 为凸模的冲裁力;D 为凸模最小直径。

据上述公式可知,凸模弯曲不失稳时的最大长度 L_{max} 与凸模截面尺寸、冲裁力的大小、材料机械性能等因素有关。为防止小凸模的折断,常采用 3.9.1 节所述结构进行保护。

4）凸模材料

模具刃口要求有较高的耐磨性,并能承受冲裁时的冲击力。因此应有高的硬度与适当的韧性。形状简单且模具寿命要求不高的凸模可选用 T8A、T10A 等材料;形状复杂且模具有较高寿命要求的凸模应选 CrWMn、Cr12、Cr12MoV、SKD Ⅰ、SKD Ⅱ 等制造,热处理 HRC58～62;要求高寿命、高耐磨性的凸模,可选硬质合金材料。

2. 凹模

1）凹模外形结构及其固定方法

图 3-47(a)、(b)为标准中的两种圆形凹模及其固定方法。这两种圆形凹模尺寸都不大,

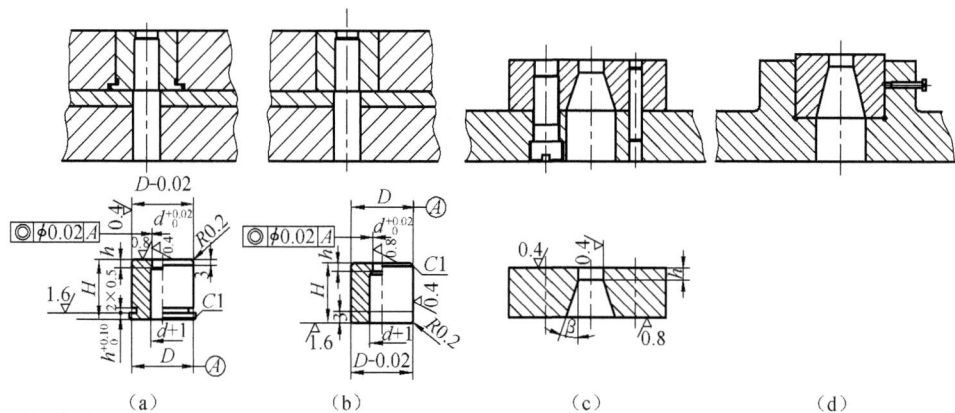

图 3-47 凹模形式及固定

主要用于冲孔。凹模一般采用直接装在凹模固定板中,如图 3-47(a)凹模与固定板之间采用 H7/m6 过渡配合、图 3-47(b)凹模与固定板之间采用 H7/r6 过盈配合,或者螺钉和销钉固定,图 3-47(c)、(d)为快换式冲孔凹模固定方法。螺钉和销钉的数量、规格及它们的位置应可根据凹模的大小,在标准的典型组合中查得。

2) 凹模刃口形式

常用凹模刃口形式如图 3-48 所示。其中图 3-48(a)、(b)、(c)为直筒式刃口凹模,其特点是制造方便,刃口强度高,刃磨后工作部分尺寸不变。广泛用于冲裁公差要求较小,形状复杂的精密制件。但因废料(或制件)的聚集而增大了推件力和凹模的胀裂力,给凸、凹模的强度都带来了不利的影响。一般复合模和上出件的冲裁模用图 3-48(a)、(c)刃口形式,下出件的用图 3-48(a)、(b)刃口形式。图 3-48(d)、(e)是锥筒式刃口,在凹模内不聚集材料,侧壁磨损小。但刃口强度差,刃磨后刃口径向尺寸略有增大。

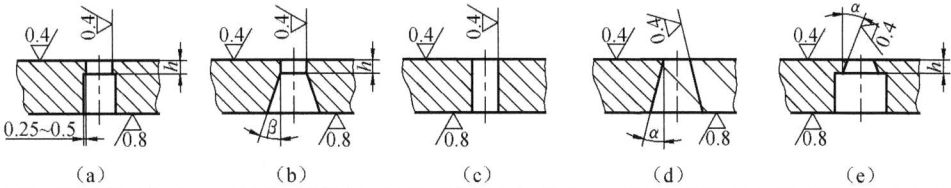

图 3-48 凹模刃口形式

凹模洞孔轴线应与凹模顶面保持垂直,上下平面应保持平行。型孔的表面有粗糙度的要求 $Ra = 0.8 \sim 0.4 \mu m$。凹模材料选择与凸模一样,但热处理后的硬度应略高于凸模。

凹模锥角 α、后角 β 和洞口高度 h,均随制件材料厚度的增加而增大,一般取 $\alpha = 15' \sim 30'$,$\beta = 2° \sim 3°$,$h = 4 \sim 10mm$。选用刃口形式时,主要应根据冲裁件的形状、厚度、尺寸精度以及模具的具体结构来决定。

3) 整体式凹模外形尺寸的确定

冲裁时凹模承受冲裁力和侧向挤压力的作用。由于凹模结构形式和固定方法不同,受力情况又比较复杂,理论方法还不能确定凹模外形尺寸,通常根据冲裁的板料厚度和冲裁件的轮廓尺寸,或凹模孔口刃壁间距离,按经验公式来确定(图 3-49):

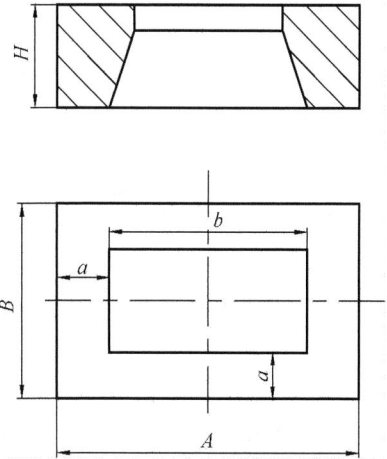

图 3-49 凹模外形尺寸的确定

凹模厚(高)度 $\qquad\qquad H = Kb \quad (\geqslant 15mm)$ $\qquad\qquad$ (3-41)

凹模壁厚 $\qquad\qquad a = (1.5 \sim 2)H \quad (\geqslant 30 \sim 40mm)$ $\qquad$ (3-42)

式中,a 为凹模壁厚;b 为冲裁件的最大外形尺寸;K 为系数,考虑板料厚度的影响,查表 3-23。

根据凹模壁厚即可算出其相应凹模外形尺寸的长和宽,然后可在冷冲模国家标准手册中选取标准值。

表 3-23　凹模厚度系数 K 值

b/mm	板料厚度 t/mm		
	≤1	>1～3	>3～6
≤50	0.30～0.40	0.35～0.50	0.45～0.60
>50～100	0.20～0.30	0.22～0.35	0.30～0.45
>100～200	0.15～0.20	0.18～0.22	0.22～0.30
>200	0.10～0.15	0.12～0.18	0.15～0.22

3. 凸凹模

凸凹模是复合模中同时具有落料凸模和冲孔凹模作用的工作零件。它的内外缘均为刃口,内外缘之间的壁厚取决于冲裁件的尺寸。从强度方面考虑,其壁厚应受最小值限制。凸凹模的最小壁厚与模具结构有关:当模具为顺装结构时,内孔不积存废料,胀力小,最小壁厚可以小些;当模具为倒装结构时,情况相反,故最小壁厚应大些。

倒装复合模的凸凹模最小壁厚如表 3-24 所示。正装复合模的凸凹模最小壁厚可比倒装的小些。

表 3-24　倒装复合模的凸凹最小壁厚　　　　　　　　（单位:mm）

简图											
材料厚度 t	0.4	0.6	0.8	1.0	1.2	1.4	1.6	1.8	2.0	2.2	2.5
最小壁厚 δ	1.4	1.8	2.3	2.7	3.2	3.6	4.0	4.4	4.9	5.2	5.8
材料厚度 t	2.8	3.0	3.2	3.5	3.8	4.0	4.2	4.4	4.6	4.8	5.0
最小壁厚 δ	6.4	6.7	7.0	7.6	8.1	8.5	8.8	9.1	9.4	9.7	10

4. 凸、凹模的镶拼结构

对于大、中型的凸、凹模或形状复杂、局部薄弱的小型凸、凹模,如果采用整体式结构,将给锻造、机械加工或热处理带来困难,而且当发生局部损坏时,就会造成整个凸、凹模的报废,因此常采用镶拼结构的凸、凹模。

镶拼结构有镶接和拼接两种,如图 3-50 所示。

镶拼结构设计的一般原则如下:

设计镶拼式凹(凸)模时,关键在于模块的正确分块。应注意尽量做成钝角或直角,避免做成锐角;工作中易磨损处和圆角部分应单独划分一段,拼接线应在离圆弧与直线的切点 4～7mm 的直线处;在考虑镶拼件时,应尽量将复杂的内形转换为简单的外形来加工,以便于机械加工和成形磨削。

镶拼结构的固定方法主要有以下几种:

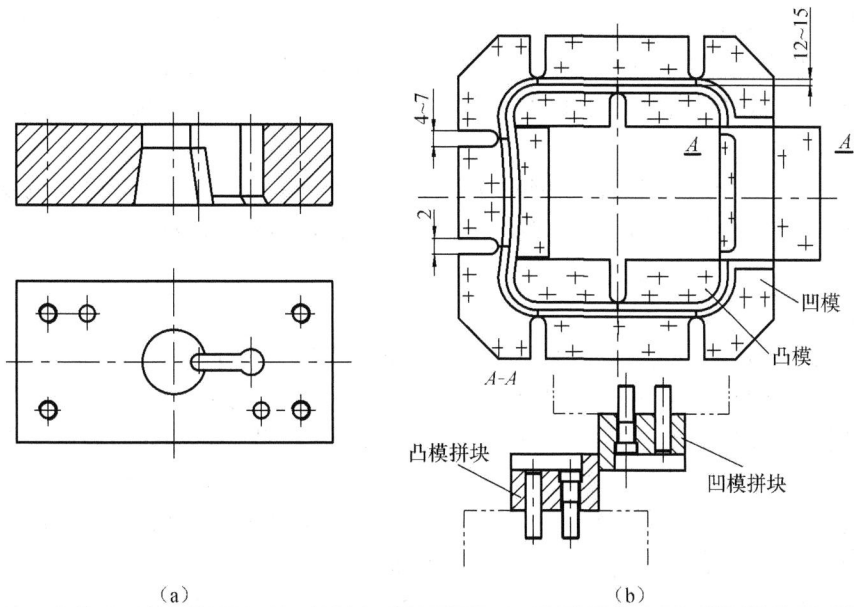

(a)   (b)

图 3-50 镶接和拼接凹模

（1）平面式固定。即把拼块直接用螺钉、销钉紧固定位于固定板或模座平面上,如图 3-50（b）所示。这种固定方法主要用于大型的镶拼凸、凹模。

（2）嵌入式固定。即把各拼块拼合后嵌入固定板凹槽内,如图 3-51（a）所示。

（3）压入式固定。即把各拼块拼合后,以过盈配合压入固定板孔内,如图 3-51（b）所示。

（4）斜楔式固定。如图 3-51（c）所示。

此外,还有用粘结剂浇注等固定方法。

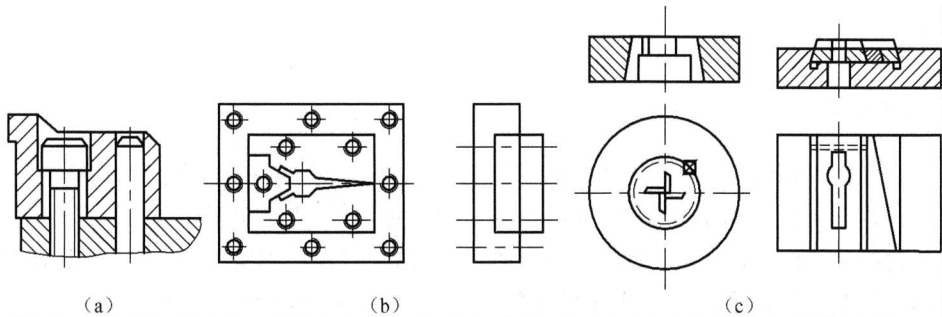

(a)   (b)   (c)

图 3-51 镶拼结构的固定

3.9.2 定位零件

板料在模具中必须有正确的位置,才能保证冲裁出外形完整的合格零件。正确位置是依靠定位零件来保证的。设计时应根据板料形式、模具结构、冲件精度、生产效率等综合考虑选择。

板料在模具送料平面中必须有两个方向的限位:

一是在与板料送进方向垂直的方向上的限位,保证条料沿正确方向送进,称为送进导向。

二是在送料方向上的限位,控制板料一次送进的距离(步距)称为送料定距。

对于块料或工序件的定位,基本也是在两个方向上的限位,只是定位零件的结构形式与条料的有所不同。

属于送进导向的定位零件有导料销、导料板、侧压板等;属于送料定距的定位零件有用挡料销、导正销、侧刃等;属于块料或工序件的定位零件有定位销、定位板等。

1. 导料销、导料板

导料销或导料板是对条料或带料的侧向进行导向,以免送偏的定位零件。

导料销的结构与挡料销相同,可选用标准结构。导料销一般设两个,并位于条料的同侧,从右向左送料时,导料销装在后侧;从前向后送料时,导料销装在左侧。导料销可设在凹模面上;也可以设在弹压卸料板上。导料销导向定位多用于单工序模和复合模中。

导料板一般设在条料两侧,其结构有两种:一种是标准结构,如图 3-52(a)所示,它与卸料板(或导板)分开制造;另一种是与卸料板制成整体的结构,如图 3-52(b)所示。为使条料顺利通过,导料板间距离应等于条料宽度加上一个间隙值(见排样及条料宽度计算)。导料板的厚度 H 应大于挡料销高度与板料厚度之和 $2\sim6$mm,以便板料能顺利从挡料销定面通过,具体结构尺寸可参照图 3-52(c)和相关资料。这种送料导向结构常用于单工序模或级进模。

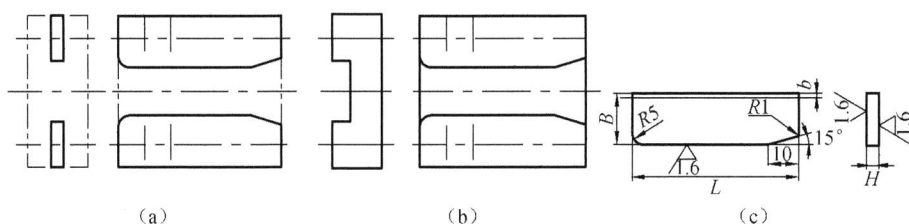

图 3-52　导料板结构

2. 侧压装置

为了保证送料精度,使条料靠紧一侧的导料板送进,可采用侧压装置。图 3-53 所示为常用的几种结构。弹簧式侧压力较大,常用于厚料的冲裁;簧片式用于料厚小于 1mm,侧压力要求不大的情况;弹簧压块式用于侧压力较大的场合;弹簧压板式侧压力均匀,它安装在进料口,常用于侧刃定距的级进模。簧片式和弹簧压块式使用时,一般设置 $2\sim3$ 个。

应该注意的是,板料厚度在 0.3mm 以下的薄板不宜采用侧压装置。另外,由于有侧压装置的模具,送料阻力较大,因而有辊轴自动送料装置的模具也不宜设置侧压装置。

3. 挡料销

挡料销起定位作用,用它挡住搭边或冲件轮廓,以限定条料送进距离。它可分为固定挡料销、活动挡料销和始用挡料销。

1) 固定挡料销

固定挡料销结构简单,制造方便,广泛用于冲制中、小型冲裁件的挡料定距。安装在凹模

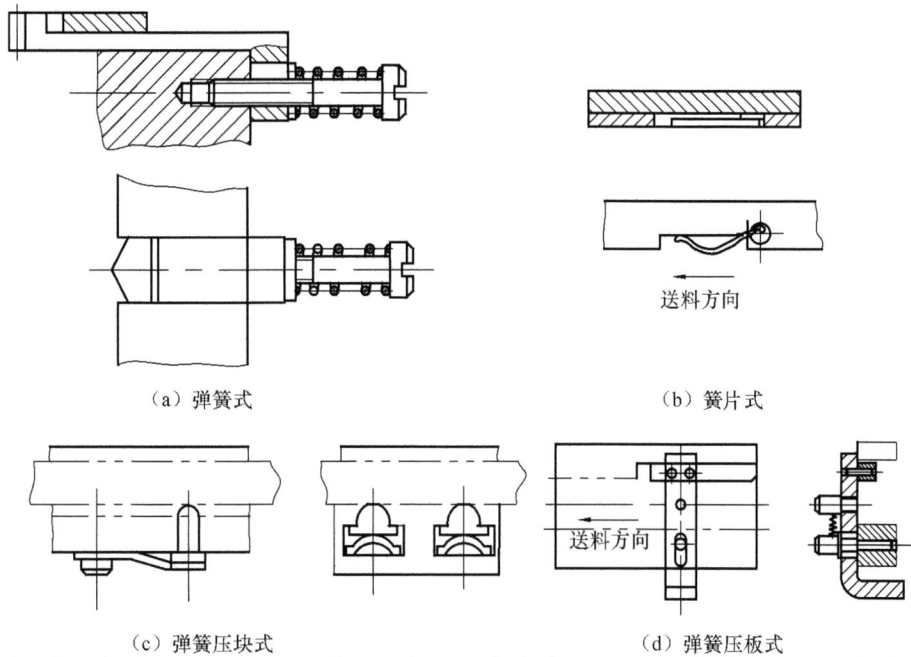

（a）弹簧式

（b）簧片式

送料方向

（c）弹簧压块式

（d）弹簧压板式

送料方向

图 3-53 侧压装置

上,用来控制条料的进距。常用的有圆形和钩形挡料销,如图 3-54(a)、(b)所示。但圆形安装在凹模上,安装孔可造成凹模强度的削弱;钩形挡料销销孔距离凹模刃壁较远,对凹模强度影响小。但为了防止钩头发生转动,需考虑防转。

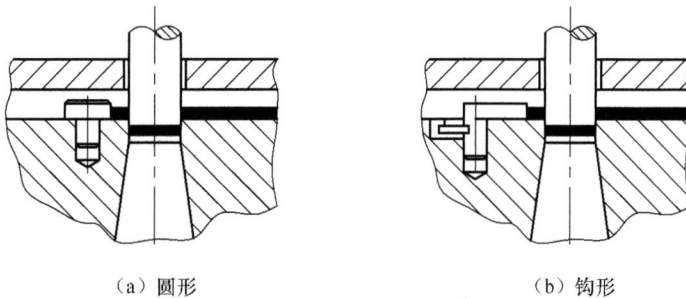

（a）圆形

（b）钩形

图 3-54 固定挡料钉

2）活动挡料销

标准结构的活动挡料销如图 3-55 所示。

图 3-55(a)为弹簧弹顶挡料装置;图 3-55(b)是扭簧弹顶挡料装置;图 3-55(c)为橡胶弹顶挡料装置;图 3-55(d)为回带式挡料装置。回带式挡料装置的挡料销对着送料方向带有斜面,送料时搭边碰撞斜面使挡料销跳起并越过搭边,然后将条料后拉,挡料销便挡住搭边而定位。即每次送料都要先推后拉,操作比较麻烦。

回带式的常用于具有固定卸料板的模具上;其他形式的活动挡料销常用于具有弹压卸料板的倒装复合模上。采用哪一种结构形式挡料销,需根据卸料方式、卸料装置的具体结构及操作等因素决定。

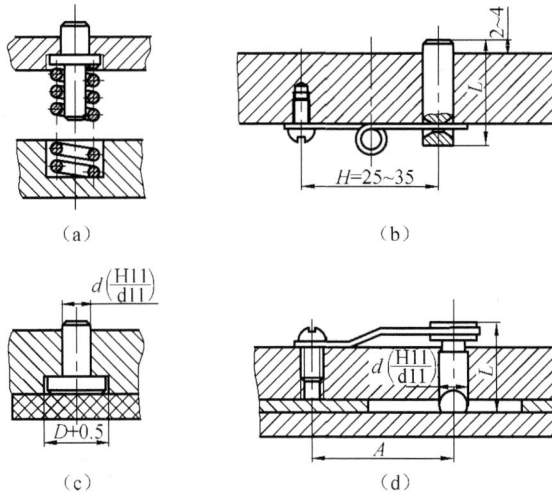

（a）　　　　　　　　　　　　　（b）

（c）　　　　　　　　　　　　　（d）

图 3-55　活动挡料销

图 3-56 为标准结构的始用挡料装置。始用挡料销一般用于以导料板送料导向的级进模和单工序模中(图 3-34)。一副模具用几个始用挡料销,取决于冲裁排样方法及工位数。采用始用挡料销,可提高材料利用率。

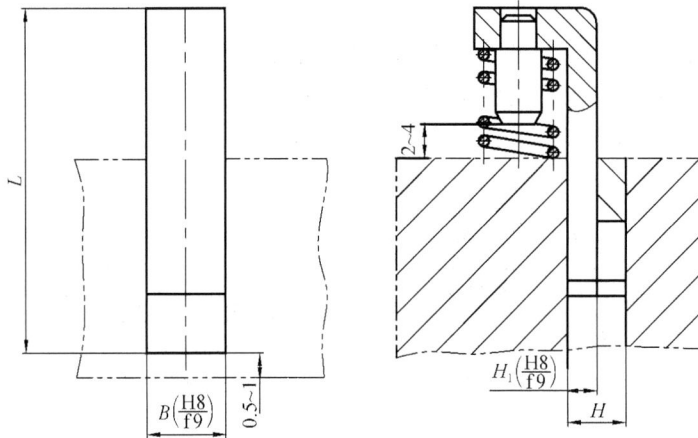

图 3-56　始用挡料销

4. 侧刃

侧刃是以切去条料旁侧少量材料来达到控制条料送料距离的目的(图 3-57),常用于级进模中控制送料步距。这种结构的定位元件的特点是步距定位精度高,操作方便,生产效率高,缺点是造成一定的板料消耗和增大冲裁力。只有在冲制窄而长的制件(进距小于 6～8mm)和某些少、无废料排样,用别的挡料形式有困难时才采用。按侧刃的断面形状分为矩形侧刃与成形侧刃两类。图 3-57(a)所示为矩形侧刃,制造简单,但当侧刃尖角磨钝后,条料边缘处便出现毛刺,影响送料和定位的准确性,一般用于板料厚度小于 1.5mm、冲件精度要求不高时的送料定距。图 3-57(b)所示为成形侧刃,当条料边缘连接处出现毛刺时,也处在凹槽内不影响送料,但这种侧刃消耗材料增多,结构较复杂,制造较麻烦,用于板料厚度小于 0.5mm、冲件精度要求较高的送料定距。图 3-57(c)所示为尖角侧刃,不浪费材料,但每送一进距需把条料往后拉,以后端定距,操作不方便。

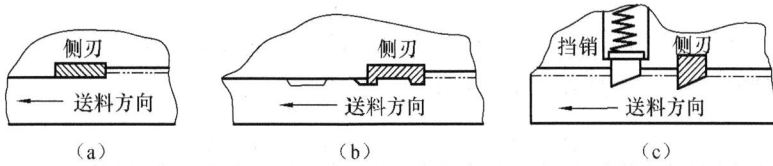

图 3-57　定距侧刃

生产实际中,还可采用既可起定距作用,又可成形冲件部分轮廓的特殊侧刃,如图 3-58 所示中的侧刃 1 和 2。

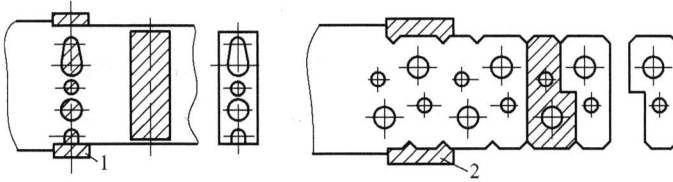

图 3-58　特殊侧刃

侧刃凸模及凹模按冲孔模确定其刃口尺寸,凹模孔按凸模配置,取单边间隙,侧刃断面的主要尺寸是宽度 b,其值原则上等于送料进距,但对长方形侧刃和侧刃与导正销兼用时,宽度 b 与送料进距 s 的关系为 $b = s + (0.05 \sim 0.1)\text{mm}$,侧刃厚度 $m = 6 \sim 10\text{mm}$,侧刃制造公差取负值,一般取 -0.02mm。

5. 导正销

导正销也称为导正钉,冲裁时与其他定距组件相配合,插入前工位已冲好的孔中进行精确定位,以减小定位误差,保证孔与外形的相对位置的冲裁要求。导正销装配在第二工位以后的落料凸模上,当零件上没有适宜于导正销导正用的孔时,对于工步数较多、零件精度要求较高的级进模,应在条料两侧的空位处设置工艺孔,以供导正销导正条料用。此时,导正销固定在凸模固定板上或弹压卸料板上。国家标准的导正销结构形式及适用情况如图 3-59 所示。导

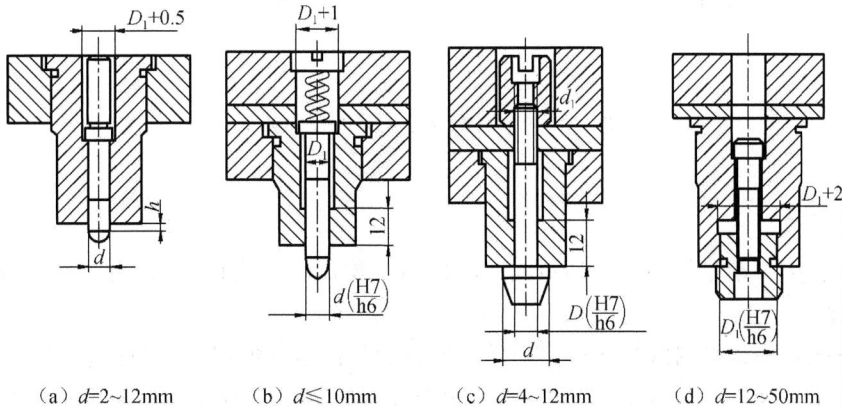

(a) $d = 2 \sim 12\text{mm}$　(b) $d \leqslant 10\text{mm}$　(c) $d = 4 \sim 12\text{mm}$　(d) $d = 12 \sim 50\text{mm}$

图 3-59　导正销

正销的头部由圆锥形的导入部分和圆柱形的导正部分组成,导正部分 h 不宜太大,一般取 $h=(0.5\sim1)t$。导正销直径 D_1 尺寸略小于制件冲孔直径,D_1 与导正销孔的关系是

$$D_1 = d - a \tag{3-43}$$

式中,d 为冲孔凸模直径,mm;a 为导正销与冲孔凸模直径差值,如表 3-25 所示,mm。

导正部分的直径公差可按 h6~h9 选取。

表 3-25　导正销与冲孔凸模直径差值　　　　　　　　　　　(单位:mm)

板料厚度 t/mm	冲孔凸模直径 d_T/mm						
	1.5~6	>6~10	>10~16	>16~24	>24~32	>32~42	>42~60
<1.5	0.04	0.06	0.06	0.08	0.09	0.10	0.12
>1.5~3	0.05	0.07	0.18	0.10	0.12	0.14	0.16
>3~5	0.06	0.08	0.10	0.12	0.16	0.18	0.20

由于导正销常与挡料销配合使用,挡料销只起粗定位作用,所以挡料销的位置应能保证导正销在导正过程中条料有被前推或后拉少许的可能。挡料销与导正销的位置关系如图 3-60 所示。

按图 3-60(a)方式定位　　　　　$s_1 = s - \dfrac{D_T}{2} + \dfrac{D}{2} + 0.1 \tag{3-44}$

按图 3-60(b)方式定位　　　　　$s_1' = s + \dfrac{D_T}{2} - \dfrac{D}{2} - 0.1 \tag{3-45}$

式中,s 为送料步距,mm;D_T 为落料凸模直径,mm;D 为挡料销柱形部分直径,mm;s_1、s_1' 为挡料销与导正销的中心距,mm。

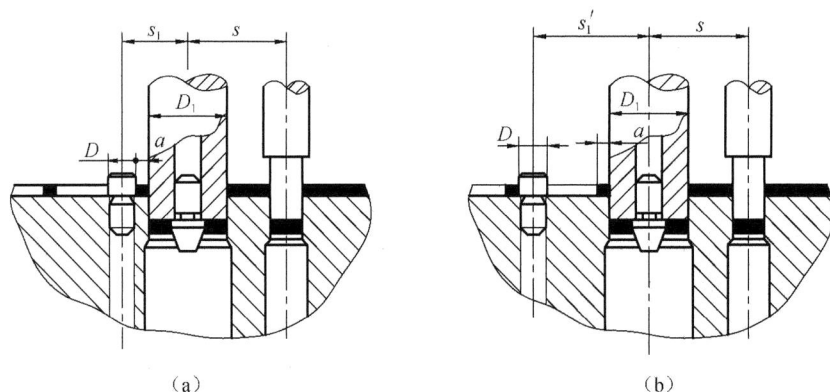

(a)　　　　　　　　　　　　　　　(b)

图 3-60　挡料销与导正销的位置关系

6. 定位板和定位销

定位板和定位销是作为单个坯料或工序件的定位用。其定位方式有两种:外缘定位和内孔定位,如图 3-61 所示。

定位方式是根据坯料或工序件的形状复杂性、尺寸大小和冲压工序性质等具体情况决定。外形比较简单的冲件一般可采用外缘定位,如图 3-61(a)所示;外轮廓较复杂的一般可采用内孔定位,如图 3-61(b)所示。定位板厚度或定位销高度如表 3-26 所示。

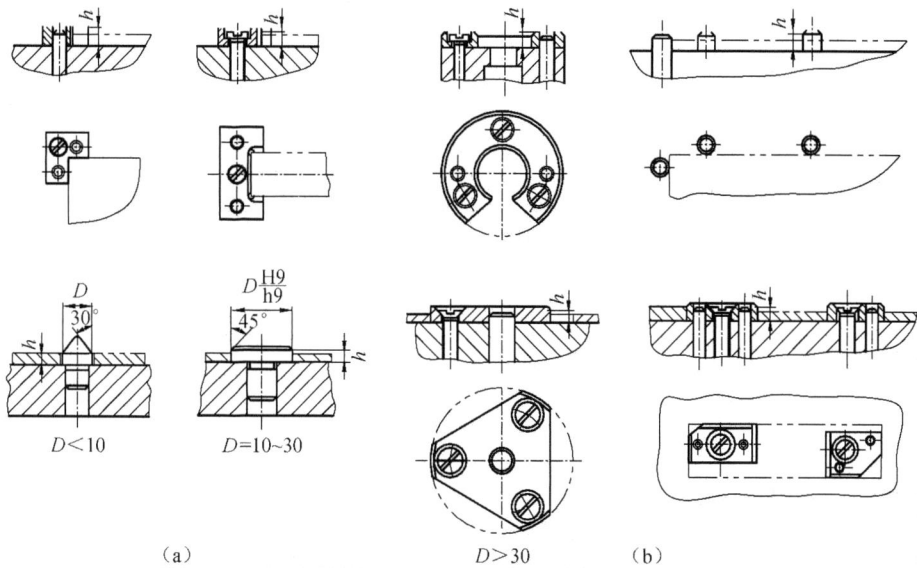

图 3-61　定位板和定位销的结构形式

表 3-26　定位板厚度或定位销高度

板料厚度 t/mm	<0.5	0.5~1	>1
高度（厚度）h/mm	0.05	0.1	0.15

3.9.3　卸料装置与推件(顶件)装置

1. 卸料装置

1) 固定卸料板

如图 3-62 所示,其中图 3-62(a)、(b)用于平板的冲裁卸料。图 3-62(a)卸料板与导料板为一整体;图 3-62(b)卸料板与导料板是分开的。图 3-62(c)、(d)一般用于成形后的工序件的冲裁卸料。

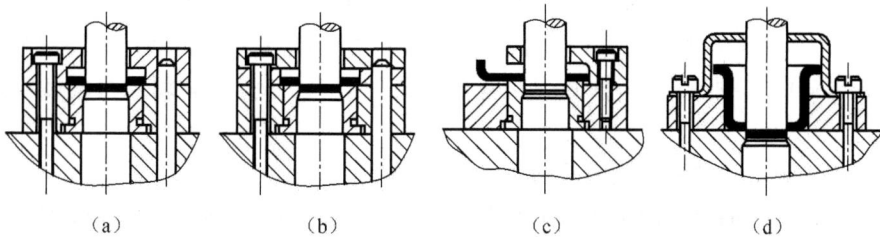

图 3-62　固定卸料装置

当卸料板仅起卸料作用时,凸模与卸料板的间隙取决于板料厚度,一般取单边间隙为(0.2~0.5)t。当固定卸料板兼起导板作用时,一般按 H7/h6 配合制造,但应保证导板与凸模之间间隙小于凸、凹模之间的冲裁间隙,以保证凸、凹模的正确配合。

固定卸料板的卸料力大,卸料可靠。因此,当冲裁板料较厚(大于 0.5mm)、卸料力较大、平直度要求不很高的冲裁件时,一般采用固定卸料装置。

2)弹压卸料装置

如图 3-63 所示。弹压卸料装置是由卸料板、弹性元件(弹簧或橡胶)、卸料螺钉等零件组成。

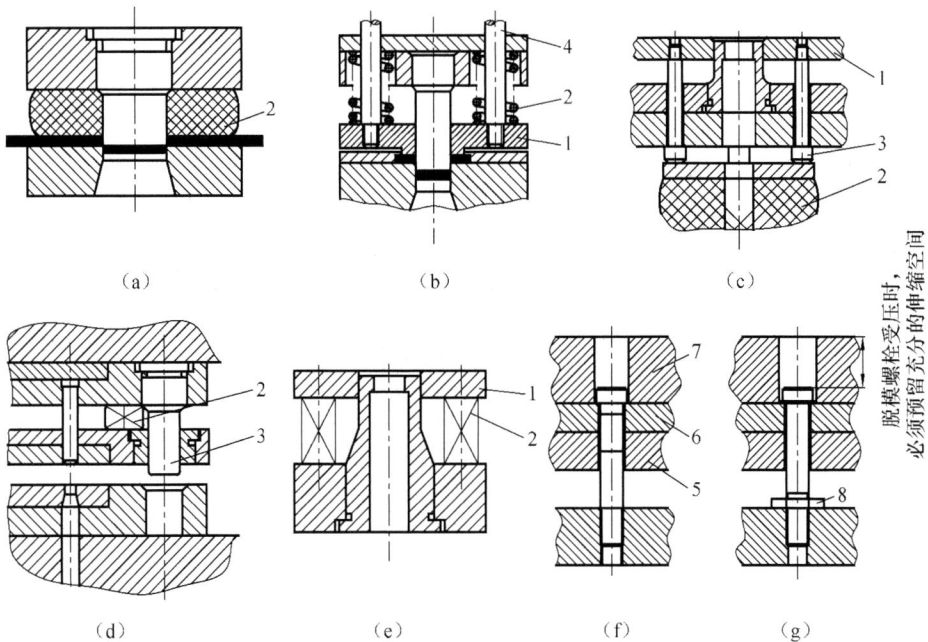

图 3-63　弹压卸料装置

1-卸料板;2-弹性元件;3-卸料螺钉;4-小导柱;5-凹模固定板;6-垫板;7-上模座;8-螺帽

弹压卸料既起卸料作用又起压料作用,主要用在冲裁料厚在 1.5mm 以下的板料,所得冲裁零件质量较好,平直度较高。因此,质量要求较高的冲裁件或薄板冲裁宜用弹压卸料装置。弹性元件的选择应满足卸料力和冲模结构的要求。

图 3-63(a)的弹压卸料方法用于简单冲裁模;图 3-63(b)是以导料板为送进导向的冲模中使用的弹压卸料装置;图 3-63(c)、(e)属倒装式模具的弹压卸料装置,但后者的弹性元件装在下模座之下,卸料力大小容易调节;图 3-63(d)是以弹压卸料板作为细长小凸模的导向,卸料板以小导柱导向,避免了弹压卸料板水平摆动,从而保护小凸模不被折断。弹性卸料版的固定方法如图 3-63(f)、(g)所示,设计时可参考有关的设计资料。此外,必须预留出卸料螺钉足够的伸缩空间。

弹压卸料板与凸模的单边间隙可根据冲裁板料厚度按表 3-27 选用。在级进模中,特别小的冲孔凸模与卸料板的单边间隙可将表列数值适当加大。当卸料板起导向作用时,卸料板与凸模按 H7/h6 配合制造,但其间隙应比凸、凹模间隙小。此外,在模具开启状态,卸料板应高出模具工作零件刃口 0.3~0.5mm,以便顺利卸料。

表 3-27　弹压卸料板与凸模的单边间隙值　　　　　　　　　　　　　(单位:mm)

板料厚度 t	<0.5	0.5~1	>1
单边间隙 Z	0.05	0.1	0.15

3）废料切刀

在冲件尺寸大,卸料力大的落料或成形件的切边过程中,往往采用废料切刀代替卸料板,将废料切开而卸料。如图 3-64(a)所示,当凹模向下切边时,同时把已切下的废料压向废料切刀上,从而将其切开。对于冲裁形状简单的冲裁模,一般设两个废料切刀;冲件形状复杂的冲裁模,可用弹压卸料辅助废料切刀进行卸料。废料切刀的结构如图 3-64(b)、(c)所示。

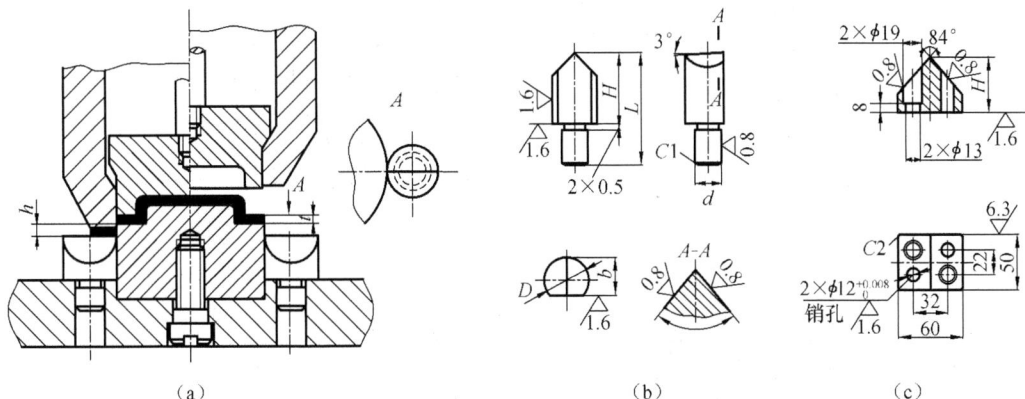

（a） （b） （c）

图 3-64 废料切刀

2. 推件(顶件)装置

推件和顶件的目的,是将制件从凹模中推出来(凹模在上模)或顶出(凹模在下模)。推件力是由压力机的模梁(图 3-65)作用,通过一些传力元件将推件力传递到推件板上将制件(或废料)推出凹模。为保证推件力均衡,常需推杆 2~4 个均匀分布,长短一致。推板的形状和推杆的布置应根据被推材料的尺寸和形状来确定。常见的推件装置如图 3-66 所示。

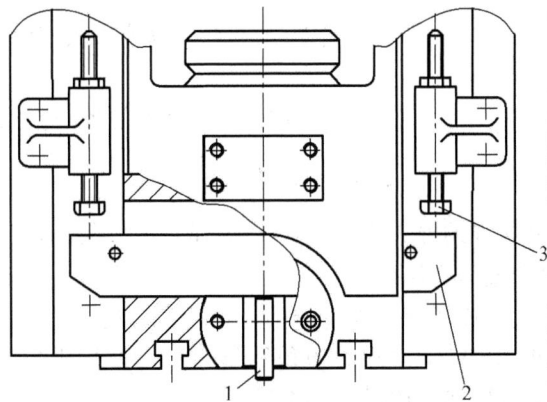

图 3-65 推件横梁
1-推杆;2-横梁;3-调节螺钉

弹性顶件装置一般都装在下模,如图 3-67 所示。通过弹性元件在模具冲压时贮存能量,模具回程时,能量的释放将材料从凹模洞中顶出。

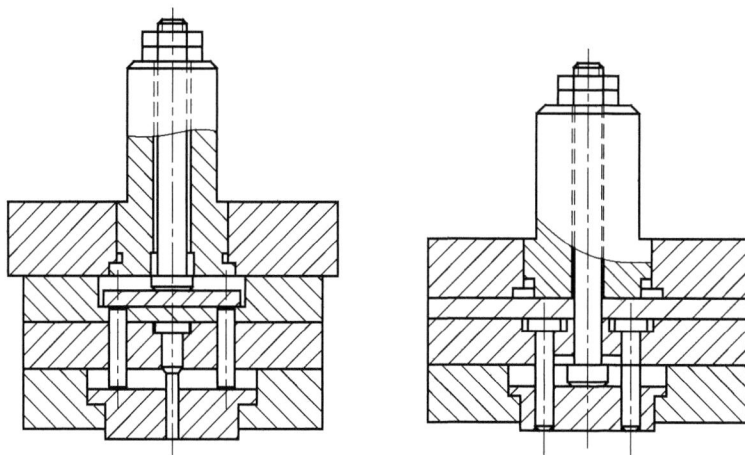

图 3-66　刚性推件装置

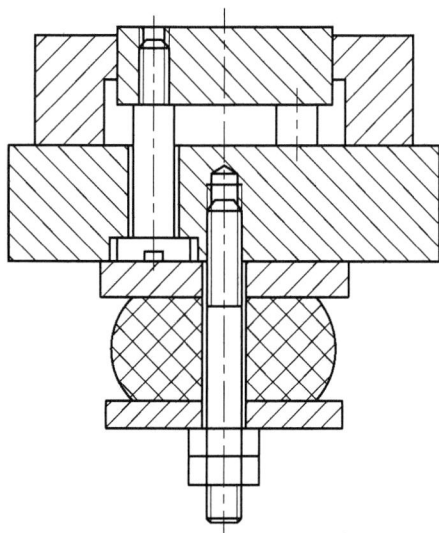

图 3-67　弹性顶件装置

3. 弹性元件的选用

1) 弹簧的选用

弹簧属标准件,在模具中应用最多的是圆柱螺旋压缩弹簧和碟形弹簧。前者应用较普遍,后者主要用于需较大卸料力和要求模具结构紧凑时。弹压卸料装置中的弹簧一般按照下列步骤选取:

(1) 按模具结构尺寸的空间大小,合理选定弹簧数目 n。

(2) 确定单个弹簧的预紧力 P_y

$$P_y = \frac{F_x}{n} \tag{3-46}$$

式中,n 为弹簧个数,F_x 为卸料力,P_y 为弹簧的预紧力。

(3) 确定弹簧的预压量 ΔH_y。

$$\Delta H_y = \Delta H_{max} \frac{P_y}{P_{max}} \tag{3-47}$$

式中,ΔH_{max} 为弹簧自身所允许的最大压缩量,P_{max} 为弹簧最大载荷。

(4) 确定弹簧的总压缩量,应满足

$$\Delta H = \Delta H_y + H_c + H_x \leqslant \Delta H_{max} \tag{3-48}$$

式中,ΔH 为弹簧的总压缩量;ΔH_y 为弹簧的预压量;H_c 为冲压工作行程;H_x 为凹模总的刃口修磨量;ΔH_{max} 为弹簧自身所允许的最大压缩量。

(5) 确定弹簧安装高度,即

$$H_a = H - \Delta H_y \tag{3-49}$$

式中,H_a 为弹簧安装高度,H 为弹簧自由高度。

2) 橡胶的选用

选用橡胶卸料或顶件时,与弹簧选用方法相似,也应根据卸料力和要求的压缩量校核橡胶的工作压力和许可的压缩量,看能否满足冲裁工艺的需要。

橡胶受压后所产生的弹压力为

$$P = qA \tag{3-50}$$

式中,P 为橡胶受压时产生的弹压力,N;q 为橡胶单位压力,如表 3-28 所示,MPa;A 为橡胶的实际承压面积,mm^2。

由于橡胶的压缩特性为非线性,故压缩量不能过大。为使橡胶耐久地工作,最大压缩时不能超过其厚度的 35%,预压缩时为其厚度的 10%~15%。橡胶高度 H 可按式(3-51)计算

$$H = \frac{H_c}{0.25 \sim 0.30} \tag{3-51}$$

式中,H_c 为所需的工作行程(压缩量)。

表 3-28 橡胶的单位压力

橡胶压缩/%	单位压力 q/MPa	橡胶压缩/%	单位压力 q/MPa
10	0.26	25	1.06
15	0.50	30	1.52
20	0.70	35	2.10

3.9.4 模架的选用

1. 模架

模架是上模座、下模座、导柱、导套的组合体,它是模具的基础,模具的工艺结构件通过紧固件安装到模架上形成完整的冲模。模架及其组成零件已经标准化,可查取选用。

1) 导柱模模架

导柱模模架按导向形式分为滑动导向和滚动导向两种。滑动导向模架的精度等级分为Ⅰ级和Ⅱ级,滚动导向模架的精度等级分为0Ⅰ级和0Ⅱ级。各级对导柱、导套的配合精度、上模座上平面对下模座下平面的平行度、导柱轴心线对下模座下平面的垂直度等都规定了一定的公差等级。这些技术条件保证了整个模架精度,也保证了冲裁间隙均匀。

滑动导向模架的基本结构形式有四种,如图 3-68 所示。滚动导向模架有四种,如图 3-69 所示。

对角导柱模架、中间导柱模架、四角导柱模架的共同特点是:导向装置都是安装在模具的对称线上,滑动平稳,导向准确可靠,适用于导向精确要求高的场合。对角导柱模架上、下模座,其工作平面的横向尺寸 L 一般大于纵向尺寸 B,常用于横向送料的级进模,纵向送料的单工序模或复合模。中间导柱模架只能纵向送料,一般用于单工序模或复合模。四角导柱模架常用于精度要求较高或尺寸较大冲件的生产和大量生产用的自动冲压过程。

后侧导柱模架的特点是导向装置在后侧,横向和纵向送料都比较方便,但由于偏心载荷的作用将加剧导向装置以及凸、凹模之间的磨损,从而影响模具寿命。此模架一般用于较小的冲模。

滚动导向模架在导柱和导套间装有保持架和钢球。由于导柱、导套间的导向通过钢球的滚动摩擦实现。导向精度高,使用寿命长,主要用于高精度、高寿命的硬质合金模、薄材料的冲裁模以及高速精密级进模。

（a）对角导柱模架　　　　　　　　　（b）后侧导柱模架

（c）中间导柱模架　　　　　　　　　（d）四角导柱模架

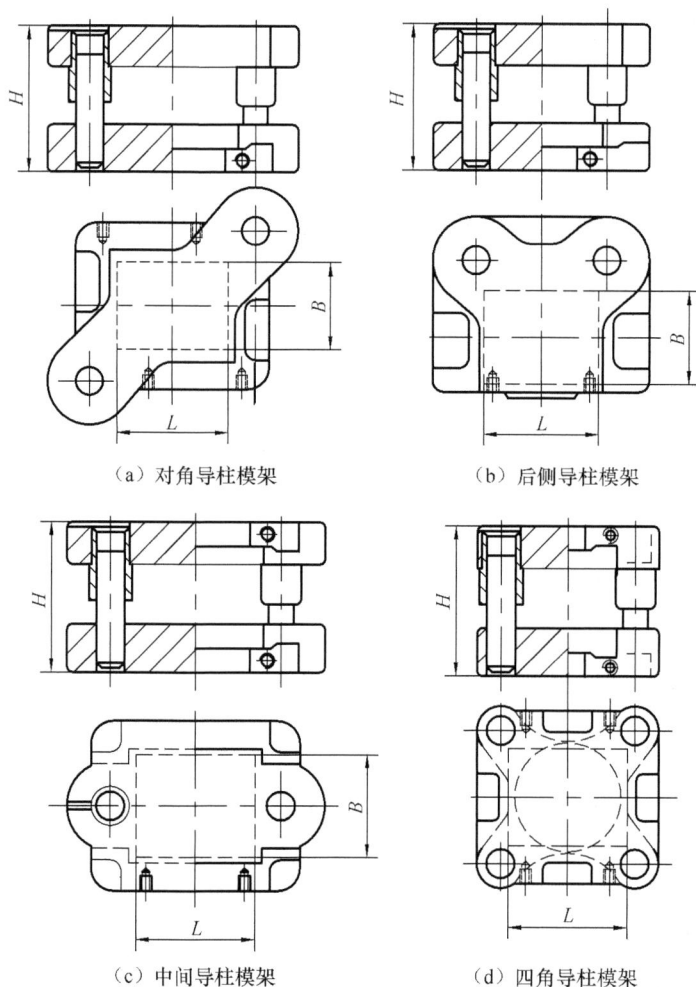

图 3-68　滑动导向模架

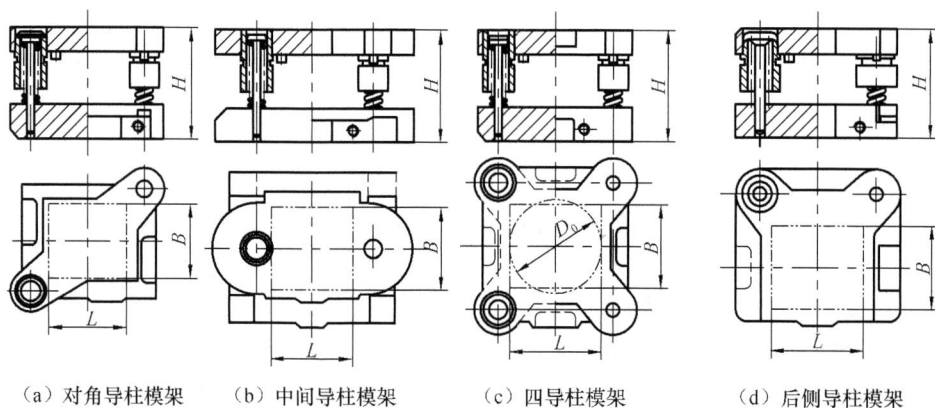

（a）对角导柱模架　　（b）中间导柱模架　　（c）四导柱模架　　（d）后侧导柱模架

图 3-69　滚动导向模架

2）导板模模架

导板模模架有对角导柱弹压模架和中间导柱弹压模架两种结构形式，如图 3-70 所示。

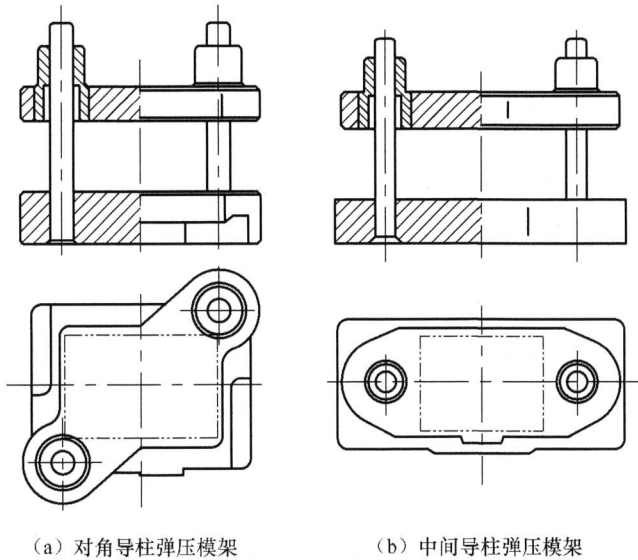

（a）对角导柱弹压模架   （b）中间导柱弹压模架

图 3-70　导板模模架

导板模模架的特点是:作为凸模导向用的弹压导板与下模座以导柱导套为导向构成整体结构。凸模与固定板是间隙配合而不是过渡配合,因而凸模在固定板中有一定的浮动量。这种结构形式可以起到保护凸模的作用,一般用于带有细凸模的级进模。

2. 模座

模座一般分为上、下模座,其形状基本相似。上、下模座的作用是直接或间接地安装冲模的所有零件,分别与压力机滑块和工作台连接,传递压力。

在选用和设计时应注意如下几点:

（1）尽量选用标准模架,标准模架中对应的模座也已标准化,通常应优先选用。如需自行设计模座,则圆形模座的直径应比凹模板直径大 30～70mm,矩形模座的长度应比凹模板长度大 40～70mm,其宽度可以略大或等于凹模板宽度。模座厚度可参照标准模座确定,一般为凹模板厚度的 1.0～1.5 倍,以保证有足够的强度和刚度。

（2）所选用或设计的模座必须与所选压力机的工作台和滑块的有关尺寸相适应,并进行必要的校核。比如,下模座的最小轮廓尺寸,应比压力机工作台上漏料孔的尺寸每边至少要大 40～50mm。

（3）模座材料一般选用 HT200、HT250,也可选用 Q235、Q255 结构钢,对于大型精密模具的模座选用铸钢 ZG35、ZG45。

（4）模座的上、下表面的平行度应达到要求,平行度公差一般为 4 级。

（5）上、下模座的导套、导柱安装孔中心距必须一致,精度一般要求在±0.02mm 以下;模座的导柱、导套安装孔的轴线应与模座的上、下平面垂直,安装滑动式导柱和导套时,垂直度公差一般为 4 级。

（6）模座的上、下表面粗糙度为 $Ra1.6～0.8\mu m$,在保证平行度的前提下,可允许降低为 $Ra3.2～1.6\mu m$。

3. 导向零件

导向零件是用来保证上、下模正确的相对运动。模具中应用最广泛的是导柱和导套。

1) 导柱

导柱标准结构有四类,即普通导柱、小导柱、可卸导柱和压圈固定导柱。图 3-71 所示是最常用的 B 型普通导柱,它的特点是在长度方向上,用以固定和导向部分直径的基本尺寸相同,只是极限偏差不同。这样,既便于装配又便于加工。

2) 导套

导套标准结构形式有三类,即普通导套、小导套和压圈固定导套。图 3-72 所示为最常用的 A 型普通导套。

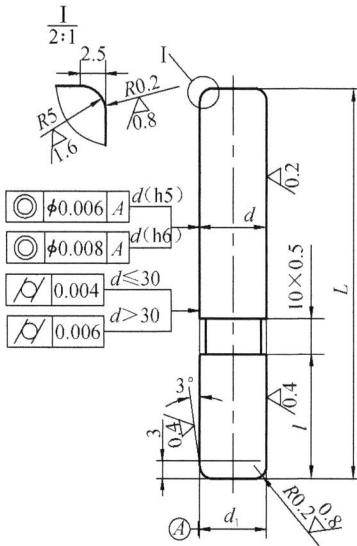

图 3-71　B 型普通导柱

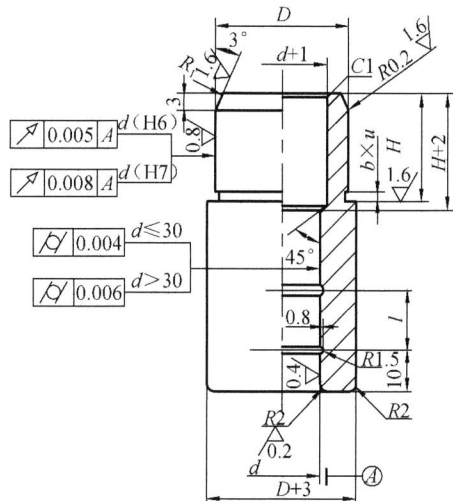

图 3-72　A 型普通导套

导柱和导套配套用于滑动或滚动导向,导柱、导套之间采用 H7/h6 或 H7/h5 的间隙配合,但必须小于冲裁间隙。导柱和导套一般采用过盈配合 H7/r6 分别压入下模座和上模座的安装孔中,大型模具导柱和导套还可用螺钉固定的形式导柱,安全可靠,如图 3-73 所示。导柱、导套与模座的装配方式如图 3-74 所示,并在选定导向装置及零件标准之后,根据所设计模具的实际闭合高度,符合图中要求。

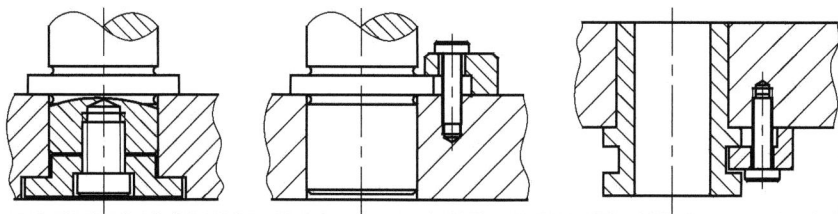

图 3-73　导柱的固定形式

导柱、导套一般选用 20 钢制造。为了增加表面硬度和耐磨性,应进行表面渗碳处理,渗碳后的淬火硬度为 HRC58～62。

导板导向装置分为固定导板和弹压导板导向两种，导板的结构已标准化；滚珠导向用于精密冲裁模、硬质合金模、高速冲模以及其他精密模具上。

3.9.5 连接与固定零件

模具的连接与固定零件有模柄、固定板、垫板、螺钉、销钉等。这些零件都可以从标准中查得。

1. 模柄

中、小型模具一般是通过模柄将上模固定在压力机滑块上。模柄作为上模与压力机滑块连接的零件对它的基本要求是：一要与压力机滑块上的模柄孔正确配合，安装可靠；二要与上模正确而可靠连接。标准的模柄结构形式如图 3-75 所示。

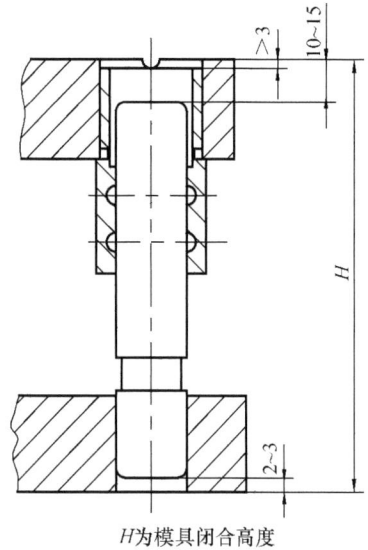

图 3-74　导柱和导套的装配

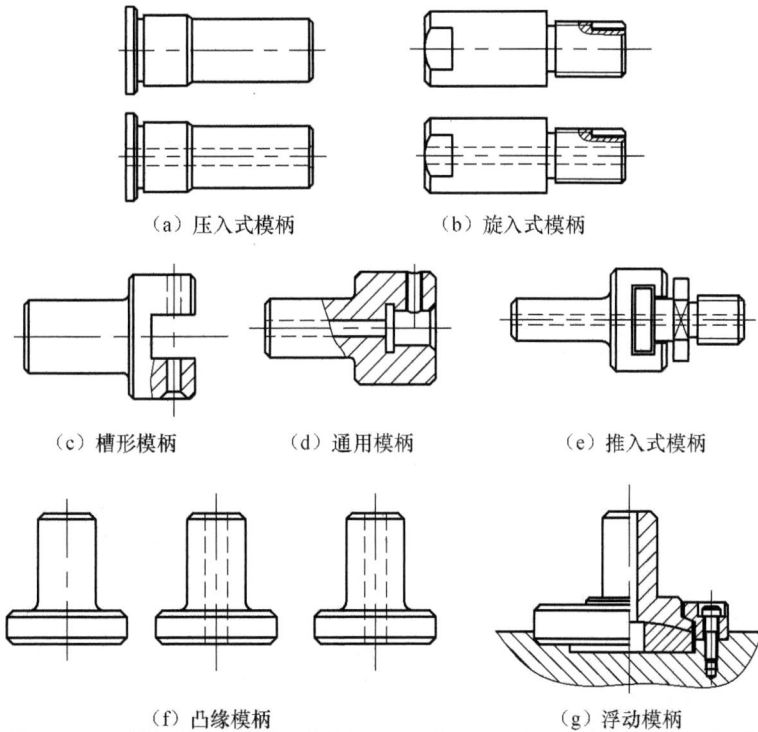

H为模具闭合高度

（a）压入式模柄　　　　（b）旋入式模柄

（c）槽形模柄　　　（d）通用模柄　　　（e）推入式模柄

（f）凸缘模柄　　　　　（g）浮动模柄

图 3-75　冷冲模模柄

（1）图 3-75（a）为压入式模柄，它与模座孔采用过渡配合 H7/m6、H7/h6，并加销钉以防转动。这种模柄可较好保证轴线与上模座的垂直度。适用于各种中、小型冲模，生产中最常见。

（2）图 3-75（b）为旋入式模柄，通过螺纹与上模座连接，并加螺丝防止松动。这种模具拆装方便,但模柄轴线与上模座的垂直度较差,多用于有导柱的中、小型冲模。

(3)图 3-75(c)、(d)为槽型模柄和通用模柄,均用于直接固定凸模,也可称为带模座的模柄,主要用于简单模中,更换凸模方便。

(4)图 3-75(e)为推入式活动模柄,压力机压力通过模柄接头、凹球面垫块和活动模柄传递到上模,它也是一种浮动模柄。因模柄单面开通(呈 U 形),所以使用时,导柱导套不宜脱离。它主要用于精密模具。

(5)图 3-75(f)为凸缘模柄,用 3~4 个螺钉紧固于上模座,模柄的凸缘与上模座的窝孔采用 H7/js6 过渡配合。多用于较大型的模具。

(6)图 3-75(g)为浮动模柄,主要特点是压力机的压力通过凹球面模柄和凸球面垫块传递到上模,以消除压力机导向误差对模具导向精度的影响。主要用于硬质合金模等精密导柱模。

模柄材料通常采用 Q235 或 Q275 钢,其支撑面应垂直于模柄的轴线(垂直度不应超过 0.02∶100)。

2. 固定板

将凸模或凹模按一定相对位置压入固定后,作为一个整体安装在上模座或下模座上。模具中最常见的是凸模固定板,固定板分为圆形固定板和矩形固定板两种,主要用于固定小型的凸模和凹模。

凸模固定板的厚度一般取凹模厚度的 0.6~0.8 倍,其平面尺寸可与凹模、卸料板外形尺寸相同,但还应考虑紧固螺钉及销钉的位置。固定板的凸模安装孔与凸模采用过渡配合 H7/m6、H7/n6,压装后将凸模端面与固定板一起磨平。

固定板材料一般采用 Q235 或 45 钢。

3. 垫板

垫板的作用是直接承受凸模的压力,以降低模座的单位压力,防止模座被局部压陷,从而影响凸模的正常工作,是否需要用垫板,可按式(3-52)校核

$$P = \frac{F_z'}{A} \leqslant [\sigma] \tag{3-52}$$

式中,P 为凸模头部端面对模座的单位压力,N。如 P 满足上式,可不加垫板;反之,须在凸模支撑面上加垫板。F_z' 为凸模承受的总压力,N。A 为凸模头部端面支承面积,mm^2。$[\sigma]$ 为模座材料许用压应力,MPa。如表 3-29 所示。

表 3-29　模座材料许用压应力

模板材料	$[\sigma_{bc}]$/MPa
铸铁 HT250	90~140
铸钢 ZG310~570	110~150

4. 螺钉与销钉

螺钉和销钉都是标准件,设计模具时按标准选用即可。螺钉用于固定模具零件,一般选用内六角螺钉;销钉起定位作用,常用圆柱销钉。螺钉、销钉规格应根据冲压力大小、凹模厚度等

确定。螺钉直径和螺钉间距的关系可参照表 3-30 选取,内六角螺钉贯通孔和固定孔尺寸参见表 3-31 和表 3-32。

表 3-30 螺钉的直径与螺钉间距离的关系

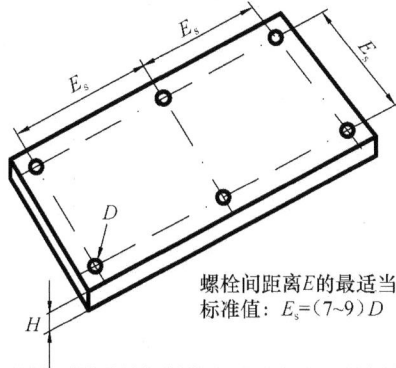

螺栓间距离E的最适当
标准值:$E_s=(7\sim9)D$

螺钉直径 D	螺钉间距离 E/mm			适用模板厚度 H/mm
	E_s	E_{min}	E_{max}	
M5	35~45	15	50	10~18
M6	42~54	25	70	15~25
M8	56~72	40	90	22~32
M10	70~90	60	115	27~38
M12	84~108	80	150	35 以上

表 3-31 内六角螺钉贯通孔的各部尺寸　　　　　　　　　　（单位:mm）

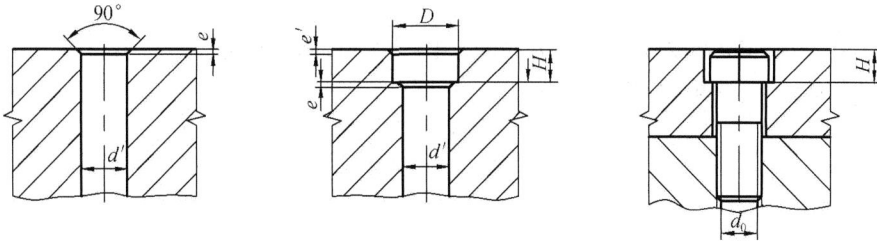

公称直径 d		M4	M5	M6	M8	M10	M12	M14	M16
螺栓孔径 d'	1 级	4.3	5.3	6.4	8.4	10.5	13	15	17
	2 级	4.5	5.5	6.6	9.0	11	14	16	18
	3 级	4.8	5.8	7.0	10	12	15	17	19
倒角 e 最小		0.3	0.3	0.4	0.5	0.6	0.7	0.8	1.0
埋头孔直径 D'		8.0	9.5	11	14	17.5	20	23	26
埋头孔深度 H'		4.4	5.4	6.5	8.6	10.8	13	15.2	17.5
埋头孔直径 e'		0.5	0.5	0.8	0.8	1.0	1.2	1.2	1.5
底孔孔径 d_0		3.4	4.3	6.7	6.7	8.6	10.5	12.3	14.3

表 3-32 内六角螺钉固定孔的各部尺寸

	A 部尺寸	淬火硬化钢板场合，1.5d 以上	
	g 部尺寸的最小值	钢铁	1.5d
		铸铁	2.0d
		铜合金	2.3d
		铝合金	2.5d
		塑料	3.0d
	j 部尺寸	3～6.5，螺栓直径愈大，此值愈大	
	E 部尺寸	1.5～5 螺栓直径愈大，此值愈大	
	C 部尺寸	g+j，应大于螺纹牙距的 12 倍以上	
	F 部尺寸	此值小于螺纹孔直径时需做贯通孔	

讨论与思考

1. 确定冲裁工艺方案的依据是什么？冲裁工艺的工序组合方式的根据是什么？

2. 冲压变形过程分为哪几个阶段？裂纹在哪个阶段产生？首先在什么位置产生？

3. 冲裁件质量包括哪些方面？其断面具有什么特征？这些特征是如何形成的？影响冲裁件断面质量的因素有哪些？

4. 影响冲裁件尺寸精度、形状误差的因素有哪些？

5. 什么是冲裁间隙？实际生产中如何选择合理的冲裁间隙？

6. 冲裁凸、凹模刃口尺寸计算方法有哪几种？各有什么特点？分别适用于什么场合？

7. 什么是材料的利用率？如何提高材料的利用率？

8. 什么是压力中心？压力中心在冲模设计中起什么作用？

9. 什么是搭边？其作用有哪些？影响搭边值的因素有哪些？

10. 什么是冲裁力、卸料力、推荐力和顶件力？如何根据冲模结构确定冲裁工艺总力？降低冲裁力的方法有哪些？

11. 冲裁模一般由哪几类零部件组成？它们在冲裁模中分别起什么作用？

12. 正装复合模与倒装复合模各有何特点？如何选择？

第 4 章 弯曲工艺与弯曲模设计

弯曲是使材料(板料、型材、棒料、管材等)产生塑性变形,形成具有一定角度或一定曲率零件的冲压工序。它属于成形工序,是冲压的基本工序之一,各种常见弯曲件如图 4-1 所示。根据所使用的工具及设备的不同,可以把弯曲工序分为使用模具在普通压力机上进行的压弯及在专门的弯曲设备上进行的折弯、滚弯、拉弯等。虽然各种弯曲方法使用的工具及设备不同,但其变形过程和变形特点有共同规律。本章将主要介绍在生产中应用最多的压弯工艺与弯曲模设计。

图 4-1 各种常见弯曲件

4.1 弯曲变形过程分析

4.1.1 弯曲变形过程

V 形弯曲是最基本的弯曲变形,任何复杂弯曲都可看成是由多个 V 形弯曲组成。在压力机上采用压弯模具对板料进行压弯是弯曲工艺中运用最多的方法。下面以 V 形弯曲为例分析弯曲变形过程,如图 4-2 所示。

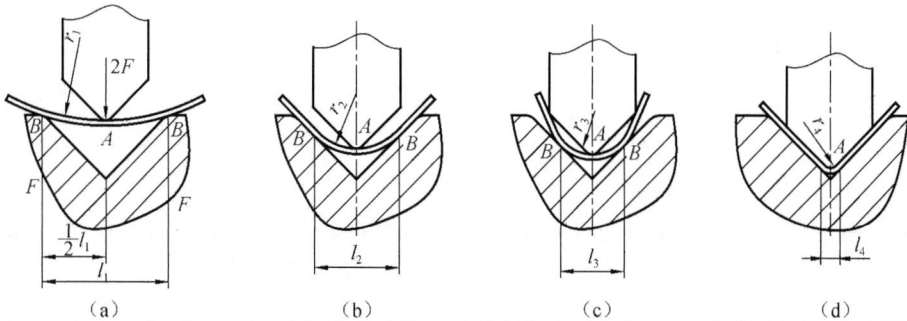

图 4-2 V 形弯曲变形过程

弯曲变形的过程一般经历弹性弯曲变形、弹-塑性弯曲变形、塑性弯曲变形三个阶段。板料从平面弯曲成一定角度和形状，其变形过程是围绕着弯曲圆角区域展开的，弯曲圆角区域为主要变形区。

弯曲开始时，模具的凸、凹模分别与板料在 A、B 处相接触。设凸模在 A 处施加的弯曲力为 $2F$(图 4-2(a))。这时在 B 处凹模与板料的接触支点则产生反作用力并与弯曲力构成弯曲力矩 $M = Fl_1/2$，在弯曲的开始阶段，弯曲圆角半径 r 很大，弯曲力矩 M 很小，此时内外层切向应力 σ_θ 均小于屈服应力 σ_s，仅引起沿板厚方向的全部材料层的弹性弯曲。弹性变形阶段切向应力 σ_θ 沿板厚的分布如图 4-3(a)所示。

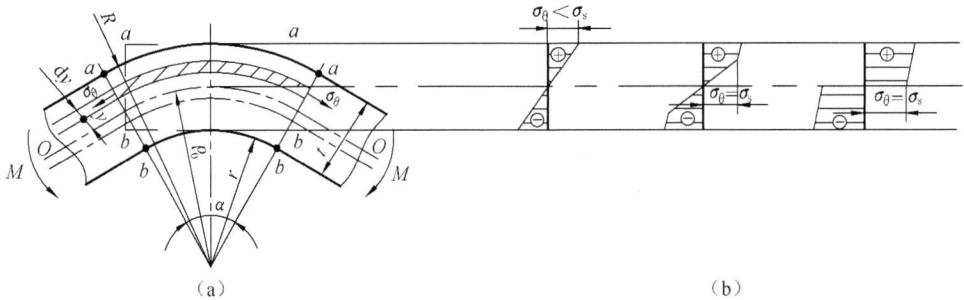

图 4-3 弯曲时切向应力的分布

随着凸模进入凹模深度的增大，凹模与板料的接触处位置发生变化，支点 B 沿凹模斜面不断下移，弯曲力臂 l 和弯曲圆角半径 r 逐渐减小，板料的弯曲变形程度进一步加大，如图 4-2(b)所示。直至弯曲力矩 M 增大到一定数值时，内、外表层材料的切向应力 σ_θ 首先达到屈服应力 σ_s 而进入塑性状态，随着弯曲力矩加大，塑性变形向板料内部扩展。对常见的金属材料，一般认为 $r/t > 200$ 时，变形区中心附近的材料大部分还处在弹性变形阶段，其切向应力 σ_θ 沿板厚的分布如图 4-3(b)所示。

凸模继续下行，直至变形由弹-塑性弯曲完全过渡到塑性变形($r/t < 200$)时。这时弯曲圆角变形区内弹性变形部分所占比例已经很小，可以忽略不计，视板料截面都已进入塑性变形状态(图 4-2(c))，其切向应力 σ_θ 沿板厚的分布如图 4-3(b)所示。最终，B 点以上部分在与凸模的V形斜面接触后被反向弯曲，再与凹模斜面逐渐靠紧，直至板料与凸、凹模完全贴紧(图 4-2(d))。

若弯曲终了时，凸模与板料、凹模三者贴合后凸模不再下压，称为自由弯曲。若凸模再下压，对板料再增加一定的压力，则称为校正弯曲，这时弯曲力将急剧上升。校正弯曲使弯曲件在下止点受到刚性镦压，减小了工件的回弹。

4.1.2 弯曲变形特点

为了便于观察板料弯曲时的金属流动情况，分析材料的变形特点，可以通过机械刻线或照相腐蚀的方法在弯曲前的板料侧表面制作正方形网格，然后用工具显微镜观察测量弯曲前后网格的变化情况，如图 4-3 所示。

可以观察到位于弯曲圆角部分的网格发生了显著的变化，原来的正方形网格变成了扇形；在远离圆角的直边部分，没有变形；靠近圆角处的直边，有少量的变形。说明弯曲圆角部分是弯曲变形的主要区域。观察网格变形后的情况可以发现：板料在长度方向、厚度方向、宽度方向都发生了变形。

1. 长度方向的变形特点

在弯曲圆角变形区内,弯曲前的线段 $aa = bb$;弯曲后,线段 $aa >$ 圆弧 aa,线段 $bb <$ 圆弧 bb,说明弯曲时内侧区域金属切向受压而缩短,外侧区域金属切向受拉而伸长。从板料弯曲外侧网格线长度的伸长过渡到内侧长度的缩短,长度是逐渐改变的。由于材料变形的连续性,在伸长和缩短两个变形区域之间,其中必定有一层金属纤维材料的长度在弯曲前后保持不变,这一金属层称为应变中性层(图 4-3 中的 $O\text{-}O$ 层)。应变中性层的长度是计算弯曲件毛坯展开尺寸的重要依据。

2. 厚度方向变形特点

在弯曲过程中,以应变中性层为界,内侧切向受压而变厚,外侧切向受拉而变薄。由于内侧金属的增厚受到凸模的限制,因此,内侧板厚的增厚量小于外侧板厚的减薄量,总体上表现出厚度减薄的特点。一般用实验测得的变薄系数 ξ 表示变薄程度,ξ 值总是小于 1,ξ 值参见表 4-1。变形程度愈大,变薄现象愈严重。对于减薄严重的弯曲变形,按照体积不变条件,必然造成板料总体长度或宽度的增加。

表 4-1 变薄系数 ξ 数值

r/t	0.1	0.5	1	2	5	>10
ξ	0.8	0.93	0.97	0.99	0.998	1

3. 宽度方向变形特点

板料的相对宽度 b/t(b 是板料的宽度,t 是板料的厚度)对弯曲变形区的厚度变形有很大影响。一般将 $b/t > 3$ 的板料称为宽板,相对宽度 $b/t \leqslant 3$ 的称为窄板。

窄板弯曲时,宽度方向的变形不受约束。由于弯曲变形区外侧材料受拉引起板料宽度方向收缩,内侧材料受压引起板料宽度方向增厚,其横断面形状变成了外窄内宽的扇形(图 4-4(a))。变形区宽度方向(横断面)形状尺寸发生改变称为畸变。

宽板弯曲时,宽度方向的变形会受到相邻部分材料的制约,材料不易流动,因此其横断面形状变化较小,仅在两端会出现少量变形(图 4-4(b)),横断面形状基本保持为矩形。虽然宽板弯曲仅存在少量畸变,但是在某些弯曲件生产场合,如铰链加工制造,需要两个宽板弯曲件的配合时,这种畸变可能会影响产品的质量,须采取适当措施加以防止。

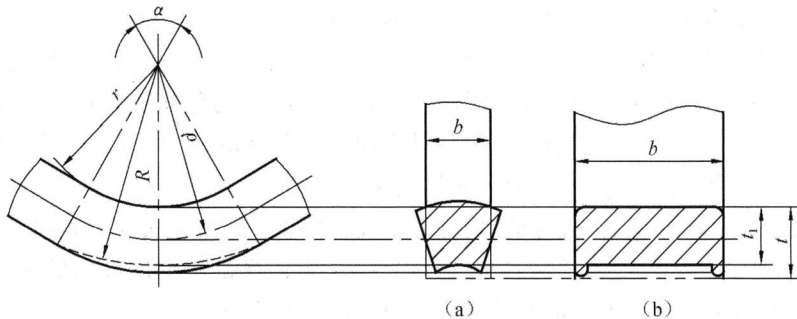

图 4-4 横断面形状变化

4.1.3 弯曲时变形区的应力和应变状态

由弯曲变形的特点可以很容易确定变形区的应变状态,按照应变和应力状态的对应关系便可以确定应力状态。

板料塑性弯曲时,变形区内的应力和应变状态取决于弯曲变形程度以及弯曲毛坯的相对宽度 b/t。取材料的微小立方单元体表述弯曲变形区的应力和应变状态,σ_θ、ε_θ 表示切向(长度方向)应力、应变;σ_t、ε_t 表示径向(厚度方向)的应力、应变;σ_b、ε_b 表示宽度方向的应力、应变。对于宽板弯曲或窄板弯曲,变形区的应力和应变状态在切向和径向是完全相同的,仅在宽度方向有所不同。

1. 应变状态

(1)长度方向(切向)ε_θ。在弯曲变形区,内区纤维缩短,切向应变为压缩应变;外区纤维伸长,切向应变为拉伸应变,并且该应变为绝对值最大的主应变。

(2)厚度方向(径向)ε_t。因为弯曲变形时,绝对值最大的主应变是切向应变 ε_θ,由塑性变形体积不变条件可知,另外两个方向产生的应变,其符号将与 ε_θ 相反。由此可以判断:在弯曲变形区的内区,因切向主应变 ε_θ 为压应变,故径向应变 ε_t 为拉应变;在弯曲变形区的外区,因切向主应变 ε_θ 为拉应变,故径向应变 ε_t 为压应变。

(3)宽度方向 ε_b。根据宽度 b/t 的不同,分两种情况,对于 $b/t<3$ 的窄板,因金属在宽度方向可以自由变形,故在内区,宽度方向应变 ε_b 与切向应变 ε_θ 符号相反为拉应变;而在外区 ε_b 则为压应变;对于 $b/t>3$ 的宽板,由于宽度方向受到材料彼此之间的制约作用,不能自由变形,可以近似认为无论内区还是外区,其宽度方面的应变 $\varepsilon_b \approx 0$,仅在两端有少量应变。

由此可见,窄板弯曲时的应变状态是立体的,而宽板弯曲的应变状态是平面的。

2. 应力状态

(1)长度方向(切向)σ_θ。内区纤维受压,切向应力为压应力;外区纤维受拉,切向应力为拉应力。外侧拉应力与内侧压应力间的分界层称为应力中性层,当弯曲变形程度很大时,也有向内侧移动的特性。

应变中性层的内移总是滞后于应力中性层,这是由于应力中性层的内移,使外侧拉应力区域不断向内侧压应力区域扩展,原中性层内侧附近的材料层由压缩变形转变为拉伸变形,从而造成了应变中性层的内移。

(2)厚度方向(径向)σ_t。塑性弯曲时,由于变形区曲率增大,以及金属各层之间的相互挤压的作用,从而在变形区内产生径向压应力 σ_t,在板料表面 $\sigma_t = 0$,由表及里逐渐递增,至中性层处达到了最大值。在径向压应力 σ_t 的作用下,切向应力 σ_θ 的分布性质产生了显著的变化,外侧拉应力的数值小于内侧区域的压应力。只有使拉应力区域扩大,压应力区域减小,才能重新保持弯曲时的静力平衡条件,因此应力中性层必将内移。

(3)宽度方向 σ_b。对于窄板,由于宽度方向可以自由变形,因而无论是内区还是外区 $\sigma_b = 0$;对于宽板,因为宽度方向受到材料的制约作用 $\sigma_b \neq 0$。内区由于宽度方向的伸长受阻,所以 σ_b 为压应力。外区由于宽度方向的收缩受阻,所以 σ_b 为拉应力。

由此可见,可以认为窄板弯曲的应力状态是立体的,而宽板弯曲的应力状态是平面的。

综上所述,板料自由弯曲时的应力和应变状态归纳于表 4-2。

表 4-2 自由弯曲时的应力应变状态

内区		
外区		

4.2 弯曲变形工艺计算

4.2.1 卸载后弯曲件的回弹

1. 回弹现象

与所有塑性变形一样,塑性弯曲时伴随有弹性变形,当外载荷去除后,塑性变形保留下来,而弹性变形会完全消失。由于弯曲时内、外区切向应力方向相反,因而弹性回复方向也相反,即外区弹性缩短而内区弹性伸长,这种反向的弹性回复加剧了工件形状和尺寸的改变,使弯曲件的形状和尺寸与模具尺寸不一致,这种现象称为弯曲回弹(简称回弹)。

另外对整个坯料而言,不变形区占的比例比变形区大得多,大面积不变形区的惯性影响会加大变形区的回弹,这是弯曲回弹比其他成形工艺回弹严重的另一个原因。它们对弯曲件的形状和尺寸变化影响十分显著,加之回弹是不可避免的,因此,与其他变形工序相比,弯曲过程的回弹现象是一个影响弯曲件精度的重要问题,弯曲工艺与弯曲模设计时应认真考虑。

2. 回弹现象的表征及模具相关尺寸的修正

弯曲件的回弹现象通常表现为两种形式,如图 4-5 所示。

一是曲率变化,卸载前弯曲中性层的半径为 ρ,卸载后增加至 ρ',曲率则由 $1/\rho$ 减小为 $1/\rho'$。如以 ΔK 表示曲率的减小量,则

$$\Delta K = 1/\rho - 1/\rho' \qquad (4-1)$$

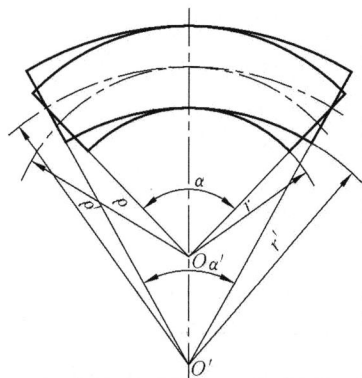

图 4-5 弯曲时的回弹

二是弯曲中心角变化,由回弹前弯曲中心角度 α(凸模的中心角度)变为回弹后的工件实际中心角度 α',则弯曲中心角减小量(即回弹角)$\Delta\alpha$ 为

$$\Delta\alpha = \alpha - \alpha' \qquad (4\text{-}2)$$

弯曲角 φ(弯曲件两直边夹角)与弯曲中心角 α 互为补角,在回弹中变化趋势相反。

$$\Delta\varphi = \varphi - \varphi' \qquad (4\text{-}3)$$

计算曲率变化和弯曲中心角(或弯曲角)的目的是修正相应的模具尺寸,从应用方便考虑,通常在设计及制造模具时,一般求出考虑回弹量的凸模弯曲角 φ_T 和凸模圆角半径 r_T,然后直接在模具上进行修改。

1) 小变形($r/t \geqslant 10$)自由弯曲时的凸模弯曲角 φ_T 和凸模圆角半径 r_T

当相对弯曲半径 $r/t \geqslant 10$ 时,卸载后弯曲件的角度和圆角半径变化都较大。在此情况下,凸模工作部分的圆角半径和角度可按式(4-4)进行计算(推导过程省略)

$$r_T = \frac{r}{1 + 3\dfrac{\sigma_s r}{Et}} \qquad (4\text{-}4)$$

$$\varphi_T = \varphi - (180° - \varphi)(r/r_T - 1) \qquad (4\text{-}5)$$

式中,r_T 为凸模的圆角半径;r 为弯曲件的圆角半径;φ 为弯曲件的弯曲角;φ_T 为凸模的弯曲角;σ_s 为弯曲件材料的屈服点;E 为弯曲件材料的弹性模量;t 为弯曲件板料厚度。

2) 大变形($r/t < 5$)自由弯曲时的凸模弯曲角 φ_T 和凸模圆角半径 r_T

当相对弯曲半径 $r/t < 5$ 时,卸载后弯曲件圆角半径的变化是很小的,可以不予考虑,而只修正弯曲角。对于 $\varphi = 90°$ 的 V 型自由弯曲,回弹角 $\Delta\varphi$ 可查表 4-3,取凸模角度 $\varphi_T = \varphi - \Delta\varphi$。

当弯曲件弯曲角 φ 不为 90°时,凸模弯曲角可用式(4-6)计算

$$\varphi_T = 180° - \frac{r}{r_T}(180° - \varphi) \qquad (4\text{-}6)$$

表 4-3 90°V 形校正弯曲的回弹角 $\Delta\varphi$

材料	r/t	材料厚度 t/mm		
		<0.8	$0.8\sim2$	>2
软钢(30 号以下)	<1	4°	2°	0°
软黄铜、铝、锌	$1\sim5$	5°	3°	1°
中硬钢(30 号~40 号)	<1	5°	2°	0°
硬黄铜、硬青铜	$1\sim5$	6°	3°	1°
硬钢(50 号以上)	<1	7°	4°	2°
	$1\sim5$	9°	5°	3°
30CrMnSiA	<2	2°	2°	2°
	$2\sim5$	2°30′~4°30′	3°~4°30′	3°~4°30′
硬铝(LY12M)	<2	2°	3°	4°30′
	$2\sim5$	2°30′~4°30′	4°~6°	5°~8°30′
超硬铝(LC4M)	<2	2°30′	5°	8°
	$2\sim5$	3°~5°	8°	11°30′

3) 校正弯曲时的凸模弯曲角 φ_T 和凸模圆角半径 r_T

对 V 形弯曲件进行校正弯曲时,一般 r/t 都比较小,可以不考虑弯曲半径的回弹,弯曲角

的回弹量也比较小。当弯曲半径很小时,例如 $r/t < 0.2 \sim 0.3$,可能出现负回弹,即弯曲件脱离模具后的实际弯曲角度小于凸模的弯曲角。

校正弯曲的回弹角可参考表 4-4 初步确定,并考虑弯曲过程中其他影响因素适当修正,再经试模后最后修正。

表 4-4　V 形校正弯曲的回弹角

弯曲角 $\varphi/(°)$	钢板牌号			
	08、10	15、20	25、30	35
30	$0.75r/t - 0.39$	$0.69r/t - 0.23$	$1.59r/t - 1.03$	$1.51r/t - 1.48$
60	$0.58r/t - 0.80$	$0.64r/t - 0.65$	$0.95r/t - 0.94$	$0.84r/t - 0.76$
90	$0.43r/t - 0.61$	$0.434r/t - 0.36$	$0.76r/t - 0.79$	$0.79r/t - 1.62$
120	$0.36r/t - 1.26$	$0.37r/t - 0.58$	$0.46r/t - 0.36$	$0.51r/t - 1.71$

由于弯曲件的回弹值受诸多因素的综合影响,上述公式的计算值只能是近似的,还需在生产实践中进一步试模修正,近年来,应用数值模拟技术对回弹进行分析仿真等措施来减少、抑制回弹收到了一定的效果。

3. 影响回弹的主要因素

由于弯曲变形的特殊机理,卸载后的回弹成为影响弯曲件质量的主要原因,所以必须对回弹的影响因素和影响规律认真分析。

1) 材料的力学性能

金属材料的变形特点,卸载时弹性恢复的应变量与材料的屈服强度成正比,与材料的弹性模量成反比,即 σ_S/E 越大,弯曲变形的回弹也愈大。这是因为,材料的屈服强度 σ_S 愈高,材料在一定的变形程度下,其变形区断面内的应力也愈大,因而引起更大的弹性变形,所以回弹值也大;而弹性模量 E 愈大,则抵抗弹性变形的能力愈强,所以回弹值愈小。

例如,图 4-6(a)所示的两种材料,屈服强度基本相同,但弹性模量不同($E_1 > E_2$),在弯曲变形程度相同的条件下(r/t 相同),退火软钢在卸载时的弹性恢复变形小于软锰黄铜,即 $\varepsilon_1' < \varepsilon_2'$。又如图 4-6(b)所示的两种材料,弹性模量基本相同,但屈服强度不同($\sigma_{S4} > \sigma_{S3}$),在弯曲变形程度相同的条件下($r/t$ 相同),经冷作硬化而屈服强度较高的的软钢在卸载时回弹变形大于屈服强度较低的退火软钢,即 $\varepsilon_4' > \varepsilon_3'$。

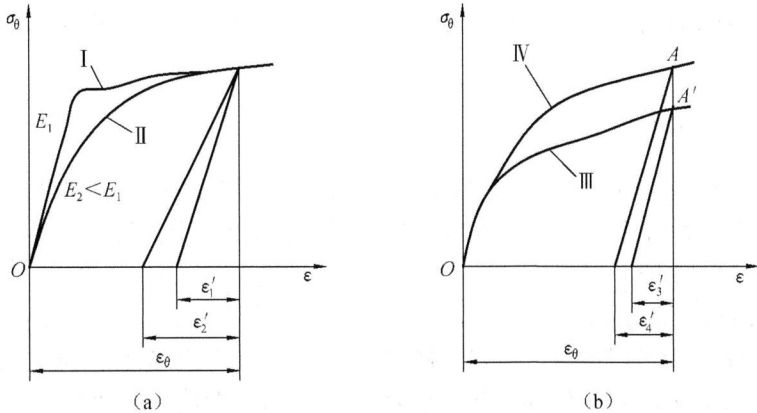

图 4-6　材料的力学性能对回弹的影响

需要注意的是,所有钢材的弹性模量相差不大,但屈服强度和硬化指数却有较大差别,因此为减小回弹,在选用弯曲件材料时应重点考虑屈服强度和硬化指数小的材料。

2)相对弯曲半径 r/t

相对弯曲半径 r/t 愈小,则回弹值愈小。因为相对弯曲半径 r/t 愈小,表明变形程度愈大,变形区总的切向变形程度增大,塑性变形在总变形中占的比例增大,而相应弹性变形的比例则减少,从而回弹值减少。反之,相对弯曲半径 r/t 愈大,则回弹值愈大。这就是曲率半径很大的工件不易弯曲成形的原因,基于这种考虑,在满足弯曲件实用要求和最小相对弯曲半径允许的前提下,尽量设计弯曲半径较小的弯曲件对减小回弹是有利的。

3)弯曲中心角 α

在弯曲半径相同时,弯曲中心角 α 愈大,即弯曲角 φ 愈小,表示弯曲变形区的长度愈大,则累积回弹值愈大,故回弹角愈大。

4)弯曲件形状

一般来说,在 r/t 相同的条件下,U 形件的回弹由于两边互受牵制而小于 V 形件。形状复杂的弯曲件一次弯成时,由于各部分相互牵制以及弯曲件表面与模具表面之间的摩擦影响,改变了弯曲件各部分的应力状态(一般可以增大弯曲变形区的拉应力),使回弹困难,因而回弹角减小。

5)模具间隙

被弯曲的板料表面与模具之间的摩擦,可以改变板料各部分的应力状态,尤其是一次弯曲成各个部位时,摩擦的影响更为显著。一般可以认为,摩擦在大多数情况下可以增大弯曲变形区的拉应力,使弯曲件形状更接近模具的形状。

在 U 形弯曲时,弯曲凸、凹模的间隙大小对回弹有直接影响。间隙越小,摩擦越大,模具对板料的挤压作用越明显,可有效抑制回弹;相反,模具的间隙愈大,回弹也愈大。从另一个角度来说,即使凸、凹模间隙选用合理,而板料厚度误差较大,则会引起回弹值不稳定。

6)弯曲方式

板料的弯曲方式有自由弯曲和校正弯曲两类,自由弯曲回弹值大,校正弯曲回弹值小。校正弯曲是在工作终了前凸模和凹模对变形板料加以很强的镦压作用,不仅使弯曲变形外区的拉应力有所减小,而且使外区靠近中性层附近的材料出现压应力。随着校正力的加大,压应力向外区表面扩展,致使板料的大部分乃至全部断面出现压应力。于是外区回弹方向与内区回弹方向取得一致,最终致使回弹量较自由弯曲是大为减少,有时甚至出现负回弹。

4. 减少回弹值的措施

由于弯曲回弹是不可避免的,且影响回弹的因素众多,所以要完全消除回弹是不可能的。因此,只有在弯曲件材料选择、弯曲件结构设计、弯曲工艺制定、弯曲模具结构设计方面采取适当措施才能有效减小回弹。

1)选用合适的弯曲材料

在满足弯曲件使用要求的条件下,尽可能选用弹性模数 E 大、屈服极限 σ_s 小、加工硬化指数 n 小、机械性能比较稳定、板厚误差比较小的材料,以减少弯曲时的回弹。例如退火的碳素结构钢 08、08F、10、10F 等在弯曲回弹方面要优于未退火的普通碳素钢 Q215、Q235 等。

2）改进弯曲件的结构设计

在弯曲件设计上改进某些结构,加强弯曲件的刚度以减小回弹。例如在工件的弯曲变形区上压制加强筋,如图 4-7(a)、(b)所示,或利用成形折边,如图 4-7(c)所示。此外,由于弯曲件相对弯曲半径 $r/t=1\sim2$ 时,回弹量最小,所以弯曲件上应尽可能采用小的弯曲圆角半径。

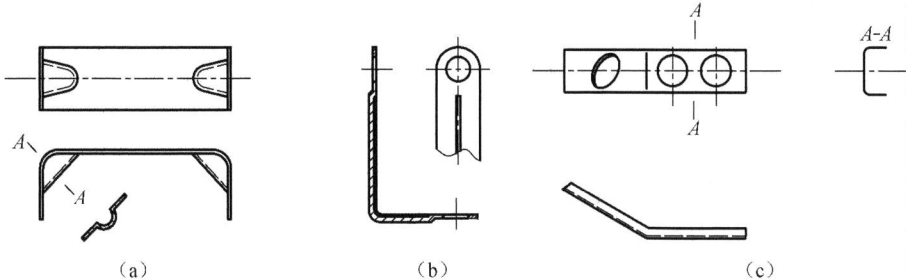

图 4-7　改进弯曲件的结构设计

3）改进弯曲工艺

（1）采用热处理工艺。

对一些硬材料和已经冷作硬化的材料,弯曲前先进行退火处理,降低其屈服强度以减少弯曲时的回弹,待弯曲后再淬硬(如蝶形弹簧的弯曲)。在条件允许的情况下,甚至可使用加热弯曲。

（2）增加校正工序。

运用校正弯曲工序,对弯曲件施加较大的校正压力,可以改变其变形区的应力应变状态,以减少回弹量。通常,当弯曲变形区材料的校正压缩量为板厚的 2%～5% 时,就可以得到较好的效果。

（3）采用拉弯工艺。

对于相对弯曲半径很大的弯曲件,由于变形区大部分处于弹性变形状态,弯曲回弹量很大。这时可采用拉弯工艺,如图 4-8 所示。其工艺实质是使板料在拉应力下产生弯曲变形,从而改变横断面内的应力状态,使应力中性层两侧均为切向拉应力,卸载后内外层回弹方向取得一致,达到减小回弹的目的。

一般大型弯曲件拉弯时,弯曲变形与拉伸的先后次序对回弹量有一定影响。先弯后

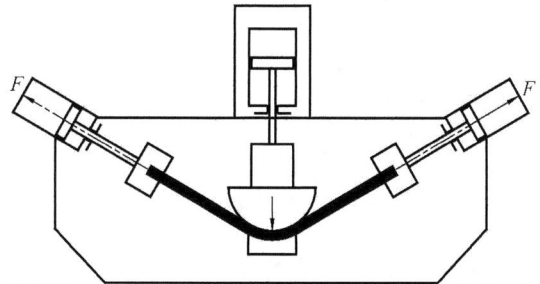

图 4-8　拉弯工艺示意图

拉比先拉后弯好。但先弯后拉的不足之处是已弯坯料与模具摩擦加大,拉力难以有效地传递到各部分,因此实际生产中常采用"拉＋弯＋拉"的复合工艺方法。

一般小型弯曲件可采用在毛坯直边部分加压边力限制非变形区材料的流动(图 4-9);或者减小凸、凹模间隙使变形区的材料做变薄挤压拉伸的方法(图 4-10),以增加变形区的拉应变。

4）改进模具结构

（1）补偿法。

根据弯曲件回弹的趋势和回弹值修正凸模和凹模工作部分的尺寸和几何形状,以相反方向的回弹来补偿工件的回弹量。

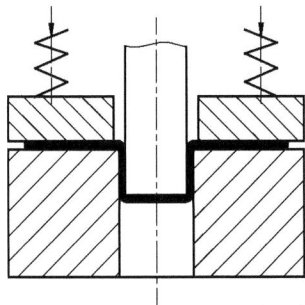

图 4-9 压边力拉弯示意图

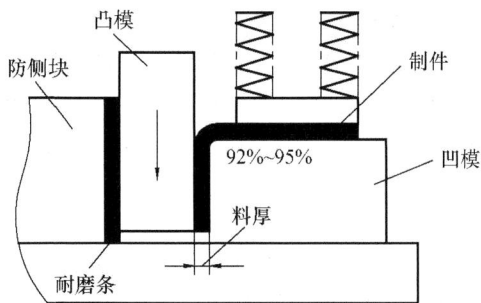

图 4-10 小间隙拉弯示意图

（2）校正法。

当材料厚度 $t \geqslant 0.8\mathrm{mm}$，塑性比较好，而且弯曲圆角半径不大时，可以改变凸模结构（图 4-11），使校正力集中在弯曲变形区，加大变形区应力应变状态的改变程度（迫使材料内外侧同为切向压应力、切向拉应变），从而使内外侧回弹趋势相互抵消，减小回弹量。

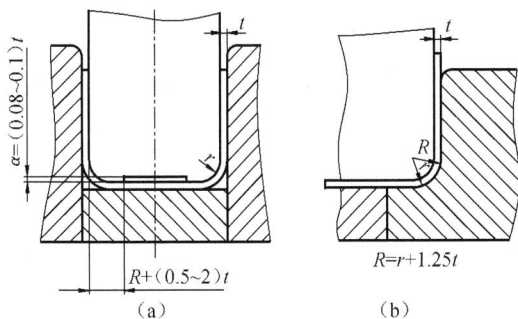

图 4-11 用校正法修正模具结构

图 4-11(a)所示为双角校正弯曲凸模的修正尺寸形状。图 4-11(b)所示为单角校正弯曲凸模的修正尺寸形状。

（3）软凹模法。

利用聚氨酯或橡胶凹模代替刚性金属凹模进行弯曲。弯曲时随着金属凸模逐渐进入聚氨酯或橡胶凹模，聚氨酯或橡胶对板料的单位压力也不断增加，弯曲件圆角变形区所受到的单位压力大于两侧直边部分。

由于仅受聚氨酯侧压力的作用，直边部分不发生弯曲，随着凸模进一步下压，激增的弯曲力将会改变圆角变形区材料的应力状态（三向压应力状态），达到类似校正弯曲的效果，从而减少回弹。通过调节凸模压入聚氨酯凹模的深度，可以控制弯曲力的大小，使卸载后的弯曲件角度符合精度要求。

4.2.2 最小相对弯曲半径

1. 切向应变与相对弯曲半径的关系（参见图 4-3）

相对弯曲半径是指弯曲件内侧圆角半径与板料厚度的比值，如图 4-12 所示。

设任一瞬时弯曲中心角为 α，变形中性层曲率半径为 ρ_0，则距离变形中性层为 y 处的切向应变 ε_θ 为

$$\varepsilon_\theta = \ln\frac{(\rho_0 + y)\alpha}{\rho_0\alpha} = \ln\left(1 + \frac{y}{\rho_0}\right) \qquad (4\text{-}7)$$

将上式按级数展开得

$$\ln\left(1 + \frac{y}{\rho_0}\right) = \frac{y}{\rho_0} - \frac{1}{2}\left(\frac{y}{\rho_0}\right)^2 + \frac{1}{3}\left(\frac{y}{\rho_0}\right)^3 - \cdots$$

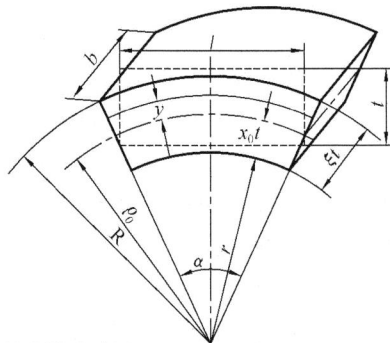

图 4-12 相对弯曲半径

当 r/t 较大时，y/ρ_0 的最大值不超过 0.1，略去高次项后可得

$$\varepsilon_\theta = \ln\left(1 + \frac{y}{\rho_0}\right) \approx \frac{y}{\rho_0} \qquad (4\text{-}8)$$

式(4-8)实际上就是按名义应变计算切向应变，在 $r/t > 5$ 的条件下，最大相对误差 $\leqslant 5\%$。可见，ε_θ 沿板厚是线性分布的，在内、外表层最大，在变形中性层为零。

在 $r/t > 5$ 时，可以认为应变中性层与几何中心层重合，即 $\rho_0 = r + t/2$，以 $y = t/2$ 代入式(4-8)可得切向应变的最大值为

$$\varepsilon_{\theta\max} = \frac{\dfrac{t}{2}}{r + \dfrac{t}{2}} = \frac{1}{1 + 2\dfrac{r}{t}} \qquad (4\text{-}9)$$

$\varepsilon_{\theta\max}$ 值对于外表层取正号，对于内表层取负号。由式(4-9)可见，弯曲变形的最大切向应变与相对弯曲半径 r/t 成反比。因此可以相对弯曲半径 r/t 表示弯曲的变形程度，r/t 越小表示变形程度越大。r/t 值是弯曲加工最重要的工艺参数。

2. 最小相对弯曲半径 $r_{\min}/t$ 的概念

如前所述，弯曲时在变形区的外表面产生最大切应变 $\varepsilon_{\theta\max}$，按照式(4-9)计算，$\varepsilon_{\theta\max}$ 与 r/t 成反比。当 $\varepsilon_{\theta\max}$ 值超过材料允许的伸长变形极限时，在外表面出现将裂纹。可见，弯曲工序的破坏形式是变形区外表面的开裂，而内表面受压变形剧烈时只会产生截面畸变。在变形区外表面的不发生开裂(破坏)的条件下，弯曲所能达到的最小 r/t 值，称为最小相对弯曲半径，也叫最小弯曲系数，一般以 $r_{\min}/t$ 来表示。最小相对弯曲半径是衡量弯曲变形程度的主要标志。

3. 影响最小相对弯曲半径 $r_{\min}/t$ 的因素

1) 材料的力学性能
由于弯曲的破坏形式是受拉应力过大而外表面破裂，所以材料的塑性指标(δ、ψ)愈好，许可的相对弯曲半径愈小。对于塑性差的材料，其最小相对弯曲半径应大一些。在生产中可以采用热处理的方法来提高某些塑性较差材料以及冷作硬化材料的塑性变形能力，以减小最小相对弯曲半径。

2) 弯曲中心角
弯曲中心角 α 是弯曲件圆角变形区圆弧所对应的圆心角。理论上弯曲变形区局限于圆角区域，直边部分不参与变形，似乎变形程度只与相对弯曲半径 r/t 有关，而与弯曲中心角无关。但实际上由于材料的相互牵制作用，接近圆角的直边也参与了变形，扩大了弯曲变形区的范围，分散了集中在圆角部分的弯曲应变，使圆角外表面受拉状态有所缓解，从而有利于降低最小弯曲半径的数值。弯曲中心角 α 越小，直边对圆角区的缓解作用越明显，则最小弯曲半径可以取值更小些。反之，弯曲中心角越大，对最小相对弯曲半径的影响将越弱。弯曲中心角 α 对 $r_{\min}/t$ 的影响如图 4-13 所示，当 $\alpha <$

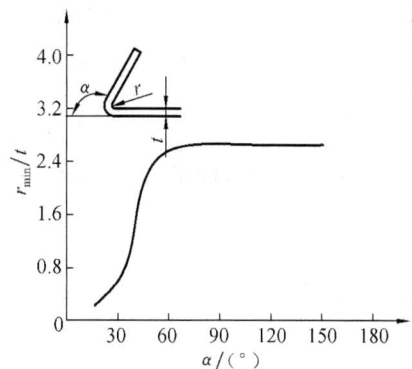

图 4-13　弯曲中心角 α 对 $r_{\min}/t$ 的影响

$60°\sim90°$时,这种影响较显著;当$\alpha>60°\sim90°$时,$r_{\min}/t$几乎与α无关。

3）板料的纤维方向

弯曲所用的板材多为冷轧钢板,经多次轧制具有方向性。顺着纤维方向的塑性指标优于与纤维相垂直的方向。当弯曲件的折弯线与纤维方向垂直时,材料具有较大的拉伸强,不易拉裂,最小相对弯曲半径$r_{\min}/t$的数值最小,而平行时则最小相对弯曲半径数值最大。

4）板料的冲裁断面质量和表面质量

弯曲用的板料毛坯,一般由冲裁或剪裁获得,材料剪切断面上的毛刺、裂口和冷作硬化以及板料表面的划伤、裂纹等缺陷的存在,将会造成弯曲时应力集中,降低塑性变形的稳定性,材料易破裂的现象。因此表面质量和断面质量差的板料弯曲,其最小相对弯曲半径$r_{\min}/t$的数值较大。

5）板料的宽度

弯曲件的相对宽度b/t不同,变形区的应力状态也不同,在相对弯曲半径相同的条件下,相对宽度b/t大时,其应变强度大于相对宽度b/t较小时,弯曲件相对宽度对相对弯曲半径的影响如图4-14所示。则材料沿宽向流动越容易,可以改善圆角变形区外侧的应力应变状态。因此,相对宽度b/t较小的窄板,其相对弯曲半径的数值可以较小;相对宽度$b/t>10$的宽板弯曲时,相对弯曲半径的数值应取较大值。

6）板料的厚度

弯曲变形区切向应变在板料厚度方向上按线性规律变化,内、外表面最大,在中性层上为零。当板料的厚度较小时,按此规律变化的切向应变梯度很大,与最大应变的外表面相邻近的纤维层可以起到阻止外表面材料局部不均匀延伸的作用,所以薄板弯曲允许具有更小的$r_{\min}/t$值(图4-15)。

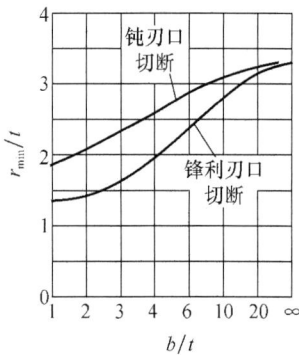

图4-14　剪切断面质量和相对
宽度对相对弯曲半径的影响

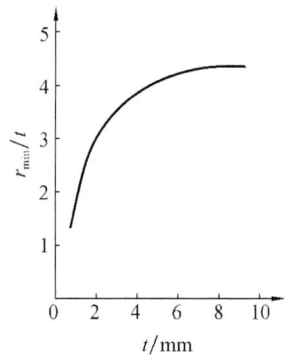

图4-15　材料厚度对最
小相对弯曲半径的影响

4. 最小相对弯曲半径$r_{\min}/t$的确定

最小相对弯曲半径$r_{\min}/t$的值可以通过下面的方法近似计算。由式(4-9)的推导可知

$$\varepsilon_\theta = \frac{1}{2r/t+1} \tag{4-10}$$

经变换得

$$\frac{r}{t} = \frac{1}{2}\left(\frac{1}{\varepsilon_\theta}-1\right) \tag{4-11}$$

当ε_θ达到材料拉应变的最大极限值$\varepsilon_{0\max}$时,则相对弯曲半径达到最小值,即$r_{\min}/t$。

$$\frac{r_{\min}}{t} = \frac{1}{2}\left(\frac{1}{\varepsilon_{\theta\max}} - 1\right) \tag{4-12}$$

材料的 $\varepsilon_{\theta\max}$ 值愈大,则相对弯曲半径极限值 $r_{\min}/t$ 愈小,说明板料弯曲的性能愈好。

根据断面收缩率 ψ 最小与切向应变之间的关系

$$\psi = \frac{\varepsilon_{\theta}}{1 + \varepsilon_{\theta}} \tag{4-13}$$

相对弯曲半径 r/t 也可以用材料的断面收缩率 ψ 表示,即

$$\frac{r}{t} = \frac{1}{2\psi} - 1 \tag{4-14}$$

当弯曲时材料的断面收缩率 ψ 达到最大极限值 $\psi_{\max}$ 时,同样相对弯曲半径为最小值,于是

$$\frac{r_{\min}}{t} = \frac{1}{2\psi_{\max}} - 1 \tag{4-15}$$

上述公式中的最大切向应变 $\varepsilon_{\theta\max}$ 和断面收缩率 $\psi_{\max}$ 值,可以通过材料单向拉伸试验测得。但是由于影响最小相对弯曲半径 $r_{\min}/t$ 数值的因素很多,上述理论公式计算的结果与实际的值有一定误差,故实际应用中考虑部分工艺因素影响,采用实验的方法进行确定。一般可通过表 4-5 选择适当的最小相对弯曲半径。

表 4-5　最小相对弯曲半径 $r_{\min}/t$

材料	正火或退火材料		硬化材料	
	弯曲线方向			
	垂直轧制方向	平行轧制方向	垂直轧制方向	平行轧制方向
08、10	0.1	0.4	0.4	0.8
15、20	0.1	0.5	0.5	1.0
25、30	0.2	0.6	0.6	1.2
35、40	0.3	0.8	0.8	1.5
45、50	0.5	1.0	1.0	1.7
65Mn	1.0	2.0	2.0	3.0
1Cr18Ni9	1.0	2.0	3.0	4.0
铝	0.1	0.3	0.5	1.0
硬铝(软)	1.0	1.5	1.5	2.5
硬铝(硬)	2.0	3.0	3.0	4.0
退火紫铜	0.1	0.3	1.0	2.0
软黄铜	0.1	0.3	0.4	0.8
半硬黄铜	0.1	0.3	0.5	1.2
磷铜	—	—	1.0	3.0
镁合金	300℃热弯		冷弯	
MB1	2.0	3.0	6.0	8.0
MB8	1.5	2.0	5.0	6.0
钛合金	300~400℃热弯		冷弯	
BT1	1.5	2.0	3.0	4.0
BT5	3.0	4.0	5.0	6.0
钼合金	400~500℃热弯		冷弯	
$t \leqslant 2mm$	2.0	3.0	4.0	5.0

注:(1) 当弯曲线与纤维方向成一定角度时,可采用垂直和平行纤维方向二者的中间值。

(2) 在冲裁或剪切后没有退火的毛坯弯曲时,应作为硬化的金属选用。

(3) 弯曲时应使有毛刺的一边处于弯角的内侧。

4.2.3 弯曲件坯料展开尺寸的计算

1. 弯曲中性层位置的确定

由于应变中性层(简称中性层)的长度弯曲变形前后不变,因此其长度就是所要求的弯曲件坯料展开尺寸的长度。而要想求得中性层的长度,必须先找到中性层的确切位置。中性层的位置可以用曲率半径 ρ_0 表示。

当弯曲变形程度很小(弹性变形)时,可以认为中性层位于板料厚度的几何中心,即

$$\rho_0 = r + t/2 \tag{4-16}$$

式中,r 为弯曲件的内圆角半径,mm;t 为弯曲板料的厚度,mm。

但当弯曲变形程度较大时,弯曲变形区厚度变薄,中性层位置将发生移动,这时的中性层位置可以通过下述方法确定,如图 4-12 所示。根据应变中性层的概念,可知弯曲变形前后应变中性层长度不变;同时考虑变形区弯曲变形前后体积不变的条件,可以确定弯曲中性层位置,即

弯曲前变形区的体积为

$$V_0 = lbt \tag{4-17}$$

式中,l 为板料变形区弯曲前的长度,mm;b 为板料变形区弯曲前的宽度,mm;t 为板料变形区弯曲前的厚度,mm。

弯曲后变形区的体积为

$$V = \pi(R^2 - r^2)\frac{\alpha}{2\pi}b' \tag{4-18}$$

式中,R 为板料弯曲变形区的外圆角半径,mm;b' 为板料变形区弯曲后的宽度,mm;r 为板料弯曲变形区的内圆角半径,mm;α 为弯曲中心角(弧度)。

因为中性层的长度弯曲变形前后不变,即

$$l = \alpha\rho_0 \tag{4-19}$$

而且弯曲变形区变形前后体积不变,即 $V_0 = V$,代入式(4-17)、式(4-18)以及式(4-19),得

$$\rho_0 = \frac{R^2 - r^2}{2t} \cdot \frac{b'}{b} \tag{4-20}$$

设板料变形区弯曲后的厚度 $t' = \xi \cdot t$,ξ 为变薄系数,可查表 4-1,忽略宽度方向的变化,即 $b \approx b'$。

将 $R = r + t' = r + \xi \cdot t$(参见图 4-12)代入式(4-20),整理后可得

$$\rho_0 = \left(r + \frac{1}{2}\xi \cdot t\right)\xi \tag{4-21}$$

从式(4-21)可以看出:

由于相对弯曲半径在弯曲时是时刻变化的,所以中性层曲率半径 ρ_0 也是时刻变化的,即中性层位置随弯曲过程不断变化;

由表 4-1 可知,变薄系数 $\xi < 1$(试验获得),则 $\rho_0 < r + \frac{1}{2}\xi \cdot t$,而 $r + \frac{1}{2}\xi \cdot t$ 为变薄后板料的几何中心层曲率半径,所以应变中性层将发生内移。

中性层位置与板料厚度 t、弯曲半径 r 以及变薄系数 ξ 等因素有关。相对弯曲半径 r/t 越小,则变薄系数 ξ、中性层的曲率半径 ρ_0 越小,中性层位置的内移程度越大。反之,则中性层位

置的内移越小。当 r/t 大于一定值后,中性层位置将处于板料厚度的几何中心层。在生产实际中为了使用方便,通常采用下面的经验公式确定来中性层的位置

$$\rho_0 = r + xt \tag{4-22}$$

式中,x 为与变形程度有关的中性层位移系数,其值可由表 4-6 查得。

表 4-6　中性层位移系数

r/t	0.1	0.2	0.3	0.4	0.5	0.6	0.7	0.8	1	1.2
x	0.21	0.22	0.23	0.24	0.25	0.26	0.28	0.3	0.32	0.33
r/t	1.3	1.5	2	2.5	3	4	5	6	7	$\geqslant 8$
x	0.34	0.36	0.38	0.39	0.4	0.42	0.44	0.46	0.48	0.5

2. 弯曲件毛坯展开尺寸的计算

中性层位置确定后,按照弯曲件的形状,弯曲半径大小以及弯曲的方法等不同情况,其毛坯展开尺寸的计算方法也不相同。但是无论对于简单形状弯曲件,还是复杂形状而且精度要求较高的弯曲件,计算所得结果和实际情况常常会有所出入,必须经过多次试模修正,才能得出正确的毛坯展开尺寸。可以先制作弯曲模具,初定毛坯裁剪试样,经试弯修正,尺寸修改正确后再制作落料模。

弯曲件毛坯展开尺寸的计算方法有以下几种。

1) 圆角半径 $r > 0.5t$ 的弯曲件

这类弯曲件变薄不严重,其毛坯展开长度可以根据弯曲前后中性层长度不变的原则进行计算,毛坯的长度等于弯曲件直线部分长度与弯曲部分中性层展开长度的总和,如图 4-16 所示。

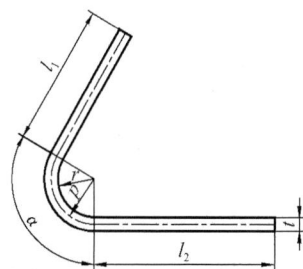

图 4-16　圆角半径圆角半径 $r > 0.5t$ 的弯曲件

$$L = \sum l_i + \sum \frac{\pi \alpha_i}{180°}(r_i + x_i t) \tag{4-23}$$

式中,L 为弯曲件毛坯总长度,mm;l_i 为各段直线部分长度,mm;α_i 为各段圆弧部分弯曲中心角,(°);r_i 为各段圆弧部分弯曲半径,mm;x_i 为各段圆弧部分中性层位移系数。

当弯曲中心角为 90° 时,单角弯曲件的毛坯展开长度为

$$L = l_1 + l_2 + \frac{\pi}{2}(r + xt) \tag{4-24}$$

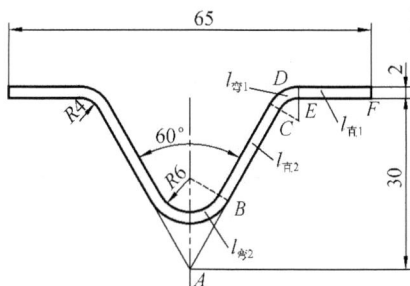

图 4-17　弯曲件的坯料展开长度

例 4-1　计算图 4-17 所示弯曲件的坯料展开长度。

解　工件弯曲半径 $r > 0.5t$,故坯料展开长度公式为

$$L_Z = 2(l_{自1} + l_{自2} + l_{弯1} + l_{弯2})$$

查表 4-6,当 $r/t = 2$ 时,$x = 0.38$;$r/t = 3$ 时,$x = 0.4$。

式中,$l_{自1} = EF = [32.5 - (30 \times \tan30° + 4 \times \tan30°)] = 12.87 \text{(mm)}$;

$$l_{自2} = BC = \left[\frac{30}{\cos30°} - (8 \times \tan60° + 4 \times \tan30°)\right] = 18.47 \text{(mm)};$$

$$l_{\text{弯}1} = \frac{\pi\alpha}{180°}(r + xt) = \frac{\pi \times 60}{180°}(4 + 0.38 \times 2) = 4.98(\text{mm});$$

$$l_{\text{弯}2} = \frac{\pi\alpha}{180°}(r + xt) = \frac{\pi \times 60}{180°}(6 + 0.4 \times 2) = 7.12(\text{mm})\text{。}$$

则坯料展开长度 L_Z 为

$$L_Z = 2(12.87 + 18.47 + 4.98 + 7.12) = 86.88(\text{mm})$$

2）圆角半径 $r < 0.5t$ 的弯曲件

这类弯曲件的毛坯展开长度一般根据弯曲前后体积相等的原则，考虑到弯曲圆角变形区以及相邻直边部分的变薄等因素，采用表 4-7 经过修正的公式进行计算。

表 4-7　毛坯展开长度的计算公式

序号	弯曲性质	弯曲形状	公式
1	单角弯曲	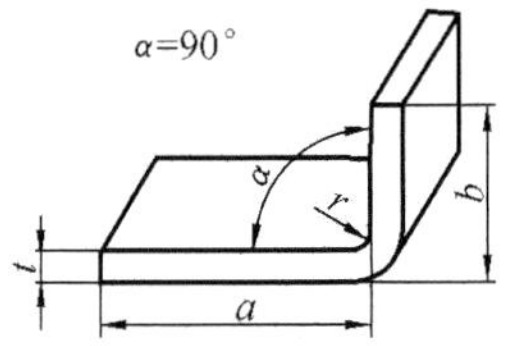 $\alpha=90°$	$L = a + b + 0.4t$
		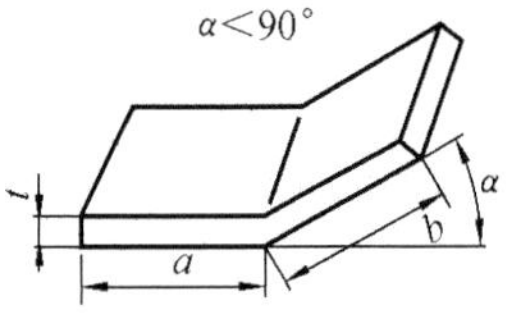 $\alpha<90°$	$L = a + b + \dfrac{\alpha}{90} \times 0.5t$
		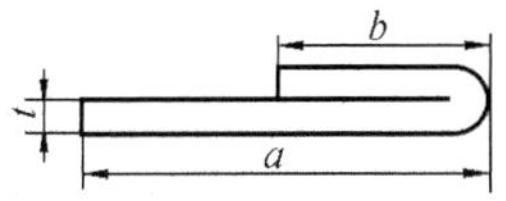	$L = a + b - 0.43t$
2	双角弯曲	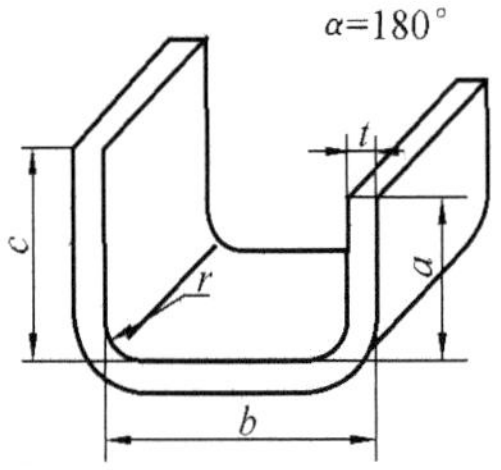 $\alpha=180°$	$l = a + b + c + 0.6t$
3	三角弯曲	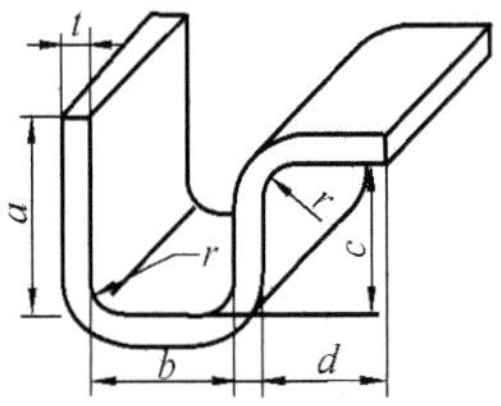	$l = a + b + c + d + 0.75t$
4	四角弯曲	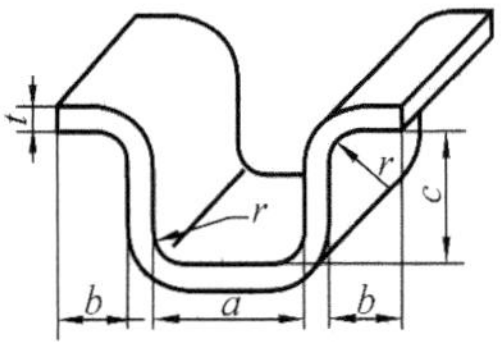	$l = a + 2b + 2c + t$

3）铰链弯曲件

铰链弯曲和一般弯曲件有所不同,铰链弯曲常用推卷的方法成形。在弯曲卷圆的过程中,材料除了弯曲以外还受到挤压作用,板料不是变薄而是增厚了,中性层将向外侧移动,因此其中性层位移系数 $x \geqslant 0.5$。铰链形式弯曲中性层位移系数 x 如表 4-8 所示。图 4-18(a)所示为铰链中性层位置示意图。图 4-18(b)所示为两种铰链形式弯曲件。

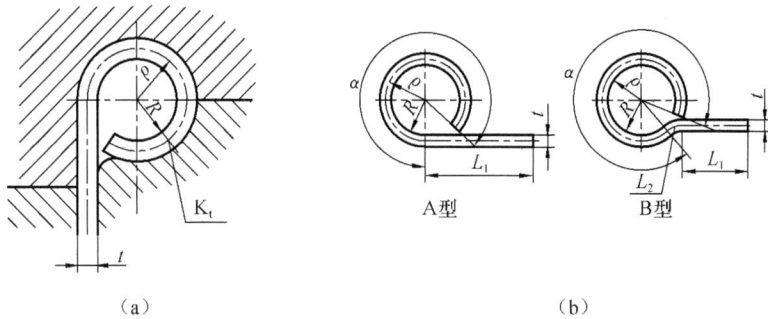

图 4-18 铰链形件的弯曲

表 4-8 铰链形式弯曲中性层位移系数 x

r/t	>0.6~0.8	>0.6~0.8	>0.8~1.0	>1.0~1.2	>1.2~1.5	>1.5~1.8	>1.8~2.0	>2~2.2	2.2
x	0.76	0.73	0.7	0.67	0.64	0.61	0.58	0.54	0.5

铰链式弯曲件毛坯展开长度按照下式确定:

A 型

$$L = \frac{\pi(R+xt)}{180°}\alpha + L_1 \qquad (4-25)$$

B 型

$$L = \frac{\pi(R+xt)}{180°}\alpha + L_1 + L_2 \qquad (4-26)$$

4）圆杆弯曲件

对于圆杆(圆形截面毛坯)进行弯曲时,其展开长度仍按各直线段和圆弧段展开长度求和计算。如弯曲半径 $r \geqslant 1.5d$ 时,断面几乎无变化,故中性层位移系数近似等于 0.5,而 $r < 1.5d$ 时,中性层外移。圆弧段展开长度可通过式(4-27)近似计算

$$l = \pi(r+xd)\frac{\alpha}{180°} \qquad (4-27)$$

式中,l 为圆弧段展开长度,mm;r 为弯曲内圆角半径,mm;d 为圆杆直径,mm;α 为弯曲中心角,(°)。

通常板料弯曲中绝大部分属宽板弯曲,沿宽度方向的应变 $\varepsilon_b \approx 0$。根据变形区弯曲变形前后体积不变的条件,板厚减薄的结果必然使板料长度增加。相对弯曲半径 r/t 愈小,板厚变薄量愈大,板料长度增加愈大。因此,对于相对弯曲半径 r/t 较小的弯曲件,必须考虑弯曲后材料的增长。此外,还有许多因素影响了弯曲件的展开尺寸,例如材料性能、凸模与凹模的间隙、凹模圆角半径以及凹模深度、模具工作部分表面粗糙度等,变形速度、润滑条件等也有一定影响。因此按以上方法计算得到的毛坯展开尺寸,仅适用于一般形状简单、尺寸精度要求不高的弯曲件。

4.2.4 弯曲力的计算与压力机的选用

1. 弯曲力的计算

弯曲力是工艺计算和压力机选择以及模具设计的重要依据。但由于受到材料的性能、工件形状尺寸、板料厚度、弯曲方式、模具结构、模具间隙和模具工作表面质量等因素的影响,理论分析的方法很难精确计算。在生产实际中,通常根据板料的机械性能以及厚度、宽度,按照经验公式进行计算。计算得到的弯曲力均为弯曲过程中可能出现的最大弯曲力数值,以便于压力机的选择。

1) 自由弯曲时的弯曲力

V 形弯曲件(图 4-19(a))
$$F_{Vz} = \frac{0.6KBt^2\sigma_b}{r+t} \tag{4-28}$$

U 形弯曲件(图 4-19(b))
$$F_{Uz} = \frac{0.7KBt^2\sigma_b}{r+t} \tag{4-29}$$

式中,F_{Vz}、F_{Uz} 为冲压行程结束时,不经受校正时的自由弯曲力,N;B 为弯曲件的宽度,mm;t 为弯曲件的厚度,mm;r 为内圆弯曲半径(等于凸模圆角半径),mm;σ_b 为弯曲材料的抗拉强度,MPa;K 为安全系数,一般取 1.3。

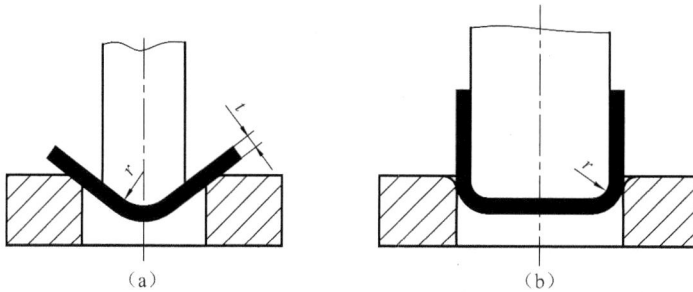

图 4-19 自由弯曲

从公式中可以看出,对于自由弯曲,弯曲力随着材料的抗拉强度的增加而增大,而且弯曲力和材料的宽度与厚度成正比。增大凸模圆角半径虽然可以降低弯曲力,但是将会使弯曲件的回弹加大。

对设置顶件或压料装置的弯曲模,顶件力(或压料力)F_Q 也要由压力机滑块承担,F_Q 可近似取自由弯曲力的 30%~60%,即 $F_Q = (0.3 \sim 0.6)F_{Uz}$,则总的自由弯曲力
$$F_{U总} = F_{Uz} + F_Q = (1.2 \sim 1.4)F_{Uz}$$

2) L 形弯曲时的弯曲力

L 形件的直角垂直弯曲,相当于弯曲 U 形件的一半,而且应设置压料装置,所以可近似地取其弯曲力为
$$F_L = (F_{Uz} + F_Q)/2 \tag{4-30}$$

3) 校正弯曲时的弯曲力

校正弯曲(图 4-20)是在自由弯曲阶段后进一步对贴合于凸、凹模表面的弯曲件进行挤压,其弯曲力比自由弯曲力大得多,而且两个力并非同时存在。因此,校正弯曲时只需计算校正弯曲力。一般按照各种材料单位面积所需校正弯曲力进行估算,即

$$F_{\text{J}} = F_{\text{q}}A \tag{4-31}$$

式中，F_{J} 为校正力，N；F_{q} 为单位面积上的校正力，MPa，其值见表 4-9；A 为弯曲件被校正部分的投影面积，mm^2。

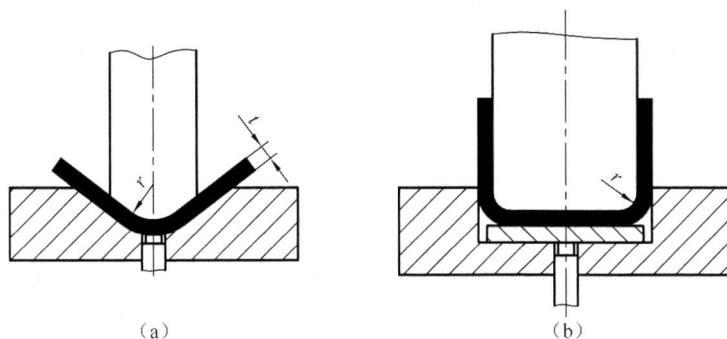

图 4-20　校正弯曲

表 4-9　单位面积上的校正力

材料	板料厚度 t/mm	
	<3	3～10
铝	30～40	50～60
黄铜	60～80	80～100
10、20 号钢	80～100	100～120
25、35 号钢	100～120	120～150
BT1	160～180	180～210
镁合金		
BT3	180～200	200～260

2. 弯曲时压力机压力的确定

确定压力机的额定压力不仅要考虑能完成弯曲加工，而且要注意防止压力机过载。由于前述计算所得的弯曲力均为弯曲过程中可能出现的最大弯曲力数值，即短时间内出现的峰值，如果压力机的额定压力等于或略大于该计算值，并不能保证在整个弯曲过程中压力机不过载。因此，在确定压力机的压力时，应预留出较大的安全范围。

（1）自由弯曲时，总的冲压工艺压力 $F_{\text{总}}$ 为：$F_{\text{总}} = F_{\text{z}} + F_{\text{Q}}$。

一般情况下，压力机的公称压力应大于或等于冲压总工艺的 1.3 倍，可以取压力机的压力为

$$F_{\text{压机}} \geqslant 1.3 F_{\text{总}} \tag{4-32}$$

（2）校正弯曲时，由于校正弯曲力远大于自由弯曲力、顶件力和压料力，因此 F_{z} 和 F_{Q} 可以忽略不计，主要考虑校正弯曲力。值得注意的是，在一般机械压力机上，校正弯曲力对压力机滑块下止点的位置非常敏感，下止点位置的微小变化将引起校正弯曲力的急剧变化。同时，板料厚度的波动和校正力也有很大的关系。所以，为保险起见，可取压力机的压力为

$$F_{\text{压机}} \geqslant (1.5 \sim 2) F_{\text{J}} \tag{4-33}$$

4.3 弯曲成形工艺设计

弯曲件的工艺性是指弯曲零件的形状、尺寸、精度、材料以及技术要求等是否符合弯曲加工的工艺要求。具有良好工艺性的弯曲件,能简化弯曲的工艺过程及模具结构,提高工件的质量。

4.3.1 弯曲件的结构工艺性

1. 弯曲半径

弯曲件的最大弯曲圆角半径可以不加限制,但也不宜取得过大,以免出现严重回弹,影响最终工件的形状和尺寸精度。最小弯曲圆角半径是有限制的,小于此极限工件弯曲变形区外侧将出现破裂(见 4.2.2 节)。当弯曲件有特殊要求必须小于最小弯曲圆角半径时,可以采取以下工艺措施加以解决:

(1) 对于板料厚度 1mm 以下的薄料工件,要求弯曲内侧尖角时,可以采取改变结构压出圆角凸肩的方法,如图 4-21 所示。

(2) 对于板料较厚的弯曲件,可以采用预先沿弯曲变形区开槽,然后再弯曲的方法,如图 4-22 所示。因为材料越薄,弯曲圆角半径可以越小(见 4.2.2 节)。

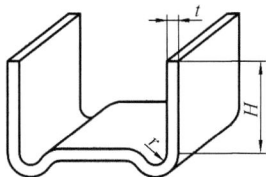

图 4-21　压圆角凸肩　　　　　图 4-22　开槽后弯曲

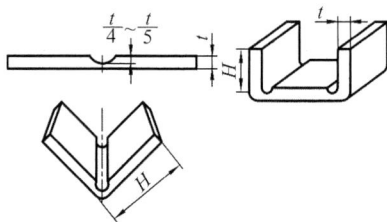

(3) 如果工件不允许改变结构或开槽弯曲,可以分两次弯曲,第一次采用较大的弯曲件半径,经中间退火后再进行减小弯曲半径第二次弯曲,达到要求的半径尺寸。

(4) 对于厚度超过 3mm 的厚料,为了得到弯曲圆角较小的工件,可以采用加热弯曲的方法。但加热带来的问题较多,不仅增加了工艺复杂性,而且成形后的氧化皮很难去除。

2. 直边高度

在进行直角弯曲时,若弯曲的直边高度过短,弯曲过程中不能产生足够的弯矩,将无法保证弯曲件的直边平直。所以必须使弯曲件的直边高度 $H>2t$,最好 $H>3t>3$mm。若工件的直边高度 $H<2t$,则需先开槽或压槽后再弯曲或者先适当增加直边高度,弯曲后再切除多余的部分(图 4-23)。

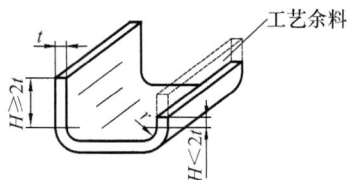

图 4-23　弯曲件的直边高度

如果弯曲件侧面带有斜边,让斜边进入弯曲变形区(图 4-24)是不合理的,否则斜边弯曲部分将会变形。可以采取增添侧面直边的方法(图 4-25(a))或者改变弯曲件的结构(图 4-25(b))。

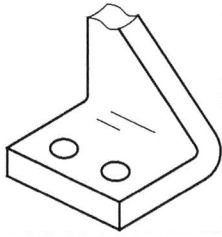

图 4-24　带斜边的弯曲件图

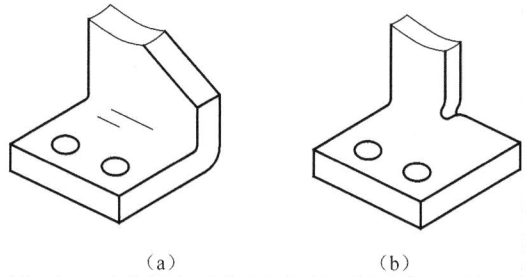

（a）　　　　　　　　（b）

图 4-25　带斜边的弯曲件结构改进

3. 孔边距离

对于带孔的弯曲件，若预先冲好的孔位于弯曲变形区附近，由于弯曲过程中材料的塑性流动，会使原有的孔变形。所以，孔的位置应处于弯曲变形区外（图 4-26）。孔边至弯曲半径 r 中心的距离 L 与材料厚度有关，一般应满足以下条件：当 $r<2\text{mm}$ 时，$L\geqslant t$；当 $t\geqslant 2\text{mm}$ 时，$L\geqslant 2t$。

若弯曲件不能满足上述要求，则可以先弯曲后再冲孔。如果工件的结构允许，可以采取冲凸缘缺口（图 4-27（a））或者月牙形槽（图 4-27（b））的措施。

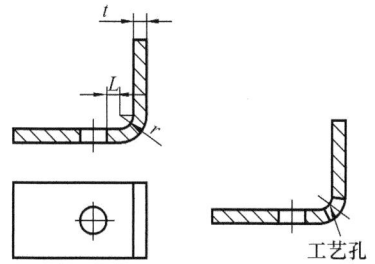

图 4-26　弯曲件的孔边距离

此外，还可以采用在弯曲变形区预先冲出工艺孔的方法（图 4-27（c）），由工艺孔来吸收弯曲变形应力，以转移变形范围，即使工艺孔变形仍能保持所需要的孔不产生变形。

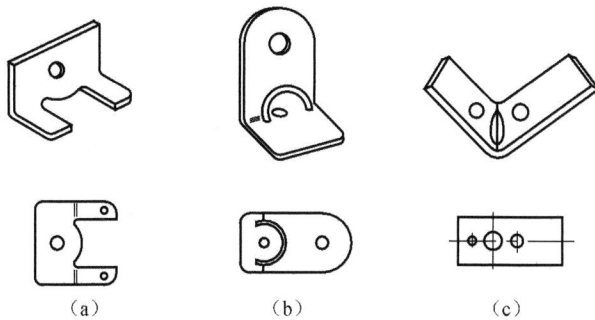

（a）　　　　　　　　（b）　　　　　　　　（c）

图 4-27　防止孔变形的措施

4. 工艺孔和工艺缺口

当工件局部边缘部分需弯曲时，为防止弯曲部分应力集中而产生变形和裂纹，应预先切槽或冲工艺孔，如图 4-28 所示。其中：工艺槽深度 $L\geqslant t+r+b/2$，工艺槽宽度 $b\geqslant t$，工艺孔直径 $d\geqslant t$。

为了提高弯曲件的尺寸精度，对于弯曲时圆角变形区侧面产生畸变的弯曲件，可以预先在折弯线的两端切出工艺缺口或槽，以避免畸变对弯曲件宽度尺寸的影响，如图 4-29 所示。

对于形状较复杂或许多道弯曲的工件，为了防止弯曲时毛坯的偏移造成工件尺寸精度波动，甚至出现废品，在结构允许的情况下，可以在工件不变形部位设置定位工艺孔，用来克服弯曲过程中产生的侧向力的影响。如图 4-30 所示的工艺孔可以作为多道弯曲共同使用的定位工艺孔。

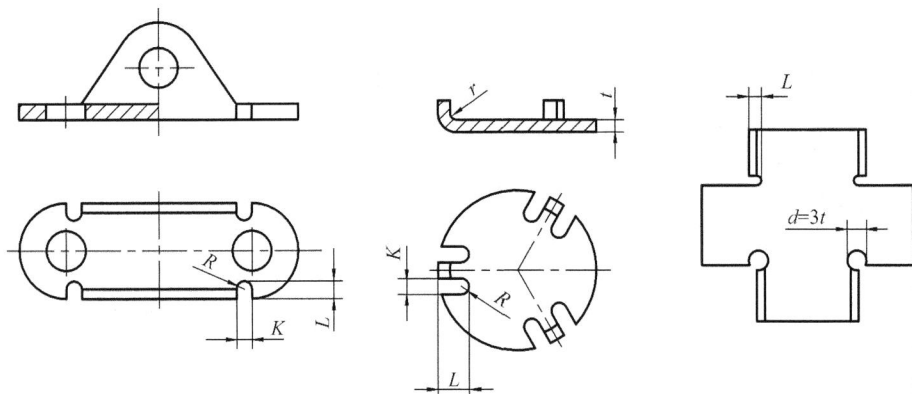

图 4-28 预冲工艺槽、孔的弯曲件

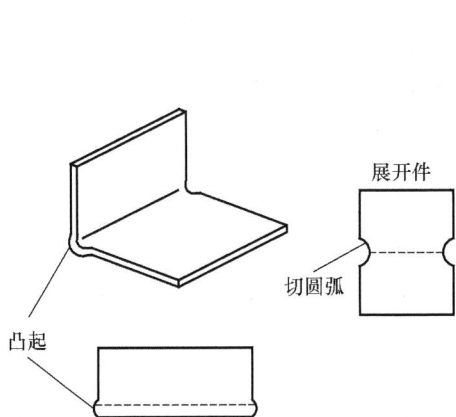

图 4-29 弯曲畸变消除方法图

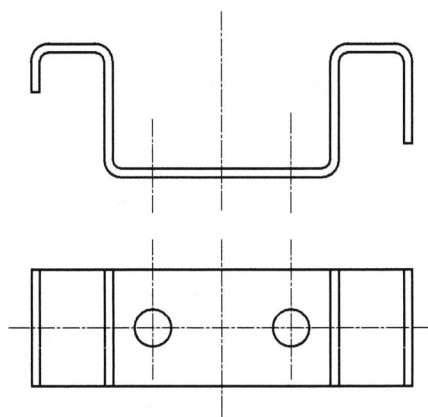

图 4-30 定位工艺孔的设置

5. 弯曲件的几何形状

如果弯曲件的形状不对称、工件结构不对称、左右弯曲半径不一致、凹模两边角度不对称，弯曲时板料将会因摩擦阻力不均匀而产生滑动偏移。

为了防止这种现象的发生，应在模具上设置压料装置(图 4-31)或利用弯曲件上的工艺孔采用定位销定位(图 4-32)。对于弯曲形状复杂或需多次弯曲的工件，也应预先在弯曲件上设计出定位工艺孔。

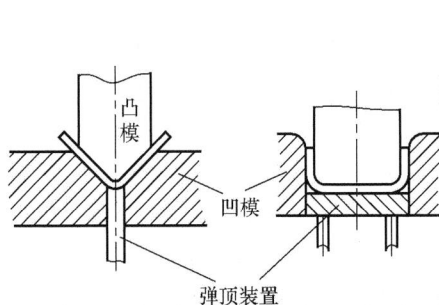

图 4-31 通过压料装置减小偏移

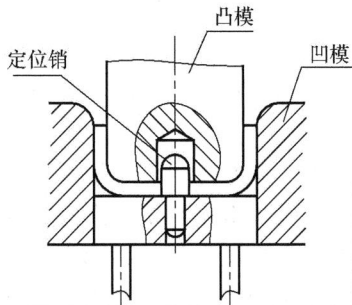

图 4-32 通过定位销限制偏移

边缘部分带有缺口的弯曲件,若先冲缺口再弯曲,弯曲时会出现叉口现象,甚至无法成形。因此,应先留下缺口部分作为连接带,弯曲以后再切除,如图 4-33 所示。

带有切口弯曲的工件,一般应在模具内一次完成。为了便于从凹模中推出弯曲件,弯曲部分一般应做成梯形或先冲出周边槽孔,然后弯曲成形,如图 4-34 所示。

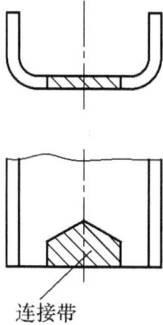

图 4-33 带有缺口的弯曲件   图 4-34 带有切口的弯曲件

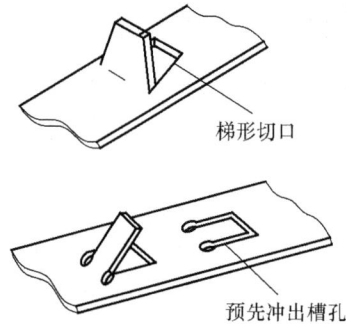

6. 弯曲件的尺寸标注

弯曲件的尺寸标注应考虑工艺性。弯曲件的尺寸的标注方式不同,会影响冲压工序的安排。图 4-35(a)所示的弯曲件,可以先落料冲孔,然后弯曲成形,工艺比较简单;而图 4-35(b)所示的标注方式,冲孔工序只能安排在弯曲之后进行,增加了工序数目和工艺复杂性。

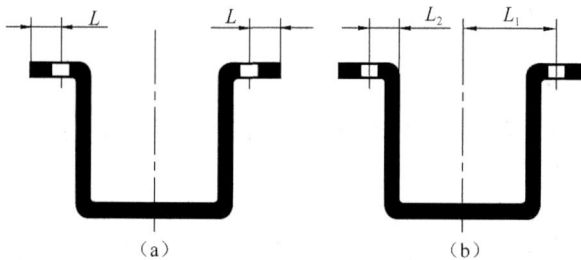

图 4-35 不同标注方式的弯曲件

4.3.2 弯曲件的尺寸精度

如前所述,弯曲件的精度与很多因素有关,如弯曲件材料的力学性能和料厚;弯曲坯料的偏移、翘曲和回弹;弯曲件的结构;弯曲工序的多少和工序顺序;弯曲模的安装与调整等。因此,弯曲件多能达到的尺寸精度不高。根据生产经验,一般弯曲件的经济公差等级在 IT13级以下,角度公差大于 $15'$。长度的未注公差尺寸的极限偏差如表 4-10 所示,弯曲件角度的自由公差如表 4-11 所示。

表 4-10 弯曲件未注公差长度尺寸的极限偏差

长度尺寸 l/mm		3～6	6～18	>18～50	>50～120	>120～260	>260～500
材料厚度 t/mm	≤2	±0.3	±0.4	±0.6	±0.8	±1.0	±1.5
	2～4	±0.4	±0.6	±0.8	±1.2	±1.5	±2.0
	>4	—	±	±1.0	±1.6	±2.0	±2.5

表 4-11 弯曲件角度的自由公差

l/mm	≤6	>6~10	>10~18	>18~30	>30~50
$\Delta\beta$	±3°	±2°30′	±2°	±1°30′	±1°15′
l/mm	>50~80	>80~120	>120~180	>180~260	>260~360
$\Delta\beta$	±1°	±50′	±40′	±30′	±25′

4.3.3 弯曲件的工序安排

弯曲件的工序安排应根据工件形状、精度等级、生产批量以及材料的力学性质等因素进行考虑。弯曲工序安排合理,则可以简化模具结构、提高工件质量和劳动生产率。

1. 工序安排的原则

(1) 对于形状简单的弯曲件,如 V 形、U 形、Z 形工件等,可以采用一次弯曲成形。对于形状复杂的弯曲件,一般需要采用二次或多次弯曲成形。

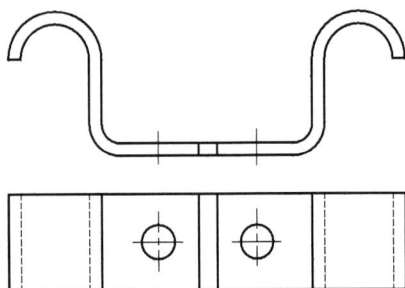

(2) 对于批量大而尺寸较小的弯曲件,为使操作方便、定位准确和提高生产率,应尽可能采用级进模或复合模。

(3) 需多次弯曲时,弯曲次序一般是先弯两端,后弯中间部分,前次弯曲应考虑后次弯曲有可靠的定位,后次弯曲不能影响前次已成形的形状。

(4) 当弯曲件几何形状不对称时,为避免压弯时坯料偏移,应尽量采用成对弯曲,然后再切成两件的工艺(图 4-36)。

图 4-36 成对弯曲成形

2. 典型弯曲件的工序安排

图 4-37~图 4-39 分别为两道工序弯曲、三道工序弯曲以及多道工序弯曲成形的例子,可供制订弯曲件工艺时参考。

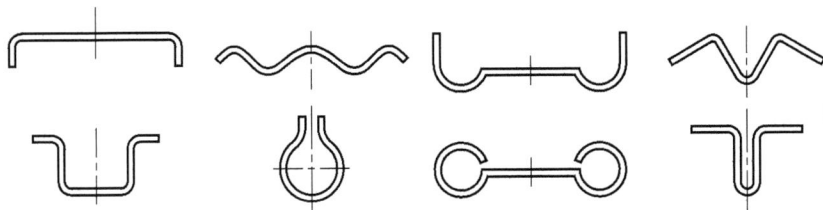

图 4-37 两道工序弯曲成形

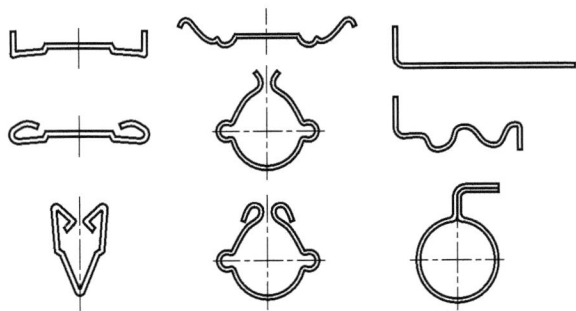

图 4-38 三道工序弯曲成形

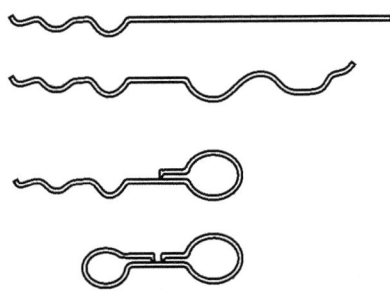

图 4-39 四道工序弯曲成形

4.4 弯曲模具设计

4.4.1 弯曲模结构设计要点

由于弯曲模的种类繁多,形状简繁不一,因此在设计上没有固定的结构形式,结构设计也没有冲裁模那样的典型组合形式可供参考。简单的弯曲模可能只有一个垂直方向的运动,而复杂的弯曲模除了垂直运动以外还可能包含一个或多个水平运动;同一个弯曲件可以用简单的一道工序实现,也可能要多道工序共同完成。因此,弯曲模设计那已做到标准化,只能根据弯曲件的形状、尺寸、精度、材料和生产批量等,并参照冲裁模的一般设计要求和方法,针对弯曲变形特点及弯曲方式等进行模具结构设计。其设计要点为:

(1)弯曲模的结构形式应根据弯曲件的形状、精度要求和生产批量等进行选择。有些制件虽然形状复杂,但精度低、批量小,所以可以在结构简单的 V 型模或 U 型模中经过数次弯曲而得到需要的制件形状。对精度高、批量大、形状复杂的中小弯曲件,选用复合模或级进模。

(2)毛坯放置在模具上必须有正确可靠的定位。毛坯尽量水平放置,尽可能采用毛坯上的孔作为定位孔;若工件上无孔但允许在毛坯上冲制工艺孔时,可以考虑在毛坯上设计出定位工艺孔;当工件上不允许有工艺孔时,应考虑用定位板对毛坯外形定位。当采用多道工序弯曲时,各工序尽可能采用同一定位基准。同时应设置压料装置压紧毛坯以防止弯曲过程中毛坯的偏移。

(3)弯曲模的结构应考虑到制造和维修中减小回弹的可能(如将凸模圆角半径做成最小允许尺寸,以便试模后根据需要修整放大),并考虑当压力机滑块到达下极点时,使工件弯曲部分在与模具相接触的工作部分得到校正。

(4)弯曲模凸、凹模的定位要准确,结构要牢靠,同时不应妨碍和阻止毛坯在模具闭合过程中必要的转动和移动,此外,还应注意放入和取出工件的操作要安全、方便。

(5)为了尽量减少工件在弯曲过程中的拉长、变薄和划伤等现象,弯曲模的凹模圆角半径应光滑,凸、凹模间隙要适当,不宜过小。

(6)当弯曲过程中有较大的水平侧向力作用于模具上时,应设计侧向力平衡装置。

4.4.2 典型弯曲模结构

弯曲模具的结构设计是在弯曲工序确定后的基础上进行的。常见的弯曲模结构类型有单工序弯曲模、复合弯曲模、级进弯曲模和通用弯曲模。

1. 单工序弯曲模

1)V 形件弯曲模

V 形件即为单角弯曲件,形状简单,能够一次弯曲成形。这类形状的弯曲件可以用两种方法弯曲:一种是沿着工件弯曲角的角平分线方向弯曲,称为 V 形弯曲;另一种是垂直于工件一条边的方向弯曲,称为 L 形弯曲。

图 4-40(a)为简单的 V 形件弯曲模,其特点是结构简单、通用性好。但弯曲时坯料容易偏移,影响工件精度。

图 4-40(b)~(d)所示分别为带有定位尖、顶杆、V 形顶板的模具结构,可以防止坯料滑动,提高工件精度。

图 4-40(e)所示的 V 形弯曲模,由于有顶板及定料销,可以有效防止弯曲时坯料的偏移,得到边长差偏差为 0.1mm 的工件。反侧压块的作用平衡左边弯曲时产生的水平侧向力。

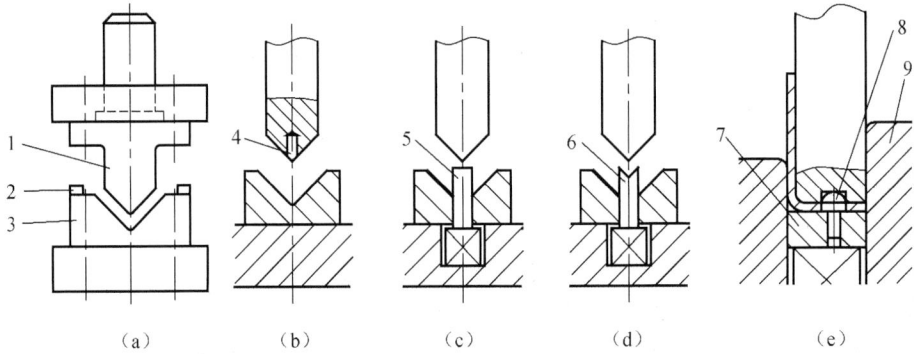

图 4-40 V 形弯曲模的一般结构形式

1-凸模;2-定位板;3-凹模;4-定位尖;5-顶杆;6-V 形顶板;7-顶板;8-定料销;9-反侧压块

L 形弯曲模常用于两直边相差较大的单角弯曲件,如图 4-41(a)所示。弯曲件的长边被夹紧在压料板和凸模之间,弯曲件过程中另一边竖立向上弯曲。由于采用了定位销定位和压料装置,压弯过程中工件不易偏移。但是,由于弯曲件竖边无法受到校正,因此工件存在回弹现象。

图 4-41(b)为带有校正作用的 L 形弯曲模,由于压弯时工件倾斜了一定的角度,下压的校正力可以作用于原先的竖边,从而减少了回弹。图中 α 为倾斜角,板料较厚时取 $10°$,薄料取 $5°$。

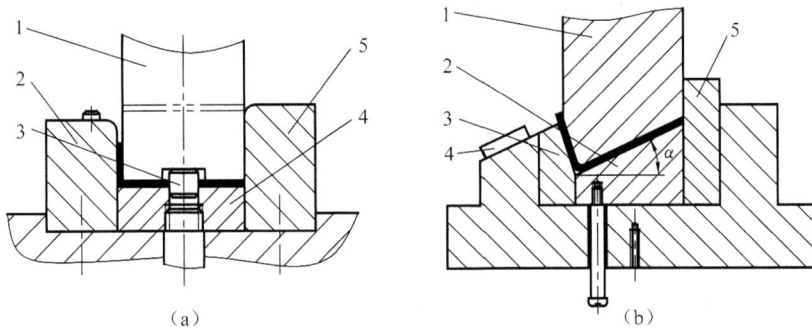

图 4-41 L 形弯曲模

(a) 1-凸模;2-凹模;3-定位销;4-压料板;5-挡块　(b) 1-凸模;2-压料板;3-凹模;4-定位板;5-挡块

图 4-42 为 V 形精弯模,两块活动凹模 4 通过转轴 5 铰接,定位板 3(或定位销)固定在活动凹模上。弯曲前顶杆 7 将转轴顶到最高位置,使两块活动凹模成一平面。在弯曲过程中坯料始终与活动凹模和定位板接触,防止了弯曲过程中坯料的相对滑动和偏移,因而提高了工件的质量。这种结构特别适用于有精确孔位的小零件、坯料不易放平稳的带窄条的零件以及没有足够压料面的零件。

2）U 形件弯曲模

U 形弯曲模在一次弯曲过程中可以形成两个弯曲角，根据弯曲件的要求，常用的 U 形弯曲模有图 4-43 所示的几种结构形式。

图 4-43(a)所示为开底凹模，用于底部不要求平整的制件。图 4-43(b)用于底部要求平整的弯曲件。图 4-43(c)用于料厚公差较大而外侧尺寸要求较高的弯曲件，其凸模为活动结构，可随料厚自动调整凸模横向尺寸。图 4-43(d)用于料厚公差较大而内侧尺寸要求较高的弯曲件，凹模两侧为活动结构，可随料厚自动调整凹模横向尺寸。图 4-43(e)为 U 形精弯模，两侧的凹模活动镶块用转轴分别与顶板铰接。弯曲前顶杆将顶板顶出凹模面，同时顶板与凹模活动镶块成一平面，镶块上有定位销供工序件定位之用。弯曲时工序件与凹模活动一起运动，这样就保证了两侧孔的同轴。图 4-43(f)为弯曲件两侧壁厚变薄的弯曲模。

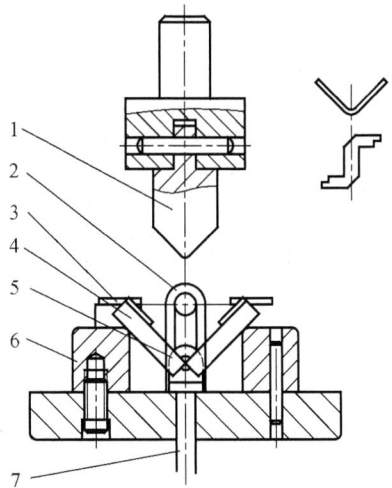

图 4-42　V 形精弯模

1-凸模；2-支架；3-定位板（或定位销）；
4-活动凹模；5-转轴；6-支承板；7-顶杆

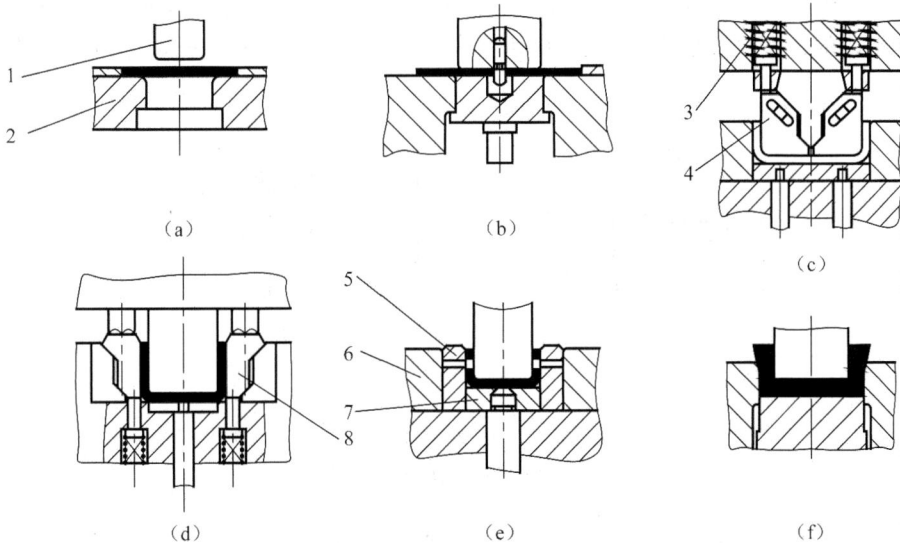

（a）　　　　　　　（b）　　　　　　　（c）

（d）　　　　　　　（e）　　　　　　　（f）

图 4-43　U 形件弯曲模

1-凸模；2-凹模；3-弹簧；4-凹模活动镶块；5、8-凹模活动镶块；6-凹模板；7-顶板

图 4-44 为夹角小于 90°的 U 形件弯曲模，它的下模部分设有一对回转凹模。弯曲前，回转凹模在弹簧 3 的拉力下处以初始位置，毛坯用定位板 2 定位。压弯时凸模 1 先将毛坯弯曲成 U 形，然后继续下降，迫使坯料底部压向回转凹模 4 缺口，使两边的回转凹模向内侧旋转，将工件弯曲成形。弯曲完成后凸模上升，弹簧使回转凹模复位，工件从垂直于图面方向的凸模上取下。

图 4-45 为带斜楔的 U 形件弯曲模，弯曲开始时，凸模 5 先将毛坯弯成 U 形。随着上模座 4 继续下行，凸模到位，弹簧 3 被压缩，两侧的斜楔 1 压向滚柱 11，使装有滚柱的左右活动凹模 7、8 向中间运动，将 U 形件两侧向内压弯成形。当上模回程时，弹簧 9 使活动凹模复位。

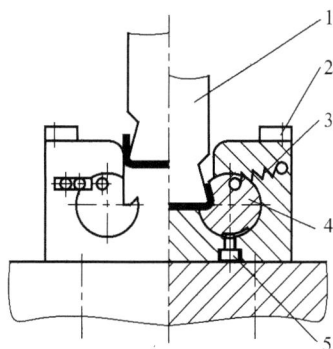

图 4-44 夹角小于 90°的 U 形件弯曲模
1-凸模;2-定位板;3-弹簧;4-回转凹模;5-限位钉

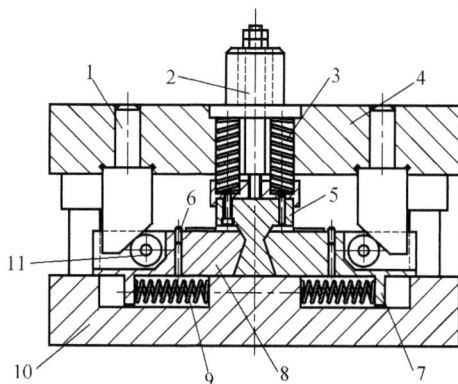

图 4-45 斜楔结构 U 形件弯曲模
1-斜楔;2-凸模支杆;3-弹簧;4-上模座;5-凸模;6-定位销;
7、8-活动凹模;9-弹簧;10-下模座;11-滚柱

3）Z 形件弯曲模

由于 Z 形件两端直边弯曲方向相反,所以 Z 形弯曲模需要有两个方向的弯曲动作。Z 形件一次弯曲即可成形,图 4-46(a)结构简单,但由于没有压料装置,压弯时坯料容易滑动,只适用于要求不高的零件。图 4-46(b)为有顶板和定位销的 Z 形件弯曲模,能有效防止坯料的偏移。反侧压块的作用是克服上、下模之间水平方向的错移力,同时也为顶板导向,防止其窜动。

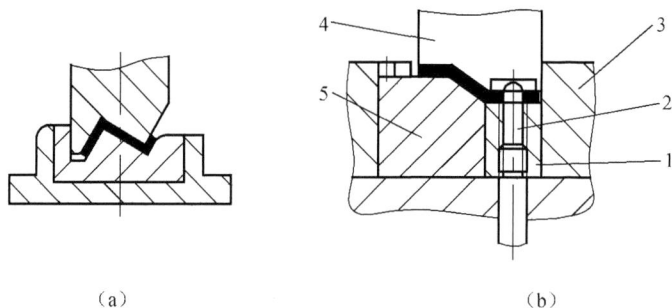

（a）

（b）

图 4-46 Z 形件弯曲模(一)
1-顶板;2-定位销;3-反侧压块;4-凸模;5-凹模

另一类 Z 形件弯曲模如图 4-47(a)所示。压弯前因橡胶 7 的弹力作用,压块 3 与凸模 2 的下端面齐平或略突出于凸模 2 端面(这时限位块 8 与上模座 1 分离)。同时顶块 5 在顶料装置的作用下处于与下模端面持平的初始位置,毛坯由定位销定位。压弯时上模下压,压块 3 与顶块 5 夹紧坯料。由于压块 3 上橡胶弹力大于顶块 5 上顶料装置的弹力,毛坯随压块 3 与顶块 5 下行,先完成左端弯曲。当顶块 5 下移触及下模座 4 后,橡胶 7 开始压缩,压块 3 静止而凸模 2 继续下压,完成右端的弯曲。当限位块 8 与上模座 1 相碰时,工件受到校正。

4）四角形件弯曲模

四角形弯曲件可以一次弯曲成形,也可以二次弯曲成形。

图 4-48 为一次成形弯曲模从图 4-48(a)可以看出,在弯曲过程中由于凸模肩部妨碍了坯料的转动,加大了坯料通过凹模圆角的摩擦力,使弯曲件侧壁容易擦伤和变薄,成形后弯曲件

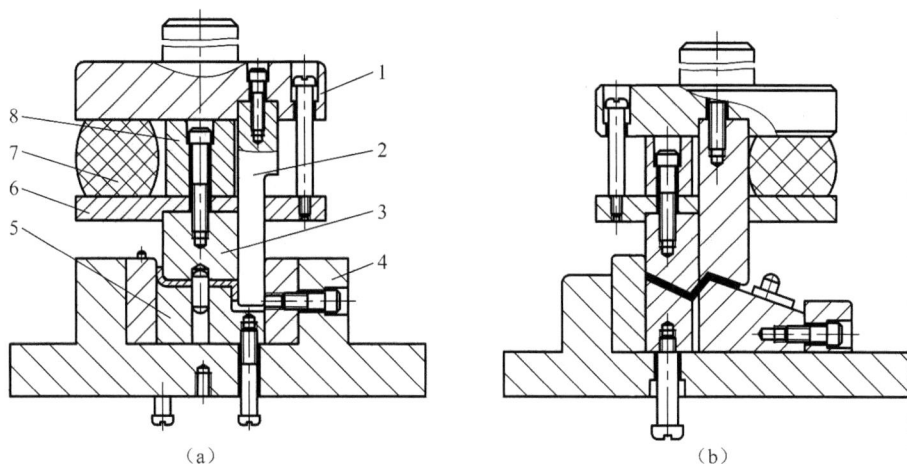

图 4-47　Z形件弯曲模(二)

1-上模座;2-凸模;3-压块;4-下模座;5-顶块;6-托板;7-橡胶;8-限位块

回弹严重,两肩部与底面不平行(图 4-48(c))。尤其对于材料厚、弯曲件直壁高、圆角半径小时,这一现象更为严重。

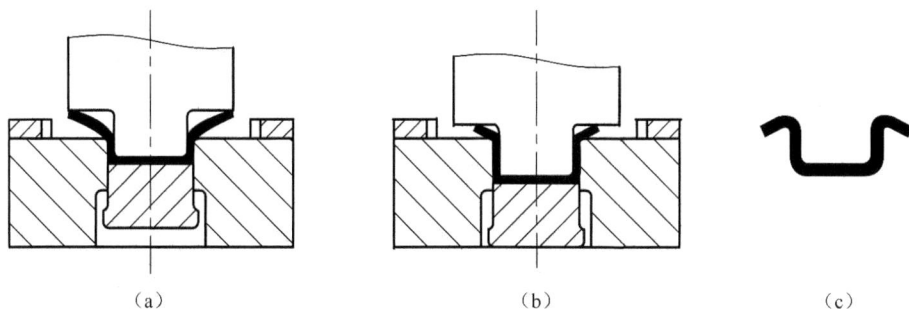

图 4-48　四角形件一次成形弯曲模

　　图 4-49 为两次弯曲成形模,由于采用两副模具弯曲,从而避免了上述现象,提高了弯曲件质量。第一次先将毛坯弯成 U 形;第二次弯曲时,利用弯曲凹模外形兼作半成品坯件的定位,然后弯曲成四角形。弯曲件过程中,工件中间最好有工艺定位孔,以防经两道工序弯曲后,工

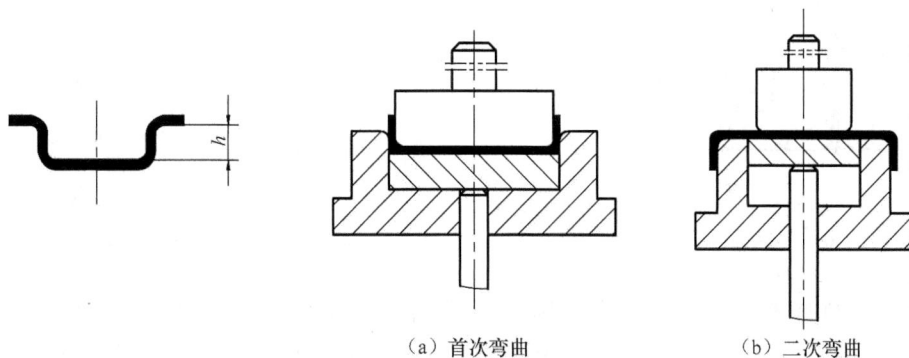

（a）首次弯曲　　　　　　　　（b）二次弯曲

图 4-49　四角形件两次成形弯曲模

件两边尺寸不一致。采用这种方法成形的模具结构简单紧凑,但是正因为需要第二次弯曲凹模外形作定位,使第二次弯曲凹模的壁厚受到弯曲件弯边高度的限制,因此要求工件高度 $h>12\sim15t$,才能保证凹模具有足够强度。

四角形工件也可以通过两次弯曲复合模实现弯曲成形,详见本节"2. 复合弯曲模"。

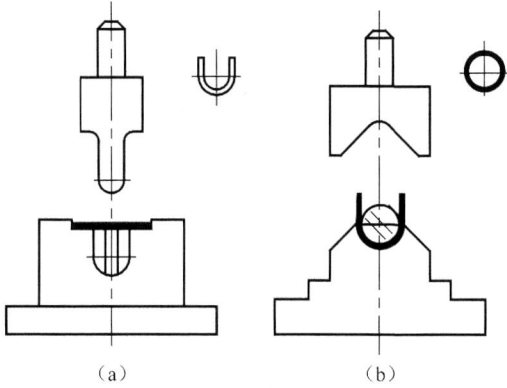

5)圆筒形件弯曲模

圆筒形件的尺寸大小不同,其弯曲方法也不同,一般按直径分为小圆和大圆弯曲两类:

(1)对于圆筒直径 $d<5mm$ 的小圆,一般先将毛坯弯成U形,然后再弯成圆形。模具结构如图4-50所示。若工件圆度不好,可以将工件套在芯棒上,在第二副弯曲模(图4-50(b))中连压几次,进行整形。

由于工件小,分两次弯曲操作不便,故可将两道工序合并。图4-51为有侧楔的一次弯圆模,上模下行,芯棒4先将坯料弯成U形,上模继续下行,侧楔推动活动凹模3将U形弯成

图4-50 小圆筒件弯曲模(一)

圆形。图4-52所示的也是一次弯圆模。上模下行时,压板将滑块往下压,滑块带动芯棒将坯料弯成U形。上模继续下行,凸模再将U形弯成圆形。如果工件精度要求高,可以旋转工件连冲几次,以获得较好的圆度。工件由垂直图面方向从芯棒上取下。

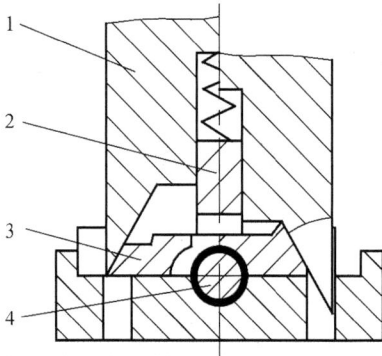

图4-51 小圆筒件弯曲模(二)

1-楔模;2-滑块;3-活动凹模;4-芯棒

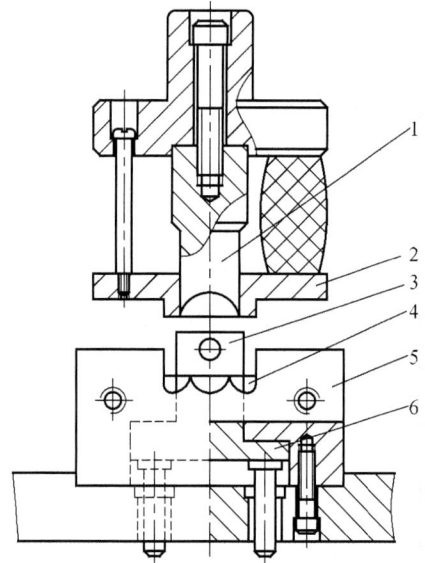

图4-52 小圆筒件弯曲模(三)

1-凸模;2-压板;3-芯棒;4-坯料;5-凹模;6-滑块

(2)对于圆筒直径 $d\geqslant20mm$ 的大圆,一般先将毛坯弯成波浪形,然后再弯成圆形,模具结构如图4-53(a)、(b)所示。波浪形状由中心的三等分圆弧组成,首次弯曲的波浪形状尺寸,必须经实验修正。这种方法模具结构简单,但生产效率低,精度不易保证。

（3）对于圆筒直径 $10 \leqslant d \leqslant 40\text{mm}$、材料厚度约为 1mm 的圆筒形件，可以采用摆动式凹模结构的弯曲模一次弯成，如图 4-54 所示。弯曲成形过程中，毛坯先由两侧定位板以及凹模块 1 上端定位，然后凸模下行将坯料压成 U 形，凸模继续下行，下压凹模块的底部，使凹模块绕销轴向内摆动，将 U 形弯成圆形，成形后工件顺凸模轴线方向取下。这种模具生产率较高，但由于回弹在工件接缝处留有缝隙和少量直边，工件精度差、模具结构也较复杂。

6）铰链弯曲模

铰链弯曲成形，一般分两道工序进行，先将平直的毛坯端部预弯成圆弧，然后再进行卷圆。在预弯工序中，由于弯曲端部的圆弧（$\alpha = 75° \sim 80°$）一般不易成形，故将凹模的圆弧中心向里偏移 l 值，使端部材料挤压成形。偏移量 l 值如表 4-12 所示，预弯工序中的凸、凹模成形尺寸如图 4-55 所示，铰链预弯模如图 4-56 所示。

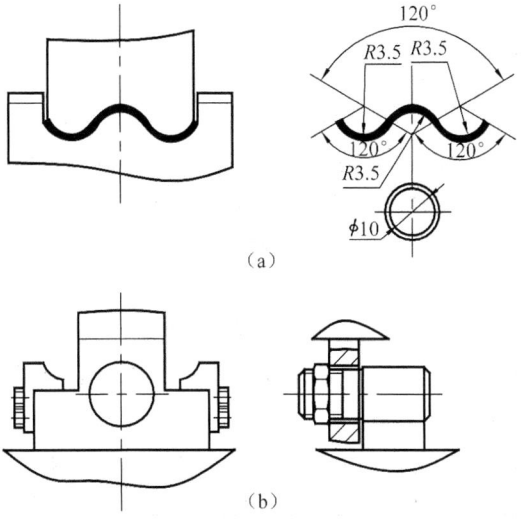

图 4-53 大圆筒件弯曲模

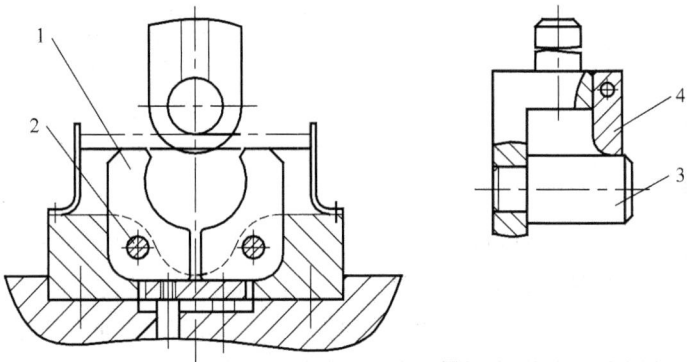

图 4-54 摆动式凹模圆筒件弯曲模
1-凹模摆块；2-销轴；3-凸模；4-支撑

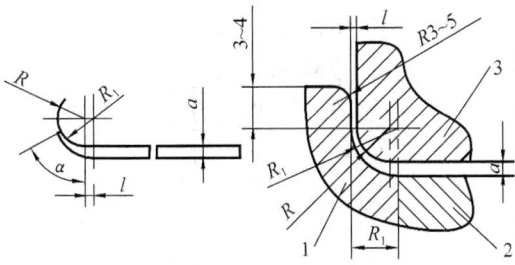

图 4-55 铰链预弯工序成形尺寸
1-凹模；2-顶板；3-凸模

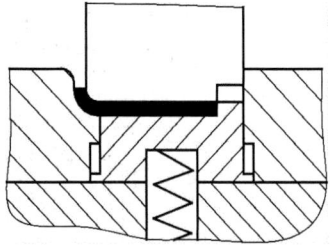

图 4-56 铰链弯曲预弯曲模

表 4-12　偏移量 L 值　　　　　　　　　　　　　　　　　　　　　　（单位：mm）

料厚 t	1	1.5	2	2.5	3	3.5	4	4.5	5	5.5	6
偏移量 L	0.3	0.35	0.4	0.45	0.48	0.50	0.52	0.60	0.60	0.65	0.65

铰链的卷圆成形，通常采用推圆的方法。由于铰链卷圆件的回弹随相对弯曲半径比值 r/t 而增加，所以卷圆成形时的凹模尺寸应比铰链的外径小 $0.2 \sim 0.5 \text{mm}$。

图 4-57 为立式铰链弯曲卷圆模结构，一般要与图 4-56 所示的预卷圆弯曲模配合使用。工作时将预弯件立于卷圆模槽内，当上下模闭合时，便将一端推卷成圆筒形。这种立式铰链弯曲卷圆模结构较简单，制造容易，适用于材料较厚而且长度较短的铰链的弯曲。

图 4-58 为卧式铰链弯曲卷圆模结构，其主要特点是采用了斜楔滑块机构，可一次完成卷圆加工。工作时，平板毛坯由垫板定位，凸模兼作压料部件。当上模下行时，斜楔 1 推动滑块 2 水平向右移动进行弯曲、卷圆。由于成形时有较大侧向力，故板料厚度不宜过大（一般应小于 1.5mm）。该模具结构较复杂，但成形质量较好。

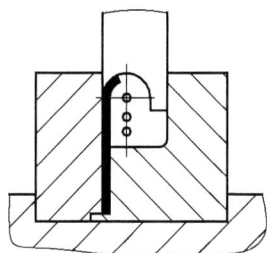

图 4-57　立式铰链弯曲模

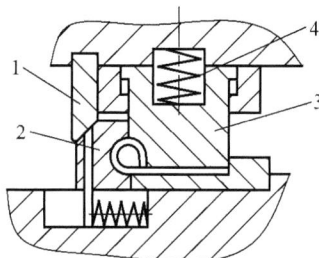

图 4-58　卧式铰链弯曲模
1-斜楔；2-凹模；3-凸模；4-弹簧

2. 复合弯曲模

对于尺寸不大的弯曲件，还可以采用复合模，即在压力机一次行程内，在模具同一位置上完成多道弯曲工序。模具结构紧凑，工件精度高，但凸凹模修磨困难。

图 4-59 所示为在一副模具中完成两次弯曲的四角形件复合弯曲模，该模具是将两个简单模复合在一起的弯曲模。凸凹模 1 即是弯曲 U 形的凸模，又是弯曲四角形的凹模。弯曲时，先由凸凹模 1 和凹模 3 将毛坯弯成 U 形，然后凸凹模继续下压，与活动凸模作用，将工件弯曲

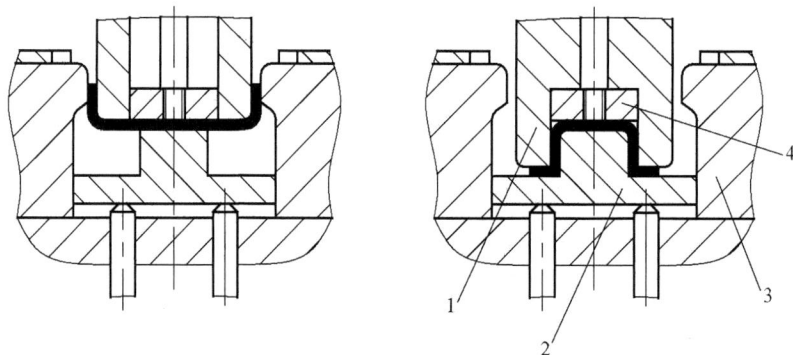

图 4-59　四角形件复合弯曲模（一）
1-凸凹模；2-活动凸模；3-凹模；4-顶板

成四角形件。这种结构的凹模需要具有较大
的空间,凸凹模的壁厚受到弯曲件高度的限
制。此外,由于弯曲过程中毛坯未被夹紧,易
产生偏移和回弹,工件的尺寸精度较低。

图 4-60 所示为复合弯曲的另一种结构形
式。凹模下行,利用活动凸模的弹性力先将坯
料弯成 U 形。凹模继续下行,当推板与凹模
底面接触时,便强迫凸模向下运动,在摆块作
用下最后弯成 Π 形。缺点是模具结构复杂。

3. 级进弯曲模

对于批量大、尺寸较小的弯曲件,为了提
高生产率,操作安全,保证产品质量等,可以采

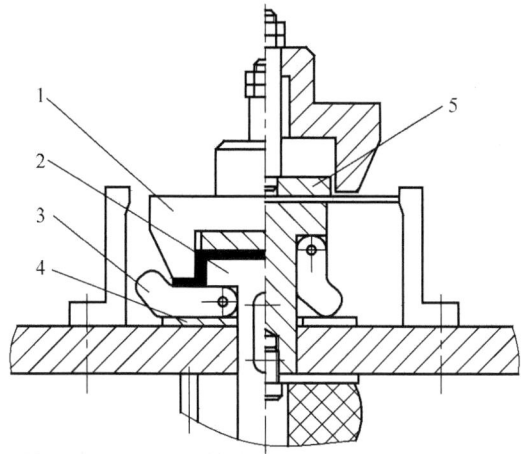

图 4-60　四角形件复合弯曲模(二)

1-凹模;2-活动凸模;3-摆块;4-垫板;5-推板

用级进弯曲模进行多工位的冲裁、压弯、切断连续工艺成形。

图 4-61 所示为冲孔、切断及弯曲两工序级进模。模具是按使用带料设计的,带料送进时
由挡块 5 定距。在第一工位由冲孔凸模 4 完成冲孔,同时由兼作上的弯曲凹模 1 与剪刃 7 将
弯曲毛坯与带料切断分离。紧接着在第 2 工位由弯曲凸模 6 将弯曲毛坯压入凹模内,完成弯
曲加工。在回程时,弯曲完的工件由推杆 2 从凹模内推出。由于为单边切断,需防止板料上
翘,为此采用了弹压卸料板 3,切断时可将板料压住。挡块除起挡料作用外,还起到平衡单边
切断进所产生的侧向力的作用。为此挡块 5 就高出下剪刃 7 足够高度,使件 1 在接触板料之
前先靠住挡块 5。一般弯曲模不需使用模架,该模具因有冲裁加工,故采用了对角导柱模架。

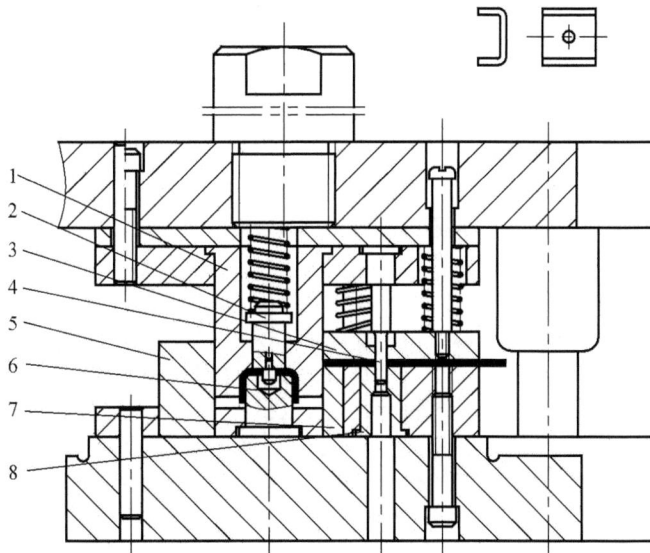

图 4-61　级进弯曲模

1-弯曲凹模;2-推杆;3-弹压卸料板;4-冲孔凸模;5-挡块;6-弯曲凸模;7-剪刃;8-冲孔凹模

当弯曲件外形较复杂时,一般不能采用如上图所示的切断后直接弯曲的方法,需在弯曲工
位之前安排切槽、冲缺口等工位,切出弯曲直边的外形,但不将弯曲毛坯与主体材料切断分离,

待弯曲后再进行切断分离。这种级进模工位数较多,结构也较复杂。这时,如能将弯曲件外形适当简化,则弯曲模就可能简单许多。

4.4.3 弯曲模工作部分尺寸设计

1. 凸模圆角半径

当弯曲件的相对弯曲半径 r/t 较小时,取凸模圆角半径等于或略小于工件内侧的圆角半径 r,但不能小于材料所允许的最小弯曲半径 $r_{\min}$(表 4-5)。若弯曲件的 r/t 小于最小相对弯曲半径,则应取凸模圆角半径 $r_t > r_{\min}$,然后增加一道整形工序,使整形模的凸模圆角半径 $r_t = r$,或者在不影响使用功能前提下,修改工件圆角半径。

当弯曲件的相对弯曲半径 r/t 较大($r/t > 10$),精度要求较高时,必须考虑回弹的影响,根据回弹值的大小对凸模圆角半径进行修正,详见 4.2.1 节。

2. 凹模圆角半径

凹模入口处圆角半径 r_a 的大小对弯曲力以及弯曲件的质量均有影响,过小的凹模圆角半径会使弯矩的弯曲力臂减小,毛坯沿凹模圆角滑入时的阻力增大,弯曲力增加,并易使工件表面擦伤甚至出现压痕。另外,凹模两侧的圆角半径应该一致,否则在弯曲时会引起板料偏移。

在生产中,通常根据材料的厚度选取凹模圆角半径:

当 $t \leqslant 2\text{mm}$,$r_a = (3 \sim 6)t$;$t = 2 \sim 4\text{mm}$,$r_a = (2 \sim 3)t$;$t > 4\text{mm}$,$r_a = 2t$。

对于 V 形弯曲件凹模,其底部圆角半径可依据弯曲变形区坯料变薄的特点取 $r_a' = (0.6 \sim 0.8)(r_t + t)$ 或者开退刀槽。

3. 凹模深度

凹模深度要适当,若过小则弯曲件两端自由部分太长,工件回弹大,不平直;若深度过大则凹模增高,浪费模具材料并需要较大工作行程的压力机。

对于 V 形弯曲件,凹模深度及底部最小厚度如图 4-62(a)所示,数值查表 4-13。但应保证凹模开口宽度 L_a 的值小于弯曲件展开长度的 0.8 倍。

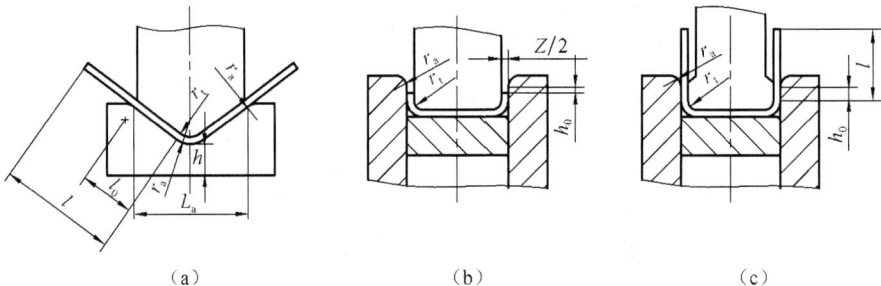

图 4-62 弯曲模工作部分尺寸

对于 U 形弯曲件,若直边高度不大或要求两边平直,则凹模深度应大于工件的深度,如图 4-62(b)所示,图中 h_0 查表 4-14。如果弯曲件直边较长,而且对平直度要求不高,凹模深度可以小于工件的高度,如图 4-62(c)所示,凹模深度 l_0 值可查表 4-15。

表 4-13　弯曲 V 形件的凹模深度 l_0 及底部最小厚度值 h　　（单位：mm）

弯曲件边长 l	板料厚度					
	≤2		2～4		>4	
	h	l_0	h	l_0	h	l_0
10～25	20	10～15	22	15	—	—
>25～50	22	15～20	27	25	32	30
>50～75	27	20～25	32	30	37	35
>75～100	32	25～30	37	35	42	40
>100～150	37	30～35	42	40	47	50

表 4-14　弯曲 U 形件凹模的 h_0 值　　（单位：mm）

板料厚度 t	≤1	1～2	2～3	3～4	4～5	5～6	6～7	7～8	8～10
h_0	3	4	5	6	8	10	15	20	25

表 4-15　弯曲 U 形件的凹模深度 l_0　　（单位：mm）

弯曲件边长 l	板料厚度 t				
	<1	>1～2	>2～4	>4～6	>6～10
<50	15	20	25	30	35
50～75	20	25	30	35	40
75～100	25	30	35	40	40
100～150	30	35	40	50	50
150～200	40	45	55	65	65

4．凸、凹模的间隙

V 形件弯曲时，凸、凹模的间隙是靠调整压力机的闭合高度来控制的。但在模具设计中，必须考虑到模具闭合时使模具工作部分与工件能紧密贴合，以保证弯曲质量。

对于 U 形件弯曲，必须合理确定凸、凹模之间的间隙，间隙过大则回弹大，工件的形状和尺寸误差增大。间隙过小会加大弯曲力，使工件厚度减薄，增加摩擦，擦伤工件并降低模具寿命。U 形件凸、凹模的单面间隙值一般可按下式计算：

$$Z/2 = t_{max} + Ct = t + \Delta + Ct \qquad (4\text{-}34)$$

式中，$Z/2$ 为弯曲模凸、凹模单边间隙；t 为工件材料厚度；Δ 为材料厚度的正偏差；C 为间隙系数，可查表 4-16。

表 4-16　间隙系数 C 值　　（单位：mm）

弯曲件高度 h	$b/h ≤ 2$				$b/h > 2$				
	板料厚度 t								
	<0.5	0.6～2	2.1～4	4.1～5	<0.5	0.6～2	2.1～4	4.2～7.6	7.6～12
10	0.05	0.05	0.04	—	0.10	0.10	0.08	—	—
20	0.05	0.05	0.04	0.03	0.10	0.10	0.08	0.06	0.06
35	0.07	0.05	0.04	0.03	0.15	0.10	0.08	0.06	0.06
50	0.10	0.07	0.05	0.04	0.20	0.15	0.10	0.06	0.06
70	0.10	0.07	0.05	0.05	0.20	0.15	0.10	0.10	0.08
100	—	0.07	0.05	0.05	—	0.15	0.10	0.10	0.08
150	—	0.10	0.07	0.05	—	0.20	0.15	0.10	0.10
200	—	0.10	0.07	0.07	—	0.20	0.15	0.15	0.10

注：b 为弯曲件宽度。

当工件精度要求较高时,其间隙应适当缩小,取 $Z/2=t$。

5.U 形件弯曲模工作部分尺寸及公差

确定 U 形件弯曲凸、凹模横向尺寸及公差的原则是:工件标注外形尺寸时(图 4-63(a)、图 4-63(b))应以凹模为基准件,间隙取在凸模上。工件标注内形尺寸时(图 4-63(c)、图 4-63(d)),应以凸模为基准件,间隙取在凹模上。而凸、凹模的尺寸和公差则应根据工件的尺寸、公差、回弹情况以及模具磨损规律而定。图中 Δ 为弯曲件横向的尺寸偏差。

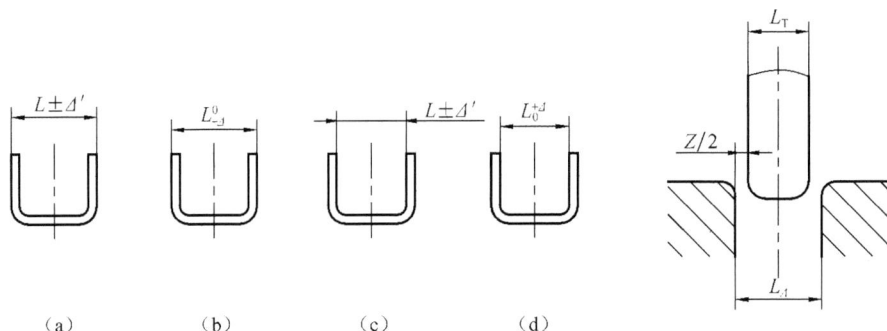

(a)　　　　(b)　　　　(c)　　　　(d)

图 4-63　标注外形和内形的弯曲件及模具尺寸

(1)弯曲件标注外形尺寸:

$$\text{凹模尺寸} \quad L_A = \left(L - \frac{3}{4}\Delta\right)_0^{+\delta_A} \tag{4-35}$$

$$\text{凸模尺寸} \quad L_T = (L_A - Z)_{-\delta_T}^0 \tag{4-36}$$

或者凸模尺寸按凹模实际尺寸配制,保证单面间隙值 $Z/2$。

(2)弯曲件标注内形尺寸:

$$\text{凸模尺寸} \quad L_T = \left(L + \frac{3}{4}\Delta\right)_{-\delta_T}^0 \tag{4-37}$$

$$\text{凹模尺寸} \quad L_A = (L_T + Z)_0^{+\delta_A} \tag{4-38}$$

或者凹模尺寸按凸模实际尺寸配制,保证单面间隙值 $Z/2$。

式中,L 为弯曲件的基本尺寸,mm;L_T、L_A 为凸模、凹模工作部分尺寸,mm;Δ 为弯曲件公差,mm;δ_T、δ_A 为凸模、凹模制造公差,选用 IT7~IT9 级精度,mm;一般取凸模制造精度高于凹模制造精度一级。$Z/2$ 为凸模与凹模的单面间隙,mm。

讨论与思考

1. 影响弯曲变形回弹的因素是什么? 减少回弹的措施有哪些?

2. 弯曲时的变形程度用什么来表示? 为什么可用它来表示? 弯曲时的极限变形程度受哪些因素影响?

3. 简述弯曲件的结构工艺性?

4. 弯曲过程中坯料可能产生偏移的原因有哪些? 如何减少和克服偏移?

5. 常用弯曲模有哪几种结构? 各有什么特点?

第 5 章　拉深工艺与拉深模设计

拉深是利用拉深模具将冲裁好的平板毛坯压制成各种开口的空心件,或将已制成的开口空心件毛坯,加工成其他形状空心件的一种基本冲压加工方法,拉深也称拉延。

用拉深工艺可以制得筒形、阶梯形、球形、锥形、抛物线形等旋转体零件,也可制成方盒形等非旋转体零件,若将拉深与其他成形工艺(如胀形、翻边等)复合,则可加工出形状非常复杂的零件,因此拉深的应用非常广泛,是冷冲压的基本工序之一。图 5-1 所示为典型的拉深件。

图 5-1　典型的拉深件

图 5-2 所示为典型的拉深过程。其变形过程是:随着凸模的不断下行,留在凹模端面上的毛坯外径不断缩小,圆形毛坯逐渐被拉进凸、凹模间的间隙中形成直壁,而处于凸模下面的材料则成为拉深件的底部,当板料全部进入凸、凹模间的间隙时拉深过程结束,平板毛坯就变成具有一定的直径和高度的开口空心件。

一般来说,拉深模结构相对较简单,与冲裁模比较,工作部分有较大的圆角,表面质量要求高,凸、凹模间隙略大于板料厚度。由于拉深件形状各异,所以其变形区的位置、变形性质、应力应变状态及其分布等也不完全相同,所以确定工艺参数、工序顺序及模具的设计原则和方法都不同。本章将按变形力学特点分别介绍圆筒

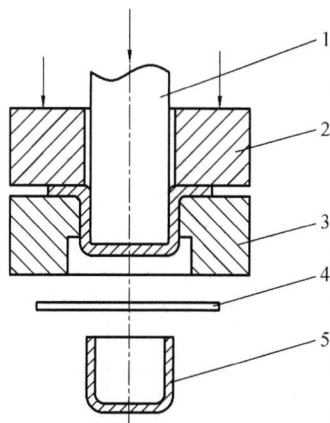

图 5-2　典型的拉深过程

1-凸模;2-压边圈;3-凹模;4-坯料;5-拉深件

件(无凸缘圆筒形零件、有凸缘圆筒件、阶梯形圆筒件)、曲面形状零件(球形、抛物线形、锥形)、盒形零件等拉深方面的相关知识。

5.1 圆筒形零件拉深

5.1.1 无凸缘圆筒形零件拉深

无凸缘圆筒形零件是最典型、最常见的拉深件,分析研究该类零件对其他形状零件的拉深具有重要的借鉴意义。

1. 圆筒形零件拉深变形过程

简单说,其变形过程是从直径为 D 的平面圆形毛坯变形为直径为 d 的圆筒形零件。如果不使用模具来实现这一变形过程,则只需去掉图 5-3 中的阴影部分,再将剩余部分沿直径为的圆周弯折起来,并加以焊接就可以得到直径为 d、高度为 $h = (D-d)/2$、口部呈波浪的圆筒形零件。这说明平面圆形毛坯在成为筒形零件的过程中必须去除多余材料。但圆形平板毛坯在拉深过程中并没有去除多余材料,因此可以肯定"多余的材料"在模具的作用下产生了流动。

可以通过坐标网格试验直观地说明拉深变形过程,即"多余的材料"流动过程。拉深前在毛坯上画一些由等距离的同心圆和等角度的辐射线组成的网格,拉深前后后的网格变化情况如图 5-4 所示,通过比较拉深前后网格的变化可见:筒形件底部的网格基本上保持原来的形状,而筒壁上的网格则发生了很大的变化。原来直径不等的同心圆变为筒壁上直径相等的圆,其间距由原来的 a 变为 a_1,a_2,…,且 $a_1 > a_2 > a_3$…,越靠近筒形件口部间距增加越多;原来分度相等的辐射线变成筒壁上的垂直平行线,其间距则完全相等,即由原来的 $b_1 > b_2 > b_3 > $…

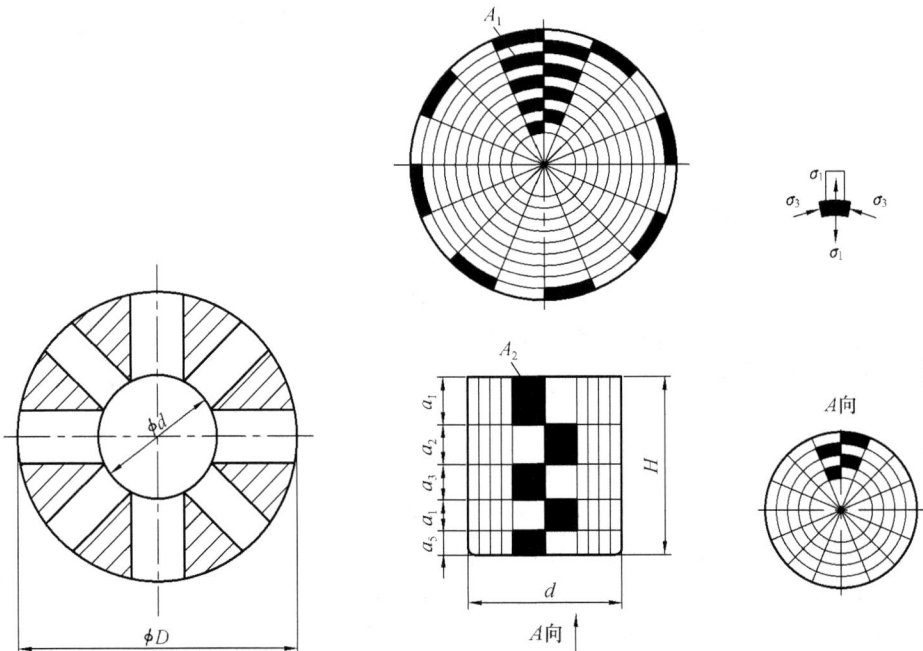

图 5-3 "多余的材料"   图 5-4 拉深的坐标网格试验

变为 $b_1 = b_2 = b_3 = \cdots = b$。如果拿一个小单元来看,在拉深前是扇形,其面积为 A_1,拉深后变为矩形,其面积为 A_2。由于拉深前后,板料厚度变化很小,因此可且近似认为拉深前后小单元的面积不变(即 $A_1 = A_2$)。

测量此时工件的高度,发现筒壁高度大于环行部分的半径差 $(D-d)/2$。这说明材料沿高度方向产生了塑性流动伸长。

这是由于变形过程中,由于"多余材料"(图 5-3 中的扇形部分)拉深时受到材料间的相互挤压而产生了切向压应力 σ_3,凸模的拉深作用产生了径向拉应力 σ_1,使 $(D-d)$ 的圆环部分在径向拉应力和切向压应力的作用下径向伸长,切向缩短,扇形网格就变成了矩形网格,"多余材料"转移到工件口部,使高度增加。

综上所述,拉深变形过程可描述为:处于凸缘底部的材料在拉深过程中变化很小,变形主要集中在处于凹模平面上的 $(D-d)$ 圆环形部分。该处金属在切向压应力和径向拉应力的共同作用下沿切向被压缩,且愈到口部压缩的愈多;沿径向伸长,且愈到口部伸长得愈多。该部分是拉深的主要变形区。

2. 圆筒形零件拉深过程中变形毛坯各部分的应力和应变状态

拉深过程中,处在凹模表面的材料不断被拉进凸、凹模的间隙而变为筒壁,材料的变形程度由底部向口部逐渐增大,硬化程度也不同,因此拉深过程中毛坯各部分的应力与应变状态各不相同;由于变形过程是持续进行的,所以即使是变形区同一位置的材料,其应力和应变状态也在时刻发生变化。

现以带压边圈的直壁圆筒形件的首次拉深为例,说明在拉深过程中某一时刻(图 5-5)毛坯的变形和受力情况。在不同变形区域取出单元体,假设 σ_1、ε_1 为毛坯的径向应力与应变,σ_2、ε_2 为毛坯的厚向应力与应变,σ_3、ε_3 为毛坯的切向应力与应变。

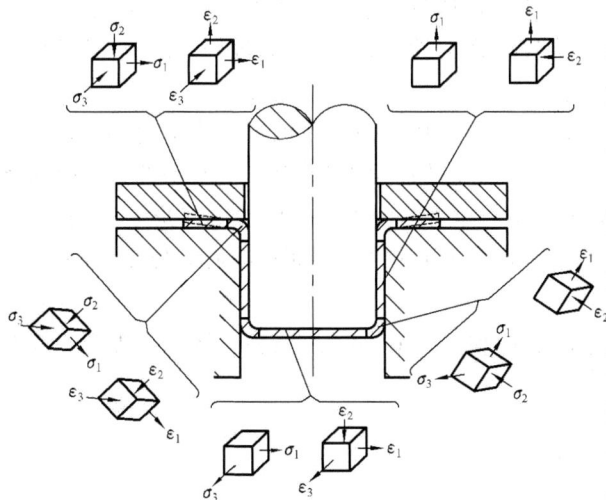

图 5-5 拉深中毛皮的应力应变情况

根据圆筒件各部位的受力和变形性质的不同,将整个毛坯分为如下五个部分。

1)平面凸缘部分——主要变形区

这是拉深变形的主要变形区,也是扇形网格变成矩形网格的区域。此处材料被拉深凸模拉进凸、凹模间隙而形成筒壁。材料在径向拉应力 σ_1 和切向压应力 σ_3 的共同作用下产生切向压缩与径向伸长变形而逐渐被拉入凹模,厚度方向承受由压边力引起的压应力 σ_2 的作用,因此该区域处于二压一拉的三向应力状态。

单元体的应变状态也可由网格试验得出:切向产生压缩变形 ε_3,径向产生伸长变形 ε_1,厚向的变形 ε_2 取决于 σ_1 和 σ_3 之间的比例关系。当 σ_1 的绝对值最大时,则 ε_2 为压应变,当 σ_3 的绝对值最大时,ε_2 为拉应变。因此该区域的应变也是三向的。

在凸缘的最外缘需要压缩的材料最多,因此此处的 σ_3 应是绝对值最大的主应力,凸缘外缘的 ε_2 应是伸长变形。当拉深变形程度较大,板料较薄时,则此部分会因切向压应力过大而失稳拱起,即起皱。

2) 凹模圆角部分——过渡区

这是凸缘和筒壁部分的过渡区,材料的变形比较复杂,径向受拉应力 σ_1 和切向受压应力 σ_3 作用,厚度方向上受凹模圆角的压力和弯曲作用产生的压应力 σ_2 的作用。此区域的变形状态也是三向的:ε_1 是绝对值最大的主应变,ε_2 和 ε_3 是压应变,此处材料厚度减薄。

3) 筒壁部分——传力区

筒壁部分将凸模的作用力传给凸缘,因此是传力区。拉深过程中直径受凸模的阻碍不再发生变化,即切向应变 ε_3 为零。如果间隙适当,σ_1 是凸模产生的拉应力,厚度方向上将不受力,即 σ_2 为零,由于材料在切向受凸模的限制不能自由收缩,σ_3 也是拉应力。因此变形与应力均为平面状态,其中 ε_1 为伸长应变,ε_2 为压缩应变。

4) 凸模圆角部分——过渡区

这部分是筒壁和圆筒底部的过渡区,材料承受筒壁较大的拉应力 σ_1、凸模圆角的压力和弯曲作用产生的压应力 σ_2 和切向拉应力 σ_3。由于这部分(尤其是与筒壁相切的部位)材料在拉深开始时就处于凸、凹模间,需要转移的材料较少,变形程度很小,则冷作硬化程度较低,材料屈服极限也就较低;加之此处传递拉深力的截面积较小,因此材料变薄严重,易出现变薄超差甚至拉裂,是整个零件强度最薄弱的地方,是拉深过程中的"危险断面"。

5) 圆筒底部——小变形区

这部分材料处于凸模下面,直接接收凸模施加的力并由它将力传给圆筒壁部,因此该区域也是传力区。该处材料在拉深开始时被拉入凹模内,并始终保持平面形状。它受两向拉应力 σ_1 和 σ_3 作用,相当于周边受均匀拉力的圆板。此区域的变形是三向的 ε_1 和 ε_3 为拉伸应变,ε_2 为压缩应变。由于凸模圆角处的摩擦制约了底部材料的向外流动,故圆筒底部变形不大,只有 $1\% \sim 3\%$,一般可忽略不计。

从拉深过程坯料的应力应变的分析中可见:坯料各区的应力与应变是复杂的,也是很不均匀的。

3. 圆筒形零件拉深受力分析

1) 凸缘变形区受力分析

在拉深过程中,凸缘是主要变形区。凸缘上径向拉应力 σ_1 的大小影响拉深力的大小,凸缘上的压应力 σ_3 的大小与凸缘起皱有直接关系,因此,必须对凸缘变形区的应力进行分析。

(1) 拉深中某时刻凸缘变形区的应力分布。

设用半径为 R 的圆形板料拉深半径为 r 的圆筒形零件,采用有压边圈拉深,变形区材料

径向受拉应力为 σ_1，切向受压应力为 σ_3，厚向受压应力 σ_2 的作用。因 σ_2（较小）忽略不计，故只需求 σ_1 和 σ_3 的值，即可知变形区的应力分布。

根据变形时微元体应满足的平衡条件和塑性方程（屈服准则）可求得 σ_1 和 σ_3 的值。为此从变形区任意半径只处截取宽度为 $\mathrm{d}R$、夹角为 $\mathrm{d}\varphi$ 的微元体，如图 5-6 所示。根据微元体的受力平衡可得

$$(\sigma_1 + \mathrm{d}\sigma_1)(R + \mathrm{d}R)t\mathrm{d}\varphi - \sigma_1 R\mathrm{d}\varphi$$
$$+ 2\mid\sigma_3\mid\mathrm{d}R\sin(\mathrm{d}\varphi/2)t = 0$$

取 $\sin(\mathrm{d}\varphi/2) \approx \mathrm{d}\varphi/2$，且由于 σ_3 为压应力，故 $\mid\sigma_3\mid = -\sigma_3$，并略去高阶无穷小项，得

$$R\mathrm{d}\sigma_1 + (\sigma_1 - \sigma_3)\mathrm{d}R = 0$$

塑性变形时需满足的塑性方程为：$\sigma_1 - \sigma_3 = \beta\bar{\sigma}_m$

式中 β 值与应力状态有关，其变化范围为 $1\sim1.155$，为了简便均取平均值作为考虑硬化时的平均塑性流动应力。

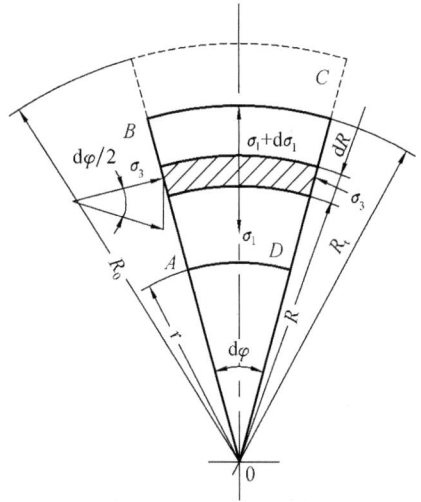

图 5-6 拉深某时刻毛坯凸缘部分
微元体的受力状态

由上述两式，并考虑边界条件（当 $R = R_t$ 时，$\sigma_1 = 0$），经数学推导就可以求出径向拉应力 σ_1 和切向压应力 σ_3 的大小为

$$\sigma_1 = 1.1\bar{\sigma}_m\ln\frac{R_t}{R} \tag{5-1}$$

$$\sigma_3 = -1.1\bar{\sigma}_m\left(1 - \ln\frac{R_t}{R}\right) \tag{5-2}$$

式中，$\bar{\sigma}_m$ 为变形区材料的平均抗力，MPa；R_t 为拉深中某时刻的凸缘半径，mm；R 为凸缘区内任意点的半径，mm。

当拉深进行到某时刻，凸缘变形区的外径为 R_t 时，把变形区内不同点的半径 R 值代入式(5-1)和式(5-2)，就可以得出各点的应力值，其分布情况如图 5-7 所示，可见径向拉应力 σ_1 和切向压应力 σ_3 是按对数曲线规律分布的。从中可看出：

在变形区的内边缘（即 $R = r$ 处）径向拉应力 σ_1 最大，其值为

$$\sigma_{1\max} = 1.1\bar{\sigma}_m\ln\frac{R_t}{r} \tag{5-3}$$

而此时切向压应力 $\mid\sigma_3\mid$ 最小，其值为

$$\mid\sigma_3\mid = 1.1\bar{\sigma}_m\ln\left(1 - \ln\frac{R_t}{r}\right)$$

在变形区外边缘（即 $R = R_t$ 处）压应力 $\mid\sigma_3\mid$ 最大，其值为

$$\mid\sigma_3\mid_{\max} = 1.1\sigma_m \tag{5-4}$$

而此时径向拉应力 σ_1 最小，其值为零。

从凸缘外边向内边 σ_1 由低到高变化，$\mid\sigma_3\mid$ 则由高到低变化，在凸缘中间必有一交点存在（图 5-7），在此点处有 $\mid\sigma_1\mid = \mid\sigma_3\mid$，所以

$$1.1\bar{\sigma}_m\ln R_t/R = 1.1\bar{\sigma}_m\left(1 - \ln\frac{R_t}{R}\right)$$

化简得
$$\ln \frac{R_t}{R} = 1/2$$

即
$$R = 0.61R_t$$

即交点在 $R=0.61R_t$ 处。以此为半径画圆,将凸缘变形区分成两部分,由此圆向凹模洞口方向的部分拉应力占优势($|\sigma_1| > |\sigma_3|$),拉应变 ε_1 为绝对值最大的主变形,厚度方向的变形 ε_2 是压缩应变;由此圆向外到毛坯边缘的部分,压应力占优势($|\sigma_3| > |\sigma_1|$),压应变 ε_3 为绝对值最大的主应变,厚度方向上的变形 ε_2 是正值(增厚)。交点处就是变形区在厚度方向发生增厚和减薄变形的分界点。

(2)拉深过程中 σ_{1max} 和 $|\sigma_3|_{max}$ 的变化规律。

σ_{1max} 和 $|\sigma_3|_{max}$ 是当毛坯凸缘半径变化到 R_t 时,在凹模洞口的最大拉应力和凸缘最外边的最大压应力。不同的拉深时刻,它们的值也是不同的。了解 σ_{1max} 和 $|\sigma_3|_{max}$ 的变化,对防止拉深时的起皱和破裂很有帮助。

① σ_{1max} 的变化规律。

由式(5-3)可知,σ_{1max} 与变形区材料的平均抗力 $\bar{\sigma}_m$ 及表示变形区大小的 R_t/r 值有关。σ_{1max} 在拉深过程中是增大还是减小,就取决于 $\bar{\sigma}_m$ 及 R_t/r 的变化情况。把不同的 R_t 所对应的值连成曲线,即为整个拉深过程中凹模入口处径向拉应力 σ_{1max} 的变化情况(图5-7)。

由图5-7可见,开始拉深(即 $R_t=R_0$ 时),$\sigma_{1max} = 1.1\bar{\sigma}_m \ln \frac{R_0}{r}$。

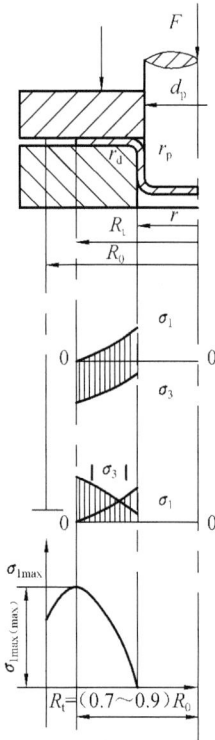

图5-7 圆筒形件拉深时凸缘区的应力分布

随着拉深的进行,因加工硬化使 $\bar{\sigma}_m$ 逐渐增大,而 R_t/r 逐渐减小,但此时的增大占主导地位,所以 σ_{1max} 逐渐增加,大约在拉深进行到 $R_t = (0.7\sim0.9)R_0$ 时,σ_{1max} 也出现最大值 $\sigma_{1max(max)}$。以后随着拉深的进行,由于 R_t/r 的减小占主导地位,σ_{1max} 也逐渐减少,直到拉深结束($R_t=r$)时,σ_{1max} 减少为零。

② $|\sigma_3|_{max}$ 的变化规律。

由式(5-4)可知,$|\sigma_3|_{max}$ 仅取决于 $\bar{\sigma}_m$,即只与材料有关。随着拉深的进行,变形程度的增加促进了加工硬化,毛坯起皱的可能也随之增大。

2)筒壁传力区受力分析

σ_{1max} 是拉深时变形区内边缘受的径向拉应力,是只考虑拉深时转移"多余材料"所需的变形力。拉深时除了变形区所需的变形应力 σ_{1max} 外,还需要克服其他一些阻力(图5-8),如材料在压边圈和凹模上平面间流动时引起的摩擦阻力,材料流过凹模圆角表面的摩擦阻力,毛坯经过凹模圆角时产生弯曲变形,以及离开凹模圆角进入凸凹模间隙后又被拉直而产生反向弯曲力,拉深初期凸模圆角处的弯曲力等。因此,从筒壁传力区传过来的力(即拉深力)至少应等于上述各力之和。上述各附加阻力可根据各种假设条件,并考虑拉深中材料的硬化来求出。

(1)压边力 F_Q 引起的摩擦应力。
$$\sigma_M = \frac{2\mu F_Q}{\pi dt} \tag{5-5}$$

式中，μ 为材料与模具间的摩擦系数；F_Q 为压边力，N；d 为凹模内径，mm；t 为板料厚度，mm。

（2）材料流过凹模圆角半径产生弯曲变形的阻力。

$$\sigma_w = \frac{1}{4}\sigma_b \frac{t}{r_d + t/2} \qquad (5-6)$$

式中，r_d 为凹模圆角半径，mm；σ_b 为材料的强度极限，MPa。

（3）材料流过凹模圆角后又被拉直成筒壁的反向弯曲力 σ'_w 仍按式(5-6)进行计算。

$$\sigma'_w = \sigma_w = \frac{1}{4}\sigma_b \frac{t}{r_d + t/2}$$

拉深初期凸模圆角处的弯曲应力也按式(5-6)计算，即

$$\sigma''_w = \frac{1}{4}\sigma_b \frac{t}{r_p + t/2} \qquad (5-7)$$

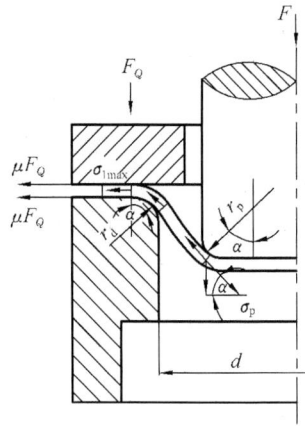

图 5-8　拉深毛坯内各部分的受力情况

式中，r_p 为凸模圆角半径，mm。

（4）材料流过凹模圆角时的摩擦阻力。可近似按受拉皮带沿滑轮的滑动摩擦理论来计算，即用摩擦阻力系数 $e^{\mu\alpha}$ 来进行修正。式中 e 为自然对数的底；μ 为摩擦系数；α 为包角（材料与凹模圆角处相接触的角度）。

这样，通过凸模圆角处危险断面传递的径向拉应力即为

$$\sigma_p = (\sigma_{1max} + \sigma_M + 2\sigma_w + \sigma''_w)e^{\mu\alpha} \qquad (5-8)$$

$$\sigma_p = \left(1.1\bar{\sigma}_m \ln\frac{R_t}{r} + \frac{2\mu F_Q}{\pi dt} + \sigma_b \frac{t}{2r_d + t} + \sigma_b \frac{t}{2r_d + 2t}\right)e^{\mu\alpha} \qquad (5-9)$$

式(5-9)把影响拉深力的因素，如拉深变形程度，材料性能，零件尺寸，凸、凹模圆角半径，压边力，润滑条件等都反映了出来，有利于研究改善拉深工艺。

拉深力可由式(5-10)求出

$$F = \pi dt\sigma_p \sin\phi \qquad (5-10)$$

式中，ϕ 为 σ_p 与水平线的交角（图 5-8）。

由式(5-8)知，σ_p 在拉深中是随 σ_{1max} 和包角 α 的变化而变化的。根据前面的分析，拉深中材料凸缘的外缘半径 $R_t = (0.7 \sim 0.9)R_0$ 时，σ_{1max} 达最大值。此时包角 α 接近于 $\pi/2$，而凸模行程为 $h = R_p + R_d + t$。这时摩擦阻力系数为 $e^{\mu\pi/2}$ 近似为

$$e^{\mu\pi/2} = 1 + \frac{\pi}{2}\mu \approx 1 + 1.6\mu$$

故 σ_p 的最大值为

$$\sigma_{pmax} = (\sigma_{1max(max)} + \sigma_M + 2\sigma_w + \sigma''_w)(1 + 1.6\mu) \qquad (5-11)$$

拉深过程中的最大拉深力则为

$$F_{pmax} = \pi dt\sigma_{pmax} \qquad (5-12)$$

如果拉深中 σ_{pmax} 超过了危险断面的强度 σ_b，则产生拉裂现象。

4. 圆筒形零件拉深成形的缺陷及防止措施

通过上述分析可知凸缘变形区的"起皱"和筒壁传力区的"拉裂"是拉深工艺能否顺利进行的主要缺陷。为此,必须了解起皱和拉裂的原因,在拉深工艺和拉深模设计等方面采取适当的措施,保证拉深工艺的顺利进行,提高拉深件的质量。

1) 凸缘变形区的起皱

拉深过程中,当凸缘区变形区材料承受的切向压应力 σ_3 过大时,超过此时材料能承受的

图 5-9　凸缘变形区的起皱

临界压应力时,就会失稳弯曲而拱起,凸缘部分形成皱褶,这种现象称为起皱,如图 5-9 所示。变形区一旦起皱,对拉深的正常进行是非常不利的。因为毛坯起皱后,拱起的皱褶很难通过凸、凹模间隙被拉入凹模,如果强行拉入,则拉应力迅速增大,容易使毛坯受过大的拉力而导致拉裂报废;即使起皱不严重,拱起的皱褶能勉强被拉进凹模内形成筒壁,皱褶也会影响零件的表面质量。同时,起皱后的材料还会使摩擦加剧,造成模具磨损严重,从而降低模具的寿命。

凸缘区会不会起皱,主要决定于两个方面:一方面是切向压应力 σ_3 的大小,σ_3 越大越容易失稳起皱;另一方面是凸缘区板料本身的抵抗失稳的能力,凸缘宽度越大,厚度越薄,材料弹性模量和硬化模量越小,抵抗失稳能力越差。

拉深中必须采取措施防止起皱发生。最简单的方法(也是实际生产中最常用的方法)是采用压边圈。加压边圈后,材料被强迫在压边圈和凹模平面间的间隙中流动,稳定性得到增加,起皱也就不容易发生。

2) 筒壁传力区的拉裂

拉深时,坯料内各部分的受力关系如图 5-8 所示。筒壁受力的复杂性导致拉深后工件的侧壁厚度和硬度分布并不均匀,如图 5-10 所示。从图中可以看出,拉深件口部最厚,下部壁厚略有变薄,壁部与圆角相切处变薄严重;由于坯料各处变形程度不同,加工硬化程度也不同,表现为拉深件各部分硬度不一样,口部硬度最大,侧壁底部最小。一旦筒壁拉应力超过筒壁材料的抗拉强度时,会在底部圆角与筒壁相切处——"危险断面"产生破裂,即拉裂现象,如图 5-11 所示。

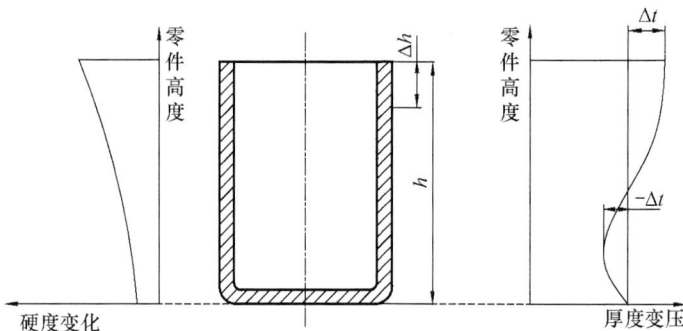

图 5-10　拉深成形后制件壁厚和硬度分布情况

图 5-11　筒壁传力区的拉裂

筒壁会不会拉裂主要取决于两个方面:一方面是筒壁传力区中的拉应力;另一方面是筒壁传力区的抗拉强度。

为防止筒壁的拉裂,一方面要通过改善材料的力学性能,提高筒壁抗拉强度;另一方面是通过正确制定拉深工艺和设计模具,合理确定拉深变形程度、模具工作部分的形状、改善凸缘部分润滑条件等,以降低筒壁传力区中的拉应力。

5. 旋转体拉深件毛坯尺寸的确定

1) 确定毛坯形状和尺寸的依据

在拉深中,拉深件毛坯形状和尺寸是以冲件形状和尺寸为基础的,确定毛坯形状和尺寸的依据如下。

(1) 体积不变原则。

拉深前和拉深后材料的体积不变。对于不变薄拉深,假设变形中材料厚度不变,则拉深前毛坯的表面积与拉深后工件的表面积认为近似相等。

(2) 相似原理。

毛坯的形状一般与工件截面形状相似。如工件的横断面是圆形的、椭圆形的、长方形的,则拉深前毛坯的形状基本上也是圆形的、椭圆形的、长方形的,并且毛坯的周边必须制成光滑曲线,急剧的转折。

对于形状复杂的拉深件,利用上述原则仅能初步确定坯料形状,必须通过多次试压,反复修改,才能最终确定出坯料形状,因此,拉深件的模具设计一般是先设计拉深模,坯料形状尺寸确定后再设计冲裁模。

由于金属材料的各向异性、拉深时金属流动条件以及模具几何形状等的差异,会造成拉深件口部不整齐,因此在多数情况下采取加大工序件高度或凸缘宽度的办法留出切边余量,拉深后再经过切边工序切除,以保证零件质量。切边余量可参考表 5-1 和表 5-2。

表 5-1　无凸缘圆筒形拉深件的修边余量　　　　　　　　（单位:mm）

工件高度 h	工件的相对高度 h/d				附图
	>0.5~0.8	>0.8~1.6	>1.6~2.5	>2.5~4	
≤10	1.0	1.2	1.5	2.0	
>10~20	1.2	1.6	2.0	2.5	
>20~50	2.0	2.5	3.3	4.0	
>50~100	3.0	3.8	5.0	6.0	
>100~150	4.0	5.0	6.5	8.0	
>150~200	5.0	6.3	8.0	10.0	
>200~250	6.0	7.5	9.0	11.0	
>250	7.0	8.5	10.0	12.0	

表 5-2　有凸缘圆筒形拉深件的修边余量　　　　　　　　（单位:mm）

凸缘直径 d_t	凸缘的相对直径 d_t/d				附图
	1.5 以下	>1.5~2	>2~2.5	>2.5~3	
≤25	1.6	1.4	1.2	1.0	
>25~50	2.5	2.0	1.8	1.6	
>50~100	3.5	3.0	2.5	2.2	
>100~150	4.3	3.6	3.0	2.5	
>150~200	5.0	4.2	3.5	2.7	
>200~250	5.5	4.6	3.8	2.8	
>250	6.0	5.0	4.0	3.0	

当零件的相对高度 H/d 很小,并且高度尺寸要求不高时,也可以不用切边工序。

2）简单旋转体拉深件毛坯尺寸的确定

首先将拉深件划分为若干个简单的便于计算的几何体,并分别求出各简单几何体（图 5-12）的表面积。把各简单几何体面积相加即为零件总面积,然后根据表面积相等原则,求出坯料直径。圆筒形件毛坯尺寸具体计算过程如下。

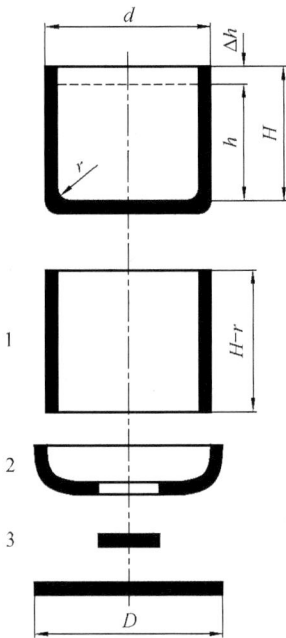

$$\frac{\pi}{4}D^2 = A_1 + A_2 + A_3 = \sum A_i$$

故

$$D = \sqrt{\frac{4}{\pi}\sum A_i}$$

$$A_1 = \sqrt{\pi d(H-r)}$$

$$A_2 = \frac{\pi}{4}\left[2\pi r(d-2r) + 8r^2\right]$$

$$A_3 = \frac{\pi}{4}(d-2r)^2$$

把以上各部分的面积相加后代入式,整理后可得坯料直径为

$$D = \sqrt{(d-2r)^2 + 4d(H-r) + 2\pi r(d-2r) + 8r^2}$$
$$= \sqrt{d^2 + 4dH - 1.72dr - 0.56r^2} \quad (5\text{-}13)$$

式中,D 为坯料直径;d、H、r 为拉深件直径、高度、圆角半径。

在计算中,板料厚度大于 1mm 时零件尺寸均按厚度中线计算;但当板料厚度小于 1mm 时,也可以按外形或内形尺寸计算。

图 5-12　圆筒形拉深件坯料尺寸计算

常用旋转体零件坯料直径计算公式见表 5-3。

表 5-3　常用旋转体拉深零件坯料直径计算公式

序号	零件形状	坯料直径 D
1		$\sqrt{d_1^2 + 2l(d_1+d_2)}$
2		$\sqrt{d_1^2 + 2r(\pi d_1 + 4r)}$
3		$\sqrt{d_1^2 + 4d_2h + 6.28rd_1 + 8r^2}$ 或 $\sqrt{d_2^2 + 2d_2H - 1.72rd_2 - 0.56r^2}$
4		当 $r=R$ 时　$\sqrt{d_4^2 + 4d_2H - 3.44rd_2}$ 当 $r \neq R$ 时　$\sqrt{d_1^2 + 6.28rd_1 + 8r^2 + 4d_2h + 6.28Rd_2 + 4.56R^2 + d_4^2 - d_3^2}$

序号	零件形状	坯料直径 D
5		$\sqrt{8rh}$ 或 $\sqrt{s^2+4h^2}$
6		$\sqrt{2d^2}=1.414d$
7		$\sqrt{d_1^2+4h^2+2l(d_1+d_2)}$
8		$\sqrt{8r_1\left[x-b\left(\arcsin\dfrac{x}{r_1}\right)\right]+4d_2+8rh_1}$
9		$\sqrt{8r^2+4dH-4dr-1.72dR+0.56R^2+d_4^2-d^2}$
10		$D=\sqrt{4dh(2r_1-d)+(d-2r)(0.0696r\alpha-4h_2)+4dH}$ $\sin\alpha=\dfrac{\sqrt{r_1^2-r(2r_1-d)-0.25d^2}}{r_1-r}$ $h_1=r_1(1-\sin\alpha)$, $h_1=r\sin\alpha$

3）复杂形状旋转体拉深件毛坯尺寸的确定

复杂形状旋转体（如抛物面、球面、锥面以及复杂母线旋转体等）毛坯尺寸可按重心法（久里金法）求得，即任何形状的母线 L，绕轴线 YY 旋转所形成的旋转体面积等于母线 L 与其重心绕轴线旋转一周所得周长的乘积，如图 5-13 所示，旋转体表面积为 A。

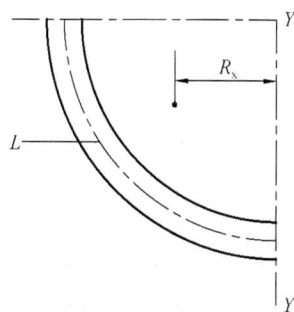

图 5-13 复杂形状旋转体表面积计算

由于拉深前后面积相等，所以坯料直径可按式（5-14）求出

$$A = 2\pi R_x L$$

$$\frac{\pi D^2}{4} = 2\pi R_x L$$

$$D = \sqrt{8R_x L} \qquad (5\text{-}14)$$

式中，A 为旋转体面积；R_x 为旋转体母线重心到旋转轴线的距离（称旋转半径）；L 为旋转体母线长度；D 为坯料直径。

由式（5-14）可知，只要知道旋转体母线长度及其重心的旋转半径，就可以求出坯料的直径。

式中 R_x 可以查表得到,也可利用常用 CAD 软件(如 AutoCAD、CAXA 等)的查询重心功能得到。

6. 拉深系数的确定

1)拉深系数的概念

拉深系数是指圆筒形件拉深后的直径与拉深前毛坯(或半成品)的直径之比。

将直径为 D 的毛坯拉成直径为 d_n、高度为 h_n 工件的工艺顺序如图 5-14 所示。各次的拉深系数依次为

$$
\begin{aligned}
m_1 &= d/D \\
m_2 &= d_2/d_1 \\
&\cdots \\
m_{n-1} &= d_{n-1}/d_{n-2} \\
m_n &= d_n/d_{n-1}
\end{aligned}
\tag{5-15}
$$

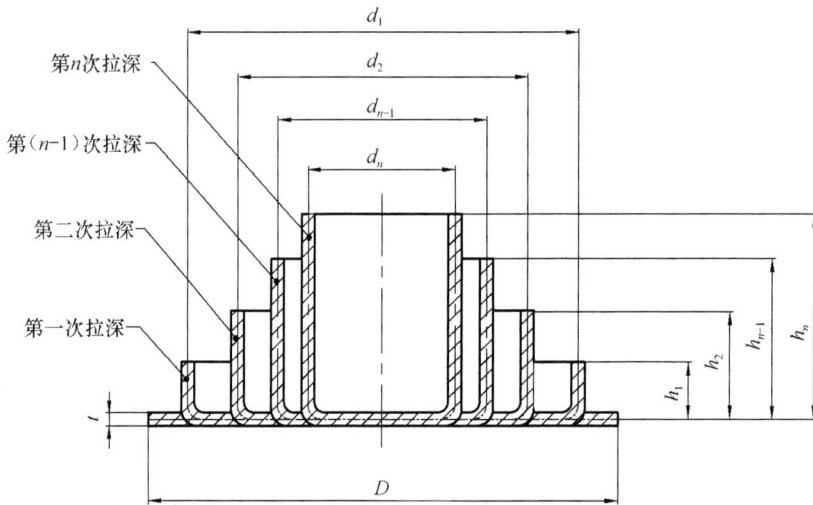

图 5-14　圆筒形件的多次拉深示意图

而工件的直径 d_n 与毛坯直径 D 之比称为总拉深系数。

$$
m_\text{总} = \frac{d_n}{D} = \frac{d_1}{d_2}\frac{d_2}{d_3}\cdots\frac{d_{n-1}}{d_n} = m_1 \cdot m_2 \cdot \cdots \cdot m_n
\tag{5-16}
$$

式中,d_1,$d_2\cdots d_n$ 为第一、第二、…、第 n 道工序的工序件直径。

拉深系数的倒数称为拉深比,表示为

$$
K_n = 1/m_n = d_{n-1}/d_n
\tag{5-17}
$$

对于非圆筒形件,其拉深系数可以借鉴圆筒形件拉深系数的表示形式,以拉深后工件周长与拉深前毛坯(或半成品)周长之比表示。

拉深系数表示了拉深前后毛坯直径的变化量,反映了毛坯拉深时变形的大小,因此把它作为衡量拉深变形程度的重要指标。

由圆筒形件拉深中各道工序的直径 $d_1 > d_2 > \cdots > d_n$ 可知,m_1,m_2,$\cdots$,$m_n < 1$,即拉深系数

是一个小于 1 的数值,其值愈大表示拉深前后毛坯的直径变化愈小,即变形程度小。其值愈小则毛坯的直径变化愈大,即变形程度大。拉深系数是一个重要的工艺参数,它是拉深工艺计算的基础,同时也关系到实际生产中拉深工艺的成败。

拉深系数选用过大,即拉深变形程度小,则材料的塑性变形能力不能被充分利用,将增加拉深次数和模具套数,提高生产成本。反之,如拉深系数取得过小,则拉深变形程度过大,工件局部严重变薄甚至材料被拉破,得不到合格的工件。因此,拉深时采用的拉深系数既不能太大,也不能太小,应使材料的塑性被充分利用的同时又不致被拉破。从工艺的角度来看,极限拉深系数越小越有利于减少工序数。但根据上述分析,拉深系数减小有一个客观的界限,这个界限就称为极限拉深系数。

2)影响极限拉深系数的因素

(1)材料方面。

① 材料的力学性能及组织结构。

屈强比(σ_s/σ_b)越小对拉深越有利。σ_s/σ_b 越小表示材料能够塑性变形的区间越大,可获得越大的变形,因此材料拉深系数可取小些;材料的厚向异性系数 γ 和硬化指数 n 大时,说明材料厚度变化难度大,不易起皱,并且不易在危险断面产生拉裂,有利于拉深,可以采用较小的拉深系数;材料的组织均匀,晶粒大小适中,有利于拉深,可取较小的拉深系数。

② 材料的相对厚度(t/D)。

材料的相对厚度大时,凸缘抵抗失稳起皱的能力增强,因而所需压边力减小,故极限拉深系数可减小。

(2)模具的几何参数。

凸模圆角半径太小,增大了板料绕凸模弯曲的拉应力,增加了危险断面的抗拉强度,因而会降低极限变形程度。凹模圆角半径过小,拉深过程中,由于板料绕凹模圆角弯曲校直,增大了筒壁的拉应力,故要减少拉应力,降低拉深系数,则应增大凹模圆角半径。图 5-15 表示凸模和凹模圆角对黄铜极限拉深系数的影响。从中可以看出,增大凸、凹模圆角有利于降低极限拉深系数,但是单纯地增大凸、凹模圆角到一定程度后,

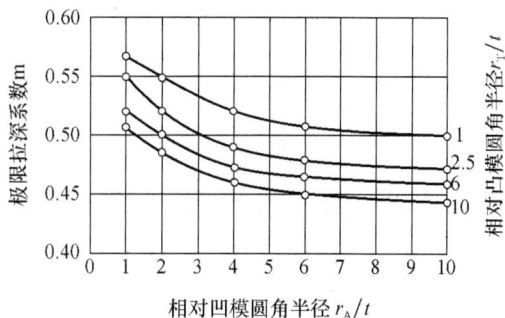

图 5-15　凸模、凹模圆角半径对极限拉深系数的影响

对极限拉深系数的降低是有限的。另外,凸、凹模圆角半径也不宜过大,过大的圆角半径,会减少板料与凸模和凹模端面的接触面积及压料圈的压料面积,板料悬空面积增大,容易产生失稳起皱。

凸、凹模之间间隙也应适当,间隙太小,板料受到太大的挤压作用和摩擦阻力,增大拉深力;间隙太大会影响拉深件的精度,拉深件锥度和回弹较大。

(3)拉深工作条件。

① 摩擦润滑。

凹模和压料圈与板料接触的表面应当光滑,润滑条件要好,以减少摩擦阻力和筒壁传力区的拉应力。而凸模表面不宜太光滑,也不宜润滑,以减小由于凸模与材料的相对滑动而使危险

断面变薄破裂的危险。

② 压料圈的压料力。

压料是为了防止坯料起皱,但压料力却增大了筒壁传力区的拉应力,压料力太大,可能导致拉裂。拉深工艺必须正确处理这两者关系,做到既不起皱又不拉裂。为此,必须正确调整压料力,即应在保证不起皱的前提下,尽量减少压料力,提高工艺的稳定性。

③ 拉深次数。

第一次拉深时材料还没硬化,塑性好,极限拉深系数可小些。以后的拉深因材料已经硬化,塑性愈来愈低,变形越来越困难,故一道比一道的拉深系数大。

此外,影响极限拉深系数的因素还有拉深方法、拉深速度、拉深件的形状等。例如采用反拉深、软模拉深等方法可以降低极限拉深系数;首次拉深极限拉深系数比后次拉深极限拉深系数小;拉深速度慢,有利于拉深工作的正常进行,盒形件角部拉深系数比相应的圆筒形件的拉深系数小。

综上,凡与最大拉应力和危险段面强度有关的各种因素,都是影响拉深系数的因素。

3) 极限拉深系数的确定

由于影响极限拉深系数的因素很多,目前仍难采用理论计算方法准确确定极限拉深系数。在实际生产中,极限拉深系数值一般是在一定的拉深条件下用实验方法得出的。表 5-4 和表 5-5 是圆筒形件在不同条件下各次拉深的极限拉深系数。

表 5-4　圆筒形件极限拉深系数(无压边圈)

拉深系数	坯料相对厚度 $(t/D) \times 100$					
	2.0～1.5	1.5～1.0	1.0～0.6	0.6～0.3	0.3～0.15	0.15～0.08
m_1	0.48～0.50	0.50～0.53	0.53～0.55	0.55～0.58	0.58～0.60	0.60～0.63
m_2	0.73～0.75	0.75～0.76	0.76～0.78	0.78～0.79	0.79～0.80	0.80～0.82
m_3	0.76～0.78	0.78～0.79	0.79～0.80	0.80～0.81	0.81～0.82	0.82～0.84
m_4	0.78～0.80	0.80～0.81	0.81～0.82	0.82～0.83	0.83～0.85	0.85～0.86
m_5	0.80～0.82	0.82～0.84	0.84～0.85	0.85～0.86	0.86～0.87	0.87～0.88

注:(1) 表中拉深数据适用于 08 钢、10 钢和 15Mn 钢等普通拉深碳钢及黄铜 H62。对拉深性能较差的材料,如 20 钢、25 钢、Q215 钢、Q235 钢、硬铝等应比表中数值大 1.5%～2.0%;而对塑性较好的材料,如 05 钢、08 钢、10 钢及软铝等应比表中数值小 1.5%～2.0%。

(2) 表中数据适用于未经中间退火的拉深。若采用中间退火工序时,则取值应比表中数值小 2%～3%。

(3) 表中较小值适用于大的凹模圆角半径 $(r_A = (8 \sim 15)t)$,较大值适用于小的凹模圆角半径 $(r_A = (4 \sim 8)t)$。

表 5-5　圆筒形件极限拉深系数(有压边圈)

拉深系数	坯料相对厚度 $(t/D) \times 100$				
	1.5	2.0	2.5	3.0	>3
m_1	0.65	0.60	0.55	0.53	0.50
m_2	0.80	0.75	0.75	0.75	0.70
m_3	0.84	0.80	0.80	0.80	0.75
m_4	0.87	0.84	0.84	0.84	0.78
m_5	0.90	0.87	0.87	0.87	0.82
m_6	—	0.90	0.90	0.90	0.85

注:此表适用于 08 钢、10 钢及 15Mn 钢等材料。其余各项同表 5-4 之注。

在实际生产中,并不是在所有情况下都采用极限拉深系数。为了提高工艺稳定性和零件质量,适宜采用稍大于极限拉深系数的值。

7. 拉深次数与工序尺寸

1）拉深次数的确定

当 $m_总 > m_{min}$ 时，拉深件可一次拉成，否则要多次拉深。其拉深次数的确定有以下几种方法：

（1）查表法。根据工件的相对高度即高度 H 与直径 d 之比值，从表 5-6 中查得该工件拉深次数。

表 5-6　拉深相对高度 H/d 与拉深次数的关系（无凸缘圆筒形件）

拉深系数	坯料相对厚度 $(t/D) \times 100$					
	2.0～1.5	1.5～1.0	1.0～0.6	0.6～0.3	0.3～0.15	0.15～0.08
1	0.94～0.77	0.84～0.65	0.71～0.57	0.62～0.5	0.52～0.45	0.46～0.38
2	1.88～1.5	1.60～1.32	1.36～1.1	1.13～0.94	0.96～0.83	0.9～0.7
3	3.5～2.7	2.8～2.2	2.3～1.8	1.9～1.5	1.6～1.3	1.3～1.1
4	5.6～4.3	4.3～3.5	3.6～2.9	2.9～2.4	2.4～2.0	2.0～1.5
5	8.9～6.6	6.6～5.1	5.2～4.1	4.1～3.3	3.3～2.7	2.7～2.0

（2）计算方法。拉深次数的确定也可采用计算方法进行确定，其计算公式如下

$$n = 1 + \frac{\lg d - \lg m_1 D}{\lg m_均} \tag{5-18}$$

式中，d 为冲件直径；D 为坯料直径；m_1 为第一次拉深系数；$m_均$ 为第一次拉深以后各次的平均拉深系数。

上述计算结果上靠取整即得到拉深次数。

2）各次拉深工序件尺寸的确定

工序件直径的确定：确定拉深次数以后，由表查得各次拉深的极限拉深系数，适当放大，并加以调整，其原则是

① 保证 $m_1 m_2 \cdots m_n = \dfrac{d}{D}$。式中，$d$ 为零件直径；D 为坯料直径。

② 使 $m_1 < m_2 < \cdots < m_n$。

最后按调整后的拉深系数计算各次工序件直径：

$d_1 = m_1 D$；$d_2 = m_2 d_1$；$\cdots$；$d_n = m_n d_{n-1}$ 直到 $d_n \leqslant d$。即当计算所得直径 d_n 小于或等于零件直径 d 时，计算的次数即为拉深次数。

根据拉深后工序件表面积与坯料表面积相等的原则，可得到如下工序件高度计算公式。计算前应先定出各工序件的底部圆角半径（见 5.5 节）。

$$\begin{aligned}
h_1 &= 0.25\left(\frac{D^2}{d_1} - d_1\right) + 0.43\frac{r_1}{d_1}(d_1 + 0.32 r_1) \\
h_2 &= 0.25\left(\frac{D^2}{d_2} - d_2\right) + 0.43\frac{r_2}{d_2}(d_2 + 0.32 r_2) \\
&\cdots \\
h_n &= 0.25\left(\frac{D^2}{d_n} - d_n\right) + 0.43\frac{r_n}{d_n}(d_n + 0.32 r_n)
\end{aligned} \tag{5-19}$$

式中，h_1、h_2、$\cdots$、h_n 为各次拉深工序件高度；d_1、d_2、$\cdots$、d_n 为各次拉深工序件直径；r_1、r_2、$\cdots$、r_n

为各次拉深工序件底部圆角半径；D 为坯料直径。

8. 后续各次拉深的特点

后续各次拉深所用的毛坯与首次拉深时不同，不是平板而是筒形件。因此，它与首次拉深比，有如下许多不同之处。

（1）首次拉深时，平板毛坯的厚度和力学性能都是均匀的，而后续各次拉深时筒形毛坯的壁厚及力学性能都不均匀。

（2）首次拉深时，凸缘变形区是逐渐缩小的，而后续各次拉深时，其变形区保持不变，只是在拉深终了以后才逐渐缩小。

（3）首次拉深时，拉深力的变化是变形抗力增加与变形区减小两个相反的因素互相消长的过程，因而在开始阶段较快的达到最大的拉深力，然后逐渐减小到零。而后续各次拉深变形区保持不变，但材料的硬化及厚度增加都是沿筒的高度方向进行的，所以其拉深力在整个拉深过程中一直都在增加，直到拉深的最后阶段才由最大值下降至零（图5-16）。

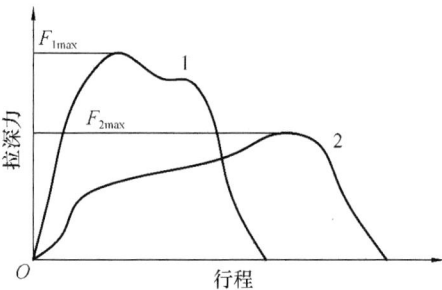

图 5-16　首次拉深与二次拉深的拉深力
1-首次拉深；2-二次拉深

（4）后续各次拉深时的危险断面与首次拉深时一样，都是在凸模的圆角处，但首次拉深的最大拉深力发生在初始阶段，所以破裂也发生在初始阶段，而后续各次拉深的最大拉深力发生在拉深的终了阶段，所以破裂往往发生在结尾阶段。

（5）后续各次拉深变形区的外缘有筒壁的刚性支持，所以稳定性较首次拉深为好。只是在拉深的最后阶段，筒壁边缘进入变形区以后，变形区的外缘失去了刚性支持，这时才易起皱。

（6）后续各次拉深时由于材料已冷作硬化，加上变形复杂（毛坯的筒壁必须经过两次弯曲才被凸模拉入凹模内），所以它的极限拉深系数要比首次拉深大得多，而且通常后一次都大于前一次。

9. 圆筒形零件拉深的压料力和拉深力

1）压料装置与压料力

为了解决拉深过程中的起皱问题，生产实际中的主要方法是在模具结构上采用压料装置。常用的压料装置有刚性压料装置和弹性压料装置两种。是否采用压料装置主要看拉深过程中是否可能发生起皱，实际生产中可按表5-7来判断拉深过程中是否起皱和采用压料装置。

表 5-7　采用/不采用压料装置的判别条件

拉深方法	第一次拉深		以后各次拉深	
	$(t/D) \times 100$	m_1	$(t/D_{n-1}) \times 100$	m
用压料装置	<1.5	<0.6	<1	<0.8
可用可不用	1.5~2.0	0.6	1~1.5	0.8
不用压料装置	>2.0	>0.6	>1.5	>0.8

压料装置产生的压料力 F_Y 大小应适当,F_Y 太小,则防皱效果不好;F_Y 太大,则会增大传力区危险断面上的拉应力,从而引起材料严重变薄甚至拉裂。因此,实际应用中,在保证变形区不起皱的前提下,尽量选用小的压料力。

随着拉深系数的减小,所需压料力是增大的。同时,在拉深过程中,所需压料力也是变化的,一般起皱可能性最大的时刻所需压料力最大。理想的压料力是随起皱可能性变化而变化,但压料装置很难达到这样的要求。

压料力是设计压料装置的重要依据。压料力一般按式(5-20)~式(5-22)计算

任何形状的拉深件

$$F_Y = Ap \tag{5-20}$$

圆筒形件首次拉深

$$F_Y = \frac{\pi}{4}[D^2 - (d_1 + 2r_{A1})^2]p \tag{5-21}$$

圆筒形件以后各次拉深

$$F_Y = \frac{\pi}{4}[d_{i-1}^2 - (d_i + 2r_{Ai})^2]p \quad (i = 2、3、\cdots、n) \tag{5-22}$$

式中,A 为压料圈下坯料的投影面积;p 为单位面积压料力,p 值可查表 5-8;D 为坯料直径;d_1、$\cdots$、d_n 为各次拉深工序件直径;r_{A1}、$\cdots$、r_{Ai} 为各次拉深凹模的圆角半径。

表 5-8　单位面积压边力

材料名称		p/MPa
铝		0.8~1.2
纯铜、硬铝(已退火的)		1.2~1.8
黄铜		1.5~2.0
软钢	$t<0.5\text{mm}$	2.5~3.0
	$t>0.5\text{mm}$	2.0~2.5
镀锡钢板		2.5~3.0
内热钢(软化状态)		2.8~3.5
高合金钢、高锰钢、不锈钢		3.0~4.5

2)拉深力与压力机公称压力

(1)拉深力。

在生产中常用以下经验公式进行计算:

采用压料圈拉深时

首次拉深

$$F = \pi d_1 t \sigma_b K_1 \tag{5-23}$$

以后各次拉深

$$F = \pi d_i t \sigma_b K_2 \quad (i = 2、3、\cdots、n) \tag{5-24}$$

不采用压料圈拉深时

首次拉深

$$F = 1.25\pi(D - d_1)t\sigma_b \tag{5-25}$$

以后各次拉深

$$F = 1.3\pi(d_{i-1} - d_i)t\sigma_b \quad (i = 2、3、\cdots、n) \tag{5-26}$$

式中,F 为拉深力;t 为板料厚度;D 为坯料直径;d_1、$\cdots$、d_n 为各次拉深后的工序件直径;σ_b 为拉深件材料的抗拉强度;K_1、K_2 为修正系数,其值见表 5-9。

表 5-9　修正系数 K_1、K_2

K_1	0.55	0.57	0.60	0.62	0.65	0.67	0.70	0.72	0.75	0.77	0.80	—	—	—
K_1	1.0	0.93	0.86	0.79	0.72	0.66	0.60	0.55	0.5	0.45	0.40	—	—	—
m_1、m_2、$\cdots$、m_n	—	—	—	—	—	—	0.70	0.72	0.75	0.77	0.80	0.85	0.90	0.95
K_2	—	—	—	—	—	—	1.0	0.95	0.90	0.85	0.80	0.70	0.60	0.50

（2）压力机公称压力。

单动压力机,其公称压力应大于工艺总压力。

工艺总压力为

$$F_z = F + F_Y \tag{5-27}$$

式中,F 为拉深力;F_Y 为压料力。

选择压力机公称压力时必须注意,当拉深工作行程较大,尤其落料拉深复合时,应使工艺力曲线位于压力机滑块的许用压力曲线之下。而不能简单地按压力机公称压力大于工艺力的原则去确定压力机规格,否则可能会发生压力机超载而损坏。

浅拉深

$$F_g \geqslant (1.6 \sim 1.8) F_z \tag{5-28}$$

深拉深

$$F_g \geqslant (1.8 \sim 2.0) F_z \tag{5-29}$$

式中,F_g 为压力机公称压力。

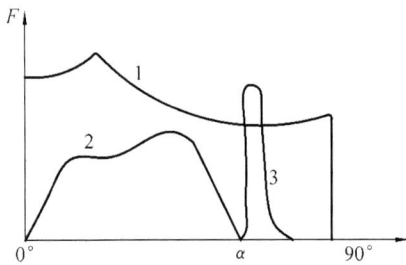

图 5-17　拉深力与压力机的压力曲线
1-压力机的压力曲线;2-拉深力;3-落料力

当拉深行程较大,特别是采用落料、拉深复合模时,不能简单地将落料力与拉深力叠加来选择压力机(因为压力机的公称压力是指在接近下死点时的压力机压力)。因此,应该注意压力机的压力曲线。否则很可能由于过早地出现最大冲压力而使压力机超载损坏(图5-17)。一般可按式(5-30)、式(5-31)作概略计算:

浅拉深时

$$F_z \leqslant (0.7 \sim 0.8) F_g \tag{5-30}$$

深拉深时

$$F_z \leqslant (0.5 \sim 0.6) F_g \tag{5-31}$$

5.1.2　有凸缘圆筒形件的拉深

有凸缘筒形件的拉深变形原理与无凸缘圆筒形件是相同的,但由于带有凸缘,故当拉深进行到凸缘外径等于零件凸缘直径(包括切边量)时,拉深工作就停止,坯料凸缘部分不是全部进入凹模口部,因此,拉深成形过程和工艺计算与无凸缘圆筒形件的差别主要在首次拉深。

1. 有凸缘圆筒形件的拉深变形程度

图 5-18 是凸缘圆筒件及坯料图。$d_f/d = 1.1 \sim 1.4$ 称为窄凸缘圆筒件;$d_f/d \geqslant 1.4$ 称为宽凸缘圆筒件。窄凸缘件拉深时的工艺计算完全按一般圆筒形零件的计算方法,若 h/d 大于一次拉深的许用值时,只在倒数第二道才拉出凸缘或者拉成锥形凸缘,最后校正成水平凸缘,如图 5-19 所示。若 h/d 较小,则第一次可拉成锥形凸缘,后校正成水平凸缘。

本节着重对宽凸缘件的拉深进行分析,主要介绍其与直壁圆筒形件的不同点。

当 $r_p = r_d = r$ 时,宽凸缘件毛坯直径的计算公式为

$$D = \sqrt{d_f^2 + 4dh - 3.44dr} \tag{5-32}$$

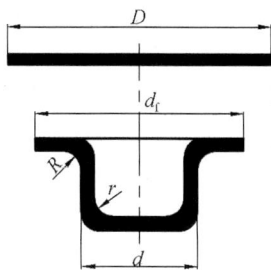

图 5-18　有凸缘圆形件与坯料图

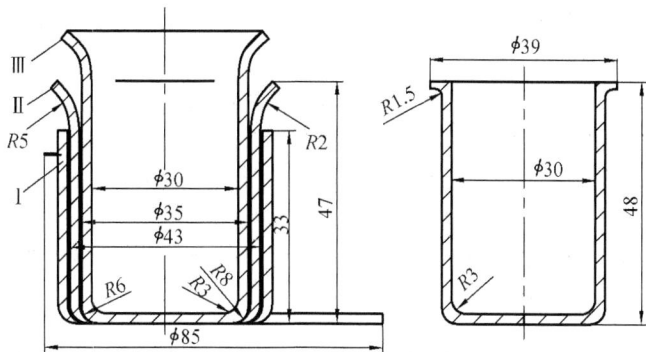

图 5-19　小凸缘件拉深

根据拉深系数的定义,宽凸缘件总的拉深系数仍可表示为

$$m = \frac{d}{D} = \frac{1}{\sqrt{(d_f/d)^2 + 4h/d - 3.44r/d}} \tag{5-33}$$

式中,D 为毛坯直径,mm;d_f 为凸缘直径,mm;d 为筒部直径(中径),mm;r 为底部和凸缘部的圆角半径(当料厚大于 1mm 时,r 值按中线尺寸计算),mm;r_p、r_d 为分别为拉深凸模圆角半径、凹模圆角半径,mm。

由式(5-32)可知,凸缘件拉深系数决定于三个尺寸因素:相对凸缘直径 d_f/d、相对拉深高度 h/d 和相对圆角半径 r/d。其中 d_f/d 的影响最大,而 r/d 的影响最小。

由于宽凸缘拉深时材料并没有被全部拉入凹模,因此同圆形件相比这种拉深具有自己的特点:

(1) 宽凸缘件的拉深变形程度不能用拉深系数的大小来衡量。

对于两个圆筒形零件,只要它们的总拉深系数相同,则表示它们的变形程度就相同,由图 5-20 来分析可以知道这个原则对于宽凸缘件不适用。该图表示用直径为 D 的毛坯拉深直径为 d,高为 h 的圆筒形零件的变形过程,F_b 表示危险断面的强度。设图中的 A、B 两种状态即为所求的宽凸缘零件,两者的高度及凸缘直径不同,但筒部的直径相同,即两者的拉深系数完全相同($m = d/D$)。很明显,B 状态时的变形程度比 A 状态时的要大。因拉深 A 状态时,毛坯外边的切向收缩变形为 $(D - d_{fA})/D$,B 时是 $(D - d_{fB})/D$,而 $d_{fB} < d_{fA}$,所以拉深 B 时有较多的材料被拉入凹模,即 B 状态时的变形程度大于 A 状态。这即说明对于宽凸缘件,不能就拉深系数的大小来判断变形程度的大小。

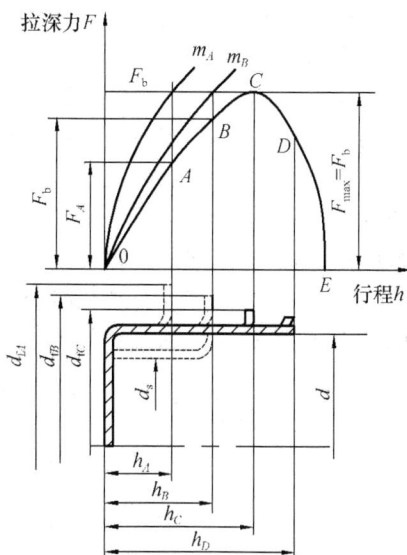

图 5-20　有凸缘圆筒形件的拉深过程

(2) 宽凸缘件的首次极限拉深系数比圆筒件要小。

这点可利用图 5-20 来分析。拉深到 B 瞬时的凸缘件拉深结束时变形力为 F_B。从图中看出,该力比危险断面处的承载能力 F_b 要小,说明材料的塑性未被充分利用,还允许产生更大的塑性变形,因而第一次可采用小于 d 的直径进行拉深,如采用 d_B 拉深凸缘零件,因 $d_B < d$,

这时的极限拉深系数为 $m_B = d_B/D$，小于拉深圆筒件的拉深系数。

（3）宽凸缘件的首次极限拉深系数值与零件的相对凸缘直径 d_f/d 有关。

由式（5-32）可知，d_f/d 越大，则极限拉深系数越小。这点也可从图 5-20 来分析。当用相同直径的毛坯来拉深 d_f/d 大的零件时（如图中的 A 点），在拉深结束时其变形力 F_A 比 B 点还要小，与危险断面处的承载能力相差更多，故可采用比 m_B 还小的拉深系数 m_A 来拉深，即拉深的直径比 B 点的 d_B 还小。

由此可看出，宽凸缘件的首次极限拉深系数不能仅根据 d_f/d 的大小来选用，还应考虑毛坯的相对厚度，如表 5-10 所示。

表 5-10　有凸缘圆筒件的首次拉深系数（适用于 08，10 号钢）

凸缘相对直径 d_f/d	毛坯相对厚度$(t/D) \times 100$				
	>0.06~0.2	>0.2~0.5	>0.5~1	>1~1.5	>1.5
～1.1	0.59	0.57	0.55	0.53	0.50
>1.1~1.3	0.55	0.54	0.53	0.51	0.49
>1.3~1.5	0.52	0.51	0.50	0.49	0.47
>1.5~1.8	0.48	0.48	0.47	0.46	0.45
>1.8~2.0	0.45	0.45	0.44	0.43	0.42
>2.0~2.2	0.42	0.42	0.42	0.41	0.40
>2.2~2.5	0.38	0.38	0.38	0.38	0.37
>2.5~2.8	0.35	0.35	0.34	0.34	0.33
>2.8~3.0	0.33	0.33	0.32	0.32	0.31

由表 5-10 可见，当 $d_f/d < 1.1$ 时，有凸缘筒形件的极限拉深系数与无凸缘圆筒形件的基本相同。随着 d_f/d 的增加，拉深系数减小，到 $d_f/d = 3$ 时，拉深系数为 0.33。这并不意味着拉深变形程度很大，因为此时 $d_f/d = 3$，即 $d_f = 3d$，而根据拉深系数又可得出 $D = d/0.33 = 3d$，二者相比较即可得出 $d_f = D$，说明凸缘直径与毛坯直径相同，毛坯外径不收缩，零件的筒部是靠局部变形而成形，此时已不再是拉深变形了，变形的性质已经发生变化。

当凸缘件总的拉深系数一定，即毛坯直径 D 一定，工件直径 d 一定时，用同一直径的毛坯能够拉出多个具有不同 d_f/d 和 h/d 的零件，但这些零件的 d_f/d 和 h/d 值之间要受总拉深系数的制约，其相互间的关系是一定的。d_f/d 大则 h/d 小，d_f/d 小则 h/d 大。因此也常用 h/d 来表示第一次拉深时的极限变形程度，如表 5-11 所示。如果工件的 d_f/d 和 h/d 都大，则毛坯的变形区就宽，拉深的难度就大，一次不能拉出工件，只有进行多次拉深才行。

表 5-11　有凸缘圆筒件首次拉深的最大相对高度 h/d（适用于 08，10 钢）

拉深系数 m	毛坯相对厚度$(t/D) \times 100$				
	0.2~0.5	1.5~1.0	1.0~0.6	0.6~0.3	0.3~0.15
m_1	0.73	0.75	0.76	0.78	0.80
m_2	0.75	0.78	0.79	0.80	0.82
m_3	0.78	0.80	0.82	0.83	0.84
m_4	0.80	0.82	0.84	0.85	0.86

2. 宽凸缘圆筒形件多次拉深的工艺方法

宽凸缘圆筒形多次拉深的工艺方法通常有如下两种方法。

一种是中小型($d_f < 200$mm)的薄料零件,采用将凸缘尺寸 d_f、圆角半径 r_p 及 r_d 在首次拉深时就一起成形到工件的尺寸,在后续的拉深过程中基本上保持不变,而逐步缩小筒形部分直径和增加其高度达到工件尺寸要求(图 5-21(a))。用这种方法制成的零件,表面质量较差,其直壁和凸缘上保留着圆角弯曲和局部变薄的痕迹,需要在最后增加整形工序。

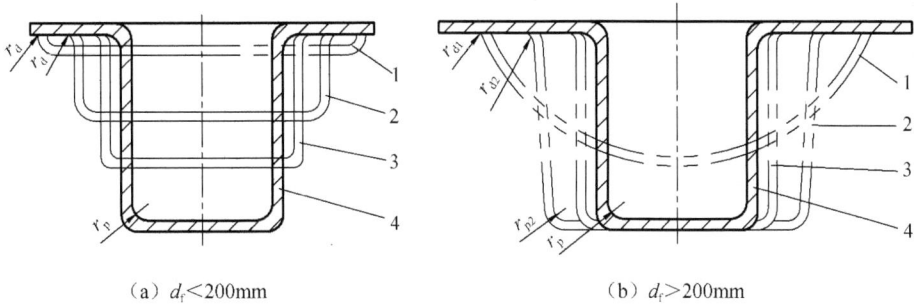

(a) $d_f < 200$mm   (b) $d_f > 200$mm

图 5-21　宽凸缘件的拉深方法

另一种方法常用于较大尺寸零件($d_f > 200$mm)的拉深,零件的高度在第一次拉深就基本形成。在以后各次拉深中,高度保持不变,逐步减少圆角半径 r_d、r_p 和筒形部分直径 d 而达到最终尺寸要求(图 5-21(b))。用这种方法拉深的零件,表面质量较高,厚度均匀,不存在上述的圆角弯曲和局部变薄的痕迹。适用于坯料的相对厚度较大,采用大圆角过渡不易起皱的情况。

3. 宽凸缘圆筒形零件的工艺计算

(1) 毛坯尺寸的计算。毛坯尺寸的计算仍按等面积原理进行,参考无圆凸缘筒形零件毛坯的计算方法计算,毛坯直径的计算及修边余量选取可参考 5.1.1 节"旋转体拉深件毛坯尺寸的确定"。

(2) 判别工件能否一次拉成。只需比较工件实际所需的总拉深系数和 h/d 与凸缘件第一次拉深的极限拉深系数和极限拉深相对高度即可。当 $m_{总} > m_1$,$h/d \leqslant h_1/d_1$ 时,可一次拉成,否则则应进行多次拉深。

凸缘件在多次拉深成形过程中特别需要注意的是:d_f 一经形成,在后续的拉深中就不能变动。因为后续拉深时,d_f 的微量缩小也会使中间圆筒部分的拉应力过大而使危险断面破裂。为此,必须正确计算拉深高度,严格控制凸模进入凹模的深度。除此之外,在设计模具时,通常把第一次拉深时拉入凹模的表面积比实际所需的面积多拉进 3%～5%(有时可增加到10%),即筒形部的深度比实际的要大些。这部分多拉进的材料从第二次开始以后的拉深中逐步分次返回到凸缘上来。这样做既可以防止筒部被拉破,也能补偿计算上的误差和板材在拉深中的厚度变化,还能方便试模时的调整。

(3) 拉深次数和半成品尺寸的计算。凸缘件进行多道拉深时,第一道拉深后得到的半成品尺寸,在保证凸缘直径满足要求的前提下,其筒部直径 d_1 应尽可能小,以减少拉深次数,同时又要能尽量多地将板料拉入凹模。

宽凸缘件的拉深次数仍可用推算法求出。先假定 d_f/d 的值,由相对料厚从表 5-10 中查出第一次拉深系数 m_1,据此求出 d_1,进而求出 h_1,并根据表 5-11 的最大相对高度验算 m_1 的正确性。若验算合格,则以后各次的半成品直径可以按一般圆筒件多次拉深的方法,根据表 5-12 中的拉深系数值进行计算,即第 n 次拉深后的直径为

$$d_n = m_n d_{n-1} \tag{5-34}$$

式中,d_n 为第 n 次拉深系数,可由表 5-12 查得;d_{n-1} 为前次拉深的筒部直径,mm。

当计算到 $d_n \leqslant d$ 时,总的拉深次数 n 就确定了。若验算不合格,则重复上述步骤。

表 5-12 凸缘件后续各次的拉深系数(适用于 08,10 钢)

拉深系数 m	毛坯相对厚度$(t/D) \times 100$				
	2.0~0.5	1.5~1.0	1.0~0.6	0.6~0.3	0.3~0.15
m_1	0.73	0.75	0.76	0.78	0.80
m_2	0.75	0.78	0.79	0.80	0.82
m_3	0.78	0.80	0.82	0.83	0.84
m_4	0.80	0.82	0.84	0.85	0.86

各次拉深后的筒部高度可按式(5-34)计算

$$h_n = \frac{0.25}{d_n}(D_n^2 - d_f^2) + 0.43(r_{pn} + r_{dn}) + \frac{0.14}{d_n}(r_{pn}^2 - r_{dn}^2) \tag{5-35}$$

式中,D_n 为考虑每次多拉入筒部的材料量后求得的假想毛坯直径,mm;d_f 为零件凸缘直径(包括修边量),mm;d_n 为第 n 次拉深后的工件直径,mm;r_{pn} 为第 n 次拉深后侧壁与底部的圆角半径,mm;r_{dn} 为 n 次拉深后凸缘与筒部的圆角半径,mm。

5.1.3 阶梯形圆筒零件的拉深

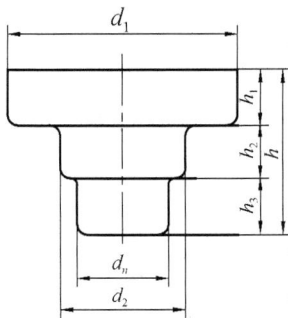

图 5-22 阶梯圆筒形件

阶梯圆筒形零件(图 5-22)从形状来说相当于若干个直壁圆筒形件的组合,因此它的拉深同直壁圆筒形件的拉深基本相似,每一个阶梯的拉深即相当于相应的圆筒形件的拉深。但由于其形状相对复杂,因此拉深工艺的设计与直壁圆筒形件有较大的差别。主要表现在拉深次数的确定和拉深方法上。

1. 拉深次数的确定

判断阶梯形件能否一次拉成,主要根据零件的总高度与其最小阶梯筒部的直径之比(图 5-22),是否小于相应圆筒形件第一次拉深所允许的相对高度,即

$$(h_1 + h_2 + h_3 + \cdots + h_n)/d_n \leqslant h/d_n \tag{5-36}$$

式中,h_1、h_2、h_3、$\cdots$、h_n 为各个阶梯的高度,mm;d_n 为最小阶梯筒部的直径,mm;h 为直径为 d_n 的圆筒形件第一次拉深时可能得到的最大高度,mm;h/d_n 为第一次拉深允许的相对高度,由表 5-11 查出。

若上述条件不能满足,则该阶梯件需要多次拉深实现。

2. 拉深方法的确定

常用的阶梯形件的拉深方法有如下几种:

(1) 若任意两个相邻阶梯的直径比 d_n/d_{n-1} 都大于或等于相应的圆筒形件的极限拉深系数(表 5-4),则先从大的阶梯拉起,每次拉深一个阶梯,逐步拉深到最小的阶梯,如图 5-23 所示。阶梯数也就是拉深次数。

相邻两阶梯直径 d_n/d_{n-1} 之比小于相应的圆筒形件的极限拉深系数,则按带凸缘圆筒形件的拉深进行,先拉小直径 d_n,再拉大直径 d_{n-1},即由小阶梯拉深到大阶梯,如图 5-24 所示。图中 d_2/d_1 小于相应的圆筒形件的极限拉深系数,故先拉 d_2,再用工序 V 拉出 d_1。

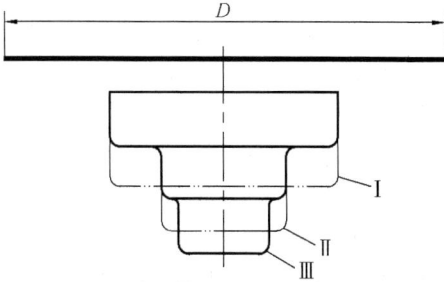

图 5-23 由大阶梯到小阶梯

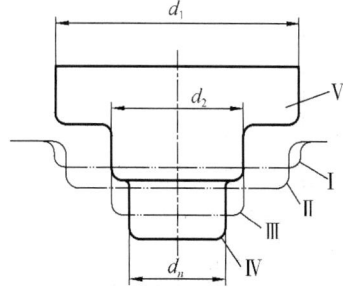

图 5-24 由小直径到大直径图

(2) 若最小阶梯直径 d_n 过小,即 d_n/d_{n-1} 过小,h_n 又不大时,最小阶梯可用胀形方法完成。

(3) 若阶梯形件较浅,且每个阶梯的高度差不大,而相邻阶梯直径相差又较大而不能一次拉出时,可先拉成圆形或带有大圆角的筒形,最后通过整形得到所需零件,如图 5-25 所示。

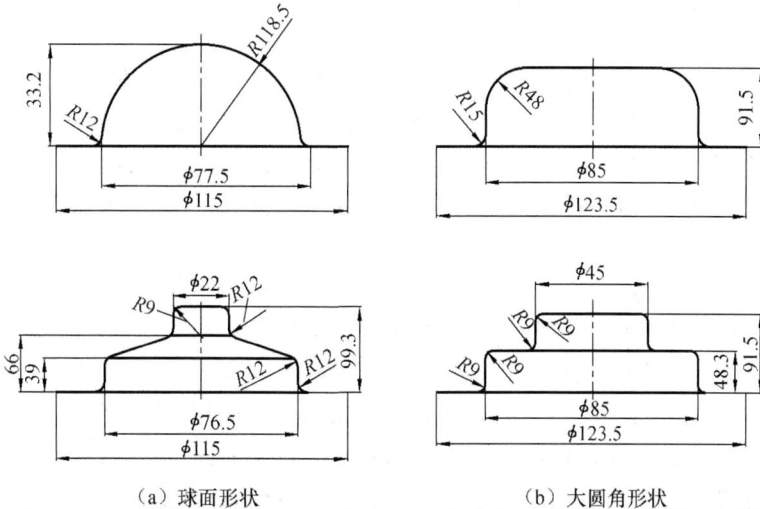

(a) 球面形状

(b) 大圆角形状

图 5-25 浅阶梯形件的拉深方法

5.2 曲面形状零件的拉深

曲面形状(如球面、抛物面及锥面)零件的拉深,复合类冲压成形工序,其变形区的位置、受力情况、变形特点等都与圆筒形件不同。显然,不同曲面形状零件拉深成形的成形极限和成形方法的判断是不同的。

5.2.1 曲面形状零件的拉深特点

在拉深圆筒形件时,毛坯的变形区仅限于压边圈下的环形部分。而拉深球面零件时,为使平面形状的毛坯变成球面零件形状,除了要求毛坯的环形部分产生与圆筒形件拉深时相同的变形,而且还要求毛坯的中间部分也应成为变形区,由平面变成曲面。因此在拉深球面零件时(图5-26),毛坯的凸缘部分与中间部分都是变形区,毛坯凸缘部分的应力状态和变形特点与圆筒形件相同,而中间部分的受力情况和变形情况却比较复杂。在开始阶段,由于单位压力大,其径向和切向拉应力往往会使材料达到屈服条件而导致接触部分的材料严重变薄。但随着接触区域的扩大和拉深力的减少,其变薄量由球形件顶端往外逐渐减弱。其中存在这样一环材料,其变薄量与由于切向压缩变形而增厚的量相等,即此环的材料厚度不变,环形区域以外的材料增厚,环形区域以内的材料减薄。由此可见,可能起皱的区域不仅处在压边圈下面的环形区,而且还包括凸模与材料接触区以外至凹

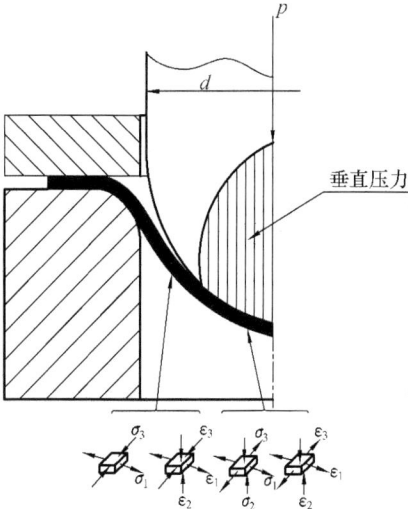

图 5-26 球形件的拉深

模口的中间部分。因此,这类零件的起皱不仅可能在凸缘部分产生,也可能在中间部分产生。

抛物面零件,是母线为抛物线的旋转体空心件,以及母线为其他曲线的旋转体空心件。其拉深时和球面以及锥形零件一样,材料处于悬空状态,极易发生起皱。抛物面零件拉深时和球面零件又有所不同。半球面零件的拉深系数为常数,只需采取一定的工艺措施防止起皱。而抛物面零件等曲面零件,由于母线形状复杂,拉深时变形区的位置、受力情况、变形特点等都随零件形状、尺寸的不同而变化。

锥形零件的拉深与球面零件一样。除具有凸模接触面积小、压力集中、容易引起局部变薄及自由面积大、压边圈作用相对减弱、容易起皱等特点外,还由于零件口部与底部直径差别大,回弹特别严重,因此锥形零件的拉深比球面零件更为困难。

由此可见,其他旋转体零件拉深时,毛坯环形部分和中间部分的外缘具有拉深变形的特点,切向应力为压应力;而毛坯最中间的部分却具有胀形变形的特点,材料厚度变薄,其切向应力为拉应力。这两者之间的分界线即为应力分界圆。所以,球面零件、锥形零件和抛物面零件等其他旋转体零件的拉深是拉深和胀形两种变形方式的复合,其应力、应变既有拉伸类,又有压缩类变形的特征。

这类零件的拉深是比较困难的。为了解决该类零件拉深的起皱问题,在生产中常采用增加压边圈下摩擦力的办法,例如加大凸缘尺寸、增加压边圈下的摩擦系数和增大压边力、采用拉深筋以及采用反拉深的方法等,从而增加径向拉应力和减小切向压应力,如图 5-27 和图 5-28 所示。

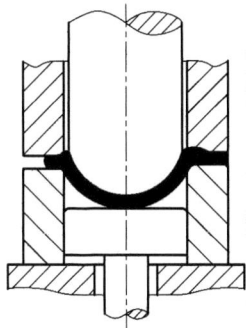

图 5-27 带压料筋的拉深模   图 5-28 反拉深模

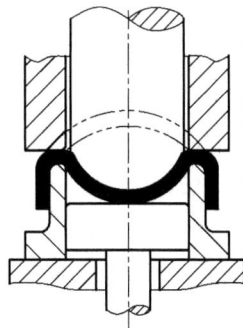

5.2.2 球面零件的拉深方法

球面零件可分为半球形件(图 5-29(a))和非半球形件(图 5-29(b)、(c)、(d))两大类。不论哪一种类型,均不能用拉深系数来衡量拉深成形的难易程度。对于半球形件,根据拉深系数的定义可求出其拉深系数为 $m = 0.707$,是一个与拉深直径无关的常数。所以坯料的相对厚度(t/D)成为决定拉深难易和选定拉深方法的主要依据。

当 $t/D > 3\%$ 时,采用不带压边圈的有底凹模一次拉成;当 $t/D = 0.5\% \sim 3\%$ 时,采用带压边圈的拉深模拉深;当 $t/D < 0.5\%$ 时,采用有拉深肋的凹模或反拉深凹模。

对于带有高度为 $(0.1 \sim 0.2)d$ 的圆筒直边或带有宽度为 $(0.1 \sim 0.15)d$ 的凸缘的非半球面零件(图 5-29(b)、(c)),虽然拉深系数有所降低,但对零件的拉深却有一定的好处。当对半球面零件的表面质量和尺寸精度要求较高时,可先拉成带圆筒直边和带凸缘的非半球面零件,然后在拉深后将直边和凸缘切除。

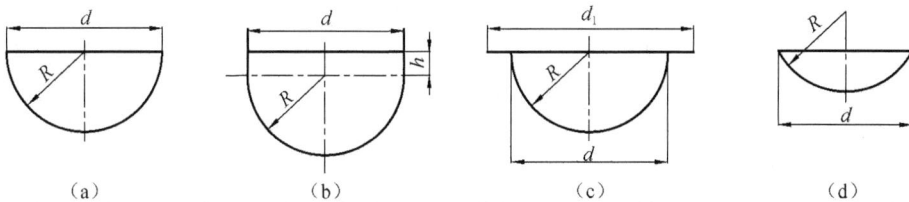

（a）   （b）   （c）   （d）

图 5-29 各种球面零件

高度小于球面半径(浅球面零件)的零件(图 5-29(d)),其拉深工艺按几何形状可分为两类:当毛坯直径 D 较小时,毛坯不易起皱,但成形时毛坯易窜动,而且可能产生一定的回弹,常采用带底拉深模;当毛坯直径 D 较大时,起皱将成为必须解决的问题,常采用强力压边装置或用带拉深筋的模具,拉成有一定宽度凸缘的浅球面零件。这时的变形含有拉深和胀形两种成分。因此零件回弹小,尺寸精度和表面质量均得到提高。当然,加工余料在成形后应切除。

5.2.3 抛物面零件的拉深方法

抛物面零件拉深时的受力及变形特点与球形件一样,但由于曲面部分的高度 h 与口部直径 d 之比大于球形件,故拉深更加困难。

(1) 浅抛物面冲件($h/d < 0.5 \sim 0.6$)。其拉深特点与半球面件相近,因此,拉深方法与半

球面冲件相似。

（2）深抛物面冲件（$h/d>0.5\sim0.6$）。其拉深的难度有所提高。为了使坯料中间部分紧密贴模而又不起皱，通常需采用具有拉深筋的模具以增加径向拉应力。但这一措施往往受到坯料顶部承载能力的限制，所以在这种情况下应该采用多工序逐渐成形的办法，特别是当零件深度大而顶部的圆角半径又小时，更应如此。多工序逐渐成形的主要要点是采用正拉深或反拉深的方法，在逐渐地增加深度的同时减小顶部的圆角半径。为了保证冲件的尺寸精度和表面质量，在最后一道工序里应保证一定的胀形成分。应使最后一道工序所用的中间毛坯的表面积稍小于成品冲件的表面积。对形状复杂的抛物面零件，广泛采用液压成形方法。

5.2.4　锥面零件的拉深方法

锥面零件的拉深成形机理与球面形状零件一样，具有拉深、胀形两种机理。由于锥形冲件各部分的尺寸比例关系不同，其冲压难易程度和应采用的成形方法也有很大差别。锥形件拉深成形极限表现为起皱与破裂，起皱出现在中间悬空部分靠凹模圆角处，破裂是在胀形部分的冲头转角处。

5.3　盒形件的拉深

1. 盒形件拉深变形过程及特点

盒形件是非旋转体零件，与旋转体零件的拉深相比，其拉深变形要复杂得多。盒形件的几何形状是由四个圆角部分和四条直边组成，拉深变形时，圆角部分相当于圆筒形件拉深，而直边部分相当于弯曲变形。但是，由于直边部分和圆角部分是连在一块的整体，因而在变形过程中相互受到牵制，圆角部分的变形与圆筒形件拉深不完全一样，直边变形也有别于简单弯曲，有其特有的变形特点，可通过网格试验进行验证。

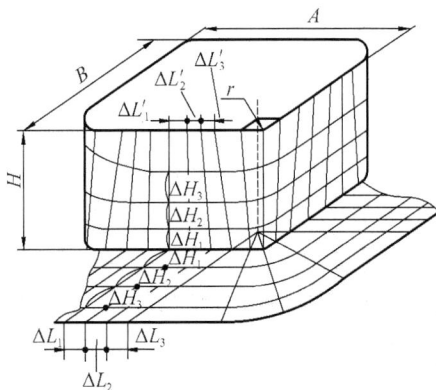

图 5-30　盒形件的拉深变形特点

拉深前，在毛坯的直边部分画出相互垂直的等距平行线网格，在毛坯的圆角部分，画出等角度的径向放射线与等距离的同心圆弧组成的网格。变形前直边处的横向尺寸是等距的，即 $\Delta L_1=\Delta L_2=\Delta L_3$，纵向尺寸也是等距的，拉深后零件表面的网格发生了明显的变化（图 5-30）。这些变化主要表现在：

1）直边部位的变形

直边部位的横向尺寸 ΔL_1、ΔL_2、ΔL_3 变形后成为 $\Delta L_1'$、$\Delta L_2'$、$\Delta L_3'$ 间距逐渐缩小，愈向直边中间部位缩小愈少，即 $\Delta L_3'<\Delta L_2'<\Delta L_1'<\Delta L_1$，纵向尺寸 Δh_1、Δh_2、Δh_3 变形后成为 $\Delta h_1'$、$\Delta h_2'$、$\Delta h_3'$，间距逐渐增大，愈靠近盒形件口部增大愈多，即 $\Delta h_3'>\Delta h_2'>\Delta h_1'>\Delta h_1$。可见，此处的变形不同于纯粹的弯曲。

2）圆角部位的变形

拉深后径向放射线变成上部距离宽，下部距离窄的斜线，而并非与底面垂直的等距平行线。同心圆弧的间距不再相等，而是变大，越向口部越大，且同心圆弧不位于同一水平面内。因此该处的变形不同于纯粹的拉深。

根据网格的变化可知盒形件拉深有以下变形特点。

（1）盒形件拉深的变形性质与圆筒件一样，也是径向伸长，切向缩短。沿径向愈往口部伸长愈多，沿切向圆角部分变形大，直边部分变形小，圆角部分的材料向直边流动。即盒形件的变形是不均匀的。

（2）变形的不均匀导致应力分布不均匀（图 5-31）。在圆角部的中点 σ_1 和 σ_2 最大，向两边逐渐减小，到直边的中点处 σ_1 和 σ_2 最小，故盒形件拉深时破坏首先发生在圆角处。又因圆角部材料在拉深时容许向直边流动，所以盒形件与相应的圆筒件比较，危险断面处受力小，拉深时可采用小的拉深系数也不容起皱。

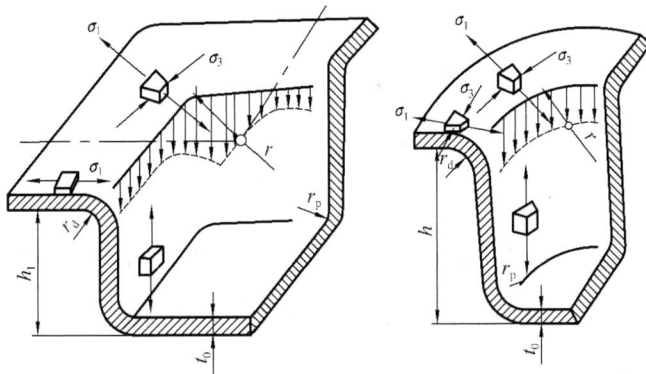

图 5-31　盒形件拉深时的应力分布

（3）盒形件拉深时，由于直边部分和圆角部分实际上是联系在一起的整体，因此两部分的变形相互影响，影响的结果是：直边部分除了产生弯曲变形外，还产生了径向伸长，切向压缩的拉深变形。两部分相互影响的程度随盒形件形状的不同而不同，也就是说随相对圆角半径 r/B 和相对高度 H/B 的不同而不同。r/B 愈小，圆角部分的材料向直边部分流得愈多，直边部分对圆角部分的影响愈大，使得圆角部分的变形与相应圆筒件的差别就大。当 $r/B=0.5$ 时，直边不复存在，盒形件成为圆筒件，盒形件的变形与圆筒件一样。

当相对高度 H/B 大时，圆角部分对直边部分的影响就大，直边部分的变形与简单弯曲的差别就大。因此盒形件毛坯的形状和尺寸必然与 r/B 和 H/B 的值有关。对于不同的 r/B 和 H/B，盒形件毛坯的计算方法和工序计算方法也就不同。

2. 盒形件拉深毛坯的形状与尺寸的确定

毛坯形状和尺寸的确定应根据零件的 r/B 和 H/B 的值来进行，因为这两个因素决定了圆角和直边在拉深时的影响程度。计算的原则仍然是保证毛坯的面积等于加上修边量后的工件面积，并尽可能要满足口部平齐的要求。一次拉深成形的低盒形件与多次拉深成形的高盒形件，计算毛坯的方法是不同的。下面主要介绍这两种零件毛坯的确定方法。

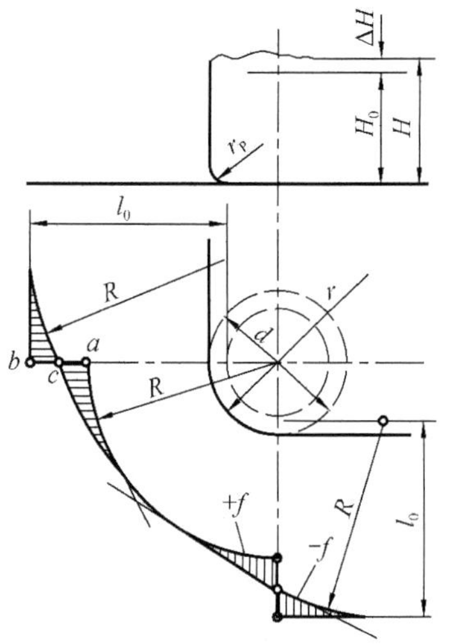

图 5-32　低盒形件毛坯的作图法

1）一次拉深成形的低盒形件（$H \leqslant 0.3B$，B 为盒形件的短边长度）毛坯的计算

低盒形件是指一次可拉深成形，或虽两次拉深，但第二次仅用来整形的零件。这种零件拉深时仅有微量材料从角部转移到直边，即圆角与直边间的相互影响很小，因此可以认为直边部分只是简单的弯曲变形，毛坯按弯曲变形展开计算。圆角部分只发生拉深变形，按圆筒形拉深展开，再用光滑曲线进行修正即得毛坯，如图 5-32 所示。计算步骤如下。

（1）按弯曲计算直边部分的展开长度 l_0。

$$l_0 = H + 0.57r_p \tag{5-37}$$
$$H = H_0 + \Delta H \tag{5-38}$$

式中，H_0 为工件高度，mm；ΔH 为盒形件修边余量（表 5-13）。

表 5-13　盒形件修边余量 ΔH

所需拉深次数	1	2	3	4
修边余量 ΔH	$(0.03 \sim 0.05)H$	$(0.04 \sim 0.06)H$	$(0.05 \sim 0.08)H$	$(0.06 \sim 0.1)H$

（2）把圆角部分看成是直径为 $d = 2r$，高为 H 的圆筒件，则展开的毛坯半径为

$$R = \sqrt{r^2 + 2rH - 0.86r_p(r + 0.16r_p)} \tag{5-39}$$

当 $r = r_p$ 时，则 $R = \sqrt{2rH}$。

（3）通过作图用光滑曲线连接直边和圆角部分，即得毛坯的形状和尺寸。具体作图步骤如下。

① 按式（5-36）～式（5-38）求出直边部分毛坯的展开长度 l_0 和圆角部位的展开长度 R；

② 按 1∶1 比例画出盒形件平面图，并过 r 圆心画水平线 ab，再以 r 圆心为圆心，以 R 为半径画弧，交 ab 于 a 点；

③ 画直边展开线交 ab 于 b 点，展开线距离 r_p 圆心迹线的长度为 l_0；

④ 过线段 ab 的中点 c 作圆弧 R 的切线，再以 R 为半径作圆弧与直边及切线相切。使阴影部分面积 $-f$ 与 $+f$ 基本相等。这样修正后即得毛坯的外形。

2）高盒形件（$H \geqslant 0.5B$）毛坯的计算

毛坯尺寸仍根据工件表面积与毛坯表面积相等的原则计算。当零件为方盒形且高度比较大，需要多道工序拉深时，可采用圆形毛坯，其直径为

$$D = 1.13 \sqrt{B^2 + 4B(H - 0.43r_p) - 1.72(H + 0.5r) - 0.4r_p(0.11r_p - 0.18r)} \tag{5-40}$$

公式中的符号见图 5-33。

对高度和圆角半径都比较大的盒形件（$H/B \geqslant 0.7 \sim 0.8$），拉深时圆角部分有大量材料向直边流动，直边部分拉深变形也大，这时毛坯的形状可做成长圆形或椭圆形，如图 5-34 所示。

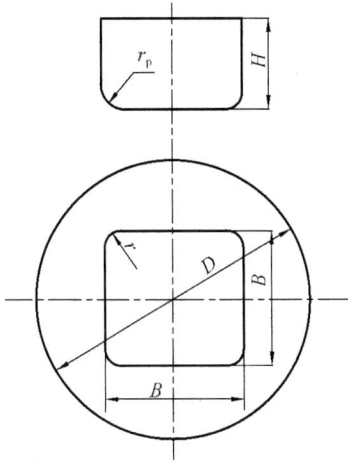

图 5-33　方盒件毛坯的形状与尺寸

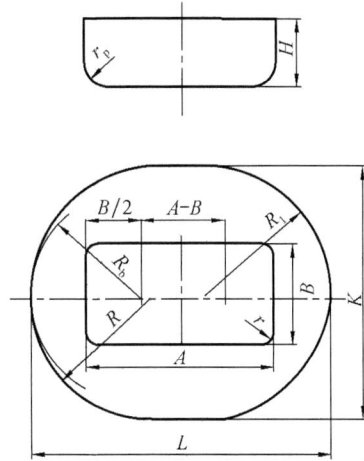

图 5-34　高盒形件的毛坯形状与尺寸

将尺寸为 $A \times B$ 的盒形件,看作由两个宽度为 B 的半方形盒和中间为 $(A-B)$ 的直边部分连接而成,这样,毛坯的形状就是由两个半圆弧和中间两平行边所组成的长圆形,长圆形毛坯的圆弧半径为:$R_b = D/2$。

式中,D 是宽为 B 的方形件的毛坯直径,按式(5-39)计算,圆心距短边的距离为 $B/2$。则长圆形毛坯的长度为

$$L = 2R_b + (A-B) = D + (A-B) \tag{5-41}$$

长圆形毛坯的宽度为

$$K = \frac{D(B-2r) + [B + 2(H - 0.43r_p)](A-B)}{A - 2r} \tag{5-42}$$

然后用 $R = K/2$ 过毛坯长度两端作弧,既与 R_b 弧相切,又与两长边的展开直线相切,则毛坯的外形即为一长圆形。

如 $K \approx L$,则毛坯做成圆形,半径为 $R = 0.5K$。

3. 盒形件拉深的变形程度

由于盒形件初次拉深时圆角部分的受力和变形比直边大,起皱和拉破易在圆角部发生,故盒形件初次拉深时的极限变形量由圆角部传力的强度确定。

拉深时圆角部分的变形程度仍用拉深系数表示:

$$m = d/D$$

式中,d 为与圆角部相应的圆筒体直径,mm;D 为与圆角部相应的圆筒体展开毛坯直径,mm。

当 $r = r_p$ 时,与圆角部相应的圆筒体毛坯直径为

$$D = 2\sqrt{2rH}$$

则

$$m = \frac{d}{D} = \frac{2r}{2\sqrt{2rH}} = 1 \Big/ \sqrt{\frac{2H}{r}} \tag{5-43}$$

式中,r 为工件底部和角部的圆角半径,mm;H 为工件的高,mm。

由式(5-42)可知初次拉深的变形程度可用盒形件相对高度 H/r 来表示,这在使用中比较方便。H/r 愈大,表示变形程度愈大。用平板毛坯一次能拉出的最大相对高度值见表 5-14。若零件的 H/r 小于表 5-14 中的值,则可一次拉成,否则必须采用多道拉深。

表 5-14 盒形件初次拉深的最大相对高度

相对角部圆角半径 r/B	0.4	0.3	0.2	0.1	0.05
相对高度 H/r	2~3	2.8~4	4~6	8~12	10~15

5.4 拉深件的工艺性

5.4.1 拉深件的结构工艺性

(1) 拉深件形状应尽量简单、对称,尽可能一次拉深成形,如图 3-35 所示。

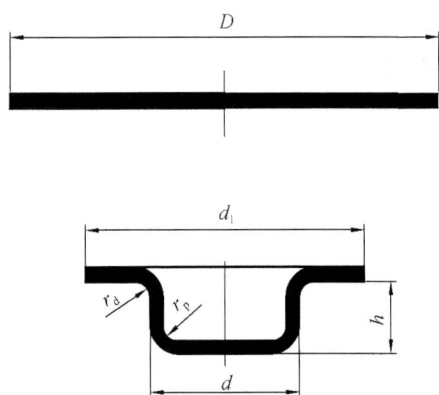

图 5-35 拉深件结构工艺性图

(2) 需多次拉深的零件,在保证必要的表面质量前提下,应允许内、外表面存在拉深过程中可能产生的痕迹。

(3) 在保证装配要求的前提下,应允许拉深件侧壁有一定的斜度。

(4) 拉深件的底或凸缘上的孔边到侧壁的距离应满足:$a \geqslant R + 0.5t$(或 $+0.5t$),如图 5-36(a)所示。

(5) 拉深件的底与壁、凸缘与壁、矩形件四角的圆角半径(图 5-36)应满足:$r_p \geqslant t$,$r_d \geqslant 2t$,$r \geqslant 3t$。否则,应增加整形工序。

(6) 拉深件的尺寸标注,应注明保证外形尺寸,还是内形尺寸,不能同时标注内外形尺寸。带台阶的拉深件,其高度方向的尺寸标注一般应以底部为基准,若以上部为基准,高度尺寸不易保证,如图 5-36(a)、(b)所示。

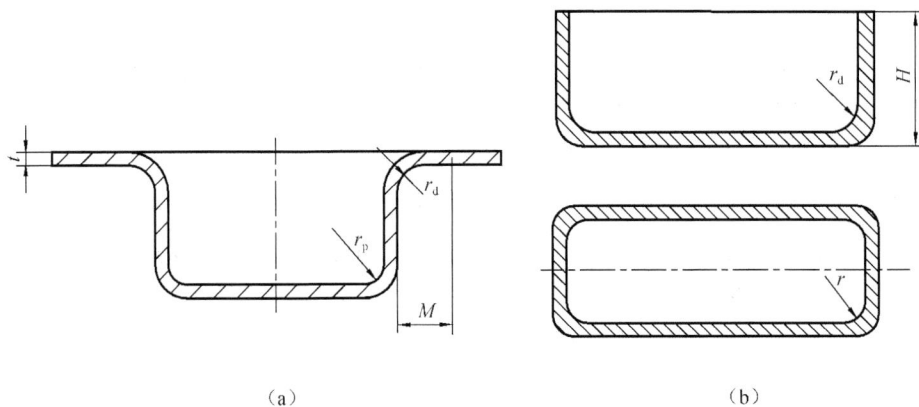

(a)

(b)

图 5-36 带台阶拉深件的尺寸标注

5.4.2 拉深件的公差

一般情况下,拉深件的尺寸精度应在 T13 级以下,不宜高于 IT11 级。

拉深件壁厚公差要求一般不应超出拉深工艺壁厚变化规律。据统计,不变薄拉深,壁的最大增厚量约为 $(0.2\sim0.3)t$;最大变薄量约为 $(0.10\sim0.18)t(t$ 为板料厚度)。

5.4.3 拉深件的材料

用于拉深的材料一般要求具有较好的塑性、低的屈强比、大的板厚方向性系数和小的板平面方向性。

5.4.4 拉深工艺的辅助工序

拉深坯料或工序件的热处理、酸洗和润滑等辅助工序,是为了保证拉深工艺过程的顺利进行,提高拉深零件的尺寸精度和表面质量,提高模具的使用寿命。拉深过程中必要的辅助工序是拉深乃至其他冲压工艺过程不可缺少的工序。

1. 润滑

由于材料与模具接触面上总是有摩擦力存在,冲压过程中产生的摩擦对于板料成形不总是有害的,也有有益的一面。例如圆筒形零件在拉深时(图 5-37),压料圈和凹模与板料间的摩擦力 F_1、凹模圆角与板料的摩擦力 F_2、凹模侧壁与板料间的摩擦力 F_3 等将增大筒壁传力区的拉应力,并且会刮伤模具和零件的表面,因而对拉深成形不利,应尽量减小;而凸模侧壁和圆角与板料之间的摩擦力 F_4 和 F_5 会阻止板料在危险断面处的变薄,因而对拉深成形是有益的,不应减小。

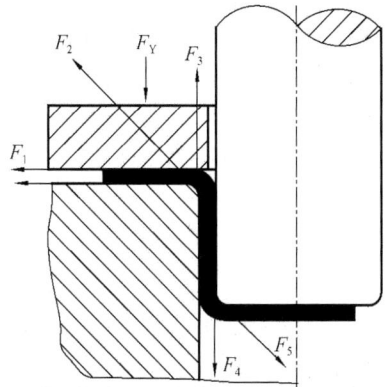

图 5-37 拉深中的摩擦力

在拉深成形中,需要摩擦力小的部位,除模具表面粗糙度应该小外,还必须润滑,以降低摩擦系数,减小拉应力,提高极限变形程度;而摩擦力对拉深成形是有益的部位,可不润滑,模具表面粗糙度不宜很小。

2. 热处理

拉深中由于加工硬化以及塑性变形不均匀的影响,拉深后材料内部还存在残余应力。在多道拉深时,为了恢复冷加工后材料的塑性,应在工序中间安排退火,以软化金属组织。拉深工序后还要安排去应力退火。一般拉深工序间常采用低温退火,其退火温度如表 5-15 所示,如低温退火后的效果不够理想,也可采用高温退火。拉深完后则采用低温退火。

表 5-15 低温退火温度

材料	加热温度	附注
08、10、15、20 钢	600~650	空气中冷却
紫铜 T_2、T_2	400~600	空气中冷却

材料	加热温度	附注
黄铜 H62、H68	500～540	空气中冷却
镁合金 MB1、MB8	260～350	保温 60Min
工业钝钛	650～700	空气中冷却
钛合金 TA5	550～600	空气中冷却
铝 L、LF、LF21	220～250	保温 40～45min

退火使生产周期延长,成本增加,应尽可能避免。表 5-16 为不需热处理的材料和拉深次数。

表 5-16　不需热处理的材料和拉深次数

材料	次数	材料	次数	材料	次数
08 钢、10 钢、15 钢	3～4	黄铜 H68	2～4	镁合金	1
铝	4～5	不锈钢	1～2	钛合金	1

3. 酸洗

退火后工件表面必然有氧化皮和其他污物,在继续加工时会增加模具的磨损,因此必须要酸洗,否则使拉深不能正常进行。有时酸洗也在拉深前的毛坯准备工作中进行。酸洗前工件应用苏打水去油,一般是将工件置于加热的稀酸液中浸蚀,接着在冷水中漂洗,后在弱碱溶液中将残留于冲件上的酸中和,最后在 60～80℃水中洗涤并经烘干即可。关于酸洗溶液的配方和工艺可查阅相关设计手册。

5.5　拉深模的典型结构

拉深模结构相对较简单。根据拉深顺序可分为首次拉深模和以后各次拉深模;根据工序组合可分为单工序拉深模、复合工序拉深模和连续工序拉深模。

拉深模按其工序顺序可分为首次拉深模和后续各工序拉深模,区别在于压边圈的结构和定位方式上不同;根据拉深模使用的压力机类型不同,拉深模可分为单动压力机用拉深模、双动压力机用拉深模及三动压力机用拉深模,区别在于压边装置的不同(弹性压边和刚性压边);按工序的组合来分可分为单工序拉深模、复合模和级进式拉深模;根据压料情况可分为有压边装置和无压边装置拉深模。下面将介绍几种常见的拉深模典型结构。

5.5.1　首次拉深模

1. 无压边装置的首次拉深模

这种模具结构简单,上模往往是整体的,如图 5-38 所示。当凸模 3 直径过小时,则还应加上模座,以增加

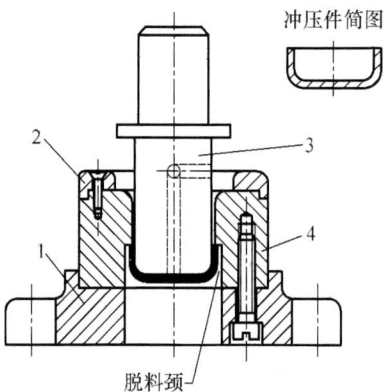

图 5-38　无压边装置的首次拉深模
1-下模板;2-定位板;3-拉深凸模;4-拉深凹模

上模部分与压力机滑块的接触面积,下模部分有定位板1、下模座 2 与凹模 4。为使工件在拉深后不致紧贴在凸模上难以取下,在拉深凸模 3 上应有直径 $\phi 3$mm 以上的小通气孔。拉深后,冲压件靠凹模下部的脱料颈刮下。这种模具适用于拉深材料厚度较大($t > 2$mm)及深度较小的零件。

2. 有压边装置的首次拉深模

这是最广泛采用的首次拉深模结构形式(图 5-39),压边力由弹性元件的压缩产生。这种装置可装在上模部分(即为上压边),也可装在下模部分(即为下压边)。上压边的特征是弹性元件尺寸大小受到上模空间位置限制,压边力小,故主要用在压边力不大的场合。相反,下压边由于弹性元件装在压力机工作台面的孔中,空间较大,允许弹性元件有较大的压缩行程,可拉深深度较大、需要压边力较大的拉深件。

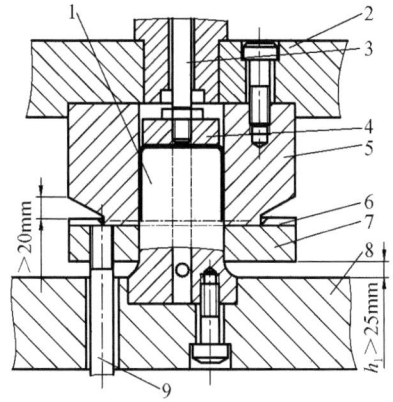

图 5-39　有压边装置首次拉深模
1-凸模;2-上模座;3-打料杆;
4-推件块;5-凹模;6-定位板;7-压边圈;
8-下模座;9-卸料螺钉

3. 落料首次拉深复合模

图 5-40 所示为一副典型的正装落料拉深复合模。上模部分装有凸凹模 3(落料凸模、拉深凹模),下模部分装有落料凹模 7 与拉深凸模 8。为保证冲压时先落料再拉深,拉深凸模 8 低于落料凹模 7 一个料厚以上。件 2 为弹性压边圈,弹顶器安装在下模座下。

4. 双动压力机上使用的首次拉深模

双动压力机上使用的首次拉深模如图 5-41所示,双动压力机有内外两个滑块,凸模 2 与拉深滑块(内滑块)相连接,而上模座(上模座上装有压边圈 3)与压边滑块(外滑块)相连。拉深时压边滑块首先带动压边圈压住毛坯,然后拉深滑块带动拉深凸模下行进行拉深。此模具因装有刚性压边装置,所以模具结构显得很简单,制造周期也短,成本也低,但压力机设备投资较高。

5.5.2　以后各次拉深模

在以后各次拉深中,因毛坯已不是平板形状,而是已经成形的半成品,所以应充分考虑毛坯在模具上的定位。

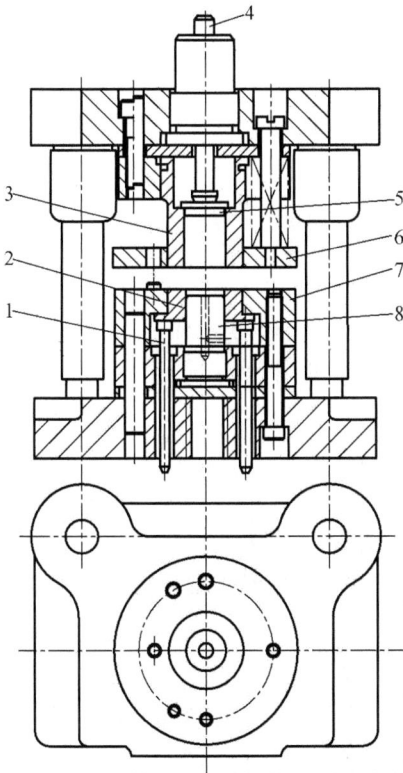

图 5-40　落料拉深复合模
1-顶杆;2-压边圈;3-凸凹模;4-推杆;5-推件板;
6-卸料板;7-落料凹模;8-拉深凸模

无压边装置的以后各次拉深模因没有压边圈,故不能进行严格的多次拉深,用于直径变化较小的拉深或整形的拉深;图 5-42 所示为有压边装置的以后各次拉深模,这是一般最常见的结构形式。拉深前,毛坯套在压边圈 4 上,压边圈的形状必须与上一次拉出的半成品相适应。拉深后,压边圈将冲压件从凸模 3 上托出,推件板 1 将冲压件从凹模中推出。

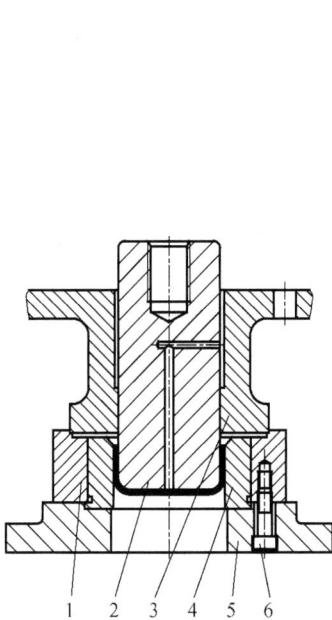

工序件简图

前次拉深

本次拉深

图 5-41 双动压力机上使用的首次拉深模
1-固定板;2-拉深凸模;3-刚性压边圈;
4-拉深凹模;5-下模板;6-螺钉

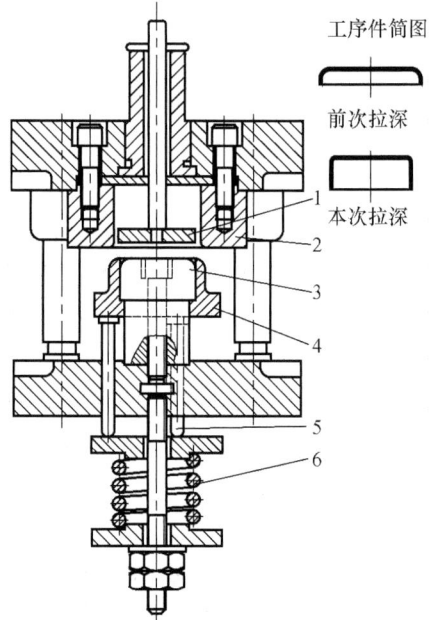

图 5-42 有压边装置的以后各次拉深模
1-推件板;2-凹模;3-凸模;
4-压边圈;5-顶杆;6-弹簧

图 5-43 所示为一副后次拉深、冲孔、切边复合模。为了有利于本次拉深变形,减小本次拉深时的弯曲阻力,在本次拉深前的毛坯底部角上已拉出有 45°的斜角。本次拉深模的压边圈与毛坯的内形完全吻合。模具在开启状态时,压边圈 1 与拉深凸模 8 在同一水平位置。冲压前,将毛坯套在压边圈上,随着上模的下行,先进行再次拉深,为了防止压边圈将毛坯压得过紧,该模具采用了带限位螺栓的结构,使压边圈与拉深凹模之间保持一定距离。到行程快终了时,其上部对冲压件底部完成压凹与冲孔,而其下部也同时完成了切边。切边的工作原理如图 5-44所示。在拉深凸模下面固定有带锋利刃口的切边凸模,而拉深凹模则同时起切边凹模的作用。

拉深间隙与切边时的冲裁间隙的尺寸关系如图 5-44 所示。图 5-44(a)为带锥形口的拉深凹模,图 5-44(b)为带圆角的拉深凹模。由于切边凹模没有锋利的刃口,所以切下的废料拖有较大的毛刺,断面质量较差,也有将这种切边方法称为挤边。用这种方法对筒形件切边,由于其结构简单,使用方便,并可采用复合模的结构与拉深同时进行,所以使用十分广泛。对筒形件进行切边还可以采用垂直于筒形件轴线方向的水平切边,但其模具结构较为复杂。

为了便于制造与修磨,拉深凸模、切边凸模、冲孔凸模和拉深、切边凹模均采用镶拼结构。

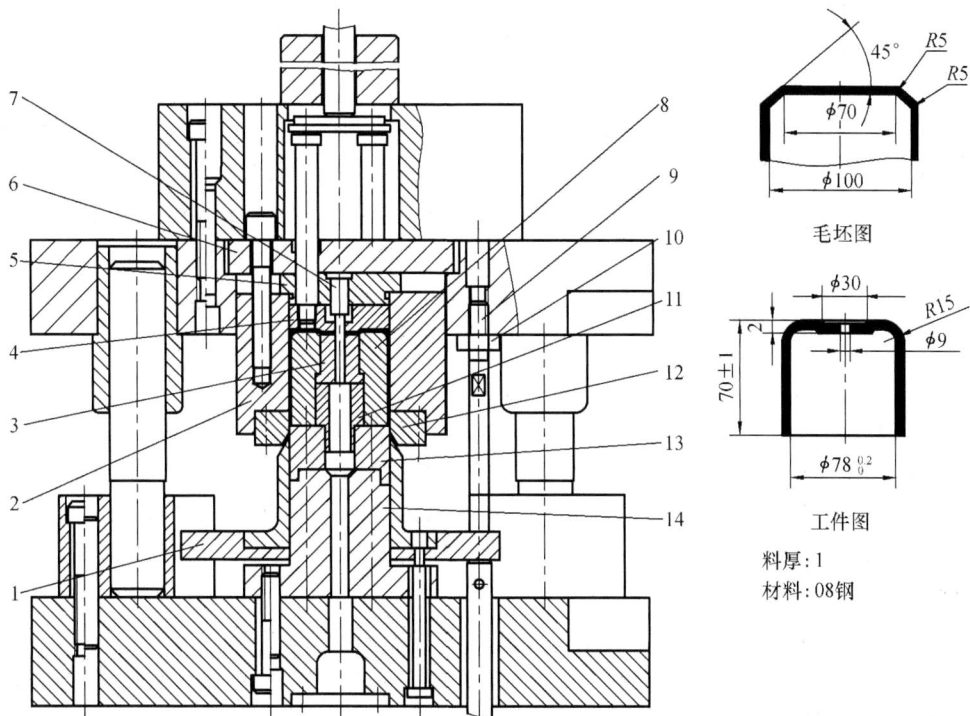

图 5-43　再次拉深、冲孔、切边复合模

1-压边圈；2-凹模固定板；3-冲孔凹模；4-推件板；5-凸模固定板；6-垫板；7-冲孔凸模；8-拉深凸模；9-限位螺栓；
10-螺母；11-垫柱；12-拉深切边凹模；13-切边凸模；14-固定块

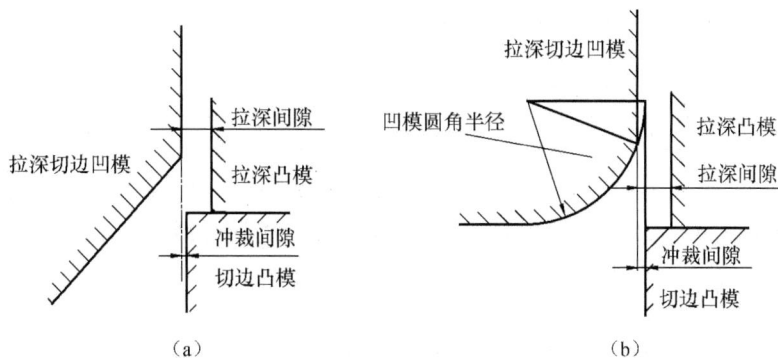

图 5-44　筒形件的切边原理

5.6　拉深模工作零件的设计

拉深模工作部分的尺寸指的是凹模圆角半径 r_d，凸模圆角半径 r_p，凸、凹模的间隙 Z，凸模直径 D_p，凹模直径 D_d 等，如图 5-45 所示。

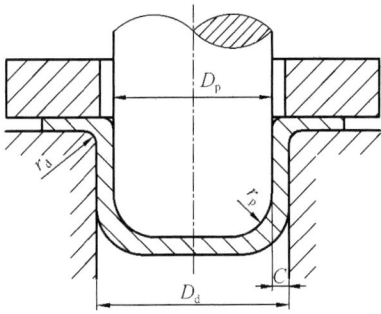

图 5-45 拉深模工作部分的尺寸

5.6.1 凹模圆角半径

拉深时,材料在经过凹模圆角时不仅因为发生弯曲变形需要克服弯曲阻力,还要克服因相对流动引起的摩擦阻力,此处圆角半径大小对拉深过程的影响主要有以下几方面:

(1) 拉深力的大小。当 r_d 过小时材料流过凹模需承受较大的弯曲变形阻力,此时凹模圆角对板料施加的厚向压力加大,引起摩擦力增加;当弯曲后的材料被拉入凸、凹模间隙进行校直时,又会使反向弯曲的校直力增加,从而使筒壁内总的拉深力增加,变薄严重,甚至拉裂。

(2) 拉深件的质量。当 r_d 过小时,坯料在滑过凹模圆角时容易被刮伤,结果使工件的表面质量受损。而当 r_d 太大时,拉深初期毛坯与模具非接触表面的宽度加大(图 5-46),由于这部分材料不受压边力的作用,因而易起皱。在拉深后期毛坯外边缘也会因过早脱离压边圈的作用而起皱,使拉深件质量不好,在侧壁下部和口部形成皱褶。尤其当毛坯的相对厚度小时,这个现象更严重。

(3) 拉深模的寿命。当 r_d 过小时,材料对凹模的压力增加,摩擦力增大,磨损加剧,使模具的寿命降低。所以 r_d 的值既不能太大也不能太小。在生产上一般在保证工件质量的前提下尽量取大值,通常可按经验公式计算

$$r_d = 0.8 \sqrt{(D-d)t} \qquad (5\text{-}44)$$

式中,D 为毛坯直径或上道工序拉深件直径,mm;d 为本道拉深后的直径,mm。

首次拉深的 r_d 可按表 5-17 选取。

表 5-17 首次拉深的凹模圆角半径 r_d

r_d	t/mm				
	2.0~1.5	1.5~1.0	1.0~0.6	0.6~0.3	0.3~0.1
无凸缘拉深	$(4\sim7)t$	$(5\sim8)t$	$(6\sim9)t$	$(7\sim10)t$	$(8\sim13)t$
有凸缘拉深	$(6\sim10)t$	$(8\sim13)t$	$(10\sim16)t$	$(12\sim18)t$	$(15\sim22)t$

后续各次拉深时 r_d 应逐步减小,其值可按关系式 $r_{dn} = (0.6\sim0.8)r_{d(n-1)}$ 确定,但应大于或等于 $2t$。若其值小于 $2t$,一般很难拉出,只能靠拉深后整形得到所需零件。

5.6.2 凸模圆角半径

凸模圆角半径对拉深工序的影响没有凹模圆角半径大,但其值也必须合适。r_p 太小,拉深初期毛坯在 r_p 处弯曲变形大,危险断面受拉力增大,工件易产生局部变薄或拉裂。而且多工序拉深时,由于后继工序的压边圈圆角半径应等于前道工序的凸模圆角半径,所以当 r_p 过小时,在以后的拉深工序中毛坯沿压边圈滑动的阻力会增大,对拉深过程是不利的。因而,凸模圆角半径不能太小。若凸模圆角半径 r_p 过大,会使 r_p 处材料在拉深初期不与凸模表面接触,易产生底部变薄和内皱,如图 5-46 所示。

一般首次拉深时凸模的圆角半径为

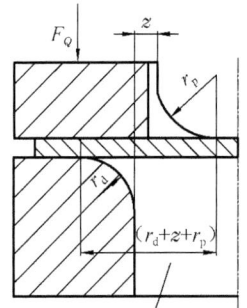

不受压边力作用区

图 5-46 拉深初期毛坯
与凸模、凹模的位置关系

$$r_p = (0.7 \sim 1.0)r_d$$

以后各次 r_p 可取为各次拉深中直径减小量的一半,即

$$r_{p(n-1)} = \frac{d_{n-1} - d_n - 2t}{2} \tag{5-45}$$

式中,$r_{p(n-1)}$ 为本道拉深的凸模圆角半径,mm;d_{n-1} 为本道拉深直径,mm;d_n 为下道拉深的工件直径,mm。

最后一次拉深时 r_{pn} 应等于零件的内圆角半径值,即

$$r_{pn} = r_{零件}$$

但 r_{pn} 不得小于料厚。如必须获得较小的圆角半径时,最后一次拉深时仍取 $r_{pn} > r_{零件}$,拉深结束后再增加一道整形工序,以得到 $r_{零件}$。

5.6.3 凸模和凹模的间隙

拉深模间隙是指单面间隙。间隙的大小对拉深力、拉深件的质量、拉深模的寿命都有影响。若 Z 值太小,凸缘区变厚的材料通过间隙时,校直与变形的阻力增加,与模具表面间的摩擦、磨损严重,使拉深力增加,零件变薄严重,甚至拉破,模具寿命降低。间隙小时得到的零件侧壁平直而光滑,质量较好,精度较高。间隙过大时,对毛坯的校直和挤压作用减小,拉深力降低,模具的寿命提高,但零件的质量变差,冲出的零件侧壁不直。

因此拉深模的间隙值也应合适,确定 Z 时要考虑压边状况、拉深次数和工件精度等。其原则是:既要考虑板料本身的公差,又要考虑板料的增厚现象,间隙一般都比毛坯厚度略大一些。采用压边拉深时其值可按式(5-46)计算

$$Z = t_{max} + \mu t \tag{5-46}$$

式中,μ 为考虑材料变厚,为减少摩擦而增大间隙的系数,可查表 5-18;t 为材料的名义厚度;t_{max} 为材料的最大厚度,其值为 $t_{max} = 1 + \delta$,其中 δ 为材料的正偏差。不用压边圈拉深时,考虑到起皱的可能性取间隙值为 $Z = (1 \sim 1.1)t_{max}$,其中较小的数值用于末次拉深或精密拉深件,较大的值用于中间拉深或精度要求不高的拉深件。

表 5-18 增大间隙的系数 μ

拉深工序数		材料厚度 t/mm		
		0.5~2	2~4	4~6
1	第一次	0.2/0.1	0.1/0.08	0.1/0.06
2	第一次	0.3	0.25	0.2
	第二次	0.1	0.1	0.1
3	第一次	0.5	0.4	0.35
	第二次	0.3	0.25	0.2
	第三次	0.1/0.08	0.1/0.06	0.1/0.05
4	第一、二次	0.5	0.4	0.35
	第三次	0.3	0.25	0.2
	第四次	0.1/0	0.1/0	0.1/0
5	第一、二次	0.5	0.4	0.35
	第三次	0.5	0.4	0.35
	第四次	0.3	0.25	0.2
	第五次	0.1/0.08	0.1/0.06	0.1/0.05

在用压边圈拉深时,间隙数值也可以按表 5-19 取值。

表 5-19　有压边时的单边间隙 Z

总拉深次数	拉深工序	单边间隙
1	第一次拉深	$(1\sim1.1)t$
2	第一次拉深	$1.1t$
	第二次拉深	$(1\sim1.05)t$
3	第一次拉深	$1.2t$
	第二次拉深	$1.1t$
	第三次拉深	$(1\sim1.05)t$
4	第一、二次拉深	$1.2t$
	第三次拉深	$1.1t$
	第四次拉深	$(1\sim1.05)t$
5	第一、二、三次拉深	$1.2t$
	第四次拉深	$1.1t$
	第五次拉深	$(1\sim1.05)t$

注:(1) t 为材料厚度,取材料允许偏差的中间值。
　　(2) 当拉深精密工件时,对最末一次拉深间隙取 $Z=t$。

对精度要求高的零件,为了使拉深后回弹小,表面光洁,常采用负间隙拉深,其间隙值为 $Z=(0.9\sim0.95)t$,Z 处于材料的名义厚度和最小厚度之间。采用较小间隙时拉深力比一般情况要增大 20%,故这时拉深系数应加大。当拉深相对高度 $H/d<0.15$ 的工件时,为了克服回弹应采用负间隙。

5.6.4　凸模、凹模的尺寸及公差

工件的尺寸精度由末次拉深的凸、凹模的尺寸及公差决定,因此除最后一道拉深模的尺寸公差需要考虑外,首次及中间各道次的模具尺寸公差和拉深半成品的尺寸公差没有必要作严格限制,这时模具的尺寸只要取等于毛坯的过渡尺寸即可。若以凹模为基准时,凹模尺寸为

$$D_d = D^{+\delta_d} \tag{5-47}$$

凸模尺寸为

$$D_p = (D-2Z)_{-\delta_0} \tag{5-48}$$

对于最后一道拉深工序,拉深凹模及凸模的尺寸和公差应按零件的要求来确定。

当工件的外形尺寸及公差有要求时(图 5-47(a)),以凹模为基准。先确定凹模尺寸,因凹模尺寸在拉深中随磨损的增加而逐渐变大,故凹模尺寸开始时应取小些。其值为

$$D_d = (D-0.75\Delta)^{+\delta_d} \tag{5-49}$$

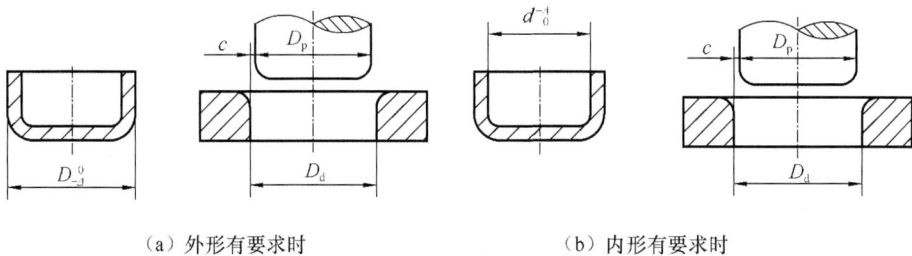

(a) 外形有要求时　　　　　　　(b) 内形有要求时

图 5-47　拉深零件尺寸与模具尺寸

凸模尺寸为

$$D_p = (D - 0.75\Delta - 2Z)_{-\delta_p} \tag{5-50}$$

当工件的内形尺寸及公差有要求时(图 5-47(b)),以凸模为基准,先定凸模尺寸。考虑到凸模基本不磨损,以及工件的回弹情况,凸模的开始尺寸不要取得过大。其值为

$$D_p = (d + 0.4\Delta)_{-\delta_p} \tag{5-51}$$

凹模尺寸为

$$D_d = (d + 0.4\Delta + 2Z)^{+\delta_d} \tag{5-52}$$

凸、凹模的制造公差 δ_p 和 δ_d 可根据工件的公差来选定。工件公差为 IT13 级以上时,δ_p 和 δ_d 可按 IT6～8 级取,工件公差在 IT14 级以下时,δ_p 和 δ_d 按 IT10 级取。

5.6.5 凸、凹模的结构形式

拉深凸模与凹模的结构形式取决于工件的形状、尺寸以及拉深方法、拉深次数等工艺要求,不同的结构形式对拉深的变形情况、变形程度的大小及产品的质量均有不同的影响。

当毛坯的相对厚度较大,不易起皱,不需用压边圈压边时,应采用锥形凹模。这种模具在拉深的初期就使毛坯呈曲面形状,因而较平端面拉深凹模具有更大的抗失稳能力,故可以采用更小的拉深系数进行拉深。

当毛坯的相对厚度较小,必须采用压边圈进行多次拉深时,应该采用图 5-48 所示的模具结构。图 5-48(a)中凸、凹模具有圆角结构,用于拉深直径 $d \leqslant 100\text{mm}$ 的拉深件。图 5-48(b)中凸、凹模具有斜角结构,用于拉深直径 $d \geqslant 100\text{mm}$ 的拉深件。

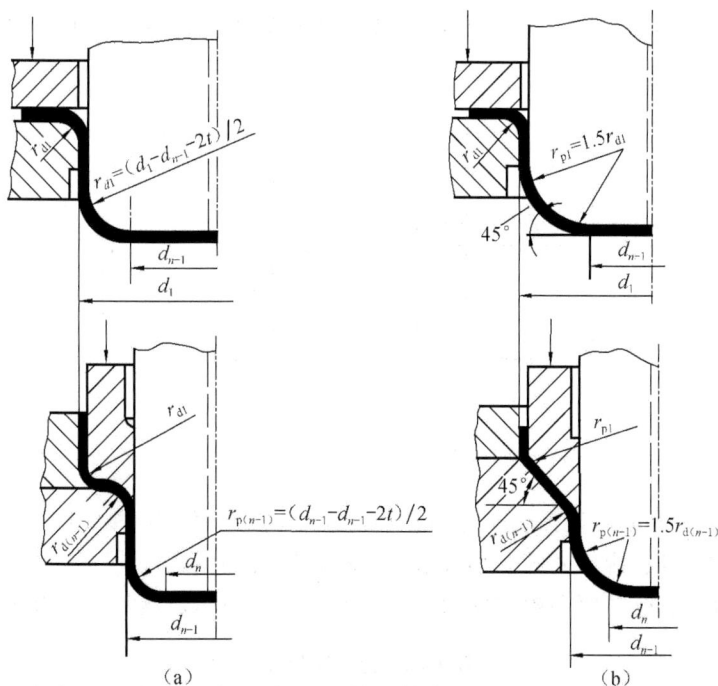

图 5-48 拉深模工作部分的结构

采用这种有斜角的凸模和凹模,除具有改善金属的流动,减少变形抗力,材料不易变薄等

一般锥形凹模的特点外,还可减轻毛坯反复弯曲变形的程度,提高零件侧壁的质量,使毛坯在下次工序中容易定位。不论采用哪种结构,均需注意前后两道工序的冲模在形状和尺寸上的协调,使前道工序得到的半成品形状有利于后道工序的成形。比如压边圈的形状和尺寸应与前道工序凸模的相应部分相同,拉深凹模的锥面角度 α 也要与前道工序凸模的斜角一致,前道工序凸模的锥顶径 d_1 应比后续工序凸模的直径 d_2 小,以避免毛坯在 A 部可能产生不必要的反复弯曲,使工件筒壁的质量变差等(图 5-49)。

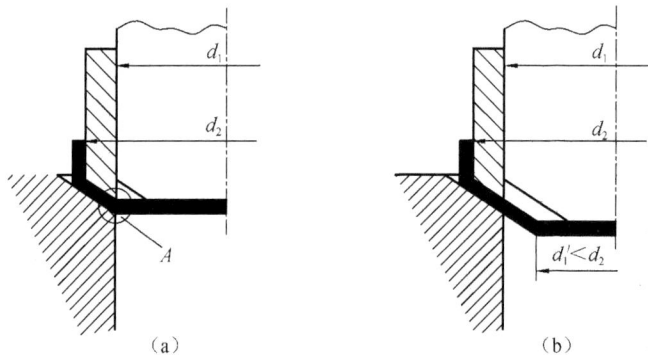

图 5-49　斜角尺寸的确定

为了使最后一道拉深后零件的底部平整,如果是圆角结构的冲模,其最后一次拉深凸模圆角半径的圆心应与倒数第二道拉深凸模圆角半径的圆心位于同一条中心线上。如果是斜角的冲模结构,则倒数第二道工序($n-1$ 道)凸模底部的斜线应与最后一道的凸模圆角半径相切,如图 5-50 所示。

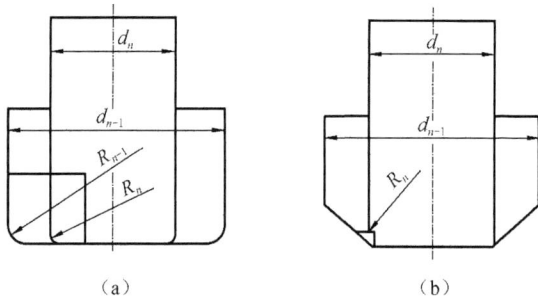

图 5-50　最后拉深中毛坯底部尺寸的变化

凸模与凹模的锥角 α 对拉深有一定的影响。α 大对拉深变形有利,但 α 过大时相对厚度小的材料可能要引起皱纹,因而 α 的大小可根据材料的厚度确定。

为了便于取出工件,拉深凸模应钻通气孔,如图 5-48 所示。其尺寸可查表 5-20。

表 5-20　通气孔尺寸　　　　　　　　　　　　　　　　　（单位:mm）

凸模直径	<50	>50~100	>100~200	>200
出气孔直径 d	5	6.5	8	9.5

讨论与思考

1. 什么是拉深？拉深如何进行分类？

2. 为什么有些拉深件要用两次、三次或多次拉深成形？

3. 圆筒形件拉深各变形区域的应力、应变状态怎样？

4. 圆筒形拉深的本质是什么？主要破坏形式是什么？

5. 圆筒形拉深件起皱的原因是什么？影响起皱的因素有哪些？控制起皱的措施有哪些？

6. 为什么圆筒形拉深制件的筒底外圆角处容易破裂？影响破裂的因素有哪些？

7. 压边圈的压边力理想状态的变化规律是什么？

8. 拉深系数和极限拉深系数是什么？影响极限拉深系数的因素是什么？

9. 拉深件毛坯尺寸确定的原则是什么？

10. 为什么有时采用反拉深？反拉深的特点是什么？

11. 怎样计算拉深模的拉深力及压边力？

12. 双动拉深模的结构特点是什么？

13. 落料拉深复合模为何要设计成先落料后拉深？

第6章 局部成形工艺与模具设计

6.1 概　　述

冲压成形工艺除了冲裁、弯曲和拉深等成形以外，还有如胀形、翻边、缩口、旋压和校形等，这类成形方法统称为其他冲压成形工序。应用这些工序可以加工许多复杂零件，还可以与冲裁、弯曲和拉深等配合，制造强度高、刚性好形状复杂的零件。

其他成形工艺根据变形特点分为以下几类：

(1) 拉长成形。包括圆孔翻边、内凹外缘翻边、起伏、胀形、扩口等。

(2) 压缩成形。包括外凸外缘翻边、缩口等。

(3) 拉压成型。包括变薄翻边、旋压等。

其他冲压成形工序的共同特点是通过材料的局部变形来改变坯料或工序件的形状，但变形特点差异较大，所以在制定成形工艺和设计模具时，一定要根据不同的成形特点，合理地应用这些成形工艺。

6.2 胀　　形

胀形，就是在模具的作用下，迫使毛坯局部厚度减薄和表面积增大，以获取零件形状和尺寸的冲压成形方法。

胀形的种类很多，通常有如下的分类：从材料形状看，有平板材料起伏胀形和圆柱形空心材料胀形；从所使用的模具上看，有刚性模胀形、半刚性模胀形及软模胀形；从材料所处的状态看，有常规室温状态、加热胀形等；从成形方式看，有整体同时成形，也有局部渐进成形。从胀形所使用的能源看，有普遍能源胀形和高能胀形。

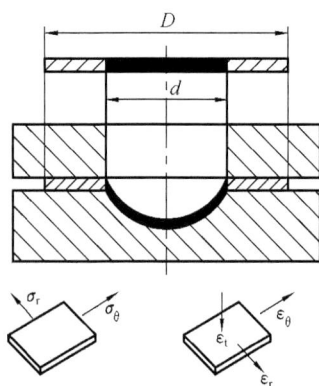

图 6-1　胀形变形区

6.2.1 胀形成形特点

图 6-1 是球头凸模胀形平板毛坯的示意图，图中涂黑部分表示坯料的变形区。平板毛坯 D，在模具的作用下，使板料发生了塑性变形。也就是：当坯料外径与成形直径的比值 $D/d > 3$ 时，d 与 D 之间环形部分金属发生切向收缩所必需的径向拉应力很大，属于变形的强区，以致环形部分金属根本不可能向凹模内流动。其成形完全依赖于直径为 d 的圆周以内金属厚度的变薄实现表面积的增大而成形。

胀形有多种工序形式，如起伏、圆管胀形、扩口等，变形的共同特点是：

(1) 胀形时，材料的塑性变形局限于变形区范围内，变形区外的材料不向变形区内转移。

（2）由于胀形时坯料处于双向受拉的应力状态,厚度方向处于收缩的应变状态。整个变形属于拉深变形。

（3）变形区的材料不会产生失稳起皱现象,因此成形后零件的表面光滑,质量好,不易发生形状回弹。

6.2.2　胀形的种类

1.平板坯料的起伏成形

起伏成形俗称局部胀形,这类成形工艺的主要目的是提高零件的刚性和强度,也可以做表面装饰或标记,常见的有压制加强筋、凸包、凹坑、花纹图案及标记等。图 6-2 是一些胀形的制件。

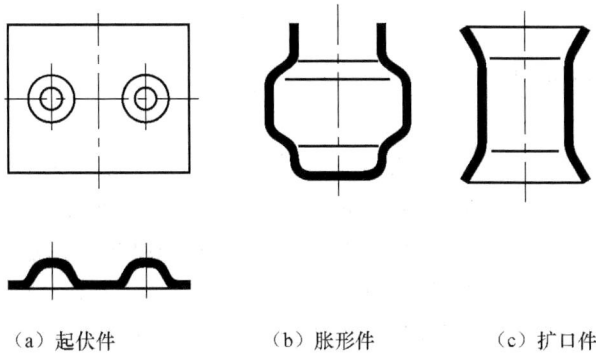

（a）起伏件　　　　　（b）胀形件　　　　　（c）扩口件

图 6-2　各种胀形制件

1）压加强筋

加强筋的形式和尺寸可参考表 6-1。当在坯料边缘局部胀形时由于边缘材料要收缩,因此应预先留出切边余量,成形再切除。

表 6-1　加强筋的形式与尺寸

名称	简图	R	H	D 或 B	r	α
压筋		$(3\sim4)t$	$(2\sim3)t$	$(7\sim10)t$	$(1\sim2)t$	—
压凸		—	$(1.5\sim2)t$	$\geqslant3h$	$(0.5\sim1.5)t$	$15°\sim30°$

对于比较简单的起伏成形零件,则可以按式(6-1)近似地确定其极限变形程度

$$\varepsilon = \frac{l-l_0}{l_0} < (0.7-0.75)[\delta] \tag{6-1}$$

式中,l 为起伏后的材料长度;l_0 为起伏前的材料长度;δ 为材料的延伸率;ε 为局部胀形许用断面变形程度。

起伏成形的极限变形程度,主要受到材料的塑性、凸模的几何形状、模具结构、胀形的方法以及润滑等因素的影响。系数 0.7～0.75 视局部成形的形状而定,梯形筋取小值,弧形筋取大值。如果断面变形程度 $\varepsilon > 0.75[\delta]$ 则说明不能一次成形,应采用多道工序。图 6-3 所示可采用两种方法。第一种方法是在第一道工序中用较大的球形凸模胀形,扩大变形区,然后成行为所需形状尺寸。第二种方法当成形部位有孔时,可先冲一个较小的孔,使得成形时中心部位的材料在凸模的作用下,向外扩张,这样可以缓解材料的局部变薄情况,解决成形深度超过极限变形程度的问题,并可减少成形工序次数,但预留孔的孔径应较零件的孔径小。

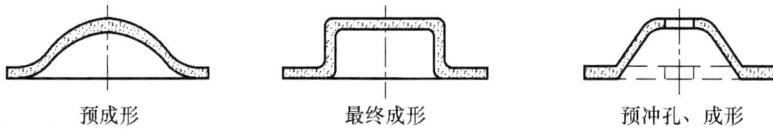

预成形　　　　　　最终成形　　　　　预冲孔、成形

图 6-3　深度较大的局部胀形法

　　一般来说,起伏成形的冲压力可按照式(6-2)计算

$$F = Lt\sigma_b K \tag{6-2}$$

图 6-4　压凸包

式中,K 为系数,与筋的宽度及深度有关,在 0.7～1,筋窄而深时取大值,筋软而浅时取小值;L 为加强筋的周长,mm;F 为胀形力,N;t 为板料厚度,mm;σ_b 为材料抗拉强度,MPa。

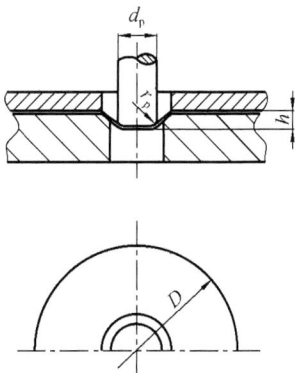

　　起伏成形常用来压制加强筋,起伏成形的筋和边缘的距离如果小于 $(3\sim5)t$,在成形过程中边缘材料要向内收缩,影响工件质量,在制定工艺规程时,必须注意这点。

　　2) 压凸包

　　如图 6-4 所示,当毛坯直径和凸模直径的比值小于 4,成形时毛坯凸缘将会收缩,属于拉深成形,若大于 4,则毛坯凸缘不容易收缩,则属于胀形。冲压凸包时,凸包高度受到材料性能参数、模具几何形状及润滑条件的影响,一般不能太大,其数值见表 6-2。

表 6-2　平板局部冲压凸包的成形极限

简图	材料	许用成形高度 $h_{\max}/d$
	软钢	≤0.15～0.2
	铝	≤0.1～0.15
	黄铜	≤0.15～0.22

2. 空心坯料的胀形

　　空心坯料的胀形俗称凸肚,它是使材料沿径向拉伸,将空心工序件或管状坯料向外扩张,胀形所需的凸起曲面,如壶嘴、皮带轮、波纹管等。

　　1) 几种主要胀形方法

　　在实际生产中,通常采用的胀形方法主要有刚性模具胀形和软模胀形两种。图 6-5 为刚性模具胀形,为了获得零件所要要求的形状,可采用分瓣式凸模结构。当胀形程度小,精度要求低时,采用较小的模瓣,反之采用较多的模瓣。一般情况下模瓣数目不少于六瓣。分瓣凸模的数目越多,工件的精度越好。这种胀形方法的缺点是很难得到精度较高的正确旋转体,变形的均匀程度差,模具结构复杂。

图 6-6 是柔性模胀形,其原理是利用橡胶(或聚氨酯)、液体、气体或钢丸等代替刚性凸模。软模胀形时材料的变形比较均匀,容易保证零件的精度,便于成形复杂的空心零件,所以在生产中广泛采用。图 6-6(a)是橡皮胀形,图 6-6(b)是液压胀形的一种,胀形前要先在预先拉深成的工序件内灌注液体,上模下行时侧楔使分块凹模合拢,然后在凸模的压力下将工序件胀形成所需的零件。由于工序件经过多次拉深工序,伴随有冷作硬化现象,故在胀形前应该进行退火,以恢复金属的塑性。

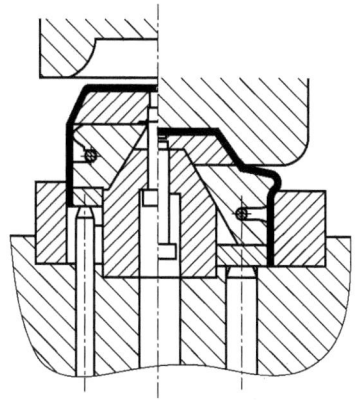

图 6-5 用刚性凸模的胀形

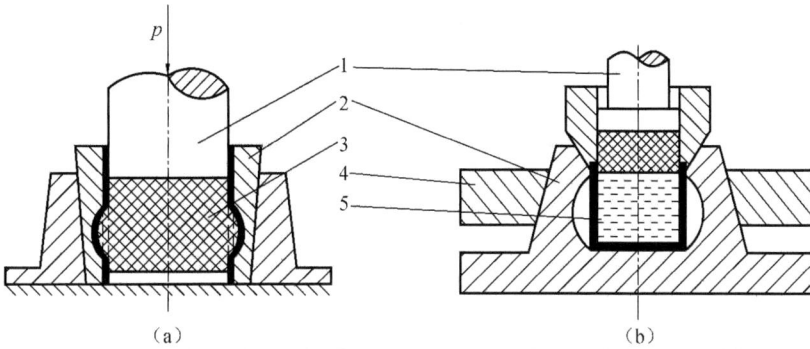

图 6-6 用软凸模的胀形
1-凸模;2-分块凹模;3-橡胶;4-侧楔;5-液体

图 6-7 是采用轴向压缩和高压液体联合作用的胀形方法。首先将管坯置于下模,然后将上模压下,再使两端的轴头压紧管坯端部,继而由轴头中心孔通入高压液体,在高压液体和轴向压缩力的共同作用下胀形而获得所需的零件。用这种方法加工高压管接头、自行车的管接头和其他零件效果很好。

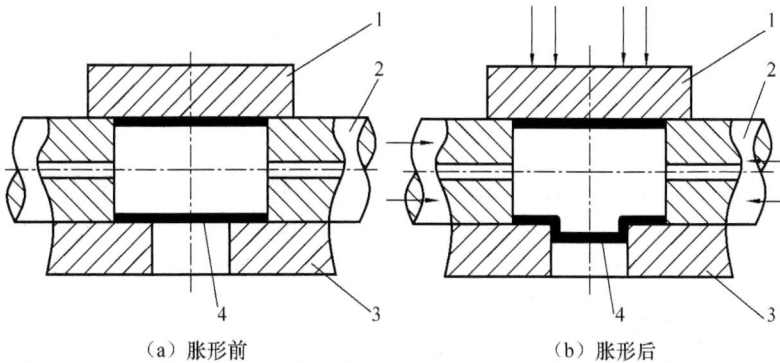

(a)胀形前   (b)胀形后

图 6-7 加轴向压缩的液体胀形
1-上模;2-轴头;3-下模;4-管坯

2）胀形的变形程度

空心坯料胀形的变形主要依靠材料的切向拉伸，所以在胀形工艺中，主要问题是防止胀裂。胀形的变形程度受材料的极限延长率限制，常用胀形系数 K 表示空心毛坯的变形程度，如图 6-8 所示。

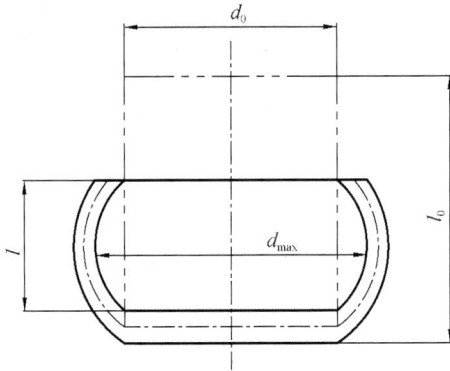

图 6-8 胀形前后尺寸的变化

$$K = \frac{d_{max}}{d_0} \qquad (6-3)$$

式中，d_{max} 为胀形后零件的最大直径；d_0 为坯料的原始直径。

胀形系数和坯料伸长率的关系为

$$\delta = \frac{d_{max} - d_0}{d_0} = K - 1 \qquad (6-4)$$

或 $\qquad K = 1 + \delta$

由式（6-4）可知，只要知道材料的伸长率便可以按式（6-4）求出相应的极限胀形系数。表 6-3 和表 6-4 是一些材料的胀形系数，可供参考。

表 6-3 胀形系数 K 的近似数值

材料	坯料相对厚度 $t/d_0 \times 100$			
	0.45～0.35		0.32～0.28	
	未退火	退火	未退火	退火
10 号钢	1.10	1.20	1.05	1.15
铝	1.20	1.25	1.15	1.20

表 6-4 铝管坯料的试验极限变形系数

胀形方法	极限胀形系数
用橡皮的简单胀形	1.2～1.25
用橡皮并对毛坯轴向加压的胀形	1.6～1.7
局部加热到 200～250℃ 的胀形	2.0～2.1
加热到 380℃ 用锥形的端部胀形	3.0

3）胀形的坯料尺寸计算（图 6-8）

坯料直径 D

$$D = \frac{d_{max}}{K} \qquad (6-5)$$

$$L = l[1 + (0.3 \sim 0.4)\delta] + b \qquad (6-6)$$

式中，L 为坯料长度；l 为变形区母线长度；δ 为坯料切向拉深的伸长率；b 为切边余量，一般取 $b = 10 \sim 20mm$。系数 $0.3 \sim 0.4$ 是考虑到切向伸长会引起高度缩减所加的余量。

4）胀形力的计算

胀形时，其胀形力可按照式（6-7）计算

$$F = Ap \qquad (6-7)$$

式中，P 为胀形单位压力；A 为胀形面积。

胀形单位压力 P 可以用式（6-8）计算

$$P = 1.15\sigma_z \frac{2t}{D} \tag{6-8}$$

式中，σ_z 为胀形变形区真实应力，(材料的抗拉强度 MPa)；D 为胀形最大直径，mm；t 为材料原始厚度，mm。

6.3 翻　　边

翻边是在模具的作用下，将坯料的孔边缘或外边缘冲制成竖立边的成形方法。翻边主要用于制出与其他零件的装配部位，或是为了提高零件的刚度而加工出特定的形状。利用这种方法可以加工形状较复杂且具有良好刚度和合理空间形状的立体零件。所以在冲压生产中应用较广，尤其在汽车、大型机器等领域应用更为普遍。

根据坯料的边缘状态和应力、应变状态的不同，翻边可以分为内孔翻边和外缘翻边，也可分为伸长类翻边和压缩类翻边。内孔翻边按照竖边壁厚的变化情况，分为不变薄翻边和变薄翻边。外缘翻边分为外曲翻边和内曲翻边。

6.3.1　圆孔翻边

圆孔翻边(图 6-9)是把预先加工在平面上的圆孔或拉深毛坯底部预冲的圆孔翻起扩大，成为具有一定高度的直壁孔部的冲压加工方法。圆孔翻边能制出螺纹底孔，增加拉延件高度，用以代替先拉延后切底的工艺，还能压制连接零件的空心铆钉。

图 6-9　圆孔翻边

1. 圆孔翻边的变形特点与变形程度

在圆孔翻边过程中，毛坯变形区切向伸长，越靠近孔口处伸长量越大；高度方向无明显变化，略有增高，厚度方向发生减薄，越靠近孔口处其减薄量越大。由此表明材料的切向拉延为主要变形，其材料的转移主要由厚度的变薄来补偿。圆孔翻边毛坯变形区的应力应变状况如图 6-10 所示。在翻孔前毛坯孔的直径是 d_0，翻孔变形区是内径为 d_0，外径为 D_1 的环形部分，在翻孔过程中，变形区在凸模的作用下使其内径不断扩大，直到翻孔结束后，内径等于凸模的直径。在圆孔翻孔时，毛坯变形区内的应力与应变的分布如图 6-11 所示。其切向变形在变形区内孔边缘位置上具有最大值 $\varepsilon_{\theta max} = \ln \dfrac{d}{d_0}$，而且切向变形随变形过程的进展而不断增大，在翻孔结束时，切向变形达到最大值，即 $\varepsilon_{\theta max} = \ln \dfrac{d_1}{d_0}$。

由图 6-11 可见，圆孔翻孔时毛坯变形区受两向拉应力作用，即切向拉应力 σ_θ 和径向拉应力 σ_r 的作用，其中切向拉应力是最大主应力。在翻孔变形区内边缘上毛坯处于单向拉应力状态，仅受切向拉应力作用，而径向拉应力为零。在翻孔过程中毛坯变形区的厚度逐渐减薄，翻孔后所得到的竖边在边缘部位上厚度最小，其值可按下式计算

$$t = t_0 \sqrt{\frac{d_0}{d_1}}$$

式中，t_0 为毛坯的厚度；t 为翻孔后竖边边缘板料厚度；d_0 为翻孔前的直径；d_1 为翻孔后的竖边直径。

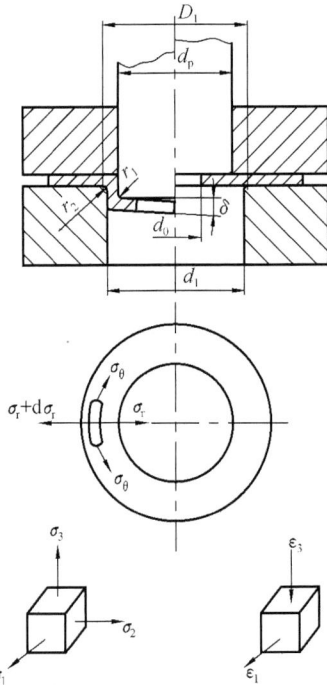

图 6-10　圆孔翻边时的应力与应变

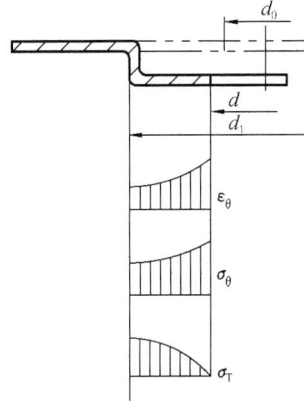

图 6-11　圆孔翻边时的应力与应变分布

2. 圆孔翻边系数

如果孔口处的拉延量超过了材料的允许范围,就会破裂,因而必须控制翻边的变形程度,该变形程度是用翻边系数 m 来表示,即翻边前孔径 d_0 与翻边后孔径 D 之比。

$$m = d_0 / D \tag{6-9}$$

m 值越小,变形程度就越大,反之变形程度就越小。工艺上必须记得翻边系数大余或等于材料所允许的极限翻边系数。表 6-5 所列的是低碳钢圆孔翻边的极限翻边系数。对于其他材料,按其塑性情况,可参考表列数值适当增减。

从表 6-5 中的数值可以看出,影响极限翻边系数的因素很多,除材料塑性外,还有翻边凸模的形式、孔的加工方法及预制的孔径与板料厚度的比值(体现工序件相对厚度的影响)。

表 6-5　低碳钢圆孔的极限翻边系数 K

凸模形式	孔的加工方法	比值 d_0/D									
		100	35	20	15	10	8	6.5	5	3	1
球形	钻孔,去毛刺,冲孔	0.70	0.60	0.52	0.40	0.36	0.33	0.31	0.30	0.25	0.20
		0.75	0.85	0.57	0.48	0.45	0.44	0.43	0.42	0.42	—
圆柱形平底	钻孔,去毛刺,冲孔	0.80	0.70	0.60	0.50	0.45	0.42	0.40	0.37	0.35	0.30	0.25
		0.85	0.75	0.65	0.60	0.55	0.52	0.50	0.50	0.48	0.47	—

3. 翻边的工艺计算

1) 预冲孔直径 d_0

对于翻边材料主要是切向拉伸变形,厚度变薄,而径向变形不大。因此在进行工艺计算时,可以根据弯曲件中性层长度不变的原则,近似根据零件的尺寸 D,计算出预冲孔直径 d_0 并核算其翻边高度 h,这种方法误差不大。现分别就平板毛皮翻边和拉伸毛坯翻边两种情况进行讨论。当平板毛坯上翻边时,如图 6-12 所示,其预冲孔直径 d_0 计算如下

$$\frac{D_1 - d_0}{2} = \frac{\pi}{2}\left(r + \frac{t}{2}\right) + h$$

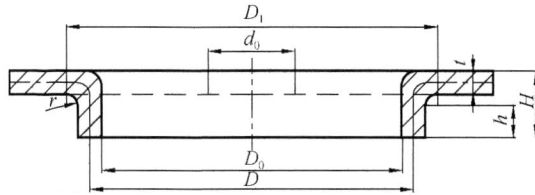

图 6-12 平板毛坯翻边

将 $D_1 = D + 2r + t$ 及 $h = H - r - t$ 代入上式,得到

$$d_0 = D - \left[\pi\left(r + \frac{t}{2}\right) + 2h\right] = D - 2(H - 0.43r - 0.72t) \qquad (6\text{-}10)$$

式中,D 为翻边孔中径;H 为翻边高度;r 为翻边圆角半径;t 为板料厚度。

2）翻边高度 h

由式 6-10 得

$$H = \frac{D - d_0}{2} + 0.43r + 0.72t$$

即

$$H = \frac{D}{2}\left(1 - \frac{d_0}{D}\right) + 0.43r + 0.72t = \frac{D}{2}(1 - m) + 0.43r + 0.72t \qquad (6\text{-}11)$$

由式(6-11)可知,在极限翻边系数 $m_{\min}$ 时的许可最大翻边高度 $H_{\max}$ 为

$$H_{\max} = \frac{D}{2}(1 - m_{\min}) + 0.43r + 0.72t \qquad (6\text{-}12)$$

在实际变形中,变形区内切向拉应力引起的变形,使翻边高度减小,而径向拉应力引起的变形,使翻边高度增大,翻边时的变形程度、模具和板料性能等因素都可能使翻边高度变化,但在一般情况下,切向拉应力的作用比较显著。所以所得的实际翻边高度略小于按弯曲变形展开计算所得的翻边高度值。由于这种差值很小,故一般计算可以不加考虑,或按式中结果修正。当零件高度 $H > H_{\max}$ 时就难于一次直接翻边成形,这种情况下就可以先拉深,然后在拉伸件底部预冲孔,最后进行翻边(图 6-13)。这时,应先决定翻边所能达到的最大高度,然后根据翻边高度来确定拉深高度。由图可知

$$h = \frac{D - d_0}{2} - \left(r + \frac{t}{2}\right) + \frac{\pi}{2}\left(r + \frac{r}{2}\right) \approx \frac{D}{2}\left(1 - \frac{d_0}{D}\right) + 0.57\left(r + \frac{t}{2}\right) \qquad (6\text{-}13)$$

将 $m_{\min}$ 带入,得

$$h_{\max} = \frac{D}{2}(1 - m_{\min}) + 0.57\left(r + \frac{t}{2}\right) \qquad (6\text{-}14)$$

此时,预冲孔直径 d 应为

$$d = m_{\min}D = D + 1.14\left(r + \frac{t}{2}\right) - 2h_{\max} \qquad (6\text{-}15)$$

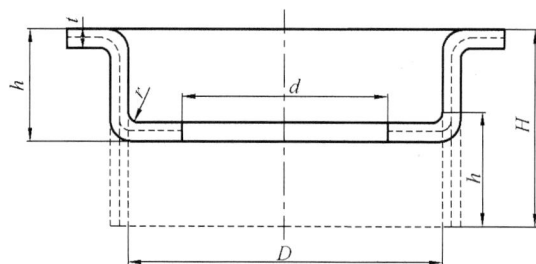

图 6-13 预拉延高度

所以拉深高度

$$h_1 = H - h_{\max} + r + t \qquad (6\text{-}16)$$

式中，H 为制件的高度，其他符号含义同前。

一般情况下，根据零件图的翻边后直径 D(按厚度中心线的直径计算)，零件高度 H、零件圆角 r 和板厚 t，可求得翻边前拉深高度 h_1，预冲孔孔径 d 和翻边高度 h。一次翻边难于成形的制件，也可以分几次翻边，但应在工序之间进行退火且每次所用翻边因数应较上次的达 $15\% \sim 20\%$。

3) 翻边力的计算

翻边力一般不大，用普通圆柱形凸模翻边时所需压力，可按下面近似公式计算

$$P = 1.1\pi(D - d)t\sigma_s \qquad (6\text{-}17)$$

式中，D 为翻边后直径(按厚度中心限制经计算)，mm；d 为翻边预冲孔直径，mm；t 为板料厚度，mm；σ_s 为板料屈服极限，MPa。

如采用球形、锥形或抛物线形凸模时，式(6-17)计算出的翻边力可降低 $20\% \sim 30\%$，无预制孔的翻边力要比有预制孔的大 $1.33 \sim 1.75$ 倍。

4) 翻边间隙和凸凹模尺寸

由于翻边时壁部厚度有所变薄，因此翻边单边间隙 Z 一般小于材料原有的厚度。翻边的单边间隙见表 6-6。

表 6-6　翻边的单边间隙　　　　　　　　　　　　　　　(单位：mm)

简图	在平板上翻边	在拉延件上翻边
材料厚度	间隙值 Z	
0.3	0.25	
0.5	0.45	
0.7	0.6	
0.8	0.7	0.6
1.0	0.85	0.75
1.2	1.0	0.9
1.5	1.3	1.1
2.0	1.7	1.5
2.5	2.2	2.1

一般圆孔翻边的单向间隙 $Z=(0.75\sim0.85)t$，这样使直壁稍为变薄，以保证竖边直立，在平板件上可取较大些，而拉延件上则取较小些。对于具有小圆角半径的高竖边翻边，$Z=0.65t$ 左右，以便模具对材料具有一定的挤压，从而保证直壁部分的尺寸精度。当 Z 增大到$(4\%\sim5\%)t$ 时，翻边立刻明显降低 $30\%\sim35\%$，所翻出的制件圆角半径大，相对其竖边高度较小，尺寸精度低。

当翻边的内孔有尺寸精度要求时，主要取决于凸模尺寸及精度。翻边凸模的尺寸按式(6-18)计算

$$D_P = (D_0 + \Delta)^0_{-\delta_P} \tag{6-18}$$

对应的凹模尺寸按式(6-19)计算

$$D_d = (D_P + 2Z)^{\delta_d}_0 \tag{6-19}$$

式中，D_P 为翻边凸模直径；D_d 为翻边凹模直径；δ_p 为翻边凸模直径的公差；δ_d 为翻边凹模直径的公差；D_0 为翻边竖孔最小内径；Δ 为翻边竖孔内经的公差。

5）翻边模设计

内孔翻边模的结构与拉深模相似。模具工作部分的形状和尺寸，不仅对翻边力有影响，而且直接影响翻边质量和效果。

凸模圆角半径应尽量取大些，或直接做成球形和抛物线形，图 6-14 是常见的几种圆内孔翻边的凸模形状。图 6-14(a) 为带有定位销而直径 10mm 以上的翻边凸模，图(c)为带有定位销而直径 10mm 以下的翻边凸模，图(b)为没有定位销而零件处于固定位置上的翻边凸模，图(d)所示为较大直径的翻边凸模，图(e)为无预制孔且不精确的翻边凸模。从利于翻边变形看，以抛物线形凸模最好，球形凸模次之，平底凸模再次之；而从凸模的加工难易看则相反。从变形的有利条件看，凹模的圆角半径对翻边成形一般影响不大，可取等于零件的圆角半径。凸凹模之间的间隙取大些对翻边变形不利。若零件孔边垂直度无要求，则间隙值可以尽量取大些。若零件孔边垂直度要求较高，则间隙值可小于材料原始厚度 t，其单边间隙 z 一般取为

$$z = 0.85t \tag{6-20}$$

其中 z 也可以按表 6-6 所列数据选用。

翻边后竖边边缘的厚度，可按式(6-21)估算

$$t' = t\frac{d_0}{D} = t\sqrt{m} \tag{6-21}$$

式中，t 为板料厚度，mm；t' 为翻边后竖边端部厚度，mm；d_0 为预冲孔孔径，mm；D 为翻边后直

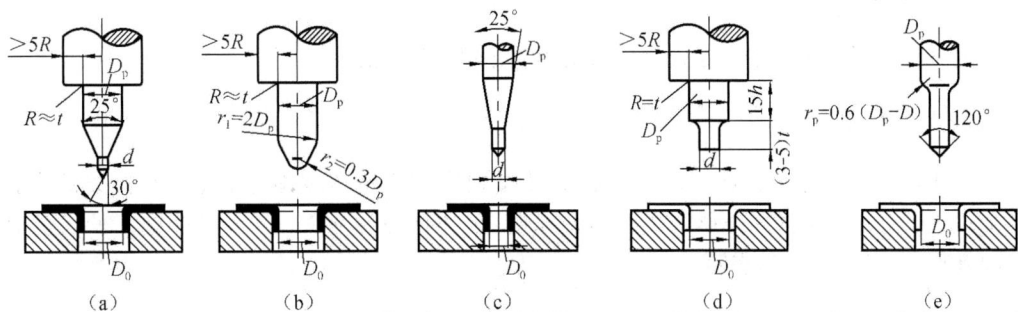

图 6-14　各种翻边凸模的形式

径,mm;m 为翻边系数。

6.3.2 非圆孔翻边

图 6-15 为非圆孔翻边,从变形情况看,可以沿孔边分成圆角区 a、直边区 b、外凸内缘区 c 和内凹内缘区 d,它们分别参照圆孔翻边、弯曲、外凸外缘翻边和内凹外缘翻边计算。转角处的翻边高度略有降低,因此此处翻边前宽度应比直边部增大 $5\% \sim 10\%$。还应根据各段变形的各点对各段连接处适当修正,使之有相当平滑的过渡。进行变形程度核算时,应取最小圆角区,由于此端相邻部分能够转移一些变形,因而其极限变形系数为相应圆孔翻边的 $85\% \sim 90\%$。

图 6-15 非圆孔翻边

非圆孔翻边坯料的预孔形状和尺寸,可以按圆孔翻边、弯曲和拉深各区分别展开,然后用作图法把各展开线交接处光滑连接起来。其极限翻边系数,可根据各圆弧段的圆心角 α 大小,查表 6-7。

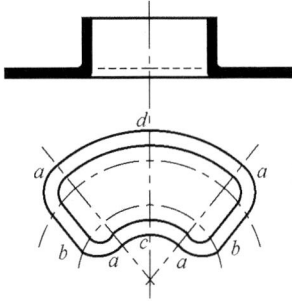

表 6-7 低碳钢非圆孔的极限翻边系数 $K_{\min}$

圆心角 $\alpha/(\degree)$	比值 $r/(2t)$						
	50	33	20	12~8.3	6.6	5	3.3
180~360	0.8	0.6	0.52	0.50	0.48	0.46	0.45
165	0.73	0.55	0.48	0.46	0.44	0.42	0.41
150	0.67	0.5	0.43	0.42	0.4	0.38	0.375
130	0.6	0.45	0.39	0.38	0.36	0.35	0.34
120	0.53	0.4	0.35	0.33	0.32	0.31	0.3
105	0.47	0.35	0.30	0.29	0.28	0.27	0.26
90	0.4	0.3	0.26	0.25	0.24	0.23	0.225
75	0.33	0.25	0.22	0.21	0.2	0.19	0.185
60	0.27	0.2	0.17	0.17	0.16	0.15	0.145
45	0.2	0.15	0.13	0.13	0.12	0.12	0.11
30	0.14	0.1	0.09	0.08	0.08	0.08	0.08
15	0.07	0.05	0.04	0.04	0.04	0.04	0.04
0	弯曲变形						

注:r 圆弧 d 的曲率半径;t 板料厚度。

6.3.3 外缘翻边

按变形的性质,外缘翻边可分为伸长类翻边和压缩类翻边。

1. 伸长类翻边

图 6-16(a)所示为沿着具有内凹形状的外缘翻边成为内外缘翻边,属于伸长类翻边。其变形情况近似于圆孔翻边,变形区主要是切向受拉,边缘处变形最大,容易开裂。伸长类翻边变形程度用 ε_d 用式(6-22)表示

$$\varepsilon_d = \frac{b}{R-b} \tag{6-22}$$

式中,R 为翻边的内凹圆半径;b 为翻边的外缘宽度。

伸长类外缘翻边时,其变形类似于内孔翻边,但由于是沿不封闭曲线翻边,坯料变形区内切向的拉应力和切向的伸长变形沿翻边线的分布是不均匀的,在中部最大,而两端为零。假如采用宽度 b 一致的坯料形状,则翻边后零件的高度就不是平齐的,而是两端高度大,中间高度小的竖边。图 6-16(b)所示的形状,另外竖边的端线也不垂直,而是向内倾斜成一定的角度。为了得到平齐一致的翻边高度,应在坯料的两端对坯料的轮廓线做必要的修正,如图 6-16(b)中的虚线形状即为修正后的坯料形状 r/R 和 α 越小,修正值 $R-r-b$ 就越大,坯料端线修正角 β

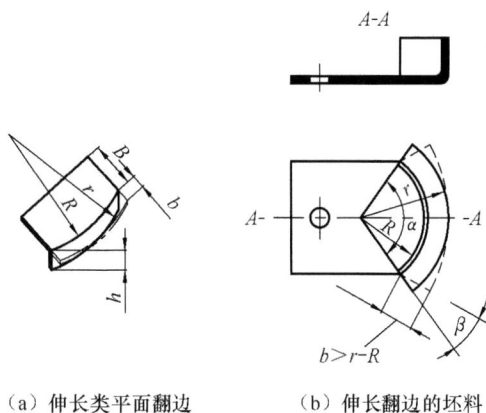

(a) 伸长类平面翻边 　　(b) 伸长翻边的坯料

图 6-16　伸长类翻边

也越大,β 通常取 $25°\sim40°$。其修正值根据变形程度的大小而不同。如果翻边的高度不大,而且翻边沿线的曲率半径很大时,则可以不做修正。内凹外缘翻边时,应注意压紧制件的不变形的平面部分,变形区则不能压紧,可自由地翘起运动,因此翻边模底设有定位装置,也可采用成双对称冲压方法,使水平方向力平衡,以减少窜动的趋势。

材料的允许变形程度见表 6-8。

表 6-8　外缘翻边时材料的允许变形程度

材料名称及牌号		伸长类变形程度/mm		压缩类变形程度/mm	
		橡皮成形	模具成形	橡皮成形	模具成形
铝合金	L_4 软	25	30	6	40
	L_4 硬	5	8	3	12
	LP_21 软	23	30	6	40
	LP_21 硬	20	8	3	12
	LP_2 软	5	25	6	35
	LP_2 硬	20	8	3	12
	LT_12 软	14	20	6	30
	LT_12 硬	6	8	0.5	9
	LT_11 软	14	20	4	30
	LT_11 硬	5	6	0	0
黄铜	软	30	40	8	5
	半硬	10	14	4	16
	软	35	45	6	35
	半硬	10	14	4	16
钢	10	—	38	—	10
	20	—	22	—	10
	1Cr18Ni9 软	—	15	—	10
	1Cr18Ni9 硬	—	40	—	10
	2Cr18Ni9	—	40	—	10

伸长类曲面翻边时,为防止坯料底部在中间部位上出现起皱现象,应采用较强的压料装置。为创造有利于翻边变形的条件,防止在坯料的中间部位上过早地进行翻边,而引起径向和切向方向上过大的伸长变形,甚至开裂,应使凹模和顶料板的曲面形状与工件的曲面形状相

同。另外,冲压方向的选取,也就是坯料在翻边模的位置,应对翻边变形提供尽可能有利的条件,应保证翻边作用力在水平方向上的平衡,通常取冲压方向与坯料两端切线构成的角度相同。

2. 压缩类翻边

压缩类翻边可分为压缩类平面翻边和压缩类曲面翻边。在压缩类平面翻边时,毛坯变形区内除靠近竖边根部缘角半径附近的金属产生变形外,其余部分都处于切向压应力和径向拉应力的作用下,产生切向压缩变形和径向伸长变形,可见压缩类平面翻边的应力状态和变形特点和拉伸基本相同。区别仅在于压缩类平面翻边是沿不封闭的曲线边缘进行的局部非对称的拉深变形。因此,压缩平面翻边的极限变形程度主要受毛坯变形区失稳起皱的限制。所以当翻边高度较大时,模具上也要带有防止起皱的压料装置;由于是沿不封闭曲线翻边,翻边线上切向压应力和径向拉应力的分布是不均匀的。中部最大,而在两端最小。为了得到翻边后竖边的高度平齐而两端线垂直的零件,必须修正坯料的展开形状,修正的方向恰好和伸长类平面翻边相反。

压缩类翻边的变形程度可用式(6-23)表示(图 6-17(a))

$$K = \frac{b}{R+b} \tag{6-23}$$

压缩类曲面翻边时,坯料变形区在切向压应力作用下产生的失稳起皱是限制变形程度的主要因素。对于较复杂形状的翻边,凹模的工作部分形状应进行适当修整,可以使中间部分的切向压缩变形向两侧扩展,使局部的集中变形趋向均匀,减少起皱的可能性,同时对坯料两侧在偏斜方向上进行冲压的情况也有一定的改善,冲压方向的选择原则与伸长类曲面翻边时相同。

6.3.4 变薄翻边

前边所讲的材料竖边变薄,是指在翻边变形过程中,由于拉应力作用而引起的材料自然变薄,是翻边的普遍情况。当零件高度 H 很高,也可以采用减小模具凸、凹模之间的间隙,强迫材料变薄的方法,以便提高生产率和节约材料,这种方法称为变薄翻边。

变薄翻边时,在凸模压力作用下,变形区材料先受拉深变形时孔径逐渐扩大,而后材料又在小于板料厚度的凸模、凹模间隙中受到挤压变形,是材料厚度显著变薄,所以变薄翻边的变形程度不仅取决于翻边因数,而且取决于壁部的变薄因数。变薄翻边可以得到更大的直边高度。

变薄翻边因数用 K_b 表示

$$K_b = \frac{i_1}{i} \tag{6-24}$$

式中,i_1 为变薄翻边后工作竖边的厚度,mm;i 为变薄翻边前材料的厚度,mm。

在一次翻边中的变薄系数可达 $K_b = 0.4 \sim 0.5$。

图 6-18 所示变薄翻边,从图中可以看出,凸模采用台阶型。经过不同台阶,工件竖边逐步变

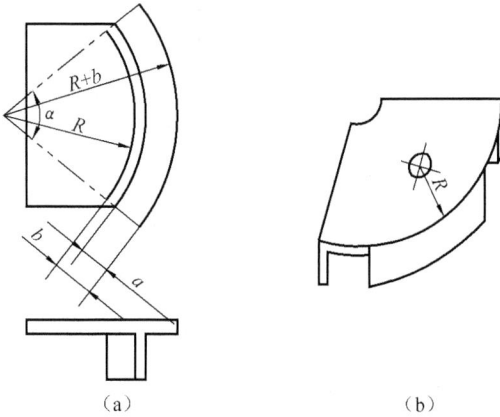

图 6-17 压缩类翻边

薄,台阶与台阶之间的距离应大于工件高度,以便前一台阶变薄结束后再进行后一台阶的变薄。

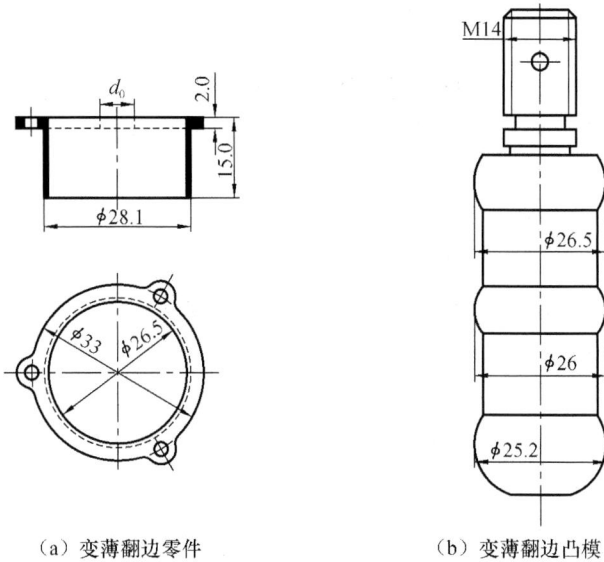

（a）变薄翻边零件　　　　　（b）变薄翻边凸模

图 6-18　变薄翻边

6.3.5　翻边模结构

图 6-19 所示为内、外缘同时翻边的模具。图 6-20 所示为落料、拉深、冲孔、翻边复合模。凸凹模 8 与落料凹模 4 均固定在固定板 7 上,以保证同轴度。冲孔凸模 2 压入凸凹模 1 内,并以垫片 10 调整它们的高度差,以此控制冲孔前的拉深高度,确保翻出合格的零件高度。该模的工作顺序是:上模下行,首先在凸模 1 和凹模 4 的作用下落料。上模继续下行,在凸凹模 1 和凸凹模 8 相互作用下将坯料拉深,冲床缓冲器的力通过顶杆 6 传递给顶件块 5 并对坯料施加压料力。当拉深到一定深度后由凸模 2 和凸凹模 8 进行冲孔并翻边。当上模回升时,在顶件块 5 和推件块 3 的作用下将工件顶出,条料由卸料板 9 卸下。

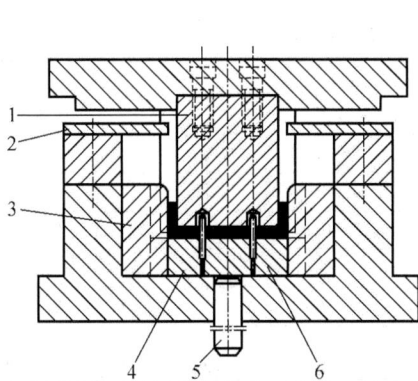

图 6-19　内凹外缘翻边模

1-凸模;2-导向板;3-凹模;4-顶件板;

5-顶杆;6-定位防滑销

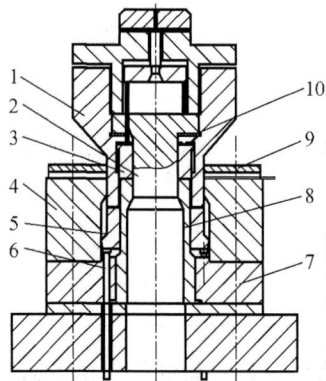

图 6-20　落料、拉深、冲孔、翻孔复合模

1、8-凸凹模;2-冲孔凸模;3-推件块;4-落料凹模;

5-顶件块;6-顶杆;7-固定板;9-卸料板;10-垫片

6.4 缩 口

缩口是将管坯或预先拉深好的圆筒形件通过缩口模将其口部直径缩小的一种成形方法。缩口工艺在国防工业和民用工业中有广泛应用,枪炮的弹壳、钢气瓶等。

6.4.1 变形特点

缩口变形的主要特点是毛坯口部受切向压应力的作用,使口部产生压缩变形,直径减小,厚度和高度增加。因此在缩口工艺中,毛坯可能产生失稳起皱,所以防止失稳起皱和弯曲变形是缩口工艺的主要问题。

6.4.2 变形程度

缩口的变形程度用缩口系数 m 表示

$$m = d/D \tag{6-25}$$

式中,d 为缩口后的直径;D 为缩口前直径。

材料的塑性好、厚度大,模具对筒壁的支撑刚性好,极限缩口系数就小。缩口系数 m 愈小,变形程度愈大。此外,极限缩口系数还和模具工作部分的表面形状和粗糙度、坯料的表面质量、润滑等有关。不同的材料和厚度的平均缩口系数见表 6-9。表 6-10 是不同材料、不同支承方式下缩口的允许极限缩口系数参考数值。

表 6-9　平均缩口系数 m_m

材料	材料厚度/mm		
	≤0.5	>0.5~1.0	>1.0
黄铜	0.85	0.8~0.7	0.7~0.65
钢	0.85	0.75	0.7~0.65
硬铝(淬火)	0.75~0.80	0.68~0.72	0.40~0.43

表 6-10　不同支承方式的缩口系数 m

材料	支承方式		
	无支承	外支承	内外支承
软钢	0.70~0.75	0.55~0.60	0.30~0.35
黄铜	0.65~0.70	0.50~0.55	0.27~0.32
铝	0.68~0.72	0.53~0.57	0.27~0.32
硬铝(退火)	0.73~0.80	0.60~0.63	0.35~0.40
硬铝(淬火)	0.75~0.80	0.68~0.72	0.40~0.43

缩口模具对缩口件筒壁的支承形式有三种:图 6-21(a)所示的无支承形式模具,此类模具结构简单,但是坯料筒壁的稳定性差;图 6-21(b)所示的外支承形式模具,此类模具较前者复杂,对坯料筒壁的支承稳定性好,许可的缩口系数可取得小些;图 6-21(c)所示的内外支承形式模具,此类模具最为复杂,对坯料筒壁的支承性最好,许可的缩口系数可取得更小。

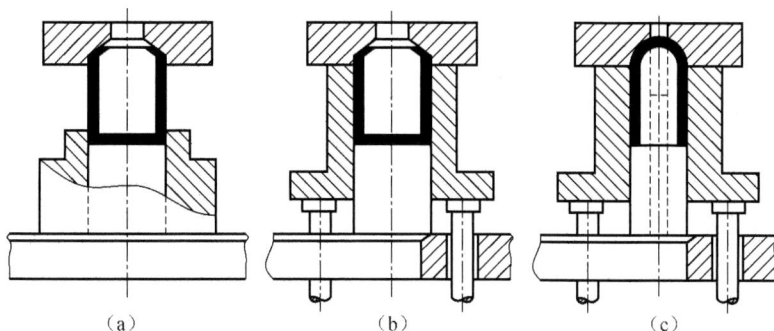

图 6-21　不同支承方式的缩口

缩口制件的 d/D 值大于极限缩口系数时，则一次缩口即成。当 d/D 值小于极限缩口系数时，则需多次缩口，每次缩口工序后进行中间退火。

首次缩口系数 $m_1 = 0.9 m_{\mathrm{m}}$，以后各次缩口系数 $m_n = (1.05 - 1.1) m_{\mathrm{m}}$，缩口次数为

$$n = \frac{\ln d - \ln D}{\ln m_n} \tag{6-26}$$

式中，m_{m} 为平均缩口系数。

6.4.3　缩口工艺计算

1. 颈口直径

各次缩口后的径口直径为

$$d_1 = m_1 D$$
$$d_2 = m_n d_1 = m_1 m_n D$$
$$d_3 = m_n d_2 = m_1 m_n D$$
$$\vdots$$
$$d_n = m_n d_{n-1} = m_1 m_n^{n-1} D \tag{6-27}$$

d_n 应等于工件的径口直径。缩口后，由于回弹，工件直径要比模具尺寸增大 0.5% ~ 0.8%。

2. 坯料高度

对于缩口坯料尺寸主要指的是缩口制件的高度，一般根据变形前后的体积不变的原则计算，各种起伏制件缩口前后高度 H 的计算可查冲压设计资料中相应的公式。

3. 缩口力

在图 6-21(a)所示缩口模上进行缩口时，其缩口力 F 可用式(6-28)计算

$$F = K \left[1.1 \pi D t \sigma_{\mathrm{b}} \left(1 - \frac{d}{D} \right) (1 + \mu \cot \alpha) \frac{1}{\cos \alpha} \right] \tag{6-28}$$

式中，μ 为凹模与制件接触面摩擦系数；σ_{b} 为材料抗拉强度；K 为速度系数，曲柄压力机上工作时取 $K = 1.15$；α 为凹模圆锥孔的半锥角；t 为制件厚度。

4. 缩口模

缩口模工件部分的尺寸根据缩口部分的尺寸来确定,并考虑缩口制件产生的比缩口实际尺寸达 0.5%~0.8%的弹性恢复量,以减少试冲后模具的修正量。缩口凹模的半锥角 α 对缩口成形很重要,α 小些对缩口变形有利,一般 $\alpha<45°$,最好 $\alpha<30°$,当 α 值合理时,极限缩口系数可比平均缩口系数小 10%~15%。

图 6-22 所示为外支承管子缩口模,适用于管子锥形缩口。图 6-23 为无支承缩口模,适用于管子高度不大、带底制件的锥形缩口。

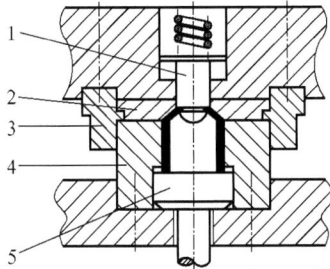

图 6-22　外支承管子缩口模板
1-导正销;2-凹模;3-固定座;4-外支承;5-顶件

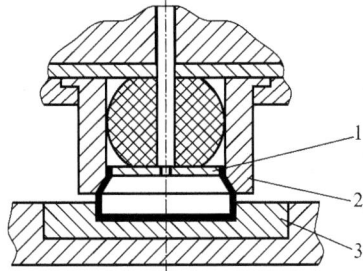

图 6-23　为无支承缩口模
1-卸料板;2-凹模;3-定位座

6.5　旋　　压

旋压是将平板或空心坯料固定在旋压机的模具上,在坯料随机床主轴转动的同时,用旋轮或擀棒加压于坯料,使其逐渐紧贴于模具,从而获得所要求的旋转体件。

旋压加工的优点是设备和模具都比较简单(没有专用的旋压机时可用车床代替),除可成形如圆筒形、锥形、抛物面形成或其他各种曲线构成的旋转体外,还可加工相当复杂形状的旋转体零件。旋压工艺多为手工操作,要求操作的技术高、劳动强度大、质量不过稳定、生产率较低,所以多用于小批量生产。当采用成形模经济性差和制造周期太长时,也常采用旋压的方法。

随着航空和航天工业的发展,除了普通旋压外,又发展了变薄旋压(也称强力旋压)。本节只对普通旋压工艺进行简单介绍。

1. 普通旋压变形特点

坯料的厚度在旋压过程中不发生强制性变薄的旋压为不变薄旋压,又称为普通旋压。

旋压工作原理如图 6-24 所示。顶件 4 把料压紧在胎模 2 上,旋转时擀棒 6 与坯料 3 点

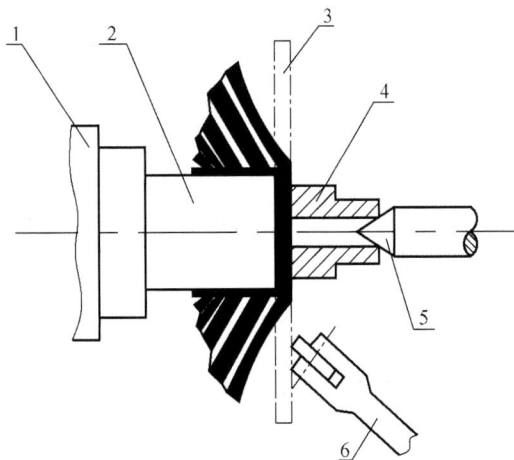

图 6-24　旋压成形
1-主轴;2-胎具;3-坯料;4-顶块;5-顶尖;6-擀棒或旋轮

接触并施加压力,由点到线、有线到面地反复撊碾,迫使坯料逐渐贴模具而成形。坯料在撊棒的作用下,一方面局部产生塑性变性流动,另一方面坯料沿撊棒加压的方向倒伏。前种变形使坯料螺旋式地由内向外发展,致使坯料切向收缩和径向延伸而最终成形。倒伏则使坯料容易失稳而产生皱折和振动。另外圆角出坯料容易变薄旋裂。旋压在瞬间使坯料的局部点变形,所以可用较小的力加工成尺寸大的制件。

由于产生大片皱折,振动摇晃,失去稳定或撕裂,会妨碍旋压过程的进行,所以必须防止。因此旋压的基本要点是:

(1) 合理的转速。如果转速太低,坯料将在撊棒作用下翻腾起伏极不稳定,使旋压工作难以进行。转速太高,则材料与撊棒接触次数太多,容易使材料过度碾薄。合理转速一般是:软钢为400~600r/min;铝为800~1 200r/min。当坯料直径较大,厚度较薄时取小值,反之则取较大值。

(2) 合理的过渡形状。旋压操作首先应从坯料靠近模具底部圆角处开始,得出过渡形状。再轻撊坯料的外缘,使之变为浅锥形,得出过渡形状,这样做是因为锥形的抗压稳定性比平板高,材料不易起皱。后续的操作和前述相同,即先撊碾锥形件的内缘,使这部分材料贴模(过渡形状),然后再轻撊外缘(过渡形状)。这样多次反复撊碾,直到零件完全贴模为止。

(3) 合理加力。撊棒的加力一般凭经验,加力不能太大,否则容易起皱。同时撊棒着力点必须不断转移,使坯料均匀延伸。

2. 旋压系数

旋压的变形程度由旋压因数 m 表示

$$m = d/D \tag{6-29}$$

式中,d 为工件的直径(工件为锥形件时,则为圆锥最小直径);D 为坯料直径。

一次旋压的变形程度过大时,旋压中容易起皱,工件壁厚变薄严重,甚至破裂,故应限制其极限旋压系数。

极限旋压系数见表 6-11,当相对厚度 $(t/D) \times 100\% = 0.5$ 时取最大值,当 $(t/D) \times 100\% = 2.5$ 时取较小值。

表 6-11　极限旋压系数

制件形状	m
圆筒件	0.6~0.8
圆锥件	0.2~0.8

当工件需要的变形程度比较大时(即 m 较小时),便需要多次旋压。多次旋压是由连续几道工序在不同尺寸的旋压模上进行,并且都以底部直径相同的锥形过渡。

6.6　校　　形

6.6.1　校形的特点及应用

校形属于修整形的成形工序,它包括两种情况:一种为将毛坯或冲裁件的不平度和挠曲压平,即所谓的校平;另一种为将弯曲、拉深或其他成形件校正成最终的正确形状,即所谓整形。

由于冲压后的制件,当其形状、尺寸精度还不能满足要求时,则采用校形作最后的保证,因此它在冲压生产中具有相当重要的意义,而且应用也比较广泛。

校平和整形工序的共同特点:

(1)工件局部位置产生不大的塑性变形,以达到提高零件的形状和尺寸精度的目的。

(2)由于校形后工件的精度比较高,因而模具的精度相应地也要求比较高。

(3)需要在压力机下止点对工序件施加校正力,因此所用设备最好为精压机。若用机械压力机时,机床应有较好的刚度,并需要装有过载保护装置,以防材料厚度波动等原因损坏设备。

6.6.2 校平

将不平整的制件放入模具内压平的校形称为校平。主要用于减少制件的平直度误差。

1. 校平变性特点与校平力

校平的变形时,在上下模块的作用下,板料产生反向弯曲变形而被压平,上模在冲床的下死点进行强制压紧,使材料处于三向压应力状态。校平的工作行程不大,但压力很大。

校平力 P 用式(6-30)估算

$$P = AS \tag{6-30}$$

式中,A 为单位面积上的校平压力;S 为校平面积。

校平力的大小与制件的材料性能、材料厚度、校平模齿形等有关。因此在确定校平力时应该做适当的调整。

校形可分为两种:一种是平板零件校平,通常用来校正冲裁件的平面度;另一种是空间零件的校形,主要用于减小弯曲、拉深或翻边等工序件的圆角半径,使工件符合零件规定的要求。平板校平模适用于软材料、薄料或表面不允许有压痕的制件。光面模改变材料的内应力状态的作用不大,仍有较大回弹,特别是对于高强度材料的零件校平效果比较差。在生产实际中有时将工序件背靠背地(弯曲方向相反)叠起来校平,能收到一定的效果。为了使校平不受压力机滑块导向精度的影响,校平模最好采用浮动式结构。

2. 平板校平模

根据板料厚度和表面要求的不同,平板零件的校平分为平面校平模和齿形校平模两种形式。图 6-25(a)所示为平面校平模,模板压平面是光滑的,所以作用于板料的有效单位压力较小,对改变材料内部应力的效果较弱,卸载后制件有一定的回弹,对于高度材料的制件效果更差,为使较平不受板厚偏差或冲床滑块运动精度的影响,平面校平模可采用浮动模柄或浮动凹模的结构。平面校平模主要用于平直度要求不高、表面不许有压痕的落料件和软金属制成的小型零件的校平。

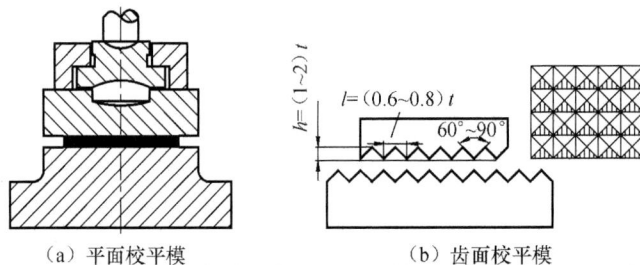

（a）平面校平模　　　　（b）齿面校平模

图 6-25　平板零件校平

图 6-25(b)所示为齿面校平模,由于齿压入坯料形成许多塑性变形的小坑,有助于彻底地改变材料原有的和由于反向弯曲所引起的应力应变状态,成形较强的三向压应力状态,因而校平效果好,其尺寸可参考图 6-25(b)。

6.6.3 整形

空间形状零件的整形是指在弯曲、拉深或其他成形工序之后对工序件的整形。在整形前工件已基本成形,但可能圆角半径还太大,或是某些形状和尺寸还未达到产品的要求,这样可以借助于整形模使工序件产生局部的塑性变形,以达到提高精度的目的。整形模和前工序的成形模相似,但对模具工作部分的精度、粗糙度要求更高,圆角半径和间隙较小。

1. 弯曲件的整形

弯曲件的整形方法有压校和镦校两种形式。

(1)压校。如图 6-26 所示,压校中由于材料沿长度方向没有约束,材料内部应力状态的性质变化不大,一次整形效果一般。所以在压制 V 形件时应该使两侧面的水平分力大约平衡,和压校单位压应力分布大致均匀。

(2)镦校。镦校前的制件长度尺寸应略大于零件的长度,来满足补入变形区的材料同时受压应力作用而产生微量的变形。校形时,不仅在与零件垂直的方向上毛坯受到压应力作用,而且在长度方向上也受到压应力作用,产生一定的压缩变形。从而在本质上改变了材料原有的应力状态,使之处于三向应力的状态中,这样压应力的分布较均匀,整形的效果就好,如图 6-27所示。但是这种方法受零件的形状的限制,对于大孔和宽度不等的弯曲件不宜采用。

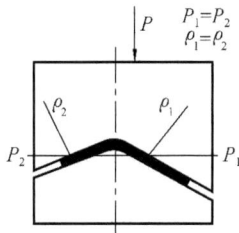

图 6-26 弯曲件整形

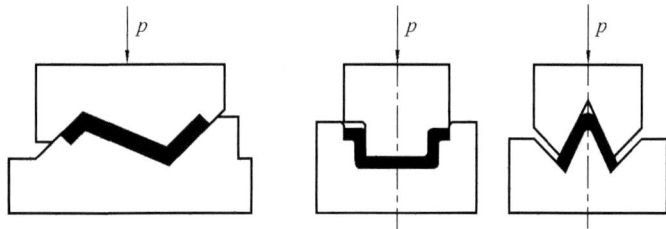

图 6-27 弯曲件的镦校

2. 拉深件的整形

图 6-28 所示为拉深件的整形。拉深件整形的部位不同,所采用的整形中也就有不同的特点。

(1)无凸缘拉深件的整形,通常取整形模间隙等于$(0.9\sim0.95)t$,即采用变薄拉深的方法进行整形。这种整形也可以和最后一次拉深合并,但应取稍大一些的拉深系数。

(2)带凸缘拉深件的整形部位常有凸缘平面、侧壁、底平面和凸模、凹模圆角半径。整形时由于工序件圆角半径变小,要求从邻近区域补充材料,如果邻近不能流动过来(例如凸缘直径大于筒壁直径的2.5倍时,凸缘的外径已不可能产生收缩变形),则只有靠变形区本身的材

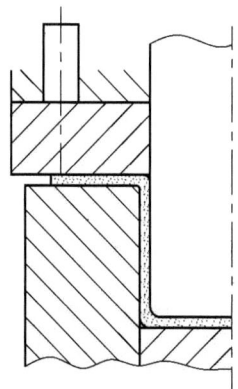

图 6-28 拉深件的整形

料变薄来实现。这时,变形部位材料的伸长变形以 2‰~5‰ 为宜,变形过大则工件会破裂。

各种冲压件的整形力 P 按式(6-31)计算

$$P = pA \qquad\qquad (6\text{-}31)$$

式中,A 为整形的投影面积;p 为整形单位压力。

讨论与思考

1. 什么是局部成形工艺?局部成形模具主要包括哪几种类型?

2. 简述胀形的特点。

3. 内孔翻边模和外缘翻边模的结构特点分别是什么?

4. 内凹和外凸翻边分别容易产生什么样的缺陷?

5. 试述影响极限翻边系数的因素。如何判断是否一次翻边成形?

6. 缩口模具对缩口件筒臂支撑方式有哪几类?各自特点是什么?

7. 对制件校平的目的是什么?

8. 起伏变形程度的种类有哪几种?

9. 简述普通旋压特点。

10. 螺纹底孔翻边模结构有什么特点?

11. 为什么校平模用浮动模架?

12. 旋压可以得到哪些形状的制件?

第7章 冲压技术工艺文件

冲压件的生产过程包括:坯料的准备、冲压工艺过程和其他必要的辅助工序。对于某些组合件或精度要求较高的冲压件,还需经过切削加工、焊接、或铆接等才能最后完成制造的全过程。

冲压工艺文件一般指冲压工艺过程卡片,是模具设计以及指导冲压生产工艺过程的依据。冲压工艺规程一经确定,就以正式的冲压工艺文件形式固定下来。制定冲压工艺过程就是针对某一具体的冲压件恰当地选择各工序的性质,正确确定坯料尺寸、工序数量和工序件尺寸,合理安排各冲压工序及辅助工序的先后顺序及组合方式,以确保产品质量,实现高生产率和低成本生产。同一种冲压件往往有多种工艺方案,设计者必须根据各方面的因素和要求,通过分析比较,选择和设计出最佳方案。冲压工艺过程的优劣,决定了冲压件的质量和成本,所以,制定冲压工艺过程是一项十分重要的工作。

7.1 冲压工艺规程编制的主要内容和步骤

冲压工艺设计是针对具体的冲压零件,首先从其生产批量、形状结构、尺寸精度、材料等方面入手,进行冲压工艺性审查,必要时提出修改意见;然后根据具体的生产条件,并综合分析研究各方面的影响因素,制定出技术经济性好的冲压工艺方案。它主要包括冲压件的工艺分析和冲压工艺方案制定两大方面的内容。冲压工艺规程的制定主要有以下步骤。

7.1.1 制定冲压工艺过程的原始资料

制定冲压工艺过程应在收集、调查、研究并掌握有关原始资料的基础上进行。冲压工艺设计的原始资料主要包括以下内容。

(1)冲压件的零件图及使用要求。

冲压件的零件图对冲压件的结构形状、尺寸大小、精度要求及有关技术条件作出了明确的规定,是制定冲压工艺过程的主要依据。

(2)冲压件的生产批量及定形程度。

冲压件的生产批量及定形程度也是制定冲压工艺过程中必须要考虑的重要内容,它直接影响加工方法及模具类型的确定。

(3)冲压件原材料的尺寸规格、性能及供应状况。

冲压件原材料的尺寸规格是确定坯料形式和下料方式的依据,材料的性能及供应状态对确定冲压件变形程度与工序数量、计算冲压力、是否安排热处理辅助工序等都有重要影响。

(4)工厂现有的冲压设备条件。

工厂现有的冲压设备的类型、规格、自动化程度等是确定工序组合程度、选择各工序压力机的型号、确定模具类型的主要依据。

（5）工厂现有的模具制造条件及技术水平。

模具制造条件及技术水平决定了制模能力，从而影响工序组合程度、模具结构与精度的确定。

（6）有关技术标准、技术资料与手册。

制定冲压工艺过程时，要充分利用与冲压有关的技术标准、技术资料与手册，这有助于设计者进行分析与设计计算、确定材料与尺寸精度、选用相应标准和典型结构，从而简化设计过程、缩短设计周期、提高工作效率。

7.1.2 冲压工件工艺性的分析

冲压工艺性是指冲压件对冲压工艺的适应程度，即冲压件的结构形状、尺寸大小、精度要求及所用材料等方面是否符合冲压加工的工艺要求。冲压工艺性既表征了冲压加工方法所达到的加工程度，又表征了零件冲压加工的难易程度。良好的冲压工艺性，可保证材料消耗少，工序数目少，模具结构简单，产品质量稳定，成本低，还能使技术准备工作和生产的组织管理做到经济合理。冲压工艺性分析的目的就是了解冲件加工的难易，为制定冲压工艺方案奠定基础。

产品零件图是编制和分析冲压工艺方案的重要依据。首先可以根据产品的零件图纸，分析研究冲压件的形状特点、尺寸大小、精度要求以及所用材料的机械性能、冲压成形性能和使用性能等对冲压加工难易程度的影响，分析产生回弹、畸变、翘曲、歪扭、偏移等质量问题的可能性。特别要注意零件的极限尺寸（如最小孔间距和孔边距、窄槽的最小宽度、冲孔最小尺寸、最小弯曲半径、最小拉深圆角半径）以及尺寸公差、设计基准等是否适合冲压工艺的要求。若发现冲压件的工艺性很差，则应会同产品的设计人员协商，提出建议。在不影响产品使用要求的前提下，对产品图纸作出适合冲压工艺性的修改。

7.1.3 冲压工艺方案的制订

确定冲压工艺方案主要是确定各次冲压加工的工序性质、工序数量、工序顺序和工序的组合方式。冲压工序方案的确定是制定冲压工艺过程的主要内容，需要综合考虑各方面的因素，有的还需要进行必要的工艺计算。因此，实际确定时通常拟定出可能的几套冲压工艺方案，然后根据生产批量和企业现有生产条件，通过对各种方案的综合分析和比较，确定一个技术经济性最佳的工艺方案。

1. 冲压工序性质的确定

冲压件的工序性质是指该零件所需的冲压工序种类。如分离工序中的冲孔、落料、切边，成形工序中的弯曲、翻边、拉深等。工序性质主要根据零件的构造，按照工序变形性质和应用范围，结合现场条件、模具形式及结构、制定定位及加工操作等许多因素综合分析后予以确定。通常说来，在确定工序性质时，可从以下两方面考虑。

（1）一般情况下，可以从零件图上直观地确定工序性质。有些冲压件可以从图样上直观地确定其冲压工序性质。如平板状零件的冲压加工，通常采用冲孔、落料等冲裁工序；弯曲件的冲压加工，常采用落料、弯曲工序；拉深件的冲压加工，常采用落料、拉深、切边等工序；各类开口空心件一般采用落料、拉深、切边工序；对于胀形件、翻边（翻孔）件、缩口件如

· 192 ·

能一次成形,都是用冲裁或者拉深工序制出坯料后直接采用相应的胀形、翻边(翻孔)、缩口工序成形。

(2) 某些情况下,通过有关工艺计算或分析确定工序性质。有些冲压件由于一次成形的变形程度较大,或对零件的精度、变薄量、表面质量等方面要求较高时,需要进行有关工艺计算或综合考虑变形规律、冲件质量、冲压工艺性要求等因素后才能确定性质。

图 7-1(a)和(b)分别为油封内夹圈和油封外夹圈,两个冲压件的形状类似,但高度不同,分别为 8.5mm 和 13.5mm。经计算分析,油封内夹圈翻边系数为 0.83,可以采用落料冲孔复合和翻边两道冲压工序完成。若油封外夹圈也采用同样的冲压工序,则因翻边高度较大,翻边系数超出了圆孔翻边系数的允许值,一次翻边成形难以保证工件质量。因此考虑改用落料、拉深、冲孔和翻边四道工序,利用拉深工序弥补一部分翻边高度的不足。

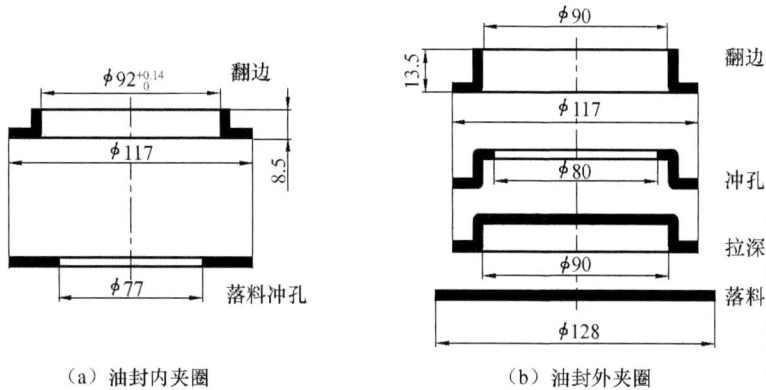

(a) 油封内夹圈   (b) 油封外夹圈

图 7-1 油封夹圈

2. 冲压工序数量的确定

工序数量是指冲压件加工整个过程中所需要的工序数目(包括辅助工序数目)的总和。冲压工序数量的概念有两方面的含义,广义上是指整个冲压加工的全部工序数,包括辅助工序数的总数;狭义上是指同一性质工序重复进行的次数。工序数量的确定主要取决于零件几何形状复杂程度、尺寸大小与精度、材料冲压成形性能、模具强度等,并与冲压工序性质有关。

确定工序数量时,应遵循的原则是:在保证质量的前提下,工序数量尽可能地少。

在确定冲压加工过程所需总的工序数目时应考虑到以下的问题。

(1) 生产批量的大小。

大批量生产时,应尽量合并工序,采用复合冲压或级进冲压,提高生产效率,降低生产成本。中小批量生产时,常采用单工序简单模或复合模,有时也可考虑采用各种相应的简易模具,以降低模具制造费用。

(2) 零件精度的要求。

例如,平板冲裁件在冲裁后增加一道整修工序,就是应其断面质量和尺寸精度要求较高的需要;当其表面平面度要求较高时,还必须在冲裁后增加一道校平工序。再如拉深后增加整形或精整工序,也是应其圆角半径要求较小或径向尺寸精度要求较高的需要。这虽然增加了工序数量,但确是保证工件精度要求必不可少的工序。

（3）工厂现有的制模条件和冲压设备情况。

为了确保确定的工序数量、采用的模具结构和精度要求能与工厂现有条件相适应，这些因素是必须认真考虑的。例如，多个工序的复合会使相应的模具结构变得复杂，其加工及装配要求也高，工厂的制模条件要能满足这些要求。

（4）工艺的稳定性。

影响工艺稳定性的因素较多（如原材料力学性能及厚度的波动、模具的制造误差、模具的调整、润滑的情况、设备的精度等），但在确定工序数量时，适当地降低冲压工序中的变形程度，避免在接近极限变形参数的情况下进行冲压加工，是提高冲压工艺稳定性的主要措施。另外，适当增加某些附加工序，例如冲制工艺孔作为定位孔用；冲制变形减轻孔以转移变形区等，都是提高工艺稳定性的有效措施。

3. 冲压工序顺序的安排

工序顺序是指冲压加工生产中各道工序进行的先后次序。冲压件各工序的先后顺序，主要取决于冲压变形规律和零件质量要求。工序顺序的确定一般可按下列原则进行。

（1）各工序的先后顺序应保证每道工序的变形区为相对弱区，同时非变形区应为相对强区而不参与变形。当冲压过程中坯料上的强区与弱区对比不明显时，对零件有公差要求的部位应在成形后冲出。

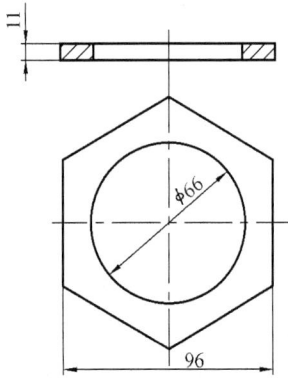

图 7-2　落料—冲孔先后顺序

（2）工序成形后得到的符合零件图要求的部分，在以后各道工序中不得再发生变形。图 7-2 所示零件，如果先冲出内孔，则在外缘落料时冲裁力的水平分力会使内孔部分参与变形，孔径胀大 2~3mm。因此，即便使用复合冲裁模也要把冲孔凸模高度降低 7~8mm，以保证落料先于冲孔，得到合格零件。

（3）对于带孔或有缺口的冲压件，选用单工序模时，通常先落料再冲孔或缺口。选用连续模时，则落料安排为最后工序。

（4）对于带孔的弯曲件，在一般情况下，可以先冲孔后弯曲，以简化模具结构。当孔位于弯曲变形区或接近变形区，以及孔与基准面有较要求时，则应先弯曲后冲孔。

（5）对于带孔的拉深件，一般先拉深后冲孔。当孔的位置在工件底部且孔的尺寸精度要求不高时，可以先冲孔再拉。

（6）多角弯曲件，应从材料变形影响和弯曲时材料的偏移趋势安排弯曲的顺序，一般应先弯外角后弯内角。

（7）对于复杂的旋转体拉深件，一般先拉深大尺寸的外形，后拉深小尺寸的内形。对于复杂的非旋转体拉深尺寸的应先拉深小尺寸的内形，后拉深大尺寸的外部形状。

（8）整形工序、校平工序、切边工序，应安排在基本成形以后。

4. 冲压工序组合方式的选择

工序组合指把零件的多个工序合并成为一道工序用连续模或复合模进行生产。一个冲压件往往需要经过多道工序才能完成，因此，制定工艺方案时，必须考虑是采用单工序模分散冲压，还是将工序组合起来采用复合模或级进模冲压。一般来说，工序组合的必要性主要取决于冲压件的生产批量。生产批量大时,应该尽可能把工序集中起来,以提高生产率、降低成本;生产批量小时,宜采用结构简单、造价低的单工序模,以缩短模具制造周期、提高经济效益。但为了操作安全方便或减小工件占地面积和工序周转的运输费用和劳动量,对于不便取拿的小件和大型冲压件,批量小的时候也可以使工序适当组合。

5. 工序定位基准与定位方式的选择

工序的定位,就是使坯料或工序件在各自工序的模具中占有确定位置。合理地选择定位基准和定位方式,不仅是保证冲压件质量及尺寸精度的基本条件,而且也对稳定冲压工艺过程、方便操作及安全生产有着直接的影响。

1) 定位基准的选择

定位基准的选择应遵循以下原则:

(1) 基准重合原则。所谓基准重合原则就是尽可能使定位基准与零件设计基准相重合。基准重合时定位误差接近于零,同时避免了繁琐的工艺尺寸链计算和由此产生的误差。

(2) 基准统一原则。所谓基准统一原则,是指当采用多工序在不同模具上分散冲压时,应尽可能使各个工序都采用同一个定位基准。这样,既可以消除由不同定位基准而引起的多次定位误差,提高零件尺寸精度,又能够保证各个模具上的定位零件一致,简化了模具的设计与制造。

(3) 基准可靠原则。基准的可靠性是为了保证冲压件质量的稳定性。要做到基准可靠,首先所选择的定位基面,其位置、尺寸及形状都必须有较高精度,其次该基准面最好是冲压过程中不参与变形和移动的表面。

2) 定位方式的选择

冲压工序基本的定位方式可分为孔定位、平面定位和形体定位三种。由于零件结构形状的不同,其定位方式也不相同。通常,在选择定位方式时,必须考虑定位的可靠性、方向性及操作的方便与安全性。

图 7-3 所示的零件,若按方案一冲压,即先冲出型孔,然后以型孔定位冲三个小孔,由于涉及定位的方向性,很难把带型孔的工序件套在非圆形的定位销上,操作极不方便,效率低且不

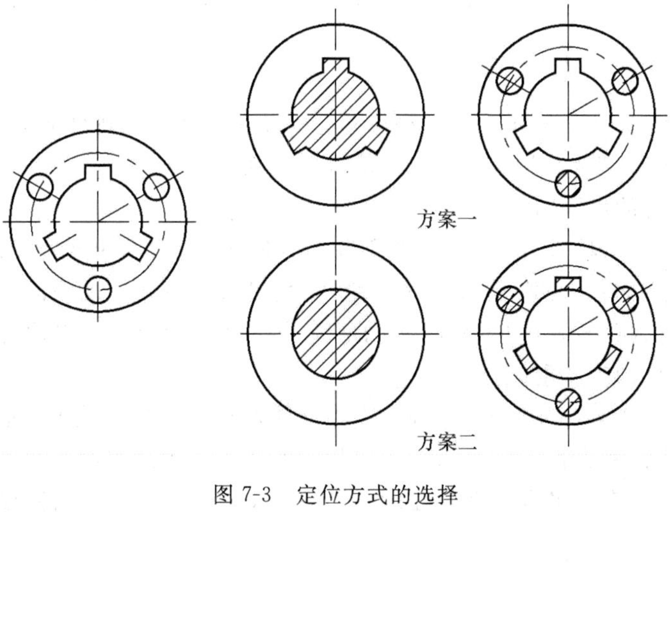

方案一

方案二

图 7-3 定位方式的选择

安全。若按方案二冲压时,先冲大圆孔,然后以冲出的圆孔定位,再冲三个槽和三个小孔,则无定位的方向性问题,使操作方便,定位可靠且效率高。

6. 冲压工序件形状与尺寸的确定

对每个冲压件而言,总可以分成两个组成部分:已成形部分和待成形部分。前者的形状和尺寸与成品零件相同,在后续工序中应作为强区不再变形;后者的形状和尺寸与成品零件不同,在后续工序中应作为弱区有待于继续变形,是过渡性的。冲压工序件是毛坯和冲压件之间的过渡件,它的形状与尺寸对每道冲压工序的成败和冲压件的质量具有极其重要的影响,必须满足冲压变形的要求。一般说来,工序件形状与尺寸的确定应遵循下述基本原则:

(1) 工序件尺寸应根据冲压工序的极限变形参数确定。例如多次拉深时每道工序的工序件拉深直径,多次缩口时各道工序的半成品缩口直径,在平板或拉深件底部冲孔翻边时的预冲孔直径,都应分别根据极限拉深系数、极限缩口系数和极限翻边系数来确定。

(2) 工序件尺寸应保证冲压变形时金属的合理分配与转移。一方面应注意工序件上已成形部分在以后的各道工序中不能产生任何变动;另一方面应注意工序件上被已成形部分分隔开的内部与外部待成形部分在以后的各道工序中,都必须保证在各自范围内进行材料的分配与转移。

(3) 工序件的形状与尺寸应有利于下道工序的冲压成形。一方面应注意工序件要能起到储料的作用。另一方面工序件的形状应具有较强的抗失稳能力,尤其对曲面形状零件拉深时,常常把工序件做成具有较强抗失稳能力的形状,以防下道拉深时发生起皱。

(4) 工序件的形状与尺寸应有利于保证冲压件的表面质量。例如多次拉深的工序件圆角半径(凸、凹模的圆角半径)都不宜取得过小;又如拉深深锥形件,采用阶梯形状过渡,所得锥形件壁厚不均匀,表面会留有明显的印痕,尤其当阶梯处的圆角半径取得较小时,其表面质量更差,而采用锥面逐步成形法或锥面一次成形,则能获得较好的成形效果。

(5) 工序件的形状与尺寸应能满足模具强度和定位方便的要求。

7.1.4 有关工艺计算

工艺方案确定后,需要对各道冲压工序进行工艺计算,其主要内容包括:

1. 排样与裁板方案的确定

排样论证的目的是为了画出正确的模具排样图。一个较佳的排样方案必须兼顾冲压件的公差等级、冲压件的生产批量和材料利用率等方面的因素。

(1) 保证冲压件的尺寸精度。

图 7-4 所示冲压件,材料为 10 钢板,料厚 1mm,其未注公差尺寸精度等级为 IT12,属一般冲裁模能达到的公差等级,不需采用精冲或整修等特殊冲裁方式。从该冲压件的形状来看,完全可以实现少、无废料排样法。但该冲压件的尺度精度等级决定了应采用有废料排样法。

(2) 考虑冲压件的生产批量。

该冲压件的月生产批量为 3000 件,属于中等批量的生产类型,因此不考虑多排、或一模多件的方案(该方案较适宜大批量生产,约几十万件以上);也不考虑采用简易冲裁模常用的单、直排方案,根据成批生产的特点,再结合该冲压的形状特点,以单斜排、一模一件、级进排样方案为宜。

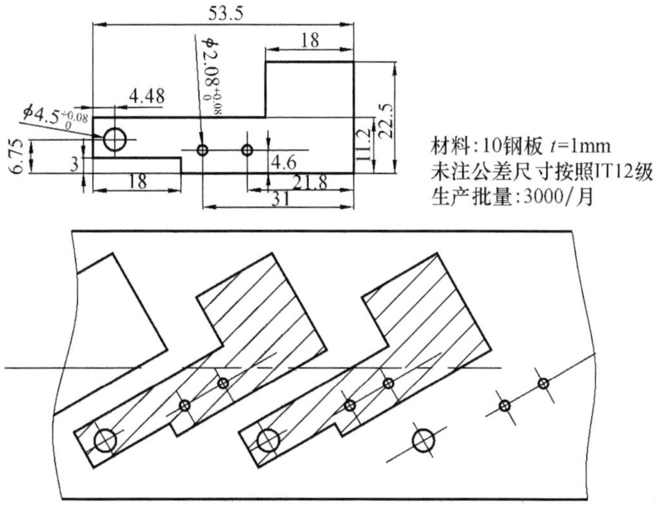

材料:10钢板 $t=1$mm
未注公差尺寸按照IT12级
生产批量:3000/月

图 7-4　保证冲件质量的排样

（3）提高原材料利用率。

在绘制排样图的过程中,应注意提高冲压原材料的利用率。但提高原材料的利用率,不能以大幅提高冲裁模结构的复杂程度为代价。图 7-5 所示是垫圈冲压件及其冲裁排样图。

如果单纯为了提高原材料的利用率而采用三排或三排以上、一模多件的冲载方案,虽然确实有助于提高原材料的利用率,但模具制造成本却随之大幅提高,其结果往往得不偿失。

排样图上搭边值设计是否合理,直接影响到原材料的利用率和模具制造的难易程度。总是采用最小许用搭边值$[a_{min}]$、$[a_{1min}]$往往人为地提高了模具的制造难度,而在通常情况下却并不能提高原材料的利用率。以一条长 1000mm 的料条为例,若对图 7-5 所示的垫圈冲压件以 $a=[a_{min}]0.8$mm 进行排样,可排$(1000-0.8)/(34+0.8)=28.7$ 个,实际为 28 个;若以 $a=1.5$mm 进行排样,则可排$(1000-1.5)/(34+1.5)=28.1$ 个。可见每个步距上省下 0.7mm 长的料,最终整张条料上并不能多排一个工件,两者的利用率是完全相同的。除使用卷料进行

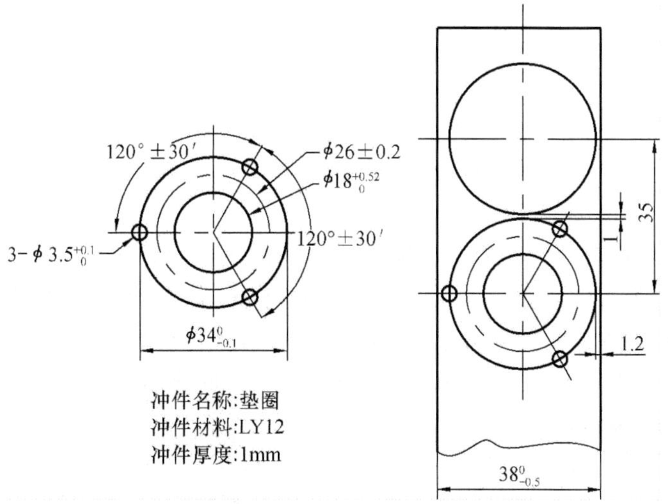

冲件名称:垫圈
冲件材料:LY12
冲件厚度:1mm

图 7-5　垫圈冲压件及排样

冲压外,一般搭边值[a_{min}]均应在的基础上圆整(料宽尺寸也须圆整),以降低模具制造难度。

2. 确定各次冲压工序件形状,并计算工序件尺寸

冲压工序件是坯料与成品零件的过渡件。对于冲裁件或成形件工序少的冲压件,工艺过程确定后,工序件形状及尺寸就已确定。而对于形状复杂、需要多次成形工序的冲压件,其工序件形状与尺寸的确定需要注意以下几点:
(1) 根据极限变形参数确定工序件尺寸。
(2) 工序件的形状和尺寸应有利于下一道工序的成形。
(3) 工序件各部位的形状和尺寸必须按等面积原则确定。
(4) 工序件形状和尺寸必须考虑成形后零件表面的质量。

3. 计算各工序冲压力

根据冲压工艺方案,初步确定各冲压工序所用冲压模具的结构方案(如卸料与压料方式、推件与顶件方式等),计算各冲压工序的变形力,卸料力、压料力、推件力、顶件力等。对于非对称形状件冲压和级进冲压,还需计算压力中心。

7.1.5　模具的设计计算

模具设计包括模具结构形式的选择与设计、模具结构参数计算、模具图绘制等内容。

1. 模具结构形式的选择与设计

根据拟定的工艺方案,考虑冲压件的形状特点、零件尺寸大小、精度要求、生产批量、模具加工条件、操作方便与安全的要求等选定与设计冲模结构形式。

2. 模具结构参数计算

确定模具结构形式后,需计算或校核模具结构上的有关参数,如模具工作部分(凸、凹模等)的几何尺寸、模具零件的强度与刚度、模具运动部件的运动参数、模具与设备之间的安装尺寸,选用和核算弹性元件等。

3. 绘制模具图

模具图由总装图和非标准件的零件图组成。
1) 模具总装配图的画法规则
总装配图主要反映整个模具各个零件之间的装配关系,绘制模具总装图时,一般用1:1的比例,这样比较直观,易发现问题。总装图包括主视图、俯视图、侧视图及局部视图等,此外还有工件图、排样图和零件明细表等。图中应标注的尺寸是:模具闭合尺寸(主视图为开式则写入技术要求中)、模架外形尺寸、模柄直径尺寸等,不应标注的尺寸是:形位公差和配合尺寸以及上述规定以外的尺寸。
(1) 主视图。放在图纸的上面左方,按冲模正对操作者方向绘制,采用剖视图画法(或局部剖视图画法)。一般为模具在闭合状态下绘制,在上下模间有一完成的冲压件,断面涂黑或红色。按模具的习惯画法,常将模具中心线的右边画成模具的闭合位置(即:上模在最低位置

时），也可以全部绘制为闭合位置。

（2）俯视图。放在图纸的下面左方，与主视图相对应。按习惯画法，常将上模拿掉或拿掉一半（左边）而绘制。俯视图上冲压件和排样图的轮廓用双点画线绘制。侧视图、仰视图及局部视图等，可选择绘制，达到完全清楚表达所有零件位置及尺寸的目的为佳。

（3）工件图。一般工件图画在总图的右上角，对于由数套模具完成的工件，则还需绘出前工序的工件图（前工序图画在工件图的左边），注明材料、规格及冲压件的尺寸、公差等比例应为1：1，工件图太小或太大可放大或缩小比例，方位应与冲压方向一致，若不一致须用箭头指明冲压方向。

（4）排样图。绘出坯料排样情况，对于连续模最好能画出工序图，画在总图里工件图的下面，注明条料宽度、公差、步距及搭边值（图面位置不够可另立一页），比例应为1：1，工件图太小或太大可放大或缩小比例。

（5）标题栏和零件明细表。应画在总图的右下角，按机械制图国家标准填写，包括零件的件号、名称、图纸号、数量、材料、热处理要求及标准零件代号、规格、备注等。模具中所有的零件都应详细填写进明细表之中。

（6）技术要求及说明。装配图中的技术要求布置在图下部适当的位置，内容包括：凸凹模间隙、模具闭合高度（当主视图为非闭合状态时）、所选模架型号、所选压力机型号（或吨位）等，说明部分包括模具结构特点及工作时的特殊要求等。

2）模具零件图的绘制

绘制冷冲压模零件图时，一般用1：1的比例，绘制除模架和国标标准件以外之所有零件图。要标注全部尺寸、公差与配合、表面粗糙度、形位公差、材料、热处理及其他技术要求。冲压模零件在图中的方向尽量按该零件在装配图中的方位画出，不要随意旋转或颠倒。

对于凸凹模的配作加工，其配制尺寸可不标公差，仅在标称尺寸右上角标 * 即可，同时在技术要求中说明 * 按凸凹模的配作加工并保证间隙若干即可。

7.1.6 冲压设备的选择

冲压设备选择是工艺设计中的一项重要内容，它直接关系到设备的合理使用、安全、产品质量、模具寿命、生产效率及成本等一系列重要问题。设备选择主要包括设备类型和规格两个方面的选择。

1）冲压设备类型的选择

设备类型的选择主要取决于冲压的工艺要求和生产批量。在设备类型选定之后，应进一步根据冲压工艺力（包括卸料力、压料力等）、变形功、模具闭合高度和模板平面轮廓尺寸等确定设备规格。

2）冲压设备规格的选择

设备规格主要是指压力机的公称压力、滑块行程、装模高度、工作台面尺寸及滑块模柄孔尺寸等技术参数。设备规格的选择与模具设计关系密切，必须使所设计的模具与所选设备的规格相适应。

7.1.7 冲压工艺文件的编写

冲压工艺文件主要是冲压工艺过程卡和工序卡。其中，冲压工艺过程卡表示了零件整个冲压工艺过程的有关内容,而工序卡是具体表示每一工序的有关内容。在大批量生产中,需要制定每个零件的工艺过程卡和工序卡;成批和小批量生产中,一般只需制定工艺过程卡。冲压件的批量生产中,冲压工艺过程卡是指导生产正常进行的重要技术文件,起着生产的组织管理、调度、工序间的协调以及工时定额核算等作用。工艺卡片尚未有统一的格式,一般按照既简明扼要又有利于生产管理的原则进行制订。一般冲压工艺卡的主要内容应包括:工序号、工序名称、工序内容、工序草图(加工图)、工艺装备、设备型号、材料牌号与规格等。

7.2 冲压过程设计实例

图 7-6 所示为摩托车侧盖前支承零件示意图,材料 Q215 钢,厚度 1.5mm,年生产量 5 万件,要求编制该冲压工艺方案。

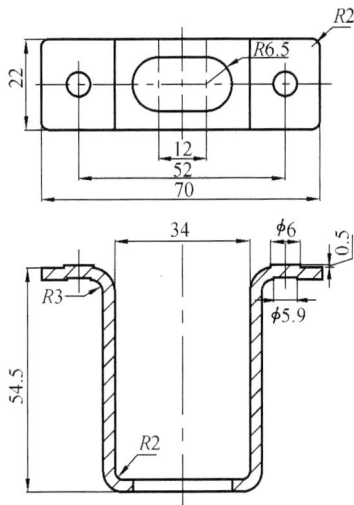

图 7-6　摩托车侧盖前支承零件示意图

7.2.1　零件及其冲压工艺性分析

摩托车侧盖前支承零件是以两个 $\phi5.9mm$ 的凸包定位且焊接组合在车架的电气元件支架上,腰圆孔用于侧盖的装配,故腰圆孔位置是该零件需要保证的重点。另外,该零件属隐蔽件,被侧盖完全遮蔽,外观上要求不高,只需平整。

该零件端部四角为尖角,若采用落料工艺,则工艺性较差,根据该零件的装配使用情况,为了改善落料的工艺性,故将四角修改为圆角,取圆角半径为 2mm。此外零件的"腿"较长,若能有效地利用过弯曲和校正弯曲来控制回弹,则可以得到形状和尺寸比较准确的零件。

腰圆孔边至弯曲半径 R 中心的距离为 2.5mm。大于材料厚度(1.5mm),从而腰圆孔位于变形区之外,弯曲时不会引起孔变形,故该孔可在弯曲前冲出。

7.2.2　冲压工艺方案的确定

首先根据零件形状确定冲压工序类型和选择工序顺序。冲压该零件需要的基本工序有剪切(或落料)、冲腰圆孔、一次弯曲、二次弯曲和冲凸包。其中弯曲决定了零件的总体形状和尺寸,因此选择合理的弯曲方法十分重要。

1. 弯曲变形的方法及比较

该零件弯曲变形的方法可采用图 7-7 所示中的任何一种。

第一种方法(图 7-7(a))为一次成形,其优点是用一副模具成形,可以提高生产率,减少所需设备和操作人员。缺点是毛坯的整个面积几乎都参与激烈的变形,零件表面擦伤严重,且擦伤面积大,零件形状与尺寸都不精确,弯曲处变薄严重,这些缺陷将随零件"腿"长的增加和"腿"长的减小而愈加明显。

第二种方法(图 7-7(b))是先用一副模具弯曲端部两角,然后在另一副模具上弯曲中间两

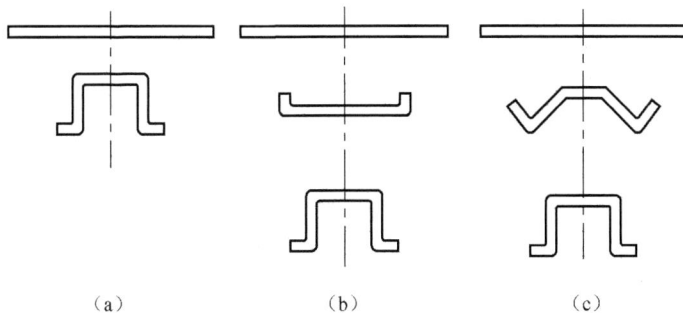

图 7-7 冲压工艺方案

角。这显然比第一种方法弯曲变形的激烈程度缓和得多,但回弹现象难以控制,且增加了模具、设备和操作人员。

第三种方法(图 7-7(c))是先在一副模具上弯曲端部两角并使中间两角预弯 45°,然后在另一副模具上弯曲成形,这样由于能够实现过弯曲和校正弯曲来控制回弹,故零件的形状和尺寸精确度高。此外,由于成形过程中材料受凸、凹模圆角的阻力较小,零件的表面质量较好。这种弯曲变形方法对于精度要求高或长"脚"短"脚"弯曲件的成形特别有利。

2. 工序组合方案及比较

根据冲压该零件需要的基本工序和弯曲成形的不同方法,可以作出下列各种组合方案。

方案一:落料与冲腰圆孔复合、弯曲四角、冲凸包。其优点是工序比较集中,占用设备和人员少,但回弹难以控制,尺寸和形状不精确,表面擦伤严重。

方案二:落料与冲腰圆孔复合、弯曲端部两角、弯曲中间两角、冲凸包。其优点是模具结构简单,投产快,但回弹难以控制,尺寸和形状不精确,而且工序分散,占用设备和人员多。

方案三:落料与冲腰圆孔复合、弯曲端部两角并使中间两角预弯 45°、弯曲中间两角、冲凸包。其优点是工件回弹容易控制,尺寸和形状精确,表面质量好,对于这种长"腿"短"脚"弯曲件的成形特别有利,缺点是工序分散,占用设备和人员多。

方案四:冲腰圆孔、切断及弯曲四角连续冲压、冲凸包。其优点是工序比较集中,占用设备和人员少,但回弹难以控制,尺寸和形状不精确,表面擦伤严重。

方案五:冲腰圆孔、切断及弯曲端部冲腰圆孔、切断连续冲压、弯曲中间两角、冲凸包。这种方案实质上与方案二差不多,只是采用了结构复杂的连续模,故工件回弹难以控制,尺寸和形状不精确。

方案六:将方案三全部工序组合,采用带料连续冲压。其优点是工序集中,只用一副模具完成全部工序,其实质是把方案三的各工序分别布置在连续模的各工位上,所以还具有方案三的各项优点,缺点是模具结构复杂,安装、调试和维修困难。制造周期长。

综合上述,该零件虽然对表面外观要求不高,但由于"腿"特别长,需要有效地利用过弯曲和校正来控制回弹,其方案三和方案六都能满足这一要求,但考虑到该零件件生产批量不是太大,故选用方案三,其冲压工序如下:

落料冲孔、一次弯形(弯曲端部两角并使中间两角预弯 45°)、二次弯形(弯曲中间两角)、冲凸包。

7.2.3 主要工艺参数计算

1. 毛坯展开尺寸

展开尺寸按图 7-8 分段计算。毛坯展开长度

$$L = 2l_1 + 2l_2 + l_3 + 2l_4 + 2l_5$$

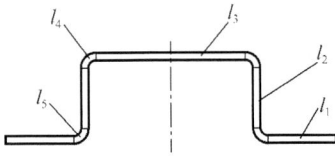

图 7-8 展开尺寸的计算

式中，$l_1 = 12.5$mm，$l_2 = 45.5$mm，$l_3 = 30$mm，l_4 和 l_5 按 $\frac{\pi}{2}(r + xt)$ 计算，其中圆周半径 r 分别为 2mm 和 4mm，材料厚度 $t = 1.5$mm，中性层位置系数 x 按 r/t 由表 3-2 查取。当 $r = 2$mm 时取 $x = 0.43$，$r = 4$mm 时取 $x = 0.46$。

将以上数值代入上式得

$$L = 2 \times 12.5 + 2 \times 45.5 + 30 + \frac{2\pi}{2}(2 + 0.43 \times 1.5) + \frac{2\pi}{2}(4 + 0.46 \times 1.5) = 169 \text{(mm)}$$

考虑到弯曲时材料略有伸长，故取毛坯展开长度 $L = 168$mm。

对于精度要求高的弯曲件，还需要通过试弯后进行修正，以获得准确的展开尺寸。

2. 确定排样方案和计算材料利用率

(1) 确定排样方案，根据零件形状选用合理的排样方案，以提高材料利用率。该零件采用落料与冲孔复合冲压，毛坯形状为矩形，长度方向尺寸较大，为便于送料，采用单排方案（图 7-9）。

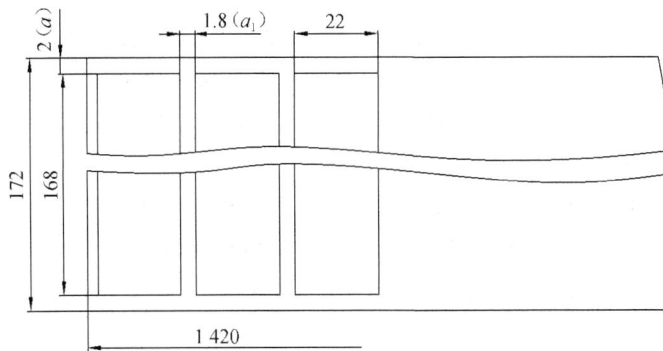

图 7-9 排样方案

搭边值 a 和 a_1 由表查得，得 $a = 2$mm，$a_1 = 1.8$mm。

(2) 确定板料规格和裁料方式。根据条料的宽度尺寸，选择合适的板料规格，使剩余的边料越小越好。该零件宽度用料为 172mm，以选择 1.5mm×710mm×1 420mm 的板料规格为宜。

裁料方式既要考虑所选板料规格、冲制零件的数量，又要考虑裁料操作的方便性，该零件以纵裁下料为宜。对于较为大型的零件，则着重考虑冲制零件的数量，以降低零件的材料费用。

（3）计算材料消耗工艺定额和材料利用率。根据排样计算，一张钢板可冲制的零件数量为 $n = 4 \times 59 = 236$（件）。

材料消耗工艺定额

$$G = \frac{\text{一张钢板的质量}}{\text{一张钢板冲制零件的数量}} = \frac{1.5 \times 710 \times 1\,420 \times 0.000\,007\,8}{236} = 0.049\,98\text{（kg）}$$

材料利用率

$$\eta = \frac{\text{一张钢板冲制零件数量} \times \text{零件面积}}{\text{一张钢板面积}} \times 100\%$$

$$= \frac{236 \times (168 \times 22 - 12 \times 13 - \pi \times 6.5^2)}{710 \times 1\,420} \times 100\%$$

$$= 79.7\%$$

零件面积由图 7-10 计算得出。

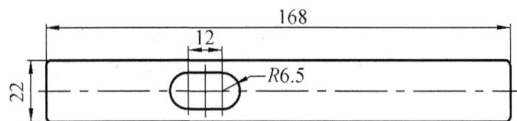

图 7-10　零件面积计算

7.2.4　计算各工序冲压力和选择冲压设备

1. 第一道工序——落料冲孔（图 7-11）

该工序冲压力包括冲裁力 F，卸料力 F_X 和推料力 F_T，按图 7-11 所示的结构形式，系采用打杆在滑块快回到最高位置时将工件直接从凹模内打出，故不再考虑顶件力 F_D。

由冲裁力公式（3-19）、式（3-20）知，$F = Lt\sigma_b$ 或 $1.3Lt\tau$，式中，$t = 1.5\text{mm}$，取 $\sigma_b = 400\text{MPa}$。

剪切长度 L 按图 7-10 所示尺寸计算

$$L = L_1 + L_2$$

式中，L_1 为落料长度，mm；L_2 为冲孔长度，mm。

将图 7-10 所示尺寸代入计算公式可得

$$L_1 = 2 \times (168 - 2 \times 2 - 2 \times 2) + 2 \times 2\pi = 376\text{（mm）}$$

$$L_2 = 2 \times (12 + 6.5\pi) = 65\text{（mm）}$$

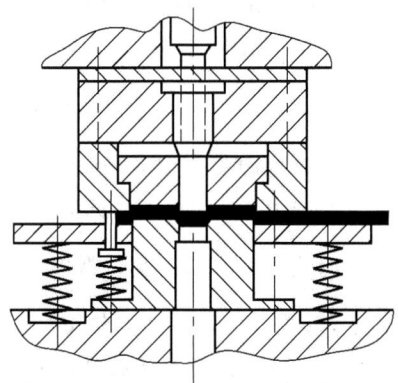

图 7-11　落料冲孔模具结构形式

因此，$L = 376 + 65 = 441\text{（mm）}$

将以上数值代入冲裁力计算公式可得

$$F = Lt\sigma_b = 441 \times 1.5 \times 400 = 264\,600\text{（N）}$$

落料卸料力　　　　　　　　　　$F_X = K_X F_p$

式中，K_X 为卸料力系数；F_p 为落料力，N。

将数值代入卸料力公式可得

$$F_X = 0.04 \times 376 \times 1.5 \times 400 = 9\,024\,(\text{N})$$

冲孔推件力 $\qquad F_T = nK_T F_p^n = nK_T L_2 t\sigma_b$

式中，n 为梗塞件数量（即腰圆形废料数），取 $n=4$；K_T 为推件力系数，由表 3-14 查取；F_p^n 为冲孔力，N。

将数值代入推件力公式可得

$$F_T = 4 \times 0.055 \times 65 \times 1.5 \times 400 = 8\,580\,(\text{N})$$

第一道工序总冲压力

$$F_Z = F_P + F_X + F_T = 264\,600 + 9\,024 + 8\,580 = 282\,204\,(\text{N}) \approx 282\,(\text{kN})$$

选择冲压设备时着重考虑的主要参数是公称压力、装模高度、滑块行程、工作台面尺寸等。根据第一道工序所需的冲压力，选用公称压力为 400kN 的压力机就完全能够满足使用要求。

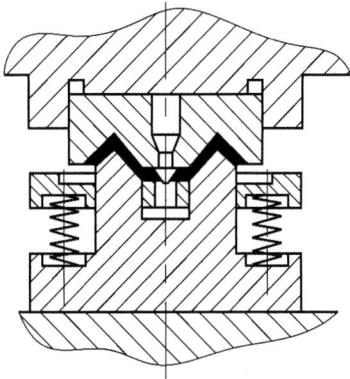

图 7-12　一次弯形模具结构形式

2. 第二道工序——一次弯曲（图 7-12）

该工序的冲压力包括预弯中部两角和弯曲、校正端部两角及压料力等，这些力并不是同时发生或达到最大值的，最初只有压弯力和预弯力，滑块下降到一定位置时开始压弯端部两角，最后进行校正弯曲，故最大冲压力只考虑校正弯曲力 F_J 和压料力 F_Y。

校正弯曲力 $\qquad F_J = F_q A$

式中，F_J 为校正力，N；F_q 为单位面积上的校正力，MPa 其值见表 4-9；A 为弯曲件被校正部分的投影面积，mm^2。

查表得，$F_q = 100\text{MPa}$。

结合图 7-6、图 7-10 所示尺寸计算式如下

$$A = [34 + (168 - 34)\cos45°] \times 22 - (12 \times 13 + 6.5^2 \times \pi) = 2\,544\,(\text{mm}^2)$$

校正弯曲力 $F_J = 2\,544 \times 100 = 254\,400\,(\text{N})$

压料力 F_Y 为自由弯曲力 F_z 的 30%～60%。

由式 4-29 可知：自由弯曲力 $F_{Uz} = \dfrac{0.7KBt^2\sigma_b}{r+t}$

式中，系数 $K=1.3$；弯曲件宽度 $B=22\text{mm}$；料厚 $t=1.5\text{mm}$；抗拉强度 $\sigma_b=400\text{MPa}$；凸模圆角半径 $r=2\text{mm}$。将上述数据代入上述表达式，得

$$F_{Uz} = \frac{0.7 \times 1.3 \times 22 \times 1.5^2 \times 400}{2 + 1.5} = 5\,148\,(\text{N})$$

取 $F_Y = 40\% F_{Uz}$，得

压料力 $\qquad F_Y = 0.4 \times 5\,148 = 2\,059\,(\text{N})$

则第二道工序总冲压力

$$F_{\text{总}} = F_J + F_Y = 254\,400 + 2\,059 = 256\,459\text{N} \approx 256\,(\text{kN})$$

根据第二道工序所需要的冲压力，选用公称压力为 400kN 的压力机完全能够满足使用要求。

3. 第三道工序——二次弯曲(图 7-13)

该工序仍需要压料,故冲压力包括自由弯曲力 F_Z 和压料力 F_Y,自由弯曲力也可按照 $F_Z = \dfrac{CBt^2\sigma_b}{2L}$ 计算,式中系数 $C=1.2$;支点间距 $2L$ 近似取 34mm。将上述数据代入 F_Z 表达式,得

自由弯曲力　$F_Z = \dfrac{1.2 \times 22 \times 1.5^2 \times 400}{34} = 699(\text{N})$

压料力　　　$F_Y = 0.4 \times 699 = 349(\text{N})$

则第三道工序总冲压力 $F_总 = F_Z + F_Y = 699 + 349 = 1\,048(\text{N})$

第三道工序所需的冲压力很小,若单从这一角度考虑,所选的压力机太小,滑块行程不能满足该工序的加工需要。故该工序宜选用滑块行程较大的 400kN 的压力机。

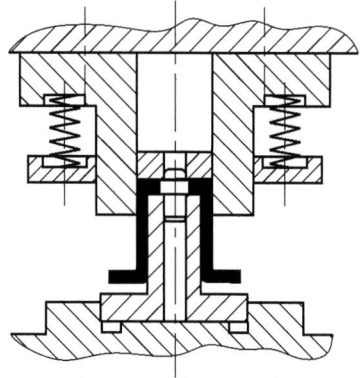

图 7-13　二次弯形模具结构形式

4. 第四道工序——冲凸包(图 7-14)

该工序需要压料和顶料,其冲压力包括凸包成形力 F_P 和卸料力 F_X 及顶件力 F_D,从图 7-6所示标注的尺寸看,凸包的成形情况与冲裁相似,故凸包成形力 P_p 可按冲裁力公式计算得

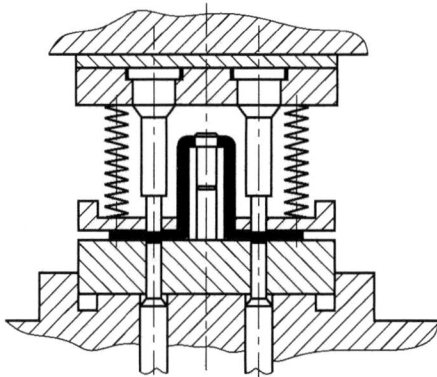

图 7-14　冲凸包模具结构形式

凸包成形力　$F_P = Lt\sigma_b = 2 \times 6\pi \times 1.5 \times 400$
$= 22\,608(\text{N})$

卸料力　$F_X = K_X F_P = 0.04 \times 22\,608 = 904(\text{N})$

顶件力　$F_D = K_D F_P = 0.06 \times 22\,608 = 1\,356(\text{N})$

则第四道工序总冲压力

$F_总 = F_P + F_X + F_D = 22\,608 + 904 + 1\,356$
$= 24\,868(\text{N}) \approx 25(\text{kN})$

从该工序所需的冲压力考虑,选用公称压力为 40kN 的压力机就行了,但是该工件高度大,需要滑块行程也相应要大,故该工序选用公称压力为 250kN 的压力机。

7.2.5　模具结构形式的确定

落料冲孔模具、一次弯形模具、二次弯形模具、冲凸包模具结构形式分别见图 7-11、图 7-12、图 7-13 和图 7-14。

7.2.6　编写冲压过程工艺卡片

摩托车侧盖前支承的冲压工艺过程见表 7-1。冲压过程工艺卡片具体样式内容参考相关资料,本处略。

表 7-1　摩托车侧盖前支承的冲压工艺过程

序号	工序	工序内容及要求	工艺装备	装备/kN
1	落料冲孔	落料与冲腰圆孔复合	落料冲孔模	400
2	弯曲	一次弯曲 弯曲端部两角并使中间两角预弯 45°	弯曲模	400
3	弯曲	二次弯曲 弯曲中间两角	弯曲模	400
4	冲凸包	冲 2 个 ϕ5.9mm 的凸包	冲凸包模	250

第8章 多工位级进冲压工艺与模具设计

8.1 概　　述

多工位级进模又称连续模,即在压力机的一次行程内,在模具的不同工位上完成多道冲压工序。级进模除可进行冲孔落料工序外,还可完成压筋、冲窝、弯曲、拉深等成形工序,甚至还可以在模具中完成装配工序。

精密多工位级进模一般适用于材料厚度较薄且生产批量较大(20万件以上)的中小型冲压件,冲压设备通常较多采用高速压力机。

级进模在现代大量化、精密化的工业生产中得到广泛应用。其优点体现在:

(1) 集成冲裁、拉深、弯曲和成形等多种工序,在一副模具上可以完成完整零件的冲压加工。

(2) 一般采用高速冲床,自动送料、自动出件,比复合模效率高,操作安全性好。

(3) 材料一次变形量小,可通过增加工序数减少每次变形量,确保产品质量和提高模具寿命。

(4) 适合微小、较精密、薄料、批量大的冲压零件生产。

虽然级进模优点突出,但也存在无法回避的一些缺点:

(1) 由于级进模精度较高,导致制造、调试、维修成本很高。

(2) 由于冲压过程中条料的送进定位误差积累,导致该类模具不适合精度要求非常严格的冲压件生产。

(3) 冲压设备的实际负载率(实际负载/额定负载能力)普遍较低,且一般需要具有较大工作台的冲压设备。

(4) 由于必须设置载体,所以材料利用率不高。

一般来说,级进模可以根据条料在模具中的加工形态或工序的配置顺序,分为冲裁—下料级进模、冲裁—弯曲级进模、冲裁—拉深(成型)级进模等,也可按定位零件中特征分为有固定挡料销及导正销级进模、有侧刃级进模、自动挡料级进模等。

8.2 多工位级进模的排样设计

设计级进模,首先要设计排样图,这是该类模具设计的依据。多工位级进模的排样是指冲件(一个或数个)在带料上分几个工位冲制的布置方法,即要求通过排样,在分工步完成各工序时,切除废料,并将制件半成品保留在条料上,直至最后将制件从条料上分离下来。

8.2.1 多工位级进模排样设计的原则

多工位级进模的排样,除了遵守普通冲模的排样原则外,还应考虑如下原则:

（1）可制作多个冲压件展开毛坯样板。在图面上反复试排,待初步方案确定后,在排样图的开始端安排冲孔、切口、切废料等分离工位,再向另一端依次安排成形工位,最后安排制件和载体分离。

（2）第一工位一般安排冲孔和冲工艺导正孔,第二工位设置导正销对条料导正,在以后的工位中,视其工位数和易发生窜动的工位设置导正销,也可在以后的工位中每隔2～3个工位设置导正销。第三工位根据冲压条料的定位精度,可设置送料步距的误送检测装置。

（3）冲压件上孔的数量较多,且孔的位置太近时,可在不同工位上冲出孔,但孔不能因后续成形工序的影响而变形。对相对位置精度有较高要求的多孔,应考虑同步冲出。因模具强度的限制不能同步冲出时,后续冲孔应采取保证孔相对位置精度要求的措施。复杂的型孔可分解为若干简单型孔分步冲出。

（4）为提高凹模镶块、卸料板和固定板的强度,保证各成形零件安装位置不发生干涉,可在排样中设置空工位,空工位的数量根据模具结构的要求而定。

（5）成形方向的选择（向上或向下）要有利于模具的设计和制造,有利于送料的顺畅。若有不同于冲床滑块冲程方向的冲压成形动作,可采用斜滑块、杠杆和摆块等机构来转换成形方向。

（6）对弯曲的拉深成形件,每一工位的变形程度不宜过大,变形程度较大的冲压件可分几次成形。这样既有利于质量的保证,又有利于模具的调试修整。对精度要求较高的成形件,应设置整形工位。

（7）为避免U形弯曲件变形区材料的拉伸,应考虑先弯成45°,再弯成90°。

（8）在级进拉深排样中,可应用拉深前切口、切槽等技术,以便材料的流动。

（9）压筋一般安排在冲孔前,在突包的中央有孔时,可先冲一小孔,压突后再冲到要求的孔径,这样有利于材料的流动。

8.2.2 多工位级进模排样设计的内容

（1）确定模具的工位数目、各工位加工的内容及各工位冲压工序顺序的安排。

（2）确定被冲工件在条料上的排列方式。

（3）确定条料载体的形式。

（4）确定条料宽度和步距尺寸,从而确定了材料利用率。

（5）确定导料与定距方式、弹顶器的设置和导正销的安排。

（6）基本上确定模具各工位的结构。

排样图设计的好坏,对模具设计的影响很大,是属于总体设计的范畴。一般都要设计出多种方案加以分析、比较、综合与归纳,以确定一个经济、技术效果相对较合理的方案。衡量排样设计的好坏主要是看其工序安排是否合理,能否保证冲件的质量并使冲压过程正常、稳定的进行,模具结构是否简单,制造、维修是否方便,能否得到较高的材料利用率,是否符合制造和使用单位的习惯和实际条件等。

8.2.3 多工位级进模的工位设计

进行工位设计就是要确定模具工位的数目、各工位加工的内容及各工位冲压工序顺序的安排。

1. 工位设计的注意事项

一般应注意以下几个方面。

1) 简化模具结构

对于复杂的冲裁、弯曲或成形,可采用简单形状的凸模和凹模或简单的机构多冲几次,尽量避免用复杂形状的凸模和凹模或复杂机构;对于卷圆类零件,常采用无芯轴的逐渐弯曲成形的方法,以免采用芯轴造成机构动作的不协调而影响正常工作。尽量简化模具结构有利于保证冲压过程连续工作的可靠性,也有利于模具制造、装配、更换与维修。

2) 保证冲压件质量

对于有严格要求的局部内、外形及成组的孔,应考虑在同一工位上冲出,以保证其位置精度。如果在一个工位上完成有困难,则应尽量缩短两个相关工位的距离,以减少定位误差。对于弯曲件,在每一工位的变形程度不宜过大,否则容易回弹和开裂,难以保证质量。

3) 尽量减少空工位

空工位的设置,不仅增加了相关工位之间的距离,加大制造与冲压误差,也增大了模具的面积,因此对空位设置应慎重。只有当相邻的工位之间的空间距离过小,难以保证凸模和凹模的强度,或难以安置必要的机构时才可以设置空工位。当步距太小时(≤5mm),应适当多设置几个空位,否则模具强度较低,一些零件也难以安装。而当步距较大时(>30mm 时),应不设置空位,甚至可以合并工位,以减小模具的轮廓尺寸。

2. 各工位冲压工序在排样设计中的顺序安排

在一般冲压工序设计中,各种冲压工序之间的顺序关系已形成一定规律。但在多工位级进模的排样设计中还应遵循以下几条规律。

1) 对于纯冲裁的多工位级进模排样

一般是先冲孔后落料或切断。先冲出的孔可作后续工位的定位孔,若该孔不适合于定位或定位精度要求较高时,则应冲出辅助定位工艺孔(导正销孔)。套料连续冲裁时,按由里向外的顺序,先冲内轮廓后冲外轮廓。

2) 对于冲裁—弯曲的多工位级进模排样

一般都是先冲孔,再切掉弯曲部位周边的废料后进行弯曲,接着切去余下的废料并落料。切除废料时,应注意保证条料的刚性和零件在条料上的稳定性。弯曲部位须经几次才能弯曲成形时,应从最远端开始,依次向与基准平面连接的根部弯曲,这样可以避免或减少侧弯机构,简化模具结构。对于靠近弯曲带的孔和侧面有位置精度要求的侧壁孔,则应安排在弯曲后再冲孔。对于复杂的弯曲件,为了保证弯曲角度,可以分成几次进行弯曲,有利于控制回弹。

3) 对于冲裁—拉深的多工位级进模排样

在进行多工位级进拉深成形时,坯料的送进不像单工序拉深那样以散件形式单个进行,而是通过带料以组件形式连续送进坯料,故又称为带料拉深。采取载体、搭边和坯件连在一起的组件,便于稳定作业,成形效果良好。但由于级进拉深时不能进行中间退火,故要求材料应具有较高的塑性。又由于连续拉深过程中工件间的相互制约,因此,每一工位拉深的变形程度不可能太大,且零件间还留有较多的工艺废料,材料的利用率有所下降。

要保证级进拉深工位的布置满足成形的要求。应根据制件的尺寸及拉深所需要的次数等工艺参数,用简易临时模具试拉,根据是否拉裂或成形过程的稳定反复试制到加工稳定为止。在结构设计上,可以根据成形过程的要求,工位的数量,模具的制造和装配组成单元式模具。

8.2.4 载体设计

搭边在多工位级进模中将坯件传递到各工位进行冲裁和成形加工,并且使坯件在动态送料过程中保持稳定准确的定位。因此又把搭边称为载体。载体是运送坯件的物体,载体与坯件或坯件和坯件的连接部分称为搭口。

1. 载体形式

根据连续冲裁制件的形状、变形性质及料厚等情况,载体可分为如下几种形式。

1)边料载体

边料载体是利用在制件的边废料上冲出导正孔以此定位进行拉深、弯曲等成形工序。此种载体送料刚性较好、省料、简单、应用较为广泛。多用于料厚大于或等于 0.2mm、步距大于20mm 且可以在废料上冲出导正孔的各种条料。图 8-1 所示为浅拉深成形边料载体。

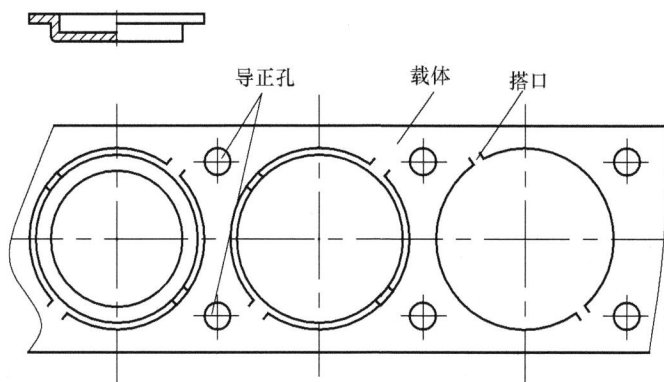

图 8-1 拉深成形边料载体形式

2)中部留料载体

该载体是沿带料上制件毛坯四周切去大部分材料,只在带料宽度方向的中部留少许连接材料,适用于料厚较大、刚度较好的材料,如图 8-2 所示。

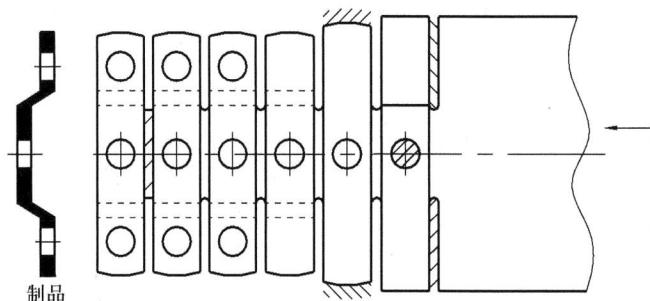

图 8-2 中部留料载体形式

3）双侧留料载体

这种载体只在带料两侧留少量材料,适合于料薄而长的制件的级进冲压,如图 8-3 所示。

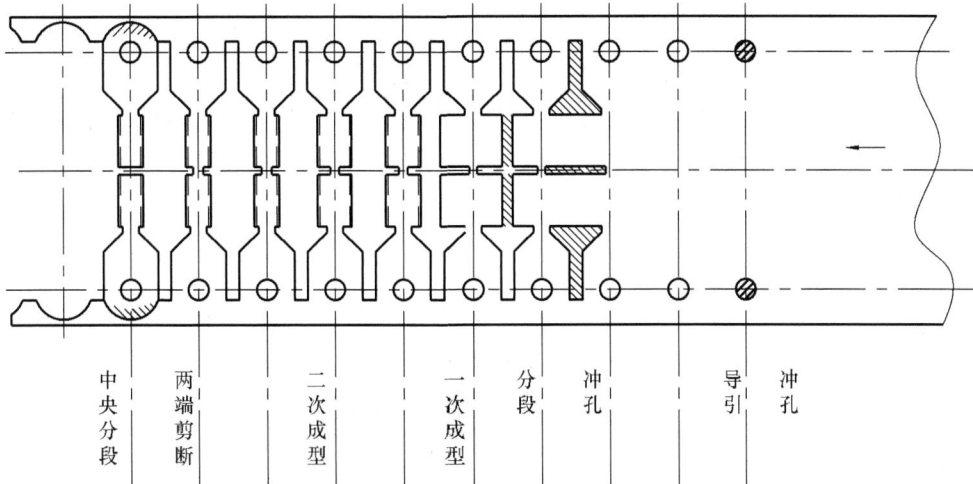

图 8-3　双侧留料载体形式

4）单侧留料载体

这种载体只在带料一侧留少量材料,其刚性较差,适合于料厚在 0.3mm 以上或者料虽薄但较短的制件的级进冲压,如图 8-4 所示。

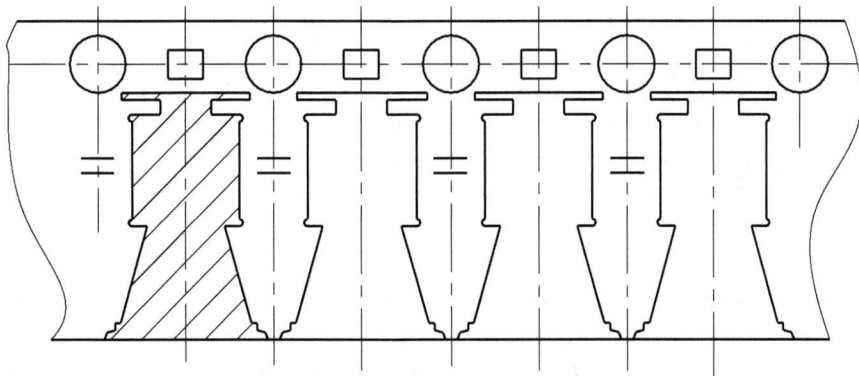

图 8-4　单侧留料载体形式

5）加强载体

在成形工序之前,在带料上切槽(或切缝)或切去毛坯周围(相当于制件展开形状)的一部分材料,都会造成带料刚性的降低,使送进的平稳性和定位精度降低,这种情况在薄料时尤为明显。此时,可选择有压筋加强式和翻边加强式两种加强载体,分别如图 8-5 和图 8-6 所示。

2. 搭口与搭接

搭口要有一定的强度,并且搭口的位置应便于载体与工件最终分离。在各分段冲裁的连

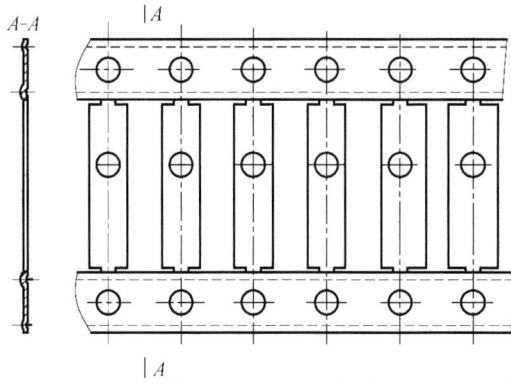

图 8-5　压筋加强式载体

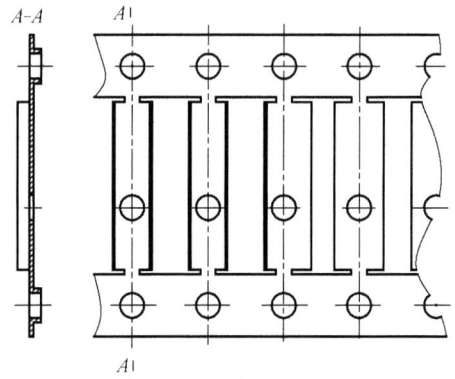

图 8-6　翻边加强式载体

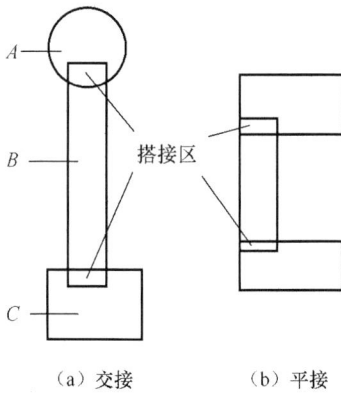

（a）交接　　（b）平接

图 8-7　搭接方式

接部位应平直或圆滑,以免出现毛刺、错位、尖角等。因此应考虑分断切除时的搭接方式。常见搭接方式如图 8-7 所示,图 8-7(a)为交接,第一次冲出 A,B 两区,第二次冲出 C 区,搭接区是冲裁 C 区凸模的扩大部分,搭接量应大于 0.5 倍的料厚;图 8-7(b)为平接,平接时要求位置精度较高,除了必须如此排样时,应尽量避免使用此搭接方法。平接时在平接附近要设置导正销,如果工件允许,第二次冲裁宽度应适当增加一些,凸模要修出微小的斜角(一般取 3°~5°)。

8.2.5　条料定位精度的确定

条料的定位精度直接影响到制件的加工精度,是确定凹模、固定板、卸料板等零件型孔位置精度的依据。多工位级进模条料定位精度的控制主要有三种形式:侧刃定距、侧刃与导正销联合定距和自动送料与导正销联合定距。

侧刃定距主要用于手工送料、零件结构简单、精度要求不高,工位数不超过五个的冲裁级进模。

当冲裁形状复杂或含有弯曲工序的多工位级进模,由于工位数增多,为减少累积误差,在手工送料时广泛采用侧刃与导正销联合定距,侧刃用于粗定位,导正销用于精定位。

当采用自动送料装置时,需采用自动送料装置与导正销联合定距。目前的自动送料装置主要使用辊式、夹持式、气动式等形式。采用机械式的送料装置,一般误差为±0.02mm,只能粗定位。由于材料的厚度和宽度尺寸以及导料板的导料槽宽度的尺寸都存在误差,因此在连续冲压时容易产生积累误差,不能保证工件的精度,为此精确定位要设置导正销。导正销孔大多设置在条料排样的空处,有时也可利用工件上的孔作为导正孔,以提高材料的利用率。一般应在第一工位冲导正工艺孔,紧接着第二工位设置导正销导正,以该导正销校正自动送料的步距误差。在模具加工设备精度一定的条件下,可通过设计不同形式的载体和不同数量的导正销,达到条料所要求的定位精度。图 8-8 为导正销进行导正的简图,导正孔直径 D 及凸模直径 D_1 与导正销直径 d 之间的关系,根据工件精度和料厚 t 的不同而定,具体可查有关设计资料。

为了减少多工位级进模各工位之间步距的积累误差,在标注凹模、固定板和卸料板等零件与步距有关的孔位尺寸时,均以第一工位为尺寸基准向后标注,不论距离多大,均以对称偏差标注型孔位置公差,以保证孔位制造精度。图 8-9 是图 8-10 所示冲件的凹模板与步距有关的孔位尺寸的标注示例。

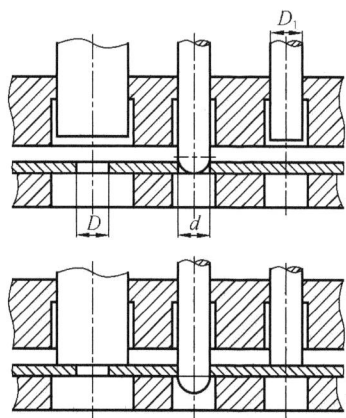

图 8-8 用导正销进行导正

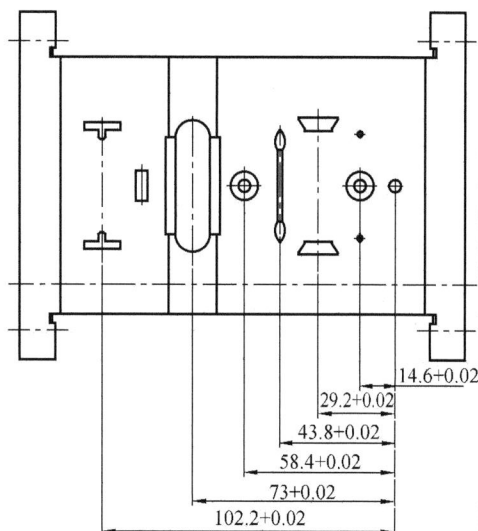

图 8-9 凹模板孔位尺寸标注示例

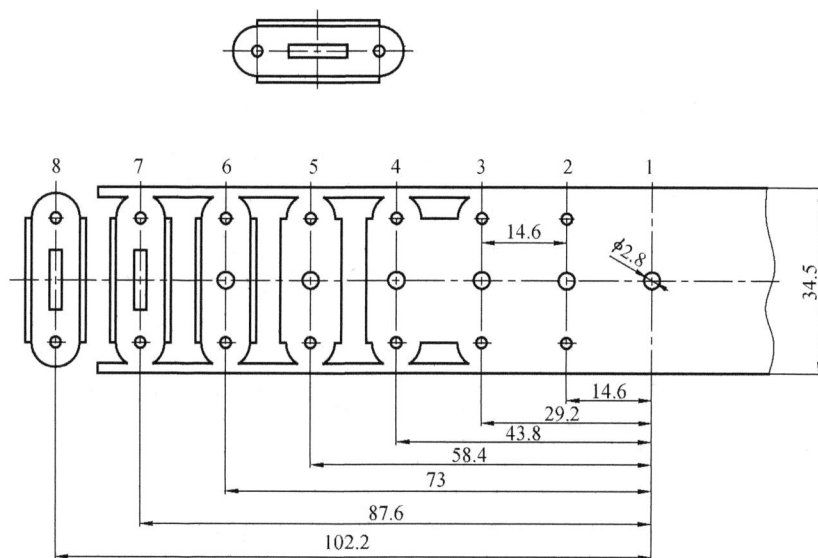

图 8-10 排样图示例

1-冲导正销孔;2-冲 2 个 $\phi1.8$mm 圆孔;3-空工位;4-冲切两端局部余料;5-冲两工件之间的分断槽余料;

6-弯曲;7-冲中部长方孔;8-载体切断,零件与条料分离

8.3 多工位级进模的典型结构

8.3.1 剪开拉深式级进模

本类型模具主要用于壳状或者杯状零件(有底无盖)的成形加工。主要特点是送进板

料中预留进给裕料和连接裕料,所以也称为进给裕板带料式级进模,其工序数目最多可达20余个。

由于拉深是冲压加工中最困难的加工形式之一,采用连续拉深就显得更加困难,除了模具结构比其他类型连续模具更复杂之外,其个别工位的模具设计和生产技术都包含着各种复杂问题。

对于拉深来讲,首先要解决的是拉深加工中的各种基本事项,以及相关的各种问题,比如拉伸次数、模具的间隙、凹模圆角半径尺寸和压边力大小等。其次,就是把上述工作具体分配到级进模具上的模具配置、结构,以及板料在各个工位的加工状况等各种设计和技术问题。

一般按照拉深冲头的安装位置不同(上模或下模),可分成向下拉深式和向上拉深式两种。之所以采用向上或向下拉深,除了考虑拉深工序以外,还考虑到冲孔、开口以及成形等工序的影响。一般情况下,通过1~2次拉深就能完成的加工,多采用向下拉深形式,而需要多道工序才能完成的拉深产品,普遍采用向上拉深式级进模。本节将就典型的剪开拉深式级进模做详细介绍。

图8-11所示为向下拉深式级进模的板条布置与模具剖面图。工件为底部中央有方形孔的有凸缘浅拉深容器。第1工位(站)冲出一个小圆孔及细腰型孔,确定工件的坯料外形。第

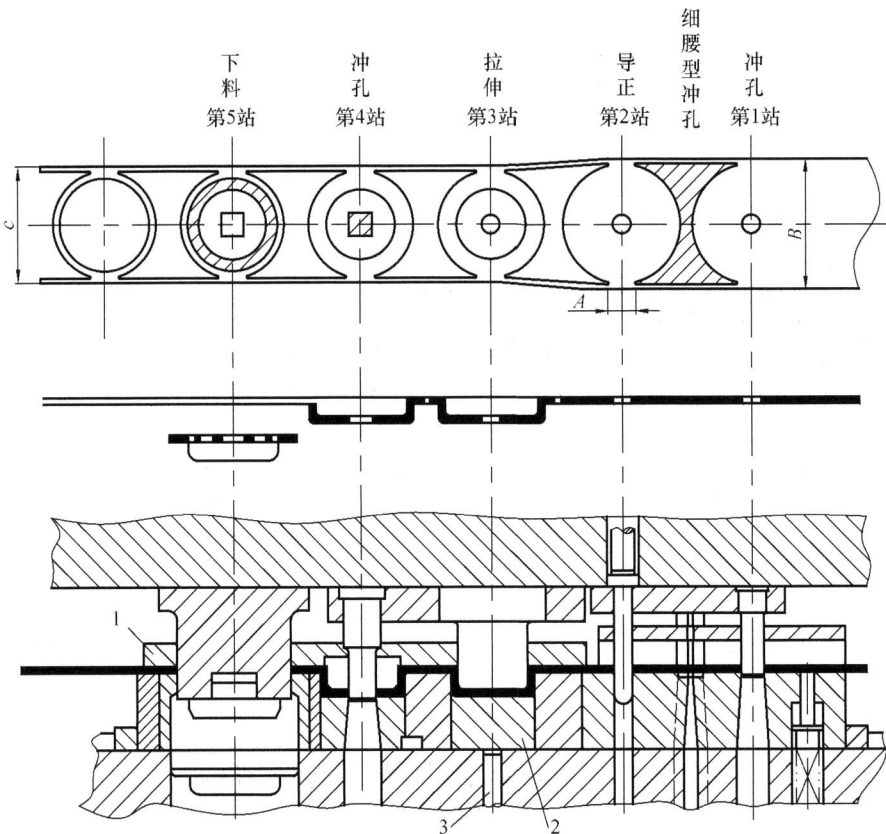

图8-11 向下拉深式级进模的板条布置与模具剖面图

1-弹簧引动式脱模具;2-引伸用缓冲模垫;3-缓冲杆

2工位(站)以圆孔做导正孔的导引工序(有时也利用细腰型孔的一定部分做导正,并以自动停止装置来确定其位置而不用导正销)。第 3 工位(站)进行拉深成形完成所需的成形加工。如果工件拉深底部圆角半径极小,则为了压出该形状,必须在拉深工序之后再进行一次整形工序。第 4 工位(站)冲出底部中央的方形孔。

此类工件,如果孔的大小与拉深筒形部分的内径尺寸很接近,那么采用向下拉深的形式,一般都不会有问题;但是,若使用向上拉深,则因拉深凸模(实际为拉深坯料的导杆)中,尚需设置极大的冲方孔用冲模孔,使得冲模壁厚变薄、强度显著减弱,导致模具强度不足而无法冲孔。此时,就采用凸模与凹模倒置安装,而将废料推向上方的形式。这就是根据工件形状,拉深加工方向会受拉深加工以外的冲孔、冲口及成形加工所左右的实例。对于这种情况,尽管向上拉深形式对拉深加工比较有利,但是为了某种需要,或其他限制而应采用向下拉深形式。

第 5 工位(站),即最终工序使工件切断分离,是采用冲模贯穿的形式,将工件一个一个向下推压,使其自动落下。在本实例中,拉深工序是在第 3 工位(站)一次完成,因此可使用一整块的弹簧式卸料板 1,使其在第 3 工位(站)起到压边板作用,而由第 4 工位(站)、第 5 工位(站)来担任剪断工序的废料剥除工作。对于具有多个拉深工序的模具,由于通常各种拉深所需的压边力都不同,所以几乎皆无法共同使用同一块压边板,而需适当地分成数块压边板,各自独立使用。

本类型级进模具需要将材料板条自冲模基准面提升到进给基准面,且在多数模具中几乎都采用导轨顶升器,或杆顶来完成。但是,此类顶升器或顶杆通常都无法在拉深或成形工序中,将已压入冲模孔内的工件坯料推出,因而在各个冲模孔内,都必须另外安装推出装置 2,并借安装在下方的强力弹簧,才能推出工件。至于连强力弹簧也无法将工件坯料推出的情况,则需如图 8-11 所示,另外使用间接式缓冲杆 3,由模座下方的弹簧、橡胶或空气装置等外力加以推出。

8.3.2 剪断压回式级进模

本类型级进模具的下料加工与普通单工序模具的下料方式非常相似。它是一种下料完成的瞬间,利用坯料压板等的力量,将坯料压回板条上的原来孔内,以便利用原板条继续推送坯料,借以进行所需的加工,再于最终工序将加工成品自板条中推出的级进模具形式。基于这样的理由,本类型模具下料工序中所用的冲头与冲模,其间隙的预留方式是采用一般单工序下料模具的形式,而与前述各种级进模具的坯料构成方式几乎完全不同。

一般说来,本类型模具比较适用于厚板情况,但大部分的薄板,尤其是可利用冲裁模具的板材,也基于本类型模具所特有的优点,而普遍被采用。

适合于本类型模具的工件最大特点是坯料形状复杂。然而,其后续拉深、弯曲等成形工序,却只有 1~2 个工位,或更简单的局部加工即可完成的制品。

图 8-12 所示就是利用本类型模其来制造"厚肉"浅拉深圆筒制品的板条布置与模具纵剖面图。第 1 工位(站)冲孔,第 2 工位(站)施行下料并且压回,第 3 工位(站)空步,再于第 4 工位(站)推出并拉深成需用的工件。

在第 2 工位(站)作业中,坯料首先被剪断,接着弹簧 3 的强大向上推力,经由推压杆 2 紧紧顶着压回模垫 1,使坯料一直追随着下料冲头 4 而压回原来的孔内。在这种情况下,上模中弹簧式脱模板 5 的动作性质也与一般级进模具不同。即当剪断的坯料压回原孔的一段期间,

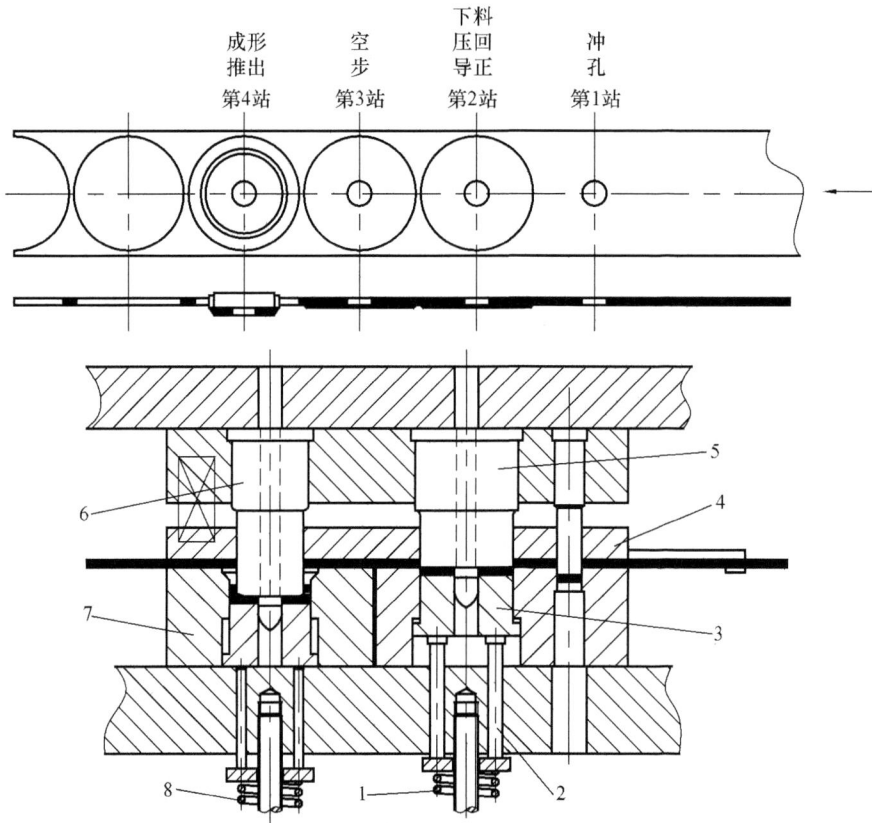

图 8-12　剪断压回式级进模板条布置与模具纵剖面图

1-强力模垫；2-强力推压杆；3-下料压回弹簧；4-下料冲头；5-脱模板；6-引伸冲头；7-引伸母模；8-缓冲装置用顶升弹簧

主要将板条压紧在冲模表面上，并维持其所需的压紧压力。

基于上述理由，脱模板安装时，其下面应比下料冲头的切刃面高出相当的距离，且装置在冲头上的导正销，也需比普通级进模具用导正销稍长，否则就无法发挥其导引的效果。此外，板条上的连接裕料与进给裕料，也皆需留得比其他类型的级进模具宽，才比较可靠。

至于第 4 工位（站）的作业，当冲头下降时，板条首先由导销加以导引定位。接着拉深冲头 6 自板条将坯料推出，坯料就被迫嵌入下模中的承槽内，再进入凹模 7 中进行拉深加工。在图 8-12 中，制品的剥离方法虽是采用顶升后排除的方式，而非拉深剥落的方式，但安装在冲模下方的顶升弹簧 8 的压力，实际上仍需比推回弹簧 3 的弹力小才行。利用剪断压回式拉深模具所制造的拉深工件，不会残留任何裕料痕迹，且缘部切口也不会发生变形或胀大等异常形状。即工件的口缘形状比采用前述细腰形拉深模具的情况更为优良，这是其特点。但本类型模具的拉深工序，却只限于拉深一次而已，这对需要数次拉深工序的工件就不适用。尽管如此，在一般日常生活所使用的工件中，属于坯料形状复杂，但却仅需一次成形即可完成的工件，仍广泛应这种级进模。

图 8-13 所示为另一种剪断压回式级进模具的板条布置。图例中的最终工序仅将加工成品自板条推落而已，至于其他各加工过程，则全部在前面各工位中完，这是与前述模具不同之处。其中，第 5 工位（站）为坯料的下料压回工程，第 7 工位（站）完成制品足部的弯曲加工。此

布置中,因制品的坯料只有在第 7 工位(站)施行部分弯曲,其未变形的部分仍嵌合在板条内,因此能一直向其后诸工序继续推送。

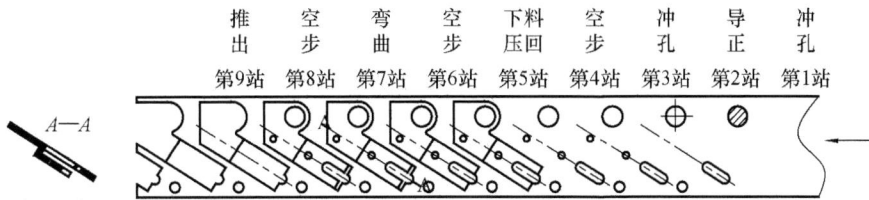

图 8-13　剪断压回式级进模具的板条布置

利用剪断压回的方式,将坯料剪断再压回原孔内的方法,不管其压回弹簧的压力如何增大,也绝不可能大于其下料力量。也就是说,剪断后的坯料实际上很难完全压回原来孔内,使其与板条确实密合在一起。至于坯料所需的压紧程度,一般以材料在移动进给过程中,不致自行脱落即可。因此,其后续各工序模具务需考虑到在这种状态下,坯料必然会发生少许凸出可能卡住的情形,而必须经由预留让开沟槽等方式,来加以设法防止。此外,对于尚有压回不确实的情况,有时也可在压回工序后再增加一次打平工序,使坯料确实嵌入板条之内,借以改善其压入情形。

本类型的模具除了上述实例之外,有时也可适用于坯料形状比较复杂的工件方面。此类制品若采用剪送成形式级进模具来制造时,通常都会在坯料近似外形的形成,以及外形冲孔的组合方面遇到或多或少的困扰。然而,一旦采用本类型的模具,则在模具制造方面却反而能够获得结构简化、价格便宜且加工容易等优点。

此外,极薄板的下料有时也可采用本类型的模具,来改善冲剪工件的表面平坦度。这是因为普通下料模具一般皆为利用冲模孔来剥除工件的形式,但是这种剥料方式在薄板情况,则会因毛头缺少规则性、孔容易发生不整变形等,而导致工件出现挠曲或扭歪等不良瑕疵现象。此时,如果可利用压紧下料方式,则可适当地防止其变形。同时,残留于冲模孔内压料板上的冲出制品,在一般模具情况下,也会因为薄板而不容易处理或移除。但本类型模具,因其一般下料方法都是将压料板当做下料压回模垫,而以下料压回形式,将冲出工件和材料板条一起推送到模具外面。至于嵌合在板条内的工件推出,则除了可组合在整个模具工序内之外,也可在模具工序之后折弯板条,并取出工件。因此,这种方式的连续模具在纤维板及其他非金属薄板的连续下料方面,也都被广泛利用。

8.4　多工位级进模主要零部件设计

多工位级进模工位多,细小零件和镶块多,机构多,动作复杂,精度高,其零部件的设计除应满足一般冲压模具零部件的设计要求外,还应根据多工位级进模的冲压成形特点和成形要求、分离工序和成形工序差别、模具主要零部件制造和装配要求来考虑其结构形状和尺寸,认真进行系统协调和设计。

8.4.1　凸模

1. 级进模凸模的结构特点

一般的粗短凸模可以按标准选用或按常规设计。而在多工位级进模中有许多冲小孔凸模、冲窄长槽凸模、分解冲裁凸模等,这些凸模应根据具体的冲裁要求、被冲裁材料的厚度、冲压的速度、冲裁间隙和凸模的加工方法等因素来考虑其结构及其固定方法。图 8-14 为常用的冲裁凸模形式。

图 8-14(a)为直通式凸模,常采用的固定方法是铆接和吊装在固定板上,但铆接后难以保证凸模与固定板的较高垂直度,且修正凸模时铆合固定将会失去作用。此种结构在多工位精密模具中常采用吊装。

图 8-14(b)、(c)是同样断面的冲裁凸模,其考虑因素是固定部分台阶定在单面还是双面,及凸模受力后的稳定性。

图 8-14(d)两侧有异形突出部分,突出部分窄小易产生磨损和损坏,因此结构上宜采用镶拼结构。

图 8-14(e)为一般使用的整体成形磨削带突起的凸模。

图 8-14(f)为用于快换的凸模结构。

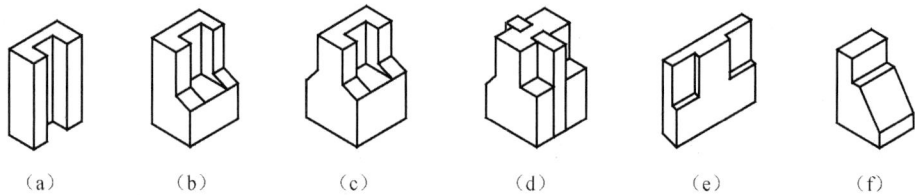

图 8-14　常用凸模形式

2. 凸模固定方法

这里介绍几种级进模中小凸模常用的固定方法。对于冲小孔凸模,通常采用加大固定部分尺寸,缩小刃口部分长度的措施来保证小凸模的强度和刚度。当工作部分和固定部分的直径相差太大时,可设计多台阶结构,各台阶过渡部分必须用圆弧光滑连接,不允许有刀痕。

图 8-15 所示结构为带台肩的,多用于大件模上。图 8-16 所示结构使用了限位杆,是一种快换形式,装拆方便。图 8-17 所示结构是使用斜楔使凸模简化的实例。对有方向性要求的冲孔凸模的固定方法如图 8-18 所示,图 8-18(a)用圆柱销定位防转,图 8-18(b)用键定位防转。

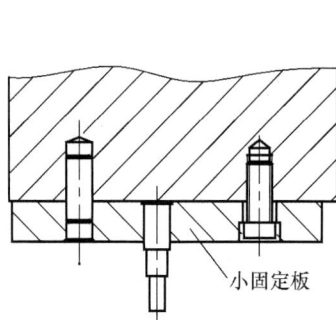

图 8-15　用小固定板安装式　　图 8-16　用止动螺钉固定凸模　　图 8-17　用楔块固定凸模

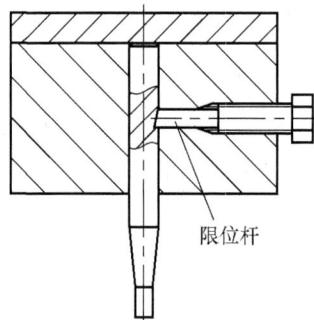

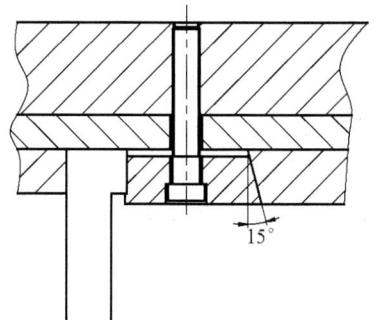

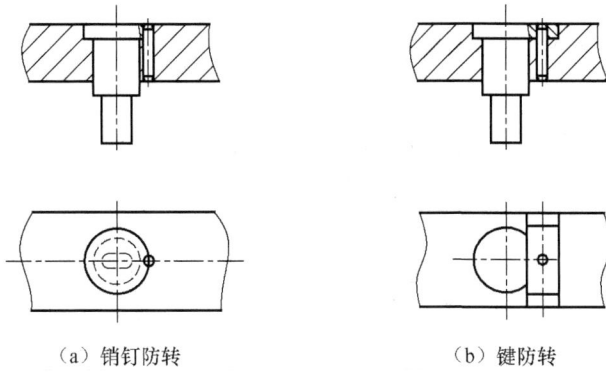

(a) 销钉防转　　　　　　　　　(b) 键防转

图 8-18　凸模防转方式

8.4.2　凹模

多工位级进模凹模的设计与制造较凸模更为复杂和困难。凹模的结构常采用镶拼的形式,其优点是制造简化,冲模精度高,节省贵重金属,热处理变形易于控制,装配和调整也比较方便。

1. 设计凹模镶块的分块原则

(1) 多工位级进模工位多,结构尺寸大,对易磨损的凹模入口部分用贵重金属制造单独制造,特别适合于凹模是回转体的场合。

(2) 分块结构形式要有利于机械加工,如工件形状比较复杂且不规则,分块时应将其简化为规则的或比较规则的形状,以便磨削加工。

(3) 对孔心距要求较高的镶块,可采用中间分块,通过配研来达到孔心距要求。级进模步距的精度要求并不单纯依靠单件拼块的高精度制造来保证,而是依靠凹模在装配时的修配调整来达到的。因此在设计凹模时,其拼合面的选择应使其在修配调整步距尺寸时不致影响刃口形状尺寸,如图 8-19 所示。

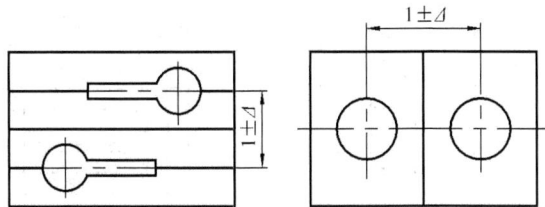

图 8-19　可调拼合凹模

(4) 镶块结构应有利于热处理。图 8-20 所示形状的凹模,若不分块,不但加工这个整体凹模困难,而且加工后热处理淬火时,由于有锐角存在,易于变形和开裂。若按图示分块后,可克服上述缺点。

除此之外,拼合的凹模不应有局部的凸出或凹进,以保证镶块能与整个模具的凹模面高度一致。

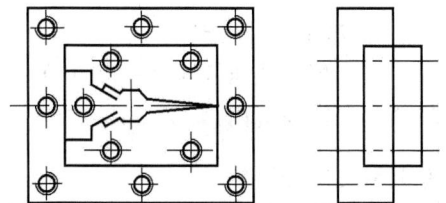

图 8-20　避免加工和热处理困难的凹模

2. 常用凹模镶块的固定方法

1）平面式固定方法

如图 8-21 所示,将凹模分成几块后,将镶块拼在固定板平面上,并用螺钉和定位销紧固。这种方法操作简单,适用于大、中型镶块的镶嵌。

2）框孔固定法

如图 8-22 所示,将凹模分成几块,然后嵌入二边或四边的凸边固定板的框孔内,根据胀力大小选用拼块与框孔的过盈量,用螺钉和定位销紧固。凸边高度应不小于镶块高度的一半,凸边宽度应大于销钉直径的两倍。

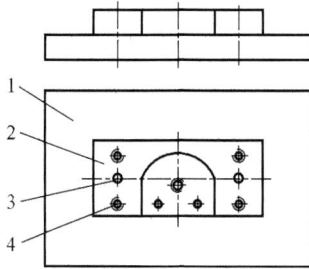

图 8-21　平面式固定法
1-固定板;2-镶块;3-销钉;4-螺钉

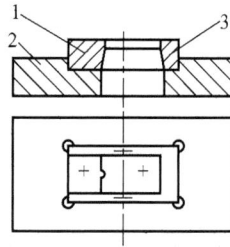

图 8-22　框孔固定法
1、3-镶块;2-固定板

3）斜楔式固定法

如图 8-23 所示,将凹模分成左、右对称的两块或多块外形带有斜度的镶块,然后将其固定在凹模套孔内。斜楔式固定法所用镶块斜度一般取 10°左右。

4）嵌槽式紧固法

如图 8-24 所示,此法是将凹模分块后,嵌入有相同宽度凹槽的固定板内。凹模固定板上的凹槽深度不小于镶块高度 H 的 2/3。这种固定方式主要适用于板料厚度在 2mm 以下的工件的冲裁。

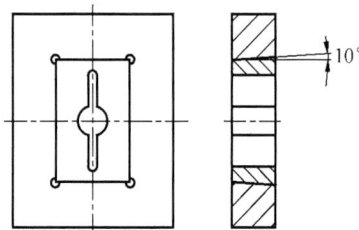

图 8-23　斜楔式固定法

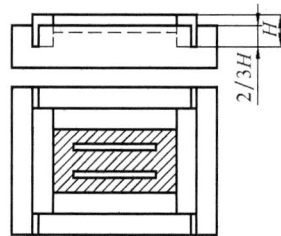

图 8-24　嵌槽式固定法

5）热压配合固定法

将凹模镶块压入 400～500℃的碳钢模套内,待碳钢模套自然冷却后,由于热胀冷缩,使镶块紧固在凹模套内。

8.4.3　定位装置

在精密级进模中,条料送进步距及工件定位要精确,设计时常使用侧刃或自动送料机构粗定位,并使用导正销进行精确定位的方法。此时侧刃长度应大于步距0.05~0.1mm,以便导正销导入孔时条料略向后退。在自动送料冲压时可不用侧刃,条料的定位与送料进距控制靠导料板、导正销和送料机构来实现。

1. 侧刃定位

侧刃和侧刃挡块除作为条料的首次定位,还可控制条料的送进步距。在手工送料的情况下,侧刃的尺寸很难与模具的实际步距一致,所以侧刃定位多数情况下作为预定位。侧刃的公称尺寸等于步距的公称尺寸加上0.05~0.1mm,其制造公差在其公称尺寸上为负值,其公差值等于步距允差的25%。

定距侧刃形状有时按冲裁外形来设计。这种情况下,为了保证侧刃部位的外形相对位置的正确,必须在侧刃工位的相邻工位上冲出精密定位的导正孔。该导正孔可以是零件本身的孔,也可以是另外设置的工艺孔,这样在以后的工位上即可利用导正孔作精确定位,以保证侧刃部分的外形与零件其他部分形状相对位置的正确。

常用定距侧刃的形式参见本书3.9.2节中内容。定距侧刃的固定方法如图8-25所示。

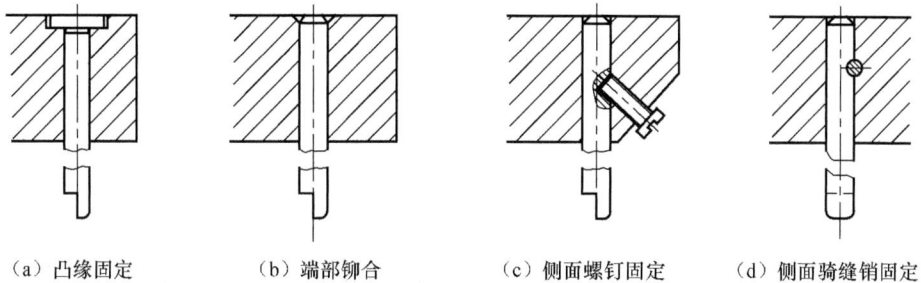

(a)凸缘固定   (b)端部铆合   (c)侧面螺钉固定   (d)侧面骑缝销固定

图8-25 定距侧刃固定方法

2. 导正销定位

导正销主要用于自动送料的级进模的定位。条料是利用装在模具上的送料器来完成自动送料的,它能调整模具上的任意步距。条料位置的导正,是通过导向板和导正销插入料上的导正孔来完成的,导正孔一般是在废料上加工的工艺孔,有时也利用零件本身的孔来导正。导正销可以精确定位,它与作为级进模中步距进料预定位的侧刃定位相辅相成。这两种定位方式与自动送料配合,被广泛应用于精密、复杂、高速的多工位级进模中。

导正销结构及尺寸参见本书3.9.2节中内容。

常用的导正销有浮动式和固定式两种。浮动导正销,结构复杂,精度差,但不易损坏;固定导正销,精度高,定位准确。两者可单独使用,也可混合使用。

模具设计时,导正孔位置设计的合理与否直接影响定位精度和冲孔质量。导正孔一般在条料的第一工位冲出,导正销的位置紧随冲导正孔的第二工位。导正销按冲压零件的形状可设置双排导正,也可设单排导正。当条料宽度尺寸较大时,多用双排导正,这样能提高导向精度。

导正销在多工位级进模中是重要零件之一,除要求在结构上设计合理,还要求有足够的使用寿命和耐磨性。因此,导正销一般采用合金钢制造,其热处理硬度不低于HRC60左右,淬火后还须正确的回火以消除其内应力。

8.4.4　托料装置

多工位级进模依靠送料装置的机械动作,把带料按设计的进距尺寸送进来实现自动冲压。由于带料经过冲裁、弯曲等变形后,在条料厚度方向上会有不同高度的弯曲和突起,为了顺利送进带料,必须将已被成形的带料托起,使突起和弯曲的部位离开凹模洞壁并略高于凹模工作表面,才可以将条料送到下一工位,进行定位和冲压。

常用托料装置有托料钉、托料块、托料导向钉和托料导向板。托起高度一般应使条料最低部位高出凹模表面 $1.5\sim2$mm,同时应使被托起的条料上平面低于刚性卸料板下平面 $(2\sim3)t$ 左右,这样才能使条料送进顺利。

图 8-26 所示为托料钉托料装置。托料钉的优点是可以根据托料具体情况布置,托料效果好,托料力不大的情况可采用压缩弹簧作托料力源。托料钉通常用圆柱形,但也可用方形(在送料方向带有斜度)。托料钉经常是成偶数使用,其正确位置应设置在条料上没有较大的孔和成形部位下方。

对于刚性差且比较薄的条料应采用托料板托料,如图 8-27 所示,以免条料变形。它一般设置在要求顶料力大的部位。

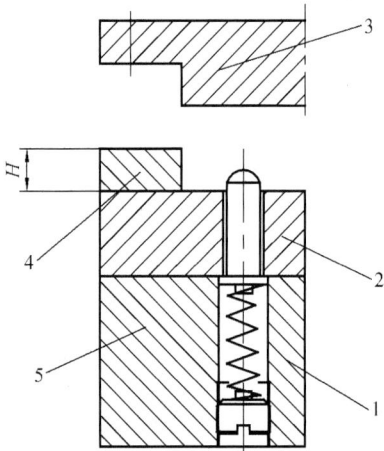

图 8-26　托料钉托料
1-托料钉;2-凹模;3-卸料板;4-导料板;5-下模座

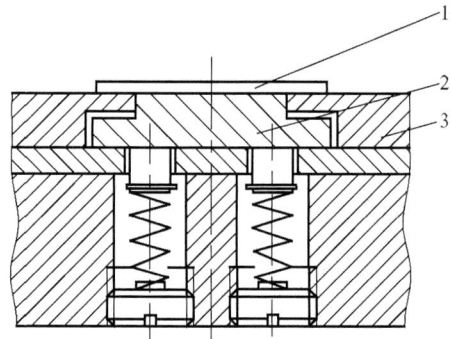

图 8-27　托料板托料
1-条料;2-托料板;3-凹模

8.4.5　卸料装置

卸料装置是多工位级进模结构中的重要部件。它的作用除冲压开始前压紧带料,防止各凸模冲压时由于先后次序的不同或受力不均而引起带料窜动,并保证冲压结束后及时平稳的卸料外,更重要的是对各工位上的凸模(特别是细小凸模)在受侧向作用力时,起到精确导向和有效保护的作用。卸料装置主要由卸料板、弹性元件、卸料螺钉和辅助导向零件所组成。

1. 卸料板的结构

多工位级进模的弹压卸料板,由于型孔多,形状复杂,为保证型孔的尺寸精度、位置精度和配合间隙，多采用分段拼装结构固定在一块刚度较大的基体上。图 8-28 是由五个拼块组合而成的卸料板。

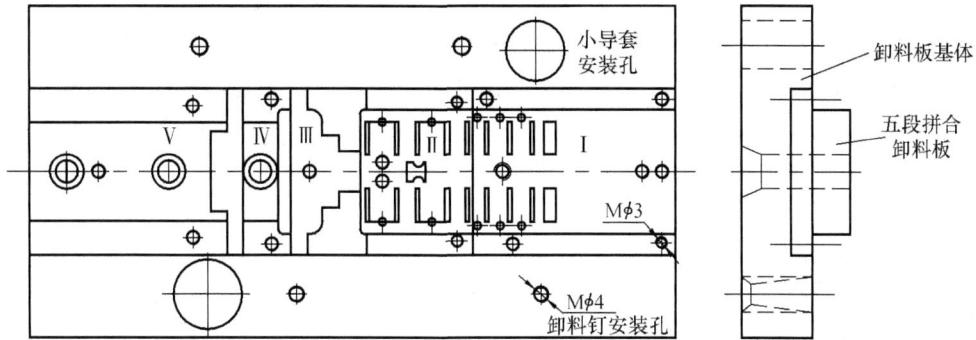

图 8-28　拼块组合式弹压卸料板

2. 卸料板的导向形式

由于卸料板有保护小凸模的作用，要求卸料板有很高的运动精度，为此要在卸料板与上模座之间增设辅助导向零件——小导柱和小导套，如图 8-29 所示。当冲压的材料比较薄且模具的精度要求较高、工位数又比较多时，应选用滚珠式导柱导套。

3. 卸料板的安装形式

卸料板采用卸料螺钉吊装在上模。卸料螺钉应对称分布，工作长度要严格一致。图 8-30 是多工位级进模使用的卸料螺钉。外螺纹式：轴长 L 的精度为 ±0.1mm，常使用在少工位普通级进模中；内螺纹式：轴长精度为 ±0.02mm，通过磨削轴端面可使一组卸料螺钉工作长度保持一致；组合式：由套管、螺栓和垫圈组合而成，它的轴长精度可控制在 ±0.01mm。内螺纹和组合式还有一个很重要的特点，当冲裁凸模经过一定次数的刃磨后再进行刃磨时，对卸料螺钉工作段的长度必须磨去同样的量值，才能保证卸料板的压料面与冲裁凸模端面的相对位置。而外螺纹式卸料螺钉工作段的长度刃磨较困难。

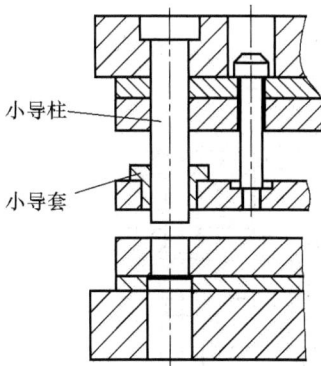

图 8-29　小导柱、小导套

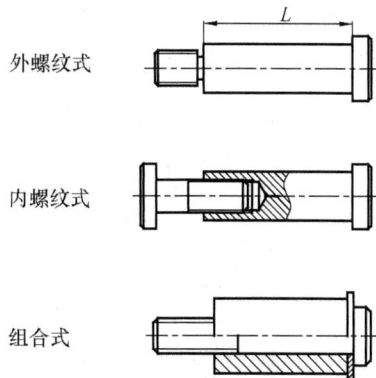

图 8-30　卸料螺钉种类

图 8-31 所示卸料板的安装形式是多工位级进模中常用的结构。卸料板的压料力、卸料力都是由卸料板上面安装的均匀分布的弹簧受压而产生的。由于卸料板与各凸模的配合间隙仅

有 0.005mm,所以安装卸料板比较麻烦,在不十分必要时,尽可能不把卸料板从凸模上卸下。考虑到刃磨时既不把卸料板从凸模上取下,又要使卸料板低于凸模刃口端面便于刃磨。采用把弹簧固定在上模内,并用螺塞限位的结构。刃磨时只要旋出螺塞,弹簧即可取出,不受弹簧作用力作用的卸料板随之可以移动,露出凸模刃口端面,即可重磨刃口,同时更换弹簧也十分方便。卸料螺钉若采用套管组合式,修磨套管尺寸可调整卸料板相对凸模的位置,修磨垫片可调整卸料板使其达到理想的动态平行度(相对于上、下模)要求。图 8-31(b)所示采用的是内螺纹式卸料螺钉,弹簧压力通过卸料螺钉传至卸料板。

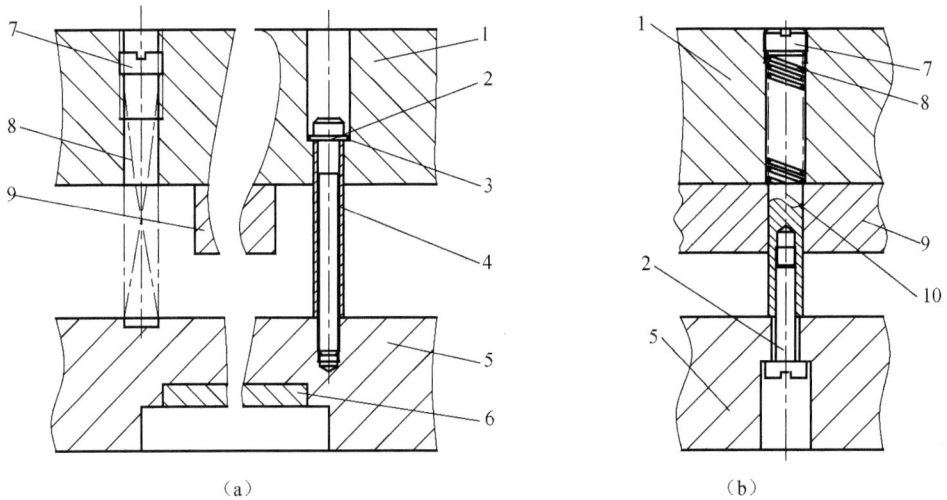

（a）　　　　　　　　　　　　（b）

图 8-31　卸料板的安装形式

为了在冲压料头和料尾时,使卸料板运动平稳,压料力平衡,可在卸料板的适当位置安装平衡钉,使卸料板运动平衡。

8.4.6　限位装置

级进模结构复杂,凸模较多,在存放、搬运、试模过程中,若凸模过多地进入凹模,容易损伤模具,为此在设计级进模时应考虑安装限位装置。

如图 8-32 所示,限位装置由限位柱与限位垫块、限位套组成。在冲床上安装模具时把限

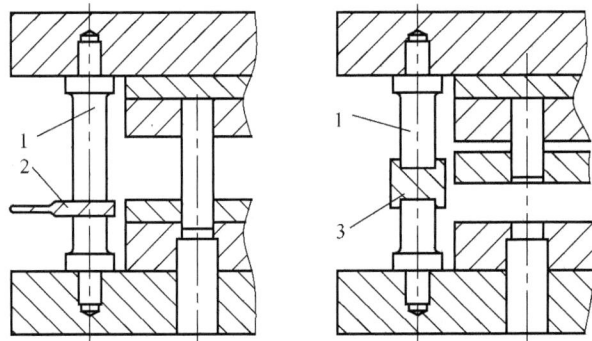

图 8-32　限位装置

1-限位柱;2-限位垫;3-限位套

位垫装上,此时模具处于闭合状态。在冲床上固定好模具,取下限位垫块,模具即可工作,安装模具十分方便。从冲床上拆下模具前,将限位套放在限位柱上,模具处于开启状态,便于搬运和存放。

当模具的精度要求较高,且具有较多的小凸模时,可在弹压卸料板和凸模固定板之间设计一限位垫板,能起到较准确控制凸模行程的限位作用。

8.4.7 模架

级进模模架要求刚性好,精度高,因此通常将上模座加厚 5～10mm,下模座加厚 10～15mm(与 GB/T2851～2852—1990 标准模架相比)。同时,为了满足刚性和导向精度的要求,级进模常采用四导柱模架。

精密级进模的模架导向,一般采用滚珠导柱(GB/T2861.8—1990)导向,滚珠(柱)与导柱、导套之间无间隙,常选用过盈配合,其过盈量为 0.01～0.02mm(导柱直径为 20～76mm)。导柱导套的圆柱度均为 0.003mm,其轴心线与模板的垂直度对于导柱为 0.01∶100。目前国内外使用的一种新型导向结构是滚柱导向结构。滚柱表面由 3 段圆弧组成,靠近两端的两段凸弧与导套内径相配(曲率相同),中间凹弧与导柱外径相配,通过滚柱达到导套在导柱上的相对运动。这种滚柱导向以线接触代替了滚珠导向的点接触,在上下运动时构成面接触,因此能承受比滚珠导向大的偏心载荷,也提高了导向精度和寿命,增加了刚性,其过盈量为 0.003～0.006mm。为了方便刃磨和装拆,常将导柱做成可卸式,即锥度固定式(其锥度为 1∶10)或压板固定式(配合部分长度为 4～5mm,按 T7/h6 或 P7/h6 配合,让位部分比固定部分小 0.04mm 左右)。导柱材料常用 GCr15 淬硬 60～62HRC,粗糙度最好能达到 $Ra0.1\mu m$,此时磨损最小,润滑作用最佳。为了更换方便,导柱、导套也采用压板固定式,见第 3 章 3.9.4 节图 3-73。

8.4.8 自动检测和保护装置

在多工位级进模的冲压过程中,难免会发生误送、叠片、材料起拱、材料厚度及宽度超差、废料回升和堵塞、工件未顶出等故障,这些会导致模具不能正常工作,甚至造成模具和压力机的损坏。自动检测保护装置的作用,就是自动排除冲压过程中发生的故障,保证安全生产。

常用的自动检测保护装置有以下几种。

1. 检测材料送进的保护装置

这类装置大多是送料失误时检测销不能进入条料的导正孔而被条料推动向上移动切断线路,使压力机停止转动,如图 8-33 所示,浮动检测销 1 因送料失误不能进入条料的导正孔时,被条料推动向上移动,使微动开关 3 闭合,因其与压力机电磁离合器是同步的,所以电磁离合器脱开,压力机滑块停止运动。图 8-33 中(a)、(b)、(c)三种形式利用废料位置导正孔导正较多。图(d)是利用较大制件孔检测的一种形式,一般要求制件孔径大于 10mm。

这种检测能用于高速冲压,虽然压力机滑块在高速行程中,由于惯性关系,发生故障时不能使压力机迅速停止,只能在完成一行程后停止,但如果此刻摩擦离合器已脱开,则滑块下行并无飞轮驱动,可以使模具损坏减至最小或不产生损坏。步距精度可控制在±0.01mm。

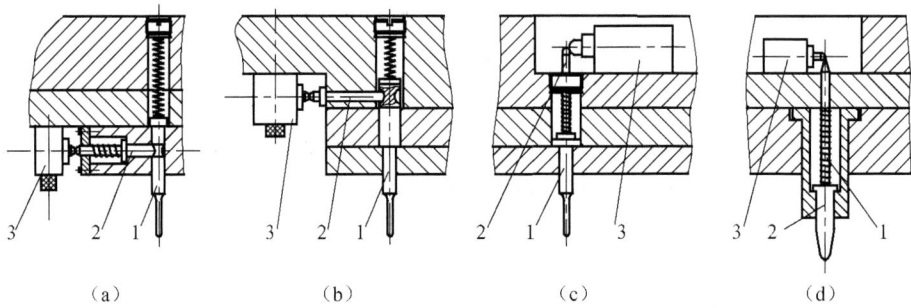

图 8-33　导正孔检测

1-浮动检测销；2-接触销；3-微动开关

2. 检测原材料的自动保护装置

如图 8-34 所示。当材料厚度或宽度超差、弯曲或起拱时，自动保护装置都能发出信号。在图(a)中，当材料 4 过厚时，销 3 通过杠杆 2 使开关 1 动作，切断线路。图(b)中放射源 1 发出的射线，穿过材料 2 由传感器 3 接收，经放大器 4 通向控制线路，传感器接收的射线随料厚而改变。

图 8-35 所示为检测料宽装置的示意图。带料宽度超差时，扭簧 5 通过转臂 3 使开关 4 动作，切断线路。

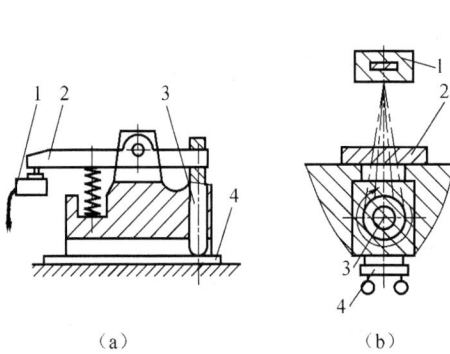

图 8-34　检测料厚装置

(a) 1-开关；2-杠杆；3-销；4-材料　(b) 1-放射源；
2-材料；3-传感器；4-放大器

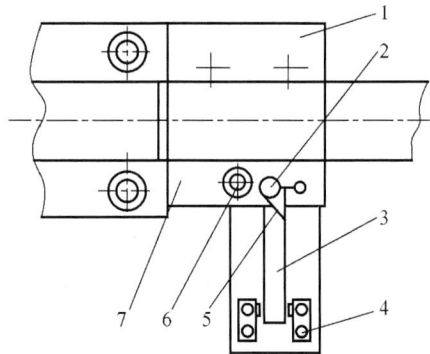

图 8-35　检测料宽装置

1-导料板；2-支点；3-转臂；4-常合限位开关；
5-扭簧；6-滚柱；7-承料板

3. 凸模损坏检测装置

凸模损坏后，冲出的孔不规则，图 8-36 所示为凸模损坏检测装置简图。检测用凸模高度与冲孔凸模高度一致，直径或外形取凸模尺寸的 3/4。为了顺利地进入被检孔，检测凸模头部制成球形。微动开关装在检测凸模侧面检验部和定位部相交处，把微动开关调整到闭合状态。当冲孔凸模在正常工作情况下，检测凸模就能顺利进入被检孔中，微动开关不工作。如果冲孔凸模损坏造成冲出的孔尺寸及形状不良时，检测凸模就不能进入被检孔中，而被条料推动向上，此时微动开关断开，压力机滑块停止运动。假如在一副模具中有多个孔需要检测时，应首先选择精度较高的孔作为检测孔,也可在几个孔中同时检测,把几个微动开关串联在一起,只要有一个检测凸模测出不良孔,压力机滑块就会停止运动。

此外,为消除安全隐患,在模具设计时也应设计一些安全保护装置,如防止制件或废料的回升和堵塞、模面制件或废料的清理等。图 8-37 为利用凸模内装顶料销或压缩空气防止制件或废料的回升和堵塞的装置图;图 8-38 是利用压缩空气经下模将模面的制件吹离的装置图;图 8-39 是利用压缩空气将从上模中推出的制件吹离模面的装置图。

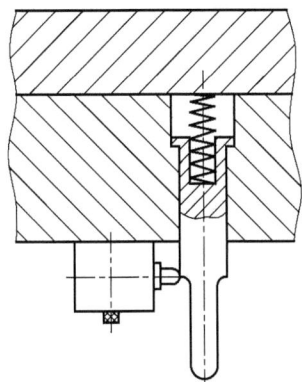

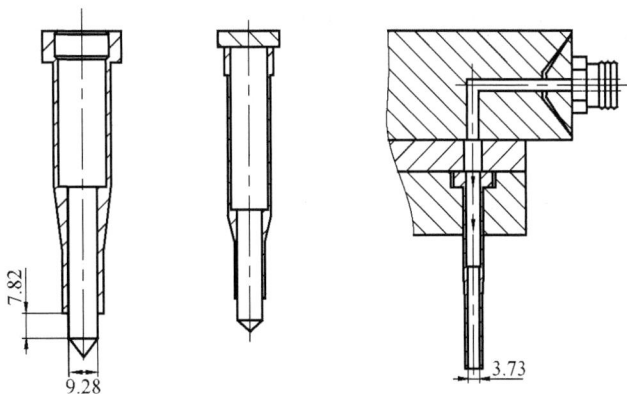

图 8-36　孔不良检测　　　　图 8-37　利用凸模防止制件或废料的回升和堵塞

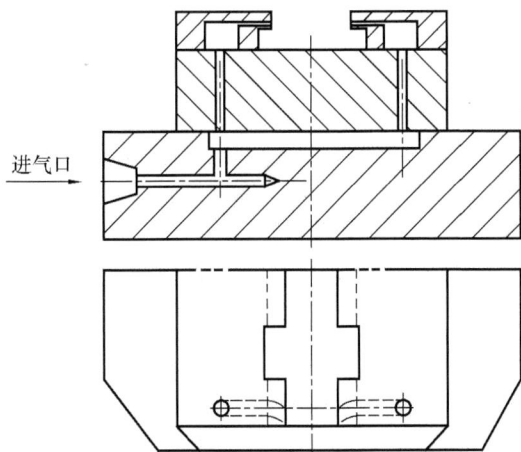

图 8-38　从模具端面吹离制件　　　　图 8-39　气嘴关闭式吹离制件

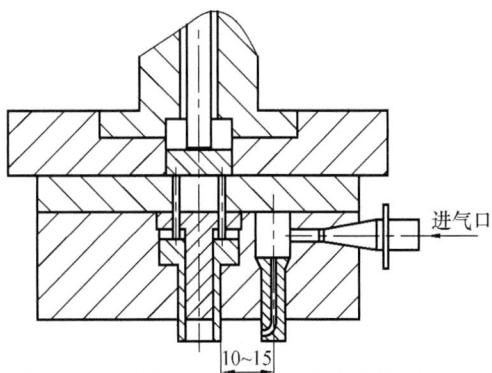

讨论与思考

1. 常用多工位级进模有哪几种形式?
2. 多工位级进模的排样设计原则是什么?
3. 什么是载体? 有哪几种形式?
4. 多工位级进模结构设计有哪些要求?
5. 级进的总拉深系数如何计算?
6. 如何计算级进拉深的坯料尺寸?
7. 如何计算条料的定位精度?

8. 举例说明剪断拉深级进模工作过程。

9. 举例说明剪断压回式级进模工作过程。

10. 设计凹模镶块时要遵循哪些原则？

11. 凸、凹模各有哪些常用的固定方法？

12. 常用的卸料装置由哪几部分构成？其作用是什么？

13. 多工位级进模为什么要有限位装置？

14. 级进模常用的微调装置有哪两种？各适用于什么场合？

15. 级进加工时为什么要进行自动检测？

16. 孔不良如何检测？

第9章　汽车覆盖件冲压工艺与模具设计

9.1　概　　述

9.1.1　覆盖件的特点与分类

1. 覆盖件的特点

汽车覆盖件是指由薄金属钢板制成的覆盖汽车发动机、底盘,构成驾驶室和车身的汽车表面和内部零件,如汽车的车前板,发动机罩,车门的内、外板,仪表板等都是汽车覆盖件。图 9-1 为轿车常见覆盖件图片。

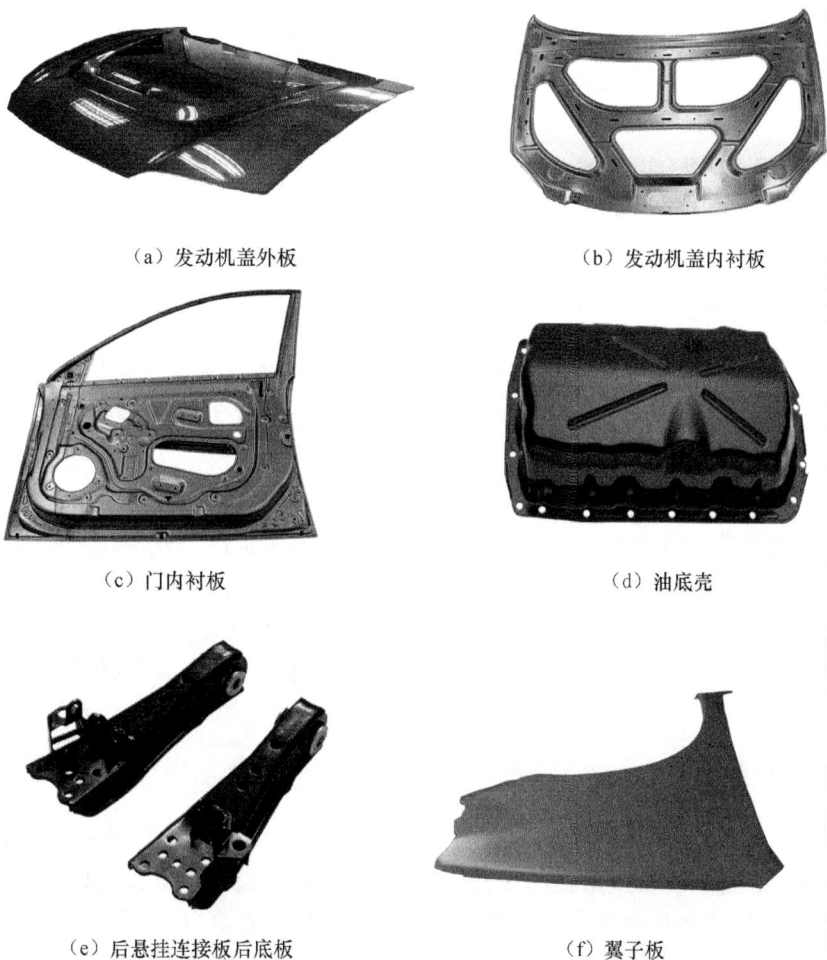

（a）发动机盖外板　　　　　　　　　（b）发动机盖内衬板

（c）门内衬板　　　　　　　　　　　（d）油底壳

（e）后悬挂连接板后底板　　　　　　（f）翼子板

图 9-1　常见轿车覆盖件

覆盖件与一般冲压件相比,其特点是:结构尺寸大、厚度薄(其厚度一般不超过 2mm)、外形复杂、立体曲面多、成形难度大、尺寸精度和表面粗糙度均要求较高。

2. 覆盖件的分类

覆盖件的分类方式有以下三种。

1)按覆盖部位和功能分

可分为外覆盖件、内覆盖件和骨架类覆盖件三种。其中外覆盖件如保险杠、脚踏板、车门外板等,这种外覆盖件和骨架类覆盖件对表面质量要求较高;内覆盖件如仪表板、仪表面板、前柱内板等,其形状往往更加复杂;骨架类覆盖件如地板类覆盖件。

2)按外形特征分

(1)对称的覆盖件。如发动机罩、前围板、后围板、散热器罩和水箱罩等。这类覆盖件又可进一步分为深度线呈凹形弯曲形状的、深度均匀形状比较复杂的、深度相差大形状复杂的和深度深的共四种类型。

(2)非对称的覆盖件。如车门的内、外板、翼子板、侧围板等。这类覆盖件又可进一步分为深度线比较平坦的、深度均匀形状较复杂的和深度深的共三种类型。

(3)成对冲压再切断的覆盖件。成对冲压是指左右件可组成一个便于冲压成形的封闭件,然后切断一分为二——变成两个半封闭的覆盖件。

(4)具有凸缘平面的覆盖件。如车门内板,其凸缘面可直接选作压料面。

3)按成形工艺特点分

可分为深拉深成形覆盖件、浅拉深成形覆盖件、局部成形——拉深成形覆盖件、弯曲成形覆盖件等。

9.1.2　对覆盖件的要求

如前所述,覆盖件的特点决定了它的特殊要求,因此在实践中常把覆盖件从一般冲压件中分离出来,作为一个特殊的类别加以研究和分析。对覆盖件的特殊要求具体体现在以下几个方面。

1. 表面质量

覆盖件不仅要满足结构上的功能要求,更要满足表面装饰的美观要求。覆盖件特别是外覆盖件,表面应光滑,不允许有任何破坏表面美感的缺陷,如波纹、皱折、压痕、表面凹凸不平、擦伤、边缘拉痕等,否则在喷涂装饰后会引起光线漫反射从而损坏外形的美观。覆盖件上的装饰棱线、装饰筋条,要求清晰、平整、光滑、左右对称及过渡均匀。覆盖件的棱线之间衔接应吻合流畅,不允许错位。

2. 形状和尺寸

覆盖件的形状多为空间立体曲面,这些立体曲面一方面来自覆盖件的本身,另一方面是由两个或两个以上相互装配衔接的覆盖件共同构成的,这些衔接处和焊接处的立体曲面必须一致。另外,覆盖件的立体曲面形状很难在覆盖件图上完整地表达出来,因此其尺寸形状常常借助主模型来描述。主模型是覆盖件图必要的补充,也是覆盖件的主要制造依据,图面上无法标注的尺寸要依赖主模型量取。覆盖件图上标注出来的尺寸形状,其中包括立体曲面形状、各种孔的位置尺寸、形状过渡尺寸等,都应和主模型一致。

3. 刚性

由于覆盖件形状复杂、变形不均匀,因而在拉深成形时,往往会使某些部位刚性较差,覆盖件受震动后就会产生空洞声。用这样的覆盖件装配的汽车,在高速行驶时会发生振动,从而造成覆盖件早期失效,因此覆盖件的刚性问题非常重要。检查覆盖件刚性的方法,一是敲打覆盖件表面以分辨其不同部位声音的异同,声音低处刚性差;二是用手按覆盖件,观察其表面是否发生松弛和鼓动现象。

4. 工艺性

覆盖件的工艺性表现在覆盖件的冲压成形性能、焊接装配性能、操作的安全性、材料的利用率和对材料的要求等方面。其中覆盖件冲压性能好坏的关键在于拉深工艺性。覆盖件一般都采用一次成形,为了创造一个良好的拉深条件,通常将翻边部分展开,窗口补满,再添加上工艺补充部分,构成一个拉深件,拉深成形后在后面的工序内再将工艺补充部分切掉,所以工艺补充部分是工艺上所必需的材料消耗。工艺补充的多少取决于覆盖件的复杂程度,也和材料的性能有关,比如形状复杂的深拉深件,要采用拉深性能比较好的深拉深钢板 08ZF。

覆盖件拉深工序以后的工艺性,仅仅是确定工序数和安排工序之间的先后次序问题。工艺性好可以减少工序次数,进行必要的工序合并。审查后续工序的工艺性要注意定位基准的一致性或定位基准的转换。前道工序为后续工序创造必要的条件,后道工序要注意和前道工序衔接好。

9.1.3 覆盖件模具种类

覆盖件模具是生产汽车覆盖件的一种主要工艺装备。覆盖件的冲压工艺主要由拉深、修边和翻边三个基本工序组成,因此覆盖件模具按照工序性质分类,可分为覆盖件拉深模、修边模和翻边模三种类型。

1. 覆盖件拉深模

覆盖件拉深模是保证冲出高品质外观件的关键,其作用是将平板毛坯制成开口空心工件。根据所用冲压设备是单动压力机、双动压力机还是多动压力机,可分为单动拉深模、双动拉深模和多动拉深模三种形式,具体结构见本章第 3 节。

2. 覆盖件修边模

覆盖件修边模的作用是将拉深件的工艺补充部分和压料凸缘的多余部分切除,为翻边和整形做准备。一般所称的修边模包括修边冲孔模,冲孔合并在修边中对于修边模的结构影响不大,只是增加冲孔凸模和凹模以及废料的处理。

3. 覆盖件翻边模

覆盖件翻边模用于将覆盖件半成品的一部分板料沿一定的曲线翻成竖立边缘的冲压件。其结构与一般拉深模相似,所不同的是翻边凸模圆角半径一般较大,甚至有的翻边凸模工作部分做成球形或抛物面形,以利于翻边成形。翻边模是制成合格覆盖件的必要装备。

9.2 覆盖件冲压工艺设计

9.2.1 覆盖件冲压工艺设计的内容

冲压工艺设计是模具设计制造之前所进行的一项技术准备工作,通常根据用户需要进行,工艺设计的内容主要包括:

(1)根据覆盖件的生产纲领确定冲压工艺方案。生产纲领是企业制造产品(或零件)的年产量。在制订冲压工艺规程时,一般按产品(或零件)的生产纲领来确定生产类型属于单件生产还是成批生产。

(2)根据覆盖件的结构形状,分析其成形可行性和确定所需的工序数目及模具类型。

(3)根据装配要求确定覆盖件的验收标准。

(4)根据企业现有条件合理选择冲压设备。

(5)根据模具制造要求确定协调方法。

(6)提出模具设计技术条件,包括力、所选设备型号、模具结构、材料等方面的技术要求。

冲压工艺设计是联结生产纲领和模具设计制造之间的桥梁和纽带,其意义重大,往往是模具设计制造成败的关键。因此要求冲压工艺方案应合理、内容可靠、符合实际和实施容易。

9.2.2 成形的可行性分析

覆盖件成形的可行性分析是一项艰苦细致的工作,通过可行性分析,能够找出成形最困难的部分,再重点分析、研究对策,从而设计出合格的模具,成形合格的覆盖件产品。由于覆盖件形状复杂,多为三维曲面组成,其成形的可行性到目前为止尚没有可靠的分析方法。下面仅介绍几种最基本的分析方法。

1. 类比分析法

类比分析法即为采用基本冲压工序的计算方法对覆盖件进行类比分析。与覆盖件成形有关的基本冲压工序主要包括无凸缘圆筒形件拉深、有凸缘圆筒形件拉深、盒形件的拉深、弯曲、翻边和胀形。

覆盖件的形状尽管复杂,但都可以按照冲压的基本工序将它分割成若干部分,然后将每一部分的成形与冲压的基本工序进行类比,进行类似的工艺计算,看其能否一次成形。

由于覆盖件上被假想分割的若干部分之间彼此相互牵联和制约,所以进行类比分析时应考虑变形性质不同部位的相互影响,这样才不会造成分析失误。

2. 变形特点分析法

由于覆盖件属于薄板类零件,在成形工序中其厚度方向的应力相对很小而可以忽略,一般均作平面应力状态来处理。因此任何覆盖件的成形,基本上可以分为以拉伸为主的变形方式、以压缩为主的变形方式及拉伸和压缩组合的变形方式三种类型。在以拉伸为主的变形方式下,拉应力成分越多,数值越大,板料纤维的伸长和厚度变薄越严重。当板料过度变薄导致拉裂甚至拉断时,将导致覆盖件成形报废,因此变薄拉裂的危险是这种变形方式的主要障碍;在以压缩为主的变形方式下,压应力成分越多,数值越大,板料纤维的缩短和厚度增加越严重。因此,板料的失稳起皱是这种变形方式的主要障碍。

综上所述,由于板料在拉伸或压缩的过程中,具有变薄拉裂和失稳起皱的危险性,因此在覆盖件成形工艺中必须明确板料在一定变形方式下的极限变形能力,借此判断该工件能否一次成形。

此外,从第2章中一般情况下板料成形时变形区内主应力状态图与主应变状态图的对应关系可以看出:在以拉伸为主的变形方式下,板料变形程度的大小取决于变形区均匀变形的程度。如果变形不均匀,就会因集中应变而出现局部变薄严重,使变形不能继续进行。针对这种情况,可以通过增加凹模圆角半径或改善变形区的润滑状况来使变形均匀化;在以压缩为主的变形方式下,板料变形程度的大小取决于变形区的抗失稳起皱能力。针对这种情况,可以通过适当增加压边力来提高压料面的质量或降低凹模和压边圈的压料面表面粗糙度、增加凸模与板料接触面摩擦等方法来改善变形条件。

利用上述变形特点分析法可以粗略地掌握覆盖件的局部形状的变形特点,对工件能否成形做出大概的判断。

3. 成形度判断法

对于形状不规则的拉深件的成形,也可用成形度 a 值来预测覆盖件的成形过程。成形度 a 值的计算公式为

$$a = \left(\frac{l}{l_0} - 1 \right) \times 100\%$$

式中,l_0 为成形前工件纵断面的坯料长度,mm;l 为成形后工件的相应长度,mm。

在拉深件最深或认为危险的部位,取间隔 50～100mm 的纵向断面,计算各断面的成形度 a 值(图 9-2),然后利用表 9-1 的数据进行成形分析和判断。

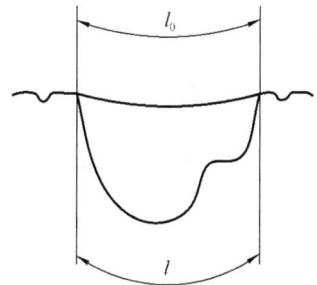

图 9-2　成形性研究

表 9-1　形状不规则、大尺寸覆盖件的成形可行性判断

成形度 a 值判断	判断内容
2%	当 $\bar{a}<2\%$ 时,难以获得良好的固定形状
5%	当 $\bar{a}>5\%$ 时,只用胀形方法难以成形,必须采用拉深和胀形复合成形的方法来实现
5%	在 50～100mm 间隔上相邻纵向断面的成形度之差超过 5% 时,即 $\Delta a>5\%$ 时,容易产生皱折
10%	当 $a_{max}>10\%$ 时,只用胀形方法难以成形,必须同时结合拉深方法来实现
30%	当 $\bar{a}>30\%$ 时(以破裂为限度),难以一次成形
40%	当 $a_{max}>40\%$ 时(以破裂为限度),难以一次成形

注:表中所给数据,a 值是单轴方向的,即只考虑了拉伸或压缩一种情况。当必须考虑两轴方向时,根据属于两向胀形还是两向压缩情况,a 值会有些变化,具体修正值可参考有关设计资料。

9.2.3　覆盖件冲压工艺方案的制订

1. 小批量覆盖件冲压工艺方案的制订

小批量生产的覆盖件月产量小于1 000件,由于其生产稳定性极差,限期生产形状改变的

可能性比较大,因此为提高生产效率,且降低成本,只要求拉深工序使用冲模,且模具寿命为5万件。

2. 中等批量覆盖件冲压工艺方案的制订

中批生产的覆盖件月产量大于 1 000 件,小于 10 000 件(卡车)或 30 000 件(轿车)。此时能够比较稳定地长期生产,生产中形状改变时有发生。选择模具品种时除了拉深模必须采用冲模外,其他工序如果影响覆盖件质量和劳动量大也要相应选用冲模,模具寿命要求 5~30 万件。中等批量生产的冲模选择系数一般为 1∶2.5,即一个覆盖件平均选择 2.5 套冲模。

3. 大批量覆盖件冲压工艺方案的制订

大批生产的覆盖件月产量大于 10 000 件(卡车)或 30 000 件(轿车),小于 100 000 件。生产处于长期稳定状态,产品形状改变可能性小。要求在设计冲压工艺方案时每道工序都要使用冲模,以保证覆盖件质量,其冲模选择系数一般为 1∶4 以上,且冲压工艺方案能为自动冲压生产线提供保证。冲压自动线是在原手工操作的冲压流水线的基础上,经半机械化、机械化生产线等阶段逐步发展完善起来的,是提高生产率,保证安全生产的根本途径。冲压自动线主要由主机和附属设备组成。主机是指完成冲压工序加工的各类压力机和必要的各类其他加工机床;附属设备是完成自动线各种辅助工作所需要的机械装置和检测装置,其中机械装置主要是自动送料的装置。检测装置是指控制压力机和控制送料装置的自动控制系统。计算机技术的迅速发展,促进了自动化生产水平的不断提高,人们已不再单纯地采用机械方式来控制生产,而是更多地采用计算机来控制冲压生产中的某些环节。

9.3 覆盖件拉深工艺与拉深模的设计

9.3.1 覆盖件拉深工艺的设计

拉深成形工序是汽车覆盖件冲压成形的关键工序,该工序要将平面毛坯在压力机滑块的一次行程中成形出所需要的形状。拉深件的工艺性是编制覆盖件冲压工艺首先要考虑的问题,只有设计出一个合理的、工艺性好的拉深件,才能保证在拉深过程中不起皱、不开裂、少起皱、少开裂。覆盖件拉深工艺的设计不仅为拉深工序建立了良好的变形条件,而且要为后续的工序提供方便,如为修边工序设计工艺孔、工艺缺口等。拉深件的设计包括拉深方向的确定、合理增加工艺补充部分、确定压料面的形状、设置工艺切口和工艺孔等。

1. 拉深方向

在设计汽车覆盖件拉深工艺时,首先要根据零件图选择一个最合适的拉深方向。确定拉深方向不但决定能否拉出满意的覆盖件,而且影响到工艺补充部分的多少,以及拉深以后各工序的方案。

如果覆盖件本身有对称面,其拉深方向可以通过以垂直某一对称面的轴进行旋转来确定。非对称的覆盖件确定拉深方向时必须考虑以下几个方面:

(1)拉深凸模在拉深终了时,应能顺利进入拉深凹模,且应能进入所要求的每一个角落,不能出现凸模接触不到的死角和死区。判断凸模能否顺利进入凹模,常用图 9-3 所示的旋转方法。取工件有代表性、表明工件形状特征的截面线,旋转截面线寻找一个可行方向,即利用一条竖直线从某一截面线起点处开始平移至终点,如在整个过程中此竖直线与截面线的交点只有一个,则此时凸模能顺利进入凹模,此方向可行;如有多于一个交点的则不可行,如图 9-3(a)所示。旋转截面线,直至如图 9-3(b)所示,则可行。

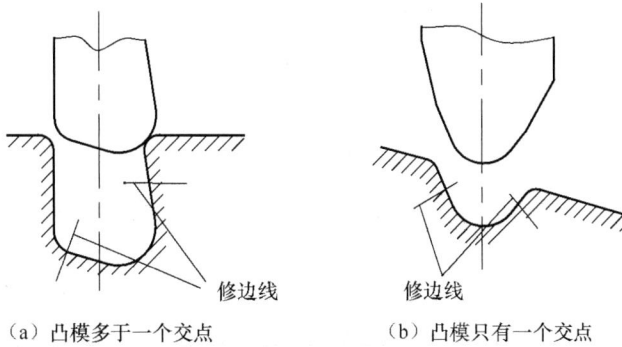

（a）凸模多于一个交点　　　　　（b）凸模只有一个交点

图 9-3　拉深方向的确定

　　（2）拉深时,凸模与毛坯的接触面积要大,这样可避免由于应力集中而产生毛坯破裂。而且接触面应尽量位于拉深模具中心位置,以避免受力不均匀导致毛坯窜动。

　　（3）为了保证拉深深度均匀,压料面各部位进料阻力均匀,毛坯应平放,并尽量做到凸模相对两侧的拉入角相等,并使材料流入凹模的速度接近相等。

　　（4）在保证拉深件质量的前提下,应使工艺补充余料消耗最少。

　　2. 工艺补充部分

　　汽车覆盖件种类繁多,一些覆盖件形状复杂、结构不对称,直接成形较困难,设置必要的工艺补充部分有利于改善拉深件的工艺性,提高拉深件的质量。所谓工艺补充,即将覆盖件上的窗口、孔洞填平,开口部位连接成封闭状态,增补压料面的凸缘等工艺处理手段。工艺补充部分是拉深件不可缺少的部分,拉深完成后所有的工艺补充都须在修边工序中切掉。

　　确定拉深件的工艺补充部分应遵循以下原则:使拉深深度尽量浅;尽量有利于垂直修边;工艺补充部分应尽量小,以提高板料的利用率。

　　3. 压料面的形状

　　所谓压料面是指凹模圆角半径以外那一部分的毛坯形状面,它可以是零件本体,也可以是工艺补充部分。合理的压料面形状可以保证板料在拉深时不会起皱,拉入凹模的材料不破裂。确定压料面形状时应遵循如下原则:

　　（1）尽量选用平面压料面。平面压料面压料效果最佳,加工也容易。

　　（2）压料面形状应有利于降低拉深工序件的深度,使形面平缓。图 9-4(a)所示的平面压料面,中间深度大且易破裂,改成图 9-4(b)所示的斜平面与单曲面组合的压料面,则深度可降低。

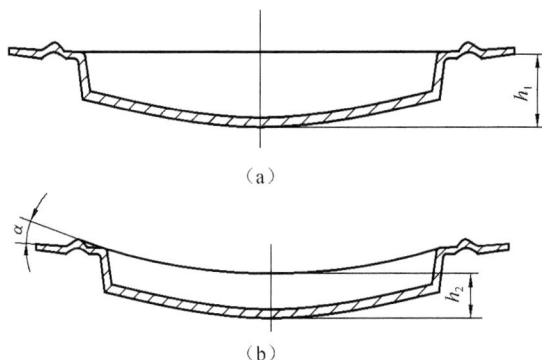

(a)

(b)

图 9-4 压料面

图 9-4 中 α 为压料面倾角。对斜平面 $\alpha < 45°$，双曲面压料面 $\alpha < 30°$。

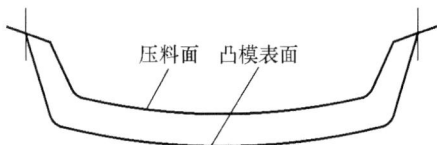

图 9-5 压料面和凸模展开长度之间的关系

（3）压料面应保证凸模对毛坯有一定的拉深作用。为此，必须保证压料面展开长度 L 比凸模展开长度 L_1 短。即 $L < L_1$，如图 9-5 所示。否则，拉深时可能会形成波纹或起皱。

（4）在确定压料面的形状时，压料面的夹角 β 必须小于凸模表面夹角 α，以避免产生波纹或皱纹，如图 9-6 所示。

（5）凹模内的反拉深凸包必须低于压料面，否则不利于毛坯往凹模型腔内流动，如图 9-7 所示。

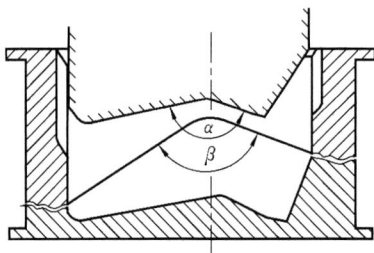

图 9-6 凸模夹角与压料面夹角的关系

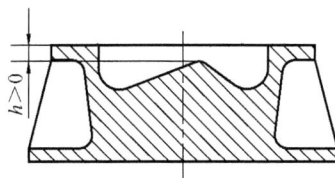

图 9-7 反拉深凸包低于压料面

4. 工艺切口和工艺孔的设置

工艺切口和工艺孔主要是针对一些局部变形剧烈或存在反拉深的工件而采取的工艺手段，它必须分布在工艺补充面上，在以后的修边冲孔工序中能将它们去掉。工艺切口和工艺孔常设在拉应力最大的拐角处，且与局部凸起边缘形状相适应，以便材料合理流动。其位置、大小、数量、形状需在拉深模调试时确定。一般的工艺切口在模具工作过程中冲出，有时也在落料或毛坯料上冲出，以改变成形时的应力状态，使局部变形得以减轻。图 9-8 所示在车门窗口拐角处冲出两个或两个以上的月牙孔，这些月牙孔在反拉深成形即将破裂时冲出，这样可以充分利用材料的塑性，使板料由内向外流动，以满足反拉深的需要。

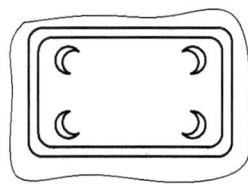

图 9-8 车门窗口拐角冲出月牙孔

9.3.2 覆盖件拉深模的设计

1. 覆盖件拉深模的典型结构

覆盖件拉深模的典型结构主要有三种,即单动拉深模、双动拉深模和多动拉深模。

1) 单动拉深模

图 9-9 所示为在单动压力机上的覆盖件拉深模的典型结构示意图。这种拉深模采用倒装方式,凸模 1 和压边圈 3 安装在下模,凹模 2 安装在上模,压边圈 3 利用压力机下面的顶出缸,通过顶杆 4 获得所需的压料力。这种模具结构简单、制造周期短、成本低,而且在汽车冲压生产线上流水作业时覆盖件无须翻转,因此具有简化设备、生产效率高等优点。但由于压边力小且只能整体调节、拉深的深度浅、卸料装置非刚性导致偏斜而无法压料等,所以仅适用于小型覆盖件的拉深。

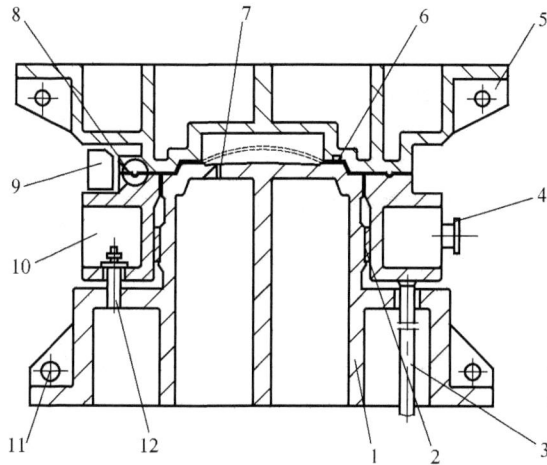

图 9-9　单动拉深模

1-凸模;2-凹模;3-压边圈;4-压边圈顶杆;5-导板;6-压印器;7-防脱销;
8-吊挂销;9-压边圈吊柱;10-定位板;11-拉深筋;12-排气孔

2) 双动拉深模

图 9-10 所示为在双动压力机上的覆盖件拉深模的典型结构示意图。这种拉深模采用正装方式,凸模 2 通过凸模固定座 3 安装在压力机的内滑块上,压边圈 1 安装在压力机的外滑块上。拉深成形时,外滑块(压边滑块)首先带动压边圈 1 下行,将毛坯紧紧压在凹模面上,然后内滑块(拉深滑块)带动拉深凸模 2 下行进行拉深。双动拉深模压边力的大小可通过调节压力机外滑块闭合高度来实现,因此能够克服单动拉深模的缺点,适用于大、中型覆盖件的拉深。

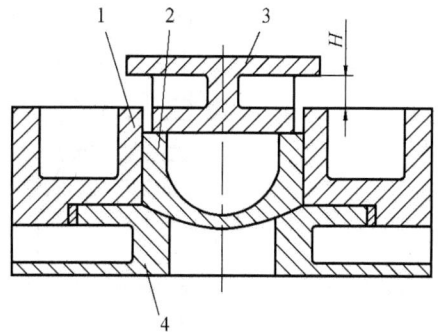

图 9-10　双动拉深模

1-压边圈;2-凸模;3-固定座;4-凹模

3) 多动拉深模

多动拉深模用于成形形状比较特殊的拉深件。

图 9-11 所示的拉深件中间有一个鼓包高出压料面,且与冲压方向相反,如果采用一般的模具结构来成形,由于压边圈在压紧毛坯之前,鼓包部分就已经引起毛坯的变形,变形产生的皱纹如果不能在拉深过程中展开,就会影响拉深件的表面质量。若采用图 9-12 所示的多动拉深模结构,这一问题便迎刃而解,图中凹模由两部分组成,即固定凹模 3 和活动凹模 4。与鼓包部分相对应的凹模是固定凹模,其余部分为活动凹模。在工作之前,凹模压料面形状高出鼓包,随着滑块下行,活动凹模 4 将毛坯压紧在压边圈 7 上,由于拉深垫压力大于弹簧压力,活动凹模 4 后移与上模板贴合,并成形出鼓包部分。滑块继续向下运动,压边圈 7 行程向下,凸模 8 开始拉深,当滑块到达下死点时,拉深工作结束。滑块上行时,压边圈 7 将拉深件从凸模 8 上卸下,退料销将拉深件从活动凹模 4 内顶出。

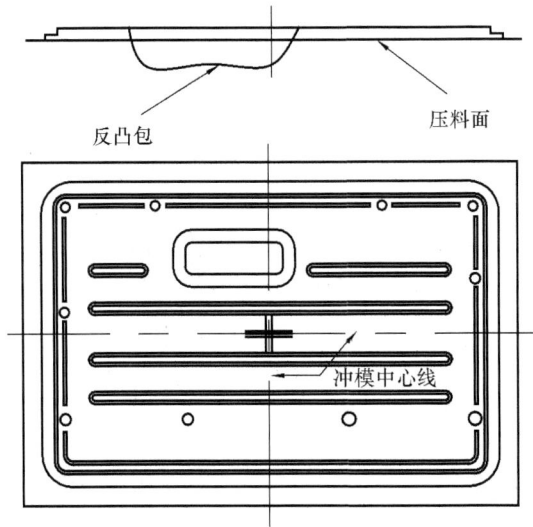

图 9-11 拉深件形状

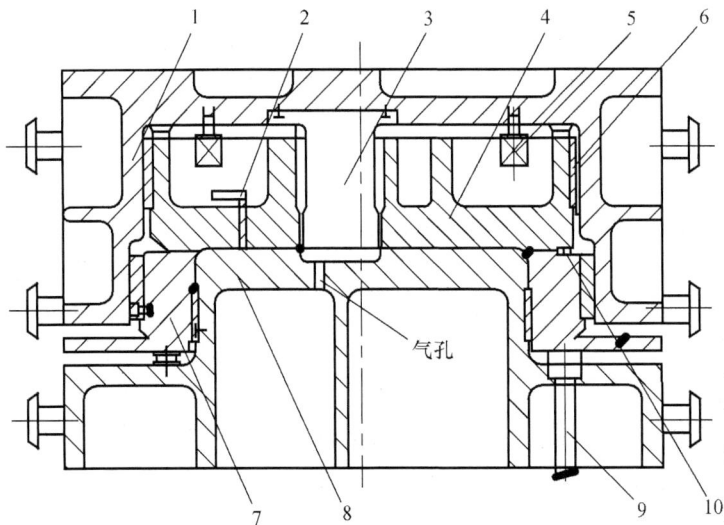

图 9-12 多动拉深模

1-上模板;2-排气管;3-固定凹模;4-活动凹模;5-弹簧;6-导板;7-压边圈;8-凸模;9-托杆;10-平衡块

2. 覆盖件拉深模主要零件的设计

1）工作零件的设计

（1）凸、凹模的结构形式。

覆盖件拉深模的凸模、凹模和压边圈，由于结构尺寸一般都较大，且形状复杂，多采用带加强筋的整体铸造结构，材料一般选用合金铸铁、球墨铸铁和高强度的灰铸铁，如 HT200 和 HT250。为便于铸造成形，铸件壁厚应尽可能均匀，避免过厚或过薄。为减小铸件质量，应设有铸造孔，铸造孔可兼用于起吊搬运、加工、排屑和设置空气管道、润滑管道、顶出装置等。小批量生产的覆盖件可采用钢板焊接结构。

（2）凸模的设计。

覆盖件拉深凸模的外轮廓就是拉深件的内轮廓（除工艺上有特殊要求，如工艺补充、翻边面的展开等）。如图 9-13 所示，凸模工作表面和外轮廓部位处的厚度一般为 70～90mm。为了保证凸模的外轮廓尺寸，在凸模上沿压料面有一段 40～80mm 的直壁必须加工。为了减少轮廓面的加工量，直壁向上用 45°斜面过渡，缩进 15～40mm 的距离。

（3）凹模的设计。

拉深件上的加强筋，装饰用的棱线、筋条、凹坑，装配

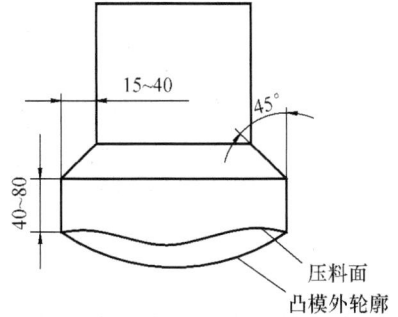

图 9-13　凸模外轮廓

用的凸包和凹坑等一般都是在拉深模上一次成形的。因此，凹模结构除了凹模压料面和凹模圆角外，在凹模内部设置的成形上述结构的凸模或凹模也同样属于凹模结构的一部分。覆盖件拉深凹模根据型腔结构的不同，可分为闭口式和通口式两种结构类型。

① 闭口式凹模。底部封闭的凹模称为闭口式凹模，绝大多数拉深模采用闭口式凹模结构。图 9-14 所示的微型汽车后围拉深模，采用闭口式凹模结构，在凹模的型腔内直接加工出局部成形用的凸起和凹槽。

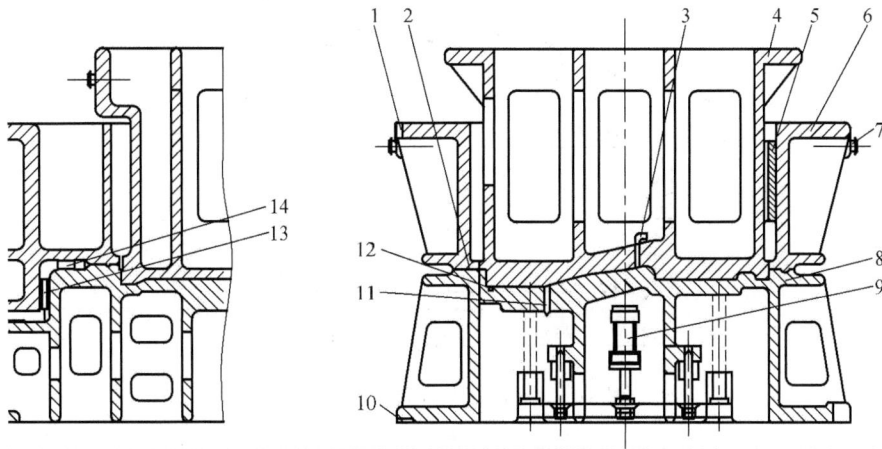

图 9-14　微型汽车后围拉深模

1、7-起重棒；2-定位块；3、11-通气孔；4-凸模；5-导板；6-压边圈；8-凹模；
9-顶件装置；10-定位键；12-到位标记；13-耐磨板；14-限位板

② 通口式凹模。内腔贯通的凹模称为通口式凹模。通口式凹模一般用于拉深件形状较复杂、坑包较多、棱线要求清晰的拉深模结构中。图 9-15 所示为汽车门里板拉深模,采用通口式凹模结构,通孔下面加模座,反拉深凸模紧固在模座上。凹模中的顶出器的外轮廓形状用以成形拉深件上的装饰凹坑等,形状比较复杂,下面放置弹簧兼作顶出拉深件用。

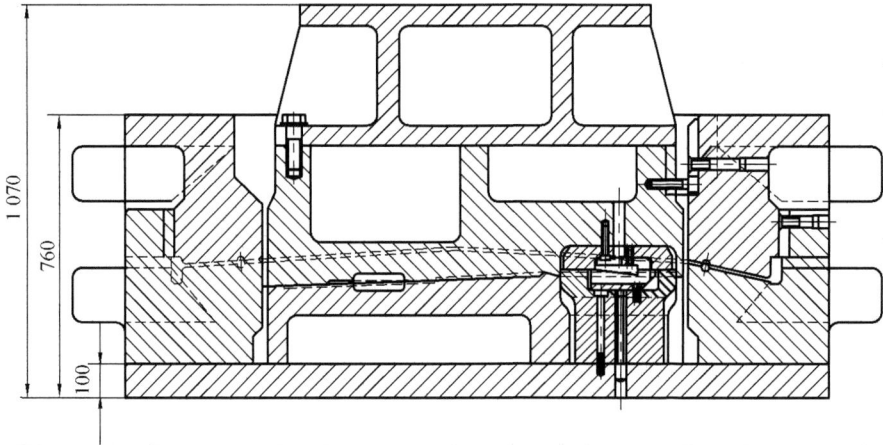

图 9-15 汽车门里板拉深模

2)导向零件的设计

在汽车覆盖件拉深模中,常利用导板进行导向。其导向方式有两种,即凸模与压边圈的导向、凹模与压边圈的导向。

(1)凸模与压边圈的导向(内导向)。

一般布置 4～8 对导板进行导向,如图 9-16 所示。导板应布置在凸模外轮廓直线部分或曲线最平滑的部位,并且与模具中心线平行,并尽可能对称布置。

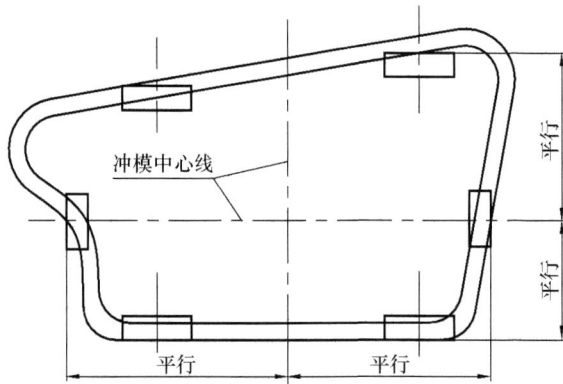

图 9-16 导滑面与冲模中心线平行

内导向时,导板在拉深模上的安装方式有三种,即在凸模上安装导板,如图 9-17(a)所示;在压边圈上安装导板,如图 9-17(b)所示;在凸模和压边圈上同时安装导板,如图 9-17(c)所示。其中,压边圈导板的加工深度不宜大于 250mm,为了降低加工深度,可以将导板尺寸加长然后装在凸模上,相应的压边圈凸台长度可以缩短。

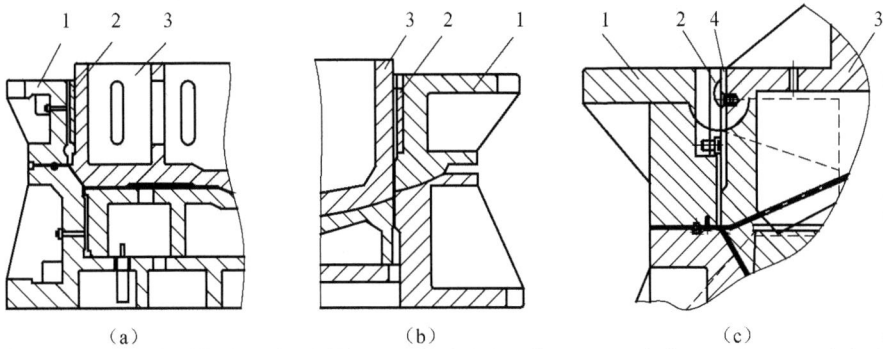

图 9-17 双动拉深模凸模与压边圈导向结构
1-压边圈;2、4-导板;3-凸模

通常,导滑面位于凸模外轮廓向外 3mm 处,如图 9-18(a)所示,尺寸 a 一般取 $L/6$,最大为 $L/4$;同时还应该保证凸模与压边圈在前后、左右以及旋转方向上不产生晃动,但图 9-18(b)所示就很容易在旋转方向上产生晃动。

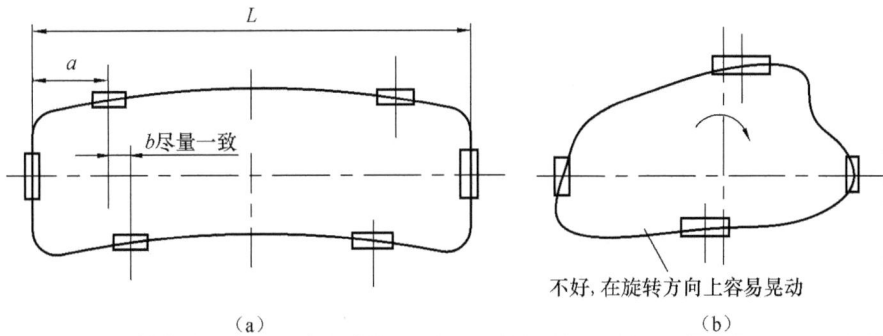

图 9-18 导滑面的位置及数量

(2) 凹模与压边圈的导向(外导向)。

这种导向方式的作用原理是利用凸台与凹槽的配合。为了调整间隙,在凸台和凹槽上安装导板,导板结构如图 9-19 所示,为了便于导板进入导向面,可将导板的一端加工成 30°斜面,在不装导板的凸台或凹槽上加工成 45°倒角。

导板的常用材料为 T8A 或 T10A,经淬火后其硬度为 52～56HRC。可根据标准来选用导板。

导向面可考虑一边装导板,一边精加工,磨损后可在导板后加垫片调整。

3) 拉深筋的设计

拉深筋在覆盖件的拉深成形中具有非常重要的作

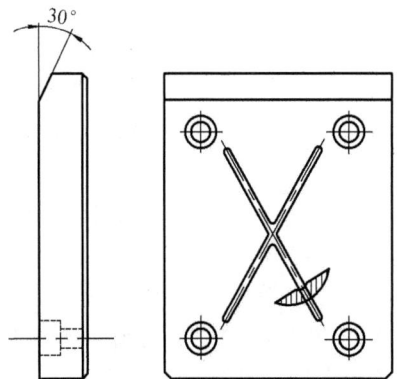

图 9-19 30°斜面的导板结构

用,它能调整毛坯各段流入凹模的阻力,提高材料塑性变形,增加拉深工序件的刚度,并使其变形均匀一致,从而提高拉深稳定性;能够增加毛坯各段的径向拉应力,防止压料面起皱。

（1）拉深筋的类型与尺寸。

图 9-20 所示为各种常用的拉深筋结构,具体尺寸见表 9-2。

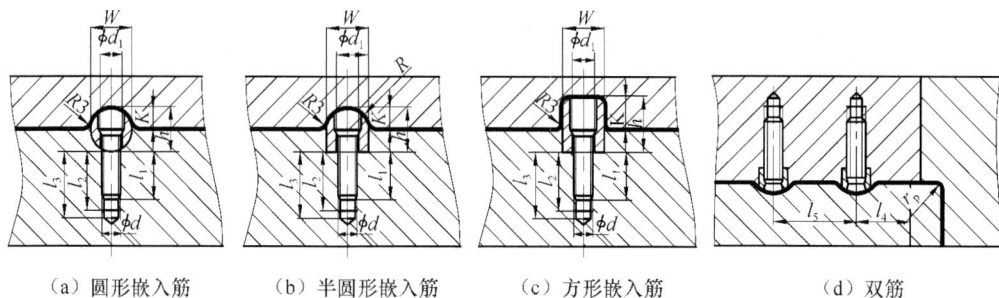

（a）圆形嵌入筋　　（b）半圆形嵌入筋　　（c）方形嵌入筋　　（d）双筋

图 9-20　拉深筋断面形状及尺寸

表 9-2　各种形式的拉深筋尺寸　　（单位:mm）

名称	筋宽 W	$\phi d \times p$	ϕd_1	l_1	l_2	l_3	h	K	R	l_4	l_5
圆形嵌入拉深筋	12	M6×1.0	6.4	10	15	18	12	6	6	15	25
	16	M8×1.25	8.4	12	17	20	16	8	8	17	30
	20	M10×1.5	10.4	14	19	22	20	10	10	19	35
半圆形嵌入拉深筋	12	W6×1.0	6.4	10	15	18	11	5	6	15	25
	16	W8×1.25	8.4	12	17	20	13	6.5	8	17	30
	20	W10×1.5	10.4	14	19	22	15	8	10	19	35
方形嵌入拉深筋	12	W6×1.0	6.4	10	15	18	11	5	3	15	25
	16	W8×1.25	8.4	12	17	20	13	6.5	4	17	30
	20	W10×1.5	10.4	14	19	22	15	8	5	19	35

（2）拉深筋的布置原则。

拉深筋的布置,与零件几何形状、变形特点和成形深度有关,具体布置原则如下:

① 为增加进料阻力,提高材料变形程度,可设置 1～3 条整圈的或间断的拉深筋。

图 9-21 所示为后翼子板内轮挡泥罩拉深件,如果不用拉深筋,则拉深时在凸模圆角附近和四周直壁上经常形成波纹。设置整圈拉深筋后,提高了拉深的稳定性,避免了上述现象的发生。

② 为增加径向拉应力,降低切向压应力,防止毛坯起皱,可在容易起皱的部位设置局部的短拉深筋。

③ 为调整进料阻力和进入凹模的材料流量,可在拉深深度大的直线部位,设置 1～3 条拉深筋;在拉深深度大的圆弧部位不用设置拉深筋;当拉深深度相差较大时,只需在浅的部位设置拉深筋,如图 9-22 所示。

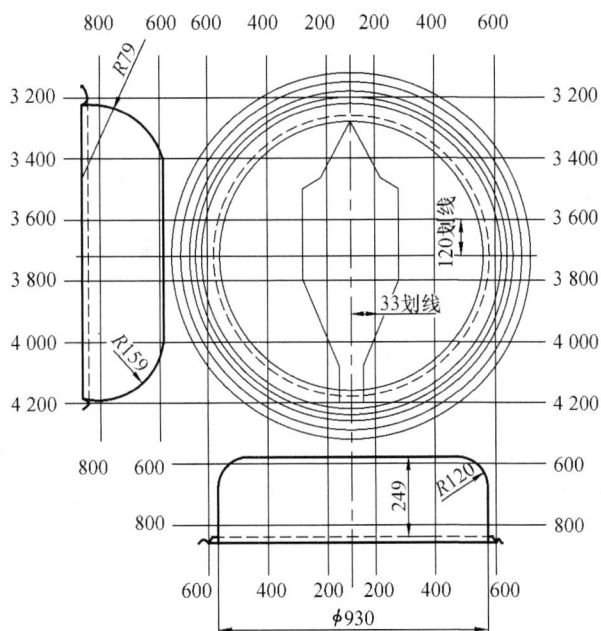

图 9-21　后翼子板内轮挡泥罩拉深件

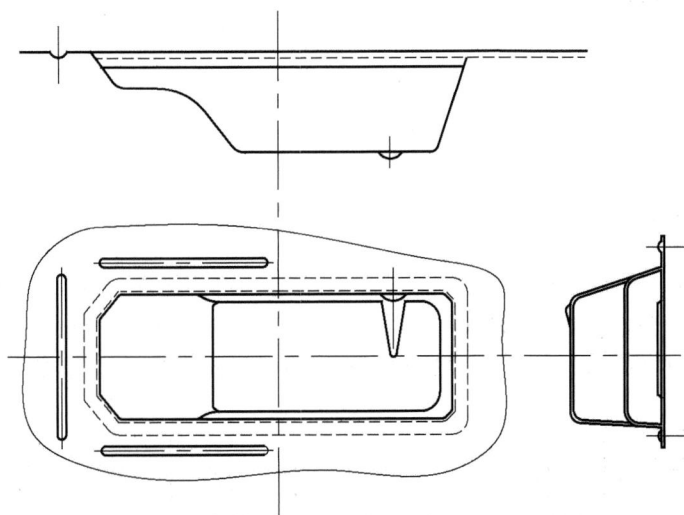

图 9-22　油底壳拉深件上的拉深筋布置

9.4　覆盖件修边工艺与修边模的设计

9.4.1　覆盖件修边工艺的设计

覆盖件修边工序是指将拉深工序件的工艺补充部分冲裁剪切掉的冲压工序。

1. 修边方向的确定

修边方向应尽量选为修边曲面的法向方向,如图 9-23(a)所示。如果满足不了这一要求,修边方向与修边曲面的夹角也不能太大,否则板材将出现撕裂现象,如图 9-23(b)所示。

图 9-23　修边方向

　　常见的修边方向有垂直修边、水平修边和倾斜修边三种形式,如图 9-24 所示,其中图 9-24(a)为垂直修边,这种修边模结构简单,应优先选用;图 9-24(b)和图 9-24(c)分别为水平修边和倾斜修边。当采用水平修边或倾斜修边时,必须改变压力机滑块的运动方向,因此修边模结构相对比较复杂。

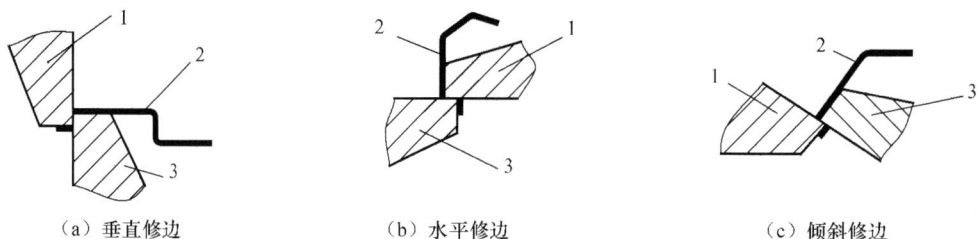

（a）垂直修边　　　　　　　（b）水平修边　　　　　　　（c）倾斜修边

图 9-24　修边形

1-凸模;2-工件;3-凹模

2. 修边废料的排除

　　修边工序中的废料排除包括孔的废料排除和修边废料的排除。其中,常见的适用于大、中等批量生产的冲孔废料的排除方式如图 9-25 所示。图 9-25(a)为储存式,利用安装在冲孔凹模下面的储料盒来储存废料,这种方式适用于储存 $\phi20$mm 以下的小孔废料;图 9-25(b)为滚

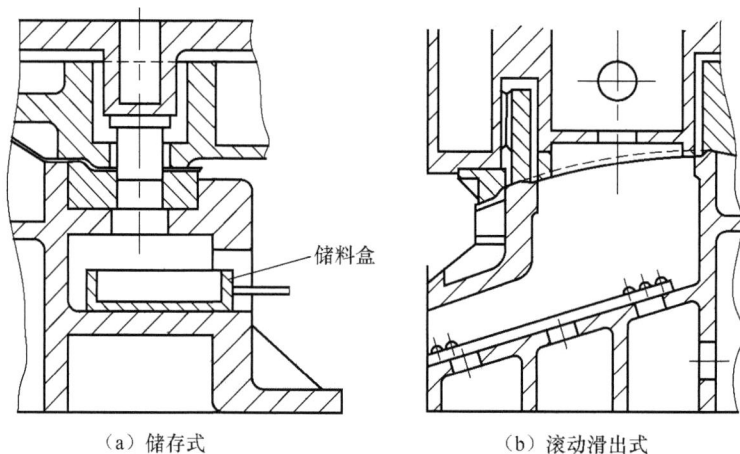

（a）储存式　　　　　　　　（b）滚动滑出式

图 9-25　孔的废料排除方法

动滑出式,其原理是在下模座内设有滚道将较大的冲孔废料(如窗框孔)滑出模体外。

常见的修边废料的排除方式如图9-26所示。其中图9-26(a)为滑槽式,当修边废料切断后由下模的滑槽排到压力机的前后侧,流入地坑,然后由输送带送出。这种方式适用于大、中等批量的大、中型覆盖件的修边;图9-26(b)为退料圈式,这种方式是利用顶柱1使退料板2滞后一段时间将废料圈退出修边凸模3。适用于小批量生产的中小型覆盖件的修边。

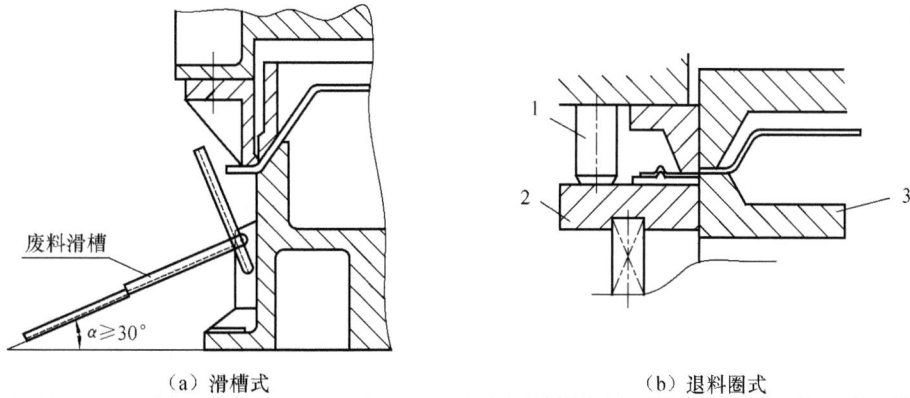

（a）滑槽式　　　　　　　　　　　（b）退料圈式

图 9-26　修边废料的排除方法
1-顶柱;2-退料板;3-修边凸模

9.4.2　覆盖件修边模的设计

1. 修边模的典型结构

覆盖件修边模的典型结构有三种,即垂直修边冲孔模、斜楔修边冲孔模和垂直斜楔修边模。

1) 垂直修边冲孔模

垂直修边模的修边方向与压力机滑块运动方向一致,由于模具结构简单,是最常用的形式,修边时应尽量为垂直修边创造条件。在批量生产中,覆盖件的修边冲孔模其修边的凸凹模都是采用拼块结构,用空冷钢材料制成,火焰淬火。对模具有侧向力时除用导柱导套导向外,还备有导板导向,对φ10mm以下的小孔凸模一般都用快换结构,气动顶升冲压件,以及修边废料排除等结构。图9-27所示为垂直修边冲孔模。

2) 斜楔修边冲孔模

覆盖件的修边、冲孔工序有时须改变冲压方向,这时需将压力机滑块的垂直运动转化为水平运动或倾斜运动,这一动作是靠斜楔的驱动来实现的。斜楔安装在上模上,由压力机带

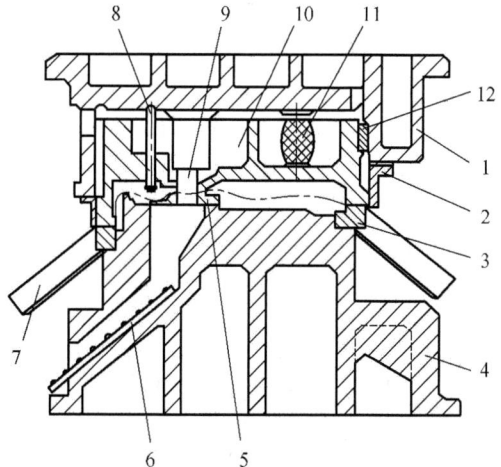

图 9-27　垂直修边冲孔模
1-上模座;2-修边凹模拼块;3-凸模拼块;4-下模座;
5-冲孔凹模;6-废料滑道;7-废料滑槽;8-吊挂螺钉;
9-冲孔凸模;10-顶件板;11-弹簧或聚氨酯橡胶;12-导板

动。因带有斜楔结构,所以模具外廓尺寸大,结构比较复杂,制造困难。

3）垂直斜楔修边模（组合修边模）

垂直斜楔修边模的一部分修边镶块做垂直运动,另一部分做水平或倾斜运动,如图 9-28 所示。

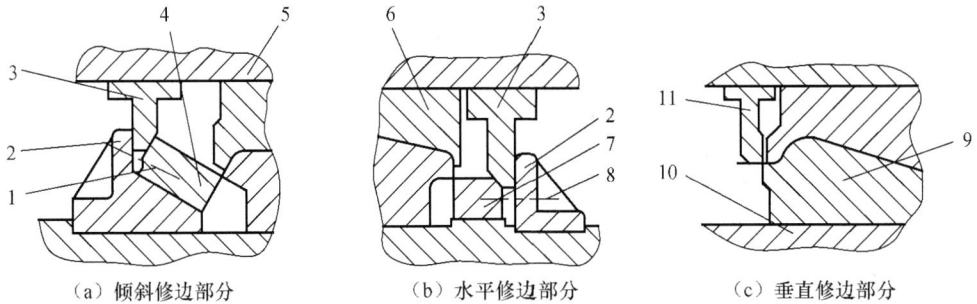

（a）倾斜修边部分　　　（b）水平修边部分　　　（c）垂直修边部分

图 9-28　垂直斜楔修边模

1、8-复位弹簧;2-背靠块;3-斜楔;4、7-倾斜及水平修边凹模镶块;5-上模座;
6-压件器;9-垂直修边凸模;10-下模座;11-垂直修边凹模

2. 修边模主要零件的设计

1）修边凸模和凹模镶块

修边模刃口分为整体式和镶块式两种结构形式,其中整体式是将刃口材料堆焊在修边凸模或凹模体上,镶块式则是将修边模刃口以镶块结构形式安装在凸模或凹模体上。由于覆盖件的修边线多为不规则的空间曲线,且修边线很长,为便于制造、装配及修理,修边模的凸模和凹模常用镶块式结构。经常使用的镶块材料为 T10A 工具钢,热处理硬度为 58～62HRC。

当采用镶块式结构时,刃口镶块必须进行分块设计。

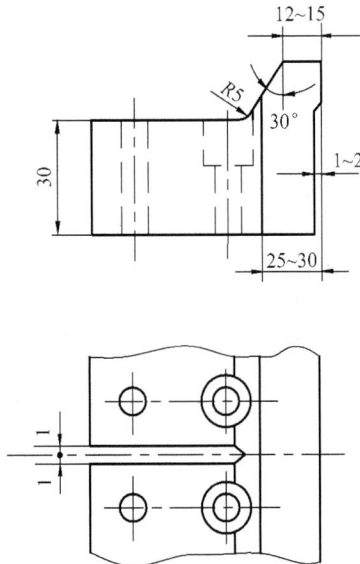

图 9-29　刃口结合面

（1）镶块的分块原则。

① 分块大小要适应加工条件,直线段适当长些,形状复杂或拐角处取短些,尽量取标准值。

② 分块应便于加工、装配调整和误差补偿,最好为矩形块。

③ 为了消除接合面制造的垂直度误差,两镶块之间的接合面宽度应尽量小些,如图 9-29 所示。当斜面的倾斜度为 30°以内时,镶块接合面应与底面垂直;倾斜度大于 30°时,镶块接合面应与修边刃口垂直,如图9-30 所示。

④ 小圆弧部分应单独作为一块,接合面距切点5～10mm。大圆弧、长直线可以分成几块,接合面与刃口垂直,并且不宜过长,一般取 12～15mm。

⑤ 对于立边修边的易损镶块,应尽量取小值,以便更换。

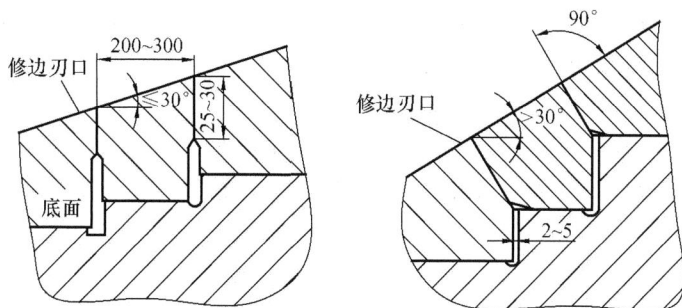

图 9-30 倾斜刃口

⑥ 有很多镶块依次相连接时,特别是整周镶块,为了补偿镶块在制造中存在的偏差,需要设计一块镶块作为补偿镶块。补偿镶块应选择在立体曲面比较平滑、形状简单处,其长度要比设计长度加长 3～4mm。

⑦ 凸模镶块接合面和凹模镶块接合面应错开 5～10mm 距离,以避免工件产生毛刺。

⑧ 局部为凸、凹模修边时,应采用镶块中再镶入镶块的复合结构,以消除或减小角部应力集中,延长模具寿命。

⑨ 对高度差较大的复杂修边表面,为了降低镶块的高度,保证镶块的稳定性,可将镶块底面做成阶梯状,如图 9-31 所示。相应地在上、下模座或修边镶块固定板上也做成阶梯状。

⑩ 由于修边凸、凹模刃口在转角或修边线凸出和凹进的地方容易磨损,因此应单独做成一块,以便于加工和更换。

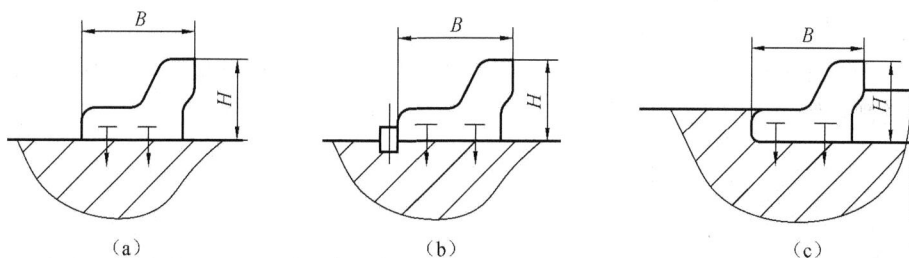

图 9-31 镶块的固定形式

(2) 镶块的紧固。

为避免修边凸、凹模刃口镶块沿受力方向产生位移和颠覆力矩,必须对镶块进行紧固。图 9-31 所示为三种常用的镶块固定形式。其中图 9-31(a)适用于覆盖件材料厚度 $t<1.2$mm 或冲裁刃口高度差变化小的镶块;图 9-31(b)、(c)适用于覆盖件材料厚度 $t>1.2$mm 或冲裁刃口高度差变化大的镶块,因其能够承受较大的侧向力且装配方便,故应用广泛。

为了保证镶块的稳定性,镶块的高度 H 与宽度 B 应具有一定的比例关系,一般取 $B=(1.2～1.5)H$。镶块的长度 L 一般取 150～300mm,太长则加工和热处理不方便;太短则螺钉和销钉不好布置。考虑到模座加工螺纹孔方便和紧固可靠,镶块常用 3～5 个螺钉固定,一般以两排布置在接近修边刃口和接合面处,并用两个圆柱销定位。定位销离刃口越远越好,相对距离尽量大。

2)废料刀设计

覆盖件的废料外形尺寸大,修边线形状复杂,不可能采用一般卸料圈卸料,而需要先将废料切断然后卸料才方便和安全。另外,在修边模定位时,也常常利用废料刀的形状进行定位。因此,废料刀的设计是修边模设计的重要内容之一。

(1) 废料刀的结构。

图 9-32、图 9-33 所示为两种镶块式废料刀的结构示意图。它是利用修边凹模镶块的接合面作为一个废料刀刃口,相应地在修边凸模镶块外面装废料刀作为另一个废料刀刃口。

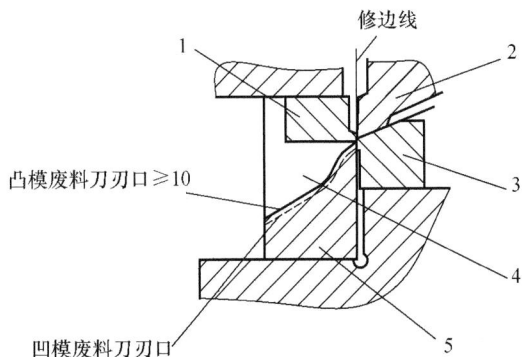

图 9-32 弧形废料刀

1-上模凹模;2-卸料板;3-下模凸模;4-凹模废料刀;5-凸模废料刀

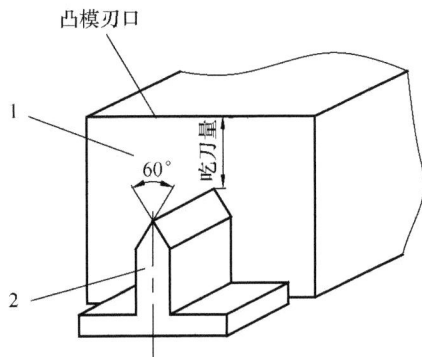

图 9-33 丁字形废料刀

1-凸模;2-废料刀

(2) 废料刀的布置。

① 原则上应使废料刀的切断刃口与修边线垂直,但为避免废料卡在两废料刀之间不能落下来,废料刀本身要有一定的角度 α,称之为废料刀的开口角度,如图 9-34 所示。废料刀的开口角度通常取为 $10°$,且应顺时针方向布置。

② 为了使废料容易落下,应尽量避免凸模和废料刀的刃口相对布置。当不得不相对布置时,应将废料刀作出 $20°$ 以上的转角或强制废料下落,如图 9-35 所示。

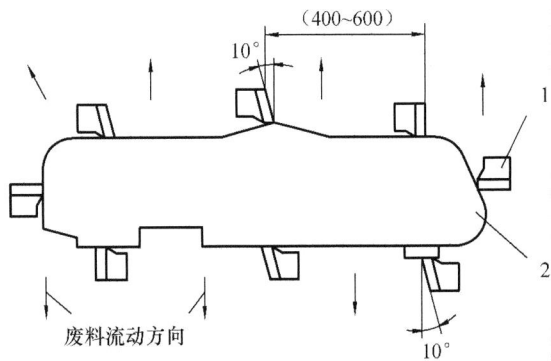

图 9-34 废料刀的顺向布置

1-废料刀;2-凸模

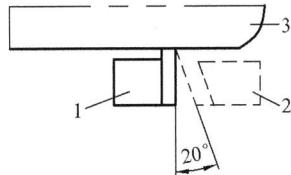

图 9-35 避免凸模和废料刀的刃口对向布置

1-废料刀 1;2-废料刀 2;3-修边凸模

③ 修边线上有凹口或凸台时,为了避免废料卡在凸模刃口和废料刀之间,废料刀应布置在凸起部位,如图 9-34 所示。

④ 如图 9-36(a) 所示,当切角部废料时,废料刀安装座不要超出修边线;如图 9-36(b) 所示,废料刀的刃口应尽量靠近拉深工序件转角 R 部的切点处,以免影响废料的落下,废料重心必须在 A 线的外侧。

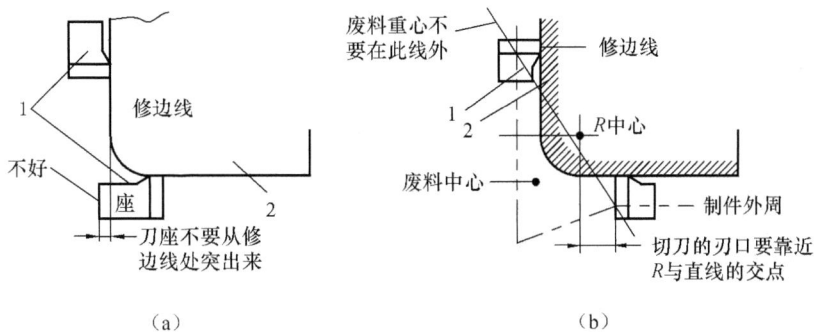

图 9-36 切工件角部废料时的废料刀的布置
1-废料刀座;2-修边凸模

3）斜楔机构

（1）组成与分类。

当修边方向与压力机滑块运动方向成一定夹角时,模具要装有改变修边凸模运动方向的斜楔机构。斜楔机构由主动斜楔、从动斜楔和滑道等部件组成,如图 9-37(a)、(b)所示。

根据斜楔的连接方式的不同,斜楔机构可分为吊冲和下冲两种类型。

① 吊冲。如图 9-37(c)所示,主动斜楔 1 固定在压力机滑块上,从动斜楔 2 安装在主动斜楔 1 上,它们之间可相对滑动但不脱离,并装有复位弹簧。工作时,主、从动斜楔一同随滑块下降,当遇到固定在下模座上的滑道 3 时,从动滑块沿箭头方向向右下方运动,并使凸模完成冲压动作。

② 下冲。如图 9-37(d)所示,主动斜楔 1 固定在上模上,从动斜楔装在下模上,可在下模

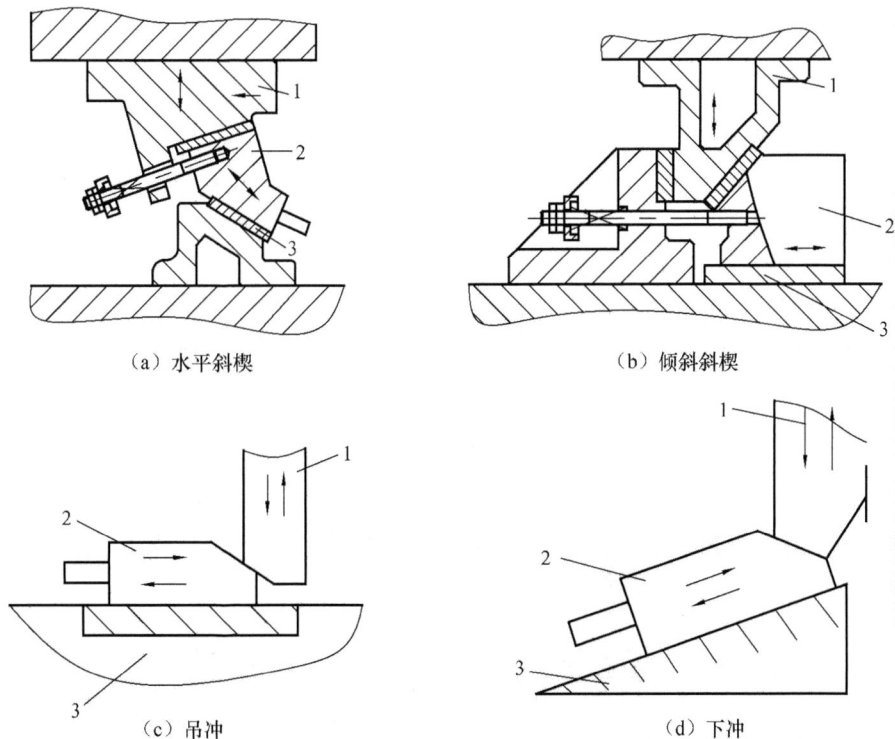

（a）水平斜楔

（b）倾斜斜楔

（c）吊冲

（d）下冲

图 9-37　斜楔机构
1-主动斜楔;2-从动斜楔;3-滑道

的滑道中运动,并装有复位弹簧。工作时主动斜楔向下运动,并推动从动斜楔向右运动,由凸模完成冲压动作。

(2)斜楔形状与尺寸。

斜楔形状与尺寸如图 9-38 所示。小件使用的斜楔模及侧向推力较小的斜楔模,可不用后挡块;而大件使用的斜楔模及承受较大的侧向推力时,则需采用后挡块。

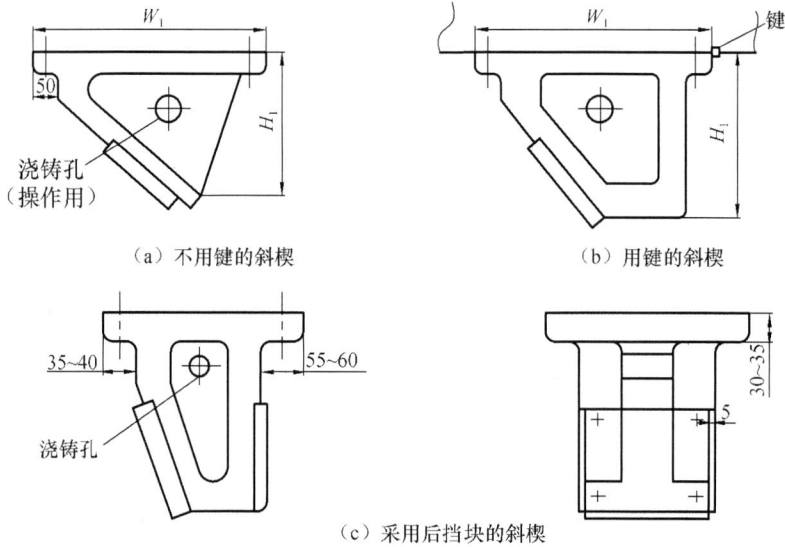

(a)不用键的斜楔　　　　　　　　　　　(b)用键的斜楔

(c)采用后挡块的斜楔

图 9-38　斜楔形状与尺寸

不使用后挡块时,斜楔的长度 W_1 与高度 H_1 的关系为
$$W_1 \geqslant 1.5H_1$$
使用后挡块时,斜楔的长度可不受上式的限制。

当侧向推力较小或侧向推力虽大但采用了后挡块时可以不用键,否则需要使用键,以部分抵消斜楔所受的侧向力。

斜楔的数量与宽度或根据滑块的宽度按表 9-3 选取。

表 9-3　斜楔的数量与宽度的选取

滑块宽度 L_2/mm	斜楔宽度 L_1/mm	斜楔数量/个
<300	70~120	1
300~600	70~120	2
>600	100~150	2~3

在斜楔机构设计中应考虑斜楔滑块的工作行程、额定输出力、凸模安装空间、弹簧复位力和冲压总尺寸等有关数据,具体设计请参阅有关设计手册。

9.5　覆盖件翻边工艺与翻边模的设计

9.5.1　覆盖件翻边工艺的设计

翻边工序对于一般的覆盖件来说是冲压的最后成形工序。覆盖件的翻边多数是为相互焊接连连接之用的,同时又能提高自身的刚度。翻边工序设计的主要内容包括翻边方向的选择和工序件的定位。

1. 选择翻边方向

所谓翻边方向是指翻边凸(凹)模的运动方向,它与压力机上滑块的运动方向不一定是一致的。翻边工序按照翻边方向的不同可分为垂直翻边、水平翻边和倾斜翻边三种类型。图 9-39 所示为覆盖件的翻边示意图,箭头表示翻边方向。垂直翻边时,翻边方向就是压力机滑块的运动方向,如图 9-39(a)所示;水平翻边时,翻边方向和压力机滑块运动方向垂直,如图 9-39(b)所示;倾斜翻边时,翻边方向和压力机滑块运动方向成一定的角度,如图 9-39(c)所示。

翻边方向的选择,也就是工序件在翻边模内位置的确定。正确的翻边方向,应对翻边变形提供尽可能的有利条件,使凸(凹)模运动方向与翻边轮廓表面垂直,以减小侧向压力,并使翻边件在翻边模中的位置稳定。垂直翻边时,凸模作竖直运动,工序件开口向上放,比较稳定和便于定位,如图 9-39(a)所示。另外,在条件允许的情况下,应尽量采用气垫压料。水平翻边和倾斜翻边时,工序件必须开口向下放在翻边凹模上,如图 9-39(b)和图 9-39(c)所示。

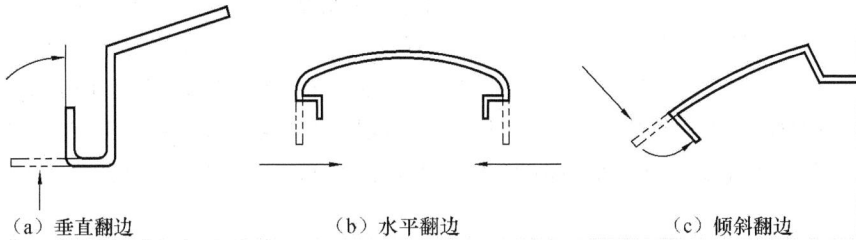

(a) 垂直翻边　　　　　(b) 水平翻边　　　　　(c) 倾斜翻边

图 9-39　一般覆盖件的翻边方向

2. 翻边工序件的定位

翻边工序件常用的定位方式有三种,即型面定位、孔定位和修边轮廓定位。型面定位是利用拉深工序件的侧壁面或较平直的型面进行定位,这种定位方式方便可靠;孔定位一方面可以利用覆盖件本身的孔进行定位,另一方面是出于工艺的需要,在产品允许的情况下,在翻边工序前冲出工艺孔进行定位,这种定位方式定位精度高,但放件或取件比较麻烦;修边轮廓定位适用于利用修边模修边的覆盖件,这种定位方便可靠,且翻边高度的准确度较高。图 9-40 所示的工序件是采用孔和修边轮廓进行定位。

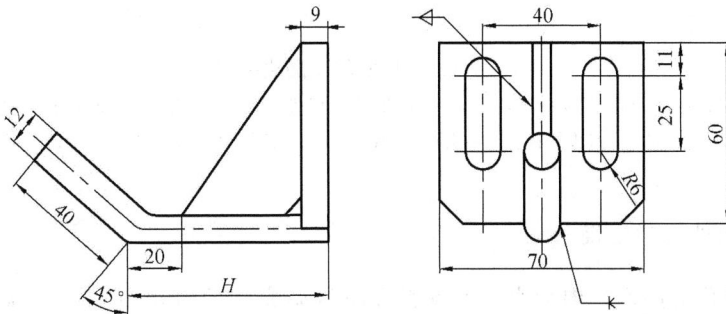

图 9-40　采用孔和修边轮廓进行定位的工序件

9.5.2 覆盖件翻边模的典型结构

根据翻边凸(凹)模的运动方向及其特点,翻边模主要有以下几种类型。

1. 垂直翻边模

翻边凸(凹)模作垂直方向运动,对覆盖件进行翻边。这类翻边模结构简单,制造成本低,翻边质量高。工件翻边后包在凸模上,退件时需推动翻起的竖边,为防工件变形,必须各处同时推动。当工件厚度较小时,还需要在凸模上增加顶出装置,如图9-41所示。

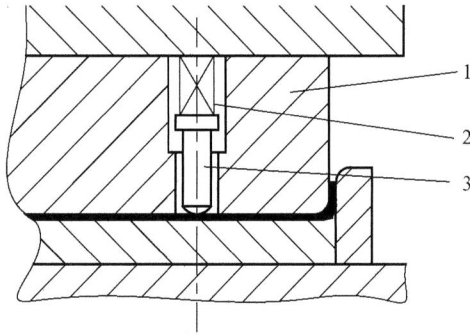

图 9-41　装在凸模内的顶出装置
1-凸模;2-弹簧;3-打料器

2. 单面斜楔翻边模

翻边凹模单面向内沿水平或倾斜方向运动完成翻边动作,图9-42所示为单面斜楔翻边模。上模下行,压料块4首先将毛坯压紧在凹模1上,上模继续下行,斜楔传动器10的斜面接触斜楔滑块19的斜面,推动滑块沿导板18倾斜向下运动,镶嵌式凸模3与凹模1作用完成翻边;上模上行,斜楔滑块19在弹簧5和辅助弹簧20的作用下复位,完成一个冲压周期。由于是单面翻边,工件可以从凸模上取出,所以凸模是整体式结构。

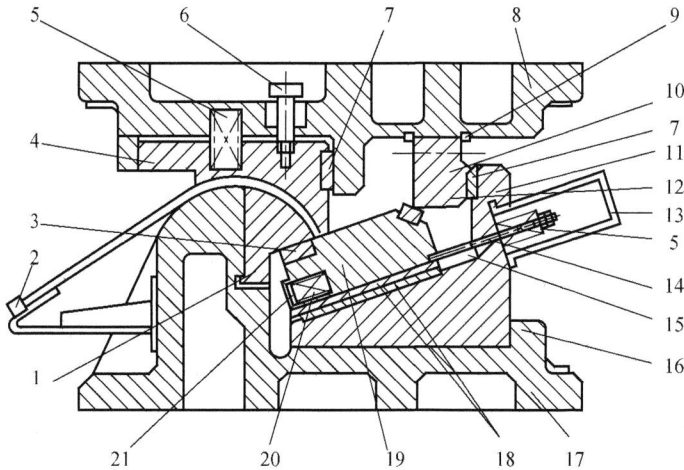

图 9-42　单面斜楔翻边模
1-凹模;2-定位装置;3-凸模;4-压料块;5-弹簧;6-定位螺栓;7、18-导板;8-上模座;9-键;10-斜楔传动器;11-后挡板;
12-传动板;13-弹簧罩;14-双头螺柱;15-限位器;16-垫板;17-下模座;19-斜楔滑块;20-辅助弹簧;21-弹簧销

3. 斜楔两面开花翻边模

翻边凹模对称的两面向内沿水平或倾斜方向运动完成翻边动作,翻边之后工件包在凸模上,不易取出,所以翻边凸模必须做成活动可分的,翻边时将凸模扩张成翻边形状,因为形似开花,所以俗称开花翻边模。翻边后凸模缩回便于取件。图 9-43 所示为斜楔两面开花翻边模的典型结构,初始状态的滑块 2 位于内侧,上模下行,斜楔 5 的斜面与滑块 2 的斜面接触作用,滑块 2 向左运动,斜楔 5 向右运动;斜楔滑块相对运动到凸模 7 与凹模 6 将工件翻边完成,工件包在了凸模 7 上;上模上行,复位机构 3 和 8 的弹簧回弹分别带动滑块 2 向右运动,斜楔 5 向左运动,实现"开花"过程,工件即能顺利脱模。

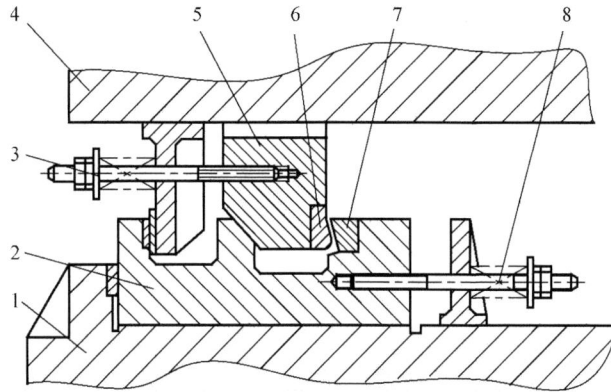

图 9-43 斜楔两面开花翻边模

1-下模座;2-滑块;3、8-复位机构;4-上模;5-斜楔;6-凹模;7-凸模

4. 斜楔圆周开花翻边模

这类翻边模结构同两面开花翻边模相似,所不同的是翻边凹模在斜楔机构的作用下,是沿三面或圆周封闭向内作水平或倾斜方向运动完成翻边动作。同样翻边以后翻边件是包在翻边凸模上的,不易取出。因此必须将翻边凸模做成活动的,扩张时成型,特点是转角处的一块翻边凸模靠相邻的开花凸模块以斜面挤出。图 9-44 所示的后围上盖板翻边压圆角翻边模就是

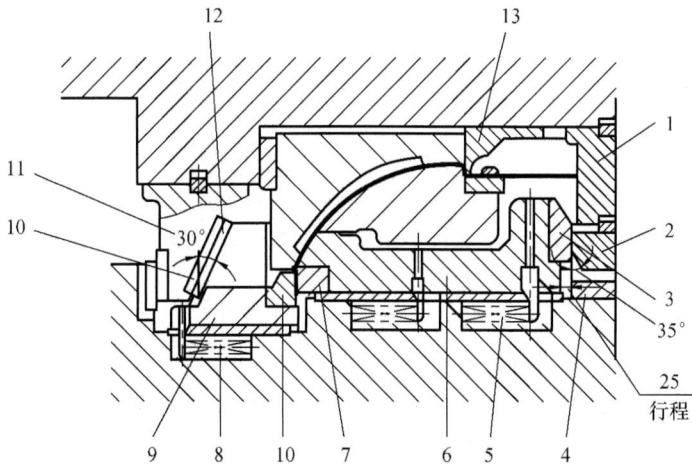

图 9-44 后围上盖板翻边压圆角翻边模

1、11、13-斜楔座;2-斜楔块;3-楔块;4-限位块;5、8-弹簧;6-定位块;
7-翻边凸模镶块;9-滑块;10-翻边凹模镶块;12-凸模镶块

斜楔圆周开花翻边模,压力机滑块下行时,固定在斜楔座 1 上的斜楔块 2 通过翻边件的窗口作用于固定在滑块 9 上的楔块 4,使滑块 9 扩张,而翻边凸模镶块 7 安装在滑块 9 的另一端,因此翻边凸模镶块 7 被扩张成翻边形状并停止不动。压力机滑块行程继续往下,固定在斜楔座上的滑板 7 作用于固定在滑块 8 上的滑板 9,使滑块 8 向里运动。而翻边凹模镶块 10 安装在滑块 8 的另一端,因此翻边凹模镶块 10 进行翻边,同时压圆角的凸模镶块 12 附带压圆角。翻边以后,翻边凹模镶块 10 先靠弹簧 12 的作用返回,然后翻边凸模镶块 5 靠弹簧 13 的作用返回初始位置缩小成能取件形状,并用限位块 14 限位,最后取出工件。

5. 斜楔两面向外翻边模

翻边凹模对称两面向外作水平或倾斜方向运动完成翻边动作,翻边后工件可以取出。

6. 内外全开花翻边模

即覆盖件窗口封闭向外翻边的斜楔翻边模。翻边后工件包在凸模上不易取出,翻边凸模必须做成活动的,缩小时成型翻边,扩张时取件。而翻边凹模恰恰相反,扩张时成型翻边,缩小时取件,角上的一块翻边凸模亦靠斜面挤压带动。这类翻边模是最复杂的。

图 9-45 所示为内外全开花翻边模的模具结构。翻边凸模镶块 8 固定在滑块 5 上,当压力机滑块行程向下时,压块 2 将活动底板 13 压下,斜楔块 3、4 斜面接触,使翻边凸模收缩到翻边位置不动。压力机滑块继续下行,在斜楔 10 作用下,翻边凹模扩张完成翻边动作。翻边后上模开启,活动底板受顶杆 7 作用抬高,翻边凹模首先收缩返回原来位置,继之翻边凸模扩张脱离工件,行至能够取件的原始位置,即取出翻边件。

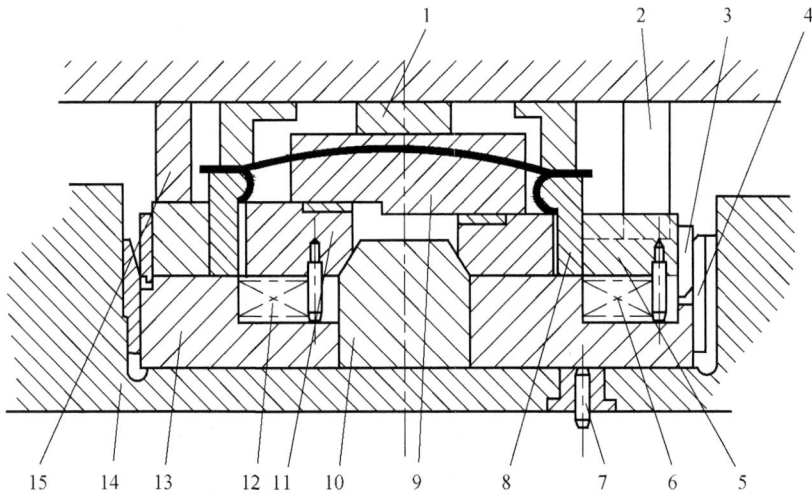

图 9-45　翻边凸模收缩与翻边凹模扩张结构

1、15-限位块;2-压块;3、4-斜楔块;5-滑块;6、12-弹簧;7-顶杆;8-翻边凸模;
9-压板;10-斜楔;11-翻边凹模;13-活动底板;14-下模座

讨论与思考

1. 举例说明什么是汽车覆盖件? 它与一般冲压件有什么不同?

2. 如何对一个覆盖件进行成形可行性分析?

3. 非对称的覆盖件在确定拉深方向时应考虑哪些原则?

4. 在覆盖件的拉深成形过程中,拉深筋的作用是什么? 如何进行布置?

5. 什么是压料面? 确定压料面形状时应注意哪些事项?

6. 试比较汽车覆盖件拉深模与普通拉深模的异同点。

7. 如何消除汽车覆盖件拉深起皱与破裂的缺陷?

8. 汽车覆盖件修边模的凸模和凹模常用镶块式结构,刃口镶块的分块原则如何?

9. 斜楔两面开花翻边模和斜楔圆周开花翻边模在结构上有什么异同点?

10. 试绘制一种扩张式翻边模结构,并叙述其工作原理。

第 10 章　冲压新技术新工艺

10.1　概　　述

　　近十年来,随着对发展先进制造技术的重要性获得前所未有的共识,冲压成形技术无论在深度和广度上都取得了突飞猛进的发展,其特征是与高科技结合,在方法和体系上开始发生很大的变化。由于金属板料的成形加工在航天、汽车、船舶及民用工业中占有越来越重的比例,因此,如何提高相应的成形技术和制造水平,也就是说,如何充分利用和发挥材料的成形性能,发掘新的成形工艺与方法,并借助当今飞速发展的计算机技术优化零件结构及工艺,预测成形缺陷,检测和控制成形过程等是当今板料成形发展的必然趋势。计算机技术、信息技术、现代测控技术等向冲压领域的渗透与交叉融合,推动了先进冲压成形技术的形成和发展。

　　冲压成形技术的发展趋势主要有以下几个方面:

　　(1) 进入 20 世纪 90 年代以来,高新技术全面促进了传统成形技术的改造及先进成形技术的形成和发展。21 世纪的冲压技术将以更快的速度持续发展,发展的方向将更加突出"精、省、净"的需求。

　　(2) 冲压成形技术将更加科学化、数字化、可控化。科学化主要体现在对成形过程、产品质量、成本、效益的预测和可控程度。成形过程的数值模拟技术将在实用化方面取得很大发展,并与数字化制造系统很好地集成。人工智能技术、智能化控制将从简单形状零件成形发展到覆盖件等复杂形状零件成形,从而真正进入实用阶段。

　　(3) 注重产品制造全过程,最大程度地实现多目标全局综合优化。优化将从传统的单一成形环节向产品制造全过程及全生命期的系统整体发展。

　　(4) 对产品可制造性和成形工艺的快速分析与评估能力将有大的发展。以便从产品初步设计甚至构思时起,就能针对零件的可成形性及所需性能的保证度,做出快速分析评估。

　　(5) 冲压技术将具有更大的灵活性或柔性,以适应未来小批量多品种混流生产模式及市场多样化、个性化需求的发展趋势,加强企业对市场变化的快速响应能力。

　　(6) 重视复合化成形技术的发展。以复合工艺为基础的先进成形技术不仅正在从制造毛坯向直接制造零件方向发展,也正在从制造单个零件向直接制造结构整体的方向发展。

　　本章重点介绍几种典型的冲压新技术。

10.2　几种典型的冲压新技术

10.2.1　变压边力技术

　　压边力是影响板料冲压成形质量的重要工艺因素之一。在复杂的薄板成形过程中,传统恒定压边力控制往往难以同时避免起皱、厚度减薄量过大和开裂等缺陷,为此,一些学者提出了变压边力控制方式:即在不同变形特点的成形阶段设置不同的压边力。变压边力可以充分利用材料的成形性能,从而提高零件的成形质量。

1. 变压边力技术的国内外研究现状

20世纪90年代以来,先后有学者在压边力理论模型、变压边力实验技术等方面做了大量研究,其中美、日以及北京航空航天大学和燕山大学的学者推导出了各自的压边力计算公式,上海交通大学的学者在变压边力优化研究方面取得了一定进展,德国的K.Siegert等人建立了计算机数值控制多点压边力控制系统并提出分段压边的概念。虽然国内外学者在变压边力技术方面取得一些进展,但多集中于对筒形件、锥形件等简单零件的研究,压边力加载模式的优劣尚无定论,研究中很少考虑拉延筋的影响。近年来,越来越多的学者将人工智能技术、有限元数值模拟技术引入变压边力技术研究领域。

2. 变压边力加载模式

一般来讲,压边力控制曲线的类型有三类,即定常加载模式、增加或减小模式、峰谷形加载模式,如图10-1所示。

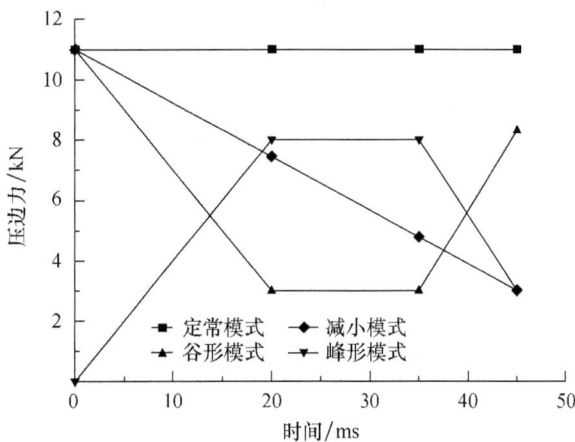

图 10-1　压边力加载模式

国外的许多学者对简单的筒形件和锥形件进行了研究,通过研究发现:适当地控制压边力在拉深加工中的数值,能够更好地控制制品成形的质量。但究竟是上升趋势的变压边力控制曲线好还是下降趋势的变压边力控制曲线更具现实意义,到目前为止尚无定论。

3. 变压边力控制实验系统

原始压边力控制系统可得到一组阶跃式的变压边力。通过对其进行改进,引入计算机控制部分,则可以在拉深过程中进行连续变化的压边力控制。其原理图如图10-2所示。

实验过程中,位移传感器、压边力传感器将各自采集到的信号经A/D转换卡输入计算机。各瞬时的拉深行程 H 被闭环控制系统作为反馈信号,经计算机内部控制程序处理后作为选取压边力控制值的依据。计算机按压边力控制曲线,将该瞬时的压边力值经D/A转换卡,比例

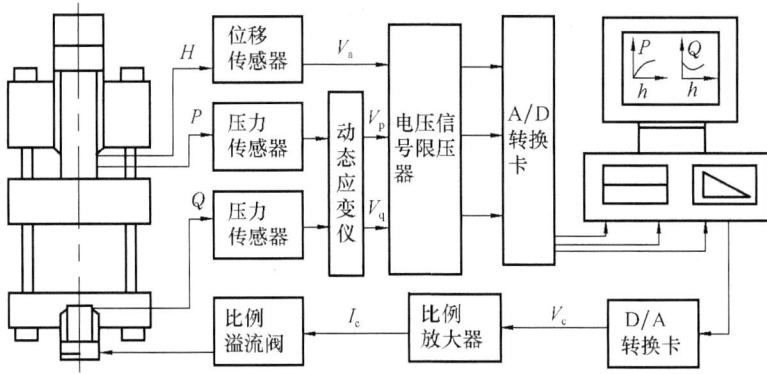

图 10-2　目前压边力控制系统工作原理

放大器转换成控制电流信号 I_c，以控制比例溢流阀开启量的大小，从而达到控制液压机顶出缸力即压边力的目的。

10.2.2　成对液压成形技术

传统的液压成形法有一定柔性和优点，已经小规模用于汽车、飞机零件成形和其他制造业中。

但这种工艺还有不少问题，例如压边不易控制，橡胶经常损坏，成形质量不稳定等。近年来由于汽车和飞机制造业的轻量化、高质量和环保的要求，对柔性成形法的需求显著增加，又由于液压密封技术取得重要突破，使高内压液压胀形成为可能。德国于 20 世纪 90 年代提出了一种板料零件成形新工艺——板料零件成对液压成形。

1. 成对液压成形的工艺原理与特点

板料零件成对液压成形时，首先将叠放的两块平板毛坯放置在上下凹模上，压边后充液预成形，边缘切割，对边缘采用激光焊接技术焊接。然后，在两板间充液加压进行最终校形，其过程示意图如图 10-3 所示。

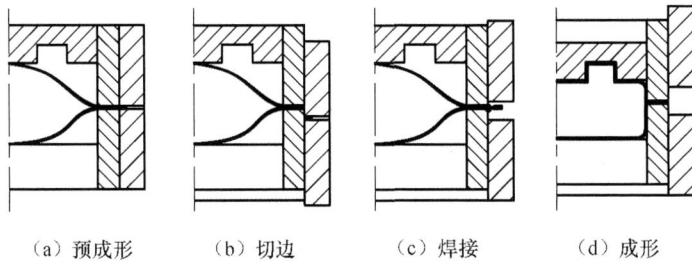

（a）预成形　　（b）切边　　（c）焊接　　（d）成形

图 10-3　周边焊接坯料成对液压成形工艺过程

这种工艺适于成形舱体零件，将零件的焊接加工安排在成形过程中间。首先，通过焊接实现了两板间的密封，以保证高内压力，完成最后的贴模过程；另外，成形过程中，两板的定位准确，此时进行焊接可保证零件的精确配合，同时节省了焊接用的工装。另外，通过最后的校形可消除焊接引起的变形。根据零件的几何形状的不同，焊接工序可安排在成形前或如上述预成形之后。这种成形需要配套的焊接设备(激光焊和氩弧焊),设备工装较为复杂。

对于非焊接成对液压成形,其过程是仅将两块平板毛坯放置在上下凹模上,压边后直接充液至最终贴模成形。这种方法成形时,两板料直接接触,在法兰区两板间存在摩擦,一板的拉入将对另一板产生影响,但影响不大,其大小取决于两板间的摩擦情况。当上下两板具有不同成形形状和厚度时,可以较自由的成形,但是两板间充液机构的设置较困难。

德国学者还提出了一种有中间加压板的无焊缝对胀成形新工艺,其工艺过程如图 10-4 所示。这种工艺由于采用了中间加压板(有加压管路与外部压力泵相连接,同时也通往上下凹模腔),使上下两板料不再直接接触,两板的变形不再相互影响,实际上两板独立成形。

这种成形技术是一种软凸模成形技术,具有很好的柔性,与一般的成形工艺相比可减少模具数量。因采用液压加载,模具不易损坏,寿命提高。该技术采用液压法成形,产品与模具贴合程度好,零件冻结性好,因此质量好,弹复变形小,

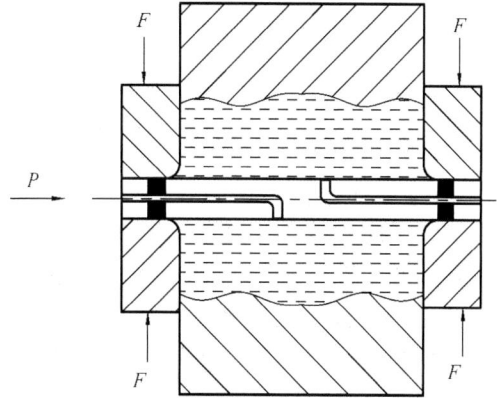

图 10-4 有中间压板的板料成对液压成形工艺

通过高压塑性变形使残余应力接近完全消除,板材成形极限可明显超过拉深工艺和纯液压工艺。这种工艺技术尤其适用于形状复杂、尺寸多变、批量不大的大型板料零件的生产,一次成形可生产一对产品,使复杂形状板材零件的生产简单化。与常规板材成形工艺相比,模具费用可降低 30% 以上。对于小批量生产,可节约费用 35%,生产研制周期可缩短 30%。在航空航天、汽车等工业部门,采用此法研制新产品可以节约模具费用,缩短研制及生产周期。

2. 研究现状

板料对胀成形时,坯料在流体压力载荷的作用下产生拉深变形,同时法兰边向模腔内流

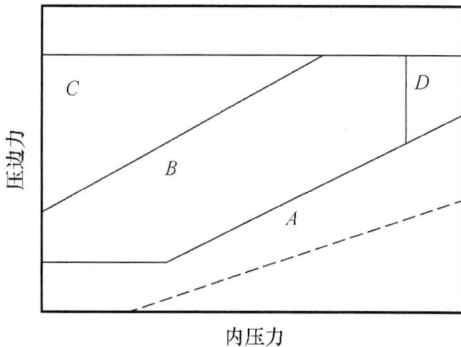

图 10-5 加载区间图

(拉深变形),即板料发生胀形-拉深复合塑性变形,压边力与液体压力需要恰当合理的匹配,以避免坯料在变形时发生法兰起皱、悬空区拉裂及局部减薄过量等工艺缺陷。图 10-5 为非焊接板料对胀成形的加载区间示意图。其中 A 区为压边力过低漏油区,B 为拉深-胀形复合变形区,C 为单纯胀形区,D 为破裂区。

对于不同材料的板料,在不同条件下的加载区间可通过实验或计算方法确定。实际的成形工艺过程中,因为成形装置的限制,压边力的实时控制还很难实现,难以按照最佳加载路径进行。因此,迫切需要开发智能化的成形装置。

目前,德国这种新工艺还处于实验室研究阶段,他们在工艺装置和理论研究方面已经取得了一些研究成果,并采用计算机模拟对其成形过程进行了初步分析。关于坯料的成形机理和工艺缺陷形成机制还没有发表更详细的结果,工装结构还需要改进和创新。国内的科研工作者在充分考察研究国际板材成形先进技术的基础上,对压边机构和凹模结构进行了改进,提出

可替换凹模结构,以提高工艺的柔性和适应性,实验研究工作正在进行中。

10.2.3 黏介质成形技术

在冲压成形中,为了提高材料成形极限和改善零件成形质量,已开发出一些利用弹性体或流体代替凸模或凹模压制板料、管料的软模冲压成形方法(如橡胶成形和液压成形),并应用于生产中。近来,在美国又开发出一种利用黏性介质传压的软模成形工艺,即黏介质成形。

1. 黏介质成形技术的原理

在黏介质成形中所采用的黏性介质呈半透明状,具有很强的渗透力,有油感,不黏附,不干枯,弹性极好,高压时自身体积压缩明显,并且对拉深应变速率非常敏感。作为传压介质,它可以制成不同的黏度,因而可以在零件表面形成不同的压力区域。由于可以在板料两面同时施加正压和反压或者负压(图 10-6),对成形中材料的流动、储备和变薄可以有效地通过调节压力分布来控制,十分有利于复杂零件的成形。这种介质不仅克服了橡胶软模不能方便地实现压力控制和对零件合理包络的不足,又弥补了液态软模对生产现场造成明显污染和难以保持长时间良好密封的缺陷。

另一种黏介质成形的简单方法是板料置于充满黏性介质的凹模容腔上,通过成形凸模的下行而使介质产生的压力来迫使板料按凸模的形状成形。这种方式的模具结构如图 10-7 所示。

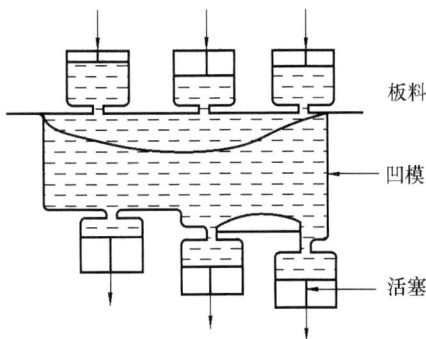

图 10-6　黏介质成形示意图

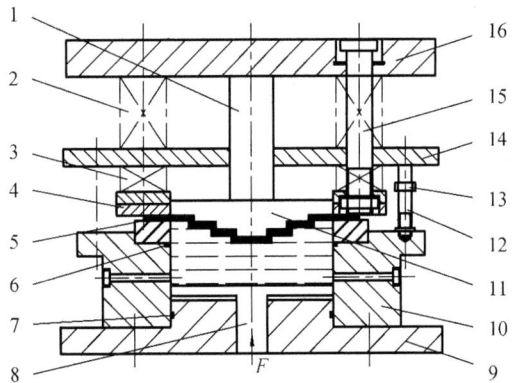

图 10-7　一种黏介质成形模具

1-模柄;2-弹簧 1;3-弹簧 2;4-压边圈;5-工件;6-密封圈 1;
7-密封圈 2;8-顶杆;9-下模板;10-容框;11-凸模;12-螺栓 2;
13-限位螺帽;14-限位板;15-螺栓 1;16-上模板

根据成形零件形状的情况,也可以让凹模为成形硬模,黏介质通过活塞加压从内部迫使板料按凹模的形状成形。

2. 黏介质成形技术的应用

冲压工艺是航空工业中用于成形复杂钣金零件的传统方法,由于该工艺在成形过程中对零件表面的严重损伤会大大降低产品的疲劳寿命,因而随着航空产品可靠性要求的提高,飞机钣金件采用冲压成形的方法已经被禁止。原来由冲压来成形的相当部分复杂钣金件已经改由橡皮囊液压方法来成形,但是,还有一部分复杂钣金件由于其落差很深,橡皮囊液压机无法成形,只能通过工艺分割、更改设计等办法将就成形。

数控弯管是飞行器中复杂三维轴线等截面管子成形的十分有效的成形方法。而复杂三维轴线异形截面管子成形至今仍基本是靠冲压出半管后焊接而成,工艺落后,产品刚性差,质量低下。随着异形截面管在飞行器和汽车上大量采用,开发新的异形截面管整体成形工艺受工业发达国家的充分重视。

众所周知,液压成形所采用的传压介质通常是油、乳化液或水等,这些介质传压时的共同特点就是压力分布均匀。然而均匀分布的压力又不利于成形件厚度的控制,成形中一旦某处材料出现局部变薄,将极易在变薄区域造成胀裂。此外,常规液压成形由于密封问题,对单层板料的成形除采用高压橡皮囊技术外,必须使用压梗或密封圈进行强制密封,使材料受到限制而只能单靠板料变薄来成形,这就大大制约了材料成形性的充分发挥。利用天然橡胶或聚氨酯橡胶的软模成形法,由于存在着不能方便地实现压力的控制,以及对零件合理保护的不足,难于成形落差较深的复杂零件。

流动黏介质成形技术中采用的黏介质,由于能制成不同的黏度,可以在零件表面产生不同的压力区域或者在板料两面同时施加正压和反压甚至负压,因此通过调节压力分布就可对成形中材料的流动实现有效控制,从而达到储料和控制材料变薄的目的。这种方法吸取了液压和橡皮成形的优点,又克服了它们的多种不足,十分有利于复杂零件的成形。不足的是黏性介质不像液体介质,它目前还只能用柱塞或活塞的注射形式来提供所需的压力,因而工作效率低。但对飞行器等小批量、复杂零件的成形却非常有吸引力。此外,在复杂三维轴线异形截面管子成形等方面也有很好的应用前景。软模成形之间,对均化材料变薄有较好的效果。

已有研究表明,用黏介质作为软底凹模再配以合理的压力调节和压边力控制可以使板材的拉深极限提高 30%。这就使得黏介质成形方法充满魅力和前景。

10.2.4 无模分层成形技术

薄板无模分层成形采用快速原型制造技术"分层制造"的思想,将复杂的三维形状分解成一系列二维层上局部的塑性加工,无需一一对应的模具,零件的形状和结构也相应不受约束,极大地缩短了新产品开发的周期及降低了成本,特别适合于小批量、多品种、复杂零件的生产。

目前,对这种工艺的研究国外也才刚刚开始,其中日本的学者对该技术进行过一些研究,还仅限于实验室阶段,有关渐进成形理论及其工艺规划尚未研究,更谈不上对成形过程进行优化的问题。利用切削加工刀具运动轨迹的数控指令,作为薄板数控成形时的工具头运动的指令,其工艺还在初级阶段,还很粗糙。

1. 薄板无模分层成形的基本原理

图 10-8 所示薄板无模系统主要由工具头、导向装置、芯模和机床本体组成。工具头在数控系统的控制下进行二轴半运动,芯模起支撑板料的作用,对于形状复杂的零件,该芯模可制成简单的模具,有利于板料的成形。板料被夹持在压边圈上,该压边圈能够在 Z 轴

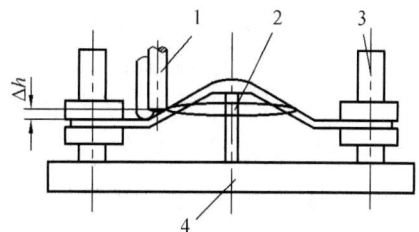

图 10-8 成形装置示意图
1-工具头;2-芯模;3-导向装置;4-机床本体

方向沿导向装置移动。

成形过程如下:工具头下降一个步距 Δh,然后沿事先设定好的轨迹运动,同时板料随压边圈一起下降一个相同步距;加工完一层后,工具头横向移动一个步距,然后沿导向装置在 Z 轴方向下降一个步距进行下一层的成形,如此循环直至获得最终零件。这种成形技术就称为薄板分层成形或渐进成形,其结果使板料的厚度减薄,表面积增大。

2. 薄板无模分层成形技术的优点

1) 实现无模成形

该成形技术无须专用模具,对于复杂零件仅仅需要做一个简单的芯模,与传统的整体模具成形相比,不但节省加工、制造模具的费用,而且无须修模与试模,成形的产品精度高、质量好。对于飞机、卫星等多品种小批量的产品以及用于汽车新型样车试制、家用电器等新产品的开发,都具有巨大的经济价值。

2) 将快速原型制造技术与塑性成形技术有机结合

目前已有的快速原型制造方法很难造出能直接作为零件使用的薄壳类工件,对于大型零件传统意义的快速成型方法不仅无法保证其精度,而且制造过程耗时、原材料昂贵、后处理复杂,该项技术能够填补传统快速原型制造方法的空白,既是快速成型技术的发展,也是一种全新的塑性成形技术。它可以对板材成形工艺产生革命性的影响,也将引起板壳类零件设计概念的更新。

3) 工艺力小、噪声低、加工范围广

该技术是对板材局部加压变形连续积累而达到整体成形,具有变形工艺力小、设备小、投资少;近似于静压力,震动小、噪声低;可以成形其他技术无法成形的零件。

4) 易于实现自动化

三维造型、工艺规划、成形过程模拟、成形过程控制等过程全部采用计算机技术,实现 CAD/CAM/CAE 一体化生产,是一项有发展前途的先进制造技术。

10.2.5 多点成形技术

多点成形技术是利用高度可调的基本体群形成离散曲面,代替传统模具进行三维曲面成形的板材加工技术。无压边多点成形通常用于变形量不大的曲面成形。相对于传统的冲压成形,多点成形有以下特点:

(1) 成形件变形量小,曲率也不大;

(2) 由于没有压边圈,板材面内变形力较小,故主要以面外弯曲变形为主;

(3) 多点成形的接触边界更为复杂。冲头与板材是多点离散式接触,而且有接触—脱离—再接触—再脱离的现象不断出现。

无模多点成形是将计算机技术和多点成形技术相结合的柔性加工技术,是传统板料冲压成形生产方式的重大变革。

1. 多点成形技术的基本原理

多点成形中由规则排列的基本体点阵代替传统的整体模具(图 10-9),通过计算机控制基本体的位置形成形状可变的"柔性模具",从而实现不同形状板类件的快速成形。多点成形的实质就是将整体模具离散化,并结合现代控制技术,实现板料三维曲面的无模化生产与柔性制造。

图 10-9　多点成形

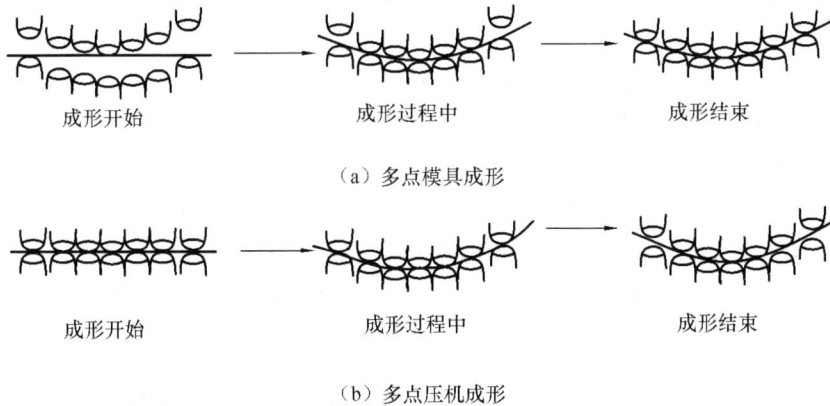

多点成形可分为多点模具、多点压机、半多点模具及半多点压机等四种有代表性的成形方式,其中多点模具与多点压机成形是最基本的成形方式。

多点模具成形时首先按所要成形的零件的几何形状,图10-9所示多点成形系统的上下基本体群调整各基本体的位置坐标,构造出多点成形面,然后按这一固定的多点模具形状成形板材;成形面在板材成形过程中保持不变,各基本体之间无相对运动,如图 10-10(a)所示。

（a）多点模具成形

（b）多点压机成形

图 10-10　两种基本的多点成形方式

多点压机成形是通过实时控制各基本体的运动,形成随时变化的瞬时成形面。因其成形面不断变,在成形过程中,各基本体之间存在相对运动。在这种成形方式中,从成形开始到成形结束,上、下所有基本体始终与板材接触,夹持板材进行成形,如图 10-10(b)所示。这种成形方式能实现板材的最优变形路径成形,消除成形缺陷,提高板材的成形能力。这是一种理想的板材成形方法,但要实现这种成形方式,压力机必须具有实时精确控制各基本体运动的功能。

2. 多点成形装置

无模多点成形装置由多点成形主机、计算机控制系统及 CAD 软件系统构成,如图 10-11 所示。多点成形主机是实现无模多点成形的主要执行部分。上、下基本体群各由一百个基本体构成,以十行十列的方式排列,各基本体的调整利用螺杆机构实现,驱动采用步进电动机。基本体群的外侧四周有固定侧板,使基本体受侧向力时不产生侧向位移,同时还在基本体调整时起导向作用。上基本体群直接固定于机架上,调整每个基本体的高度可改变其包络面的形状;下基本体群除了可调整形状外,还可产生整体的移动。

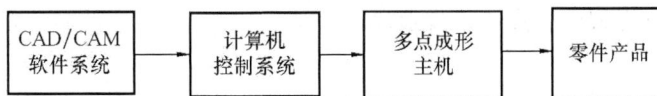

图 10-11　多点成形装置的主要结构

上下基本体群的整体移动由液压机构实现,采用导杆导向。计算机控制系统根据所提供的信息调整主机里的上下基本体群,实现不同工艺、不同效果的成形控制。CAD系统可根据目标件的几何形状与材料要求产生多点成形所需要的各种信息;还可进行多点成形过程的仿真,显示并检验成形效果与可能产生的缺陷,制定最佳成形工艺方案。

3. 几种多点成形新工艺

由基本体构成的成形面具有柔性可变性,多点成形可实现多种常规方法无法实现的新的板材成形工艺。

1）分段成形技术

分段成形通过改变基本体群成形面的形状,逐段、分区域地对板材连续成形,从而实现小设备成形大尺寸、大变形量的零件。在这种成形方式中,板材分成四个区:已成形区、成形区、过渡成形区及未成形区(图10-12)。这几个区域在成形过程中是相互影响的,过渡区成形面的几何形状对分段成形结果影响最大,过渡区设计是分段成形最关键的技术问题。

2）反复成形技术

回弹是板材冲压成形中不可避免的现象,在多点成形中,可采用反复成形的方法减小回弹并降低残余应力。反复成形时,首先使变形超过目标形状,然后反向变形并超过目标形状,再正向变形;此后以目标形状为中心循环反复,直至收敛于目标形状(图10-13)。

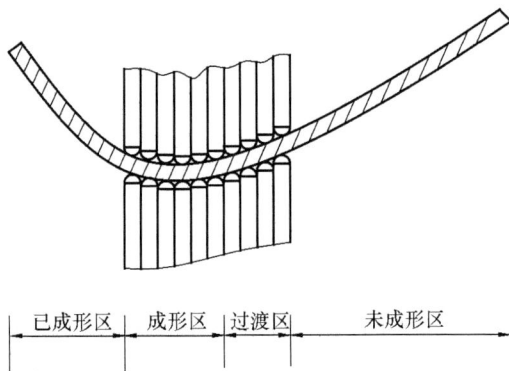

图 10-12　多点分段成形示意图

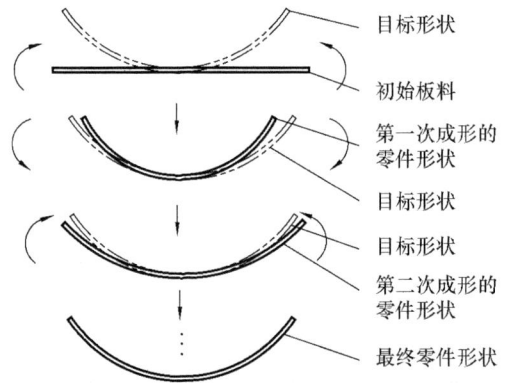

图 10-13　反复成形示意图

3）多道成形技术

对于变形量很大的零件,可逐次改变多点模具的成形面形状,进行多道次成形。其基本思想是将一个较大的目标变形量分成多步,逐渐实现。通过多道次的成形,将一步步的小变形,最终累积到所需的大变形。

通过设计每一道次成形面形状,可以改变板材的变形路径,使各部分变形尽量均匀,使板材沿着近似的最佳路径成形,从而消除起皱等成形缺陷,提高板材的成形能力。因此,多道次成形也可看成是一种近似的多点压机成形。

4）闭环成形技术

板材成形是包含材料非线性、几何非线性以及接触非线性的复杂问题,由于摩擦条件、材料参数变化等因素的不确定性,即使采用数值模拟技术进行成形预测,也很难一次得到精确的目标产品。利用基本体群成形面的形状可以任意调整的特点,在多点成形中可采用闭环技术实现智能化的精确成形。即零件第一次成形后,测量出曲面几何参数,与目标形状进行比较,根据二者的几何误差通过反馈控制的方法进行运算,将计算结果反馈到 CAD 系统,重新计算出基本体群成形面进行再次成形。这一过程反复多次,直到得到所需要形状的零件,如图 10-14所示。

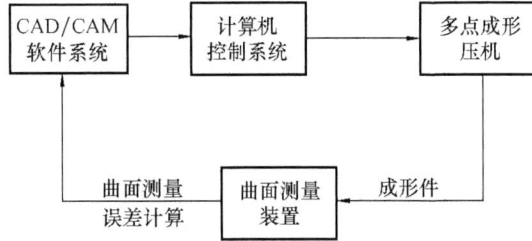

图 10-14　多点闭环成形

闭环成形过程的分析以成形件三维曲面形状的离散傅立叶变换为基础,将影响成形过程的变量看作系统的扰动量,多点成形系统可简化为单输入输出系统。建立多点成形过程的传递函数,并通过非参数化系统辨识方法获得每次循环中成形过程的非参数模型,从而预测出下次成形所需的基本体群形状。

10.2.6　冲压智能化技术

板材冲压成形智能化是一项涉及控制科学、计算机科学和板材塑性成形理论等领域的综合性新技术。其突出特点是:根据被加工对象的特征,利用易于监测的物理量,在线识别材料的性能参数,预测最优的工艺参数,并自动以最优的工艺参数完成板材成形过程。因此,板材成形的智能化是冲压成形过程自动化及柔性加工系统等新技术的更高级阶段,不但可以改变冲压生产工艺的面貌,而且还将促进冲压设备的变革,同时也会引起板材成形理论的进步与分析精度的提高,在降低板材级别,消除模具与设备调整的技术难度,缩短调模、试模时间,以最佳的成形参数完成加工过程,提高成品率和生产率等方面都具有十分明显的意义。

1. 典型的板材成形智能化控制系统

典型的板材成形智能化控制系统如图 10-15 所示,由以下四个基本要素构成。

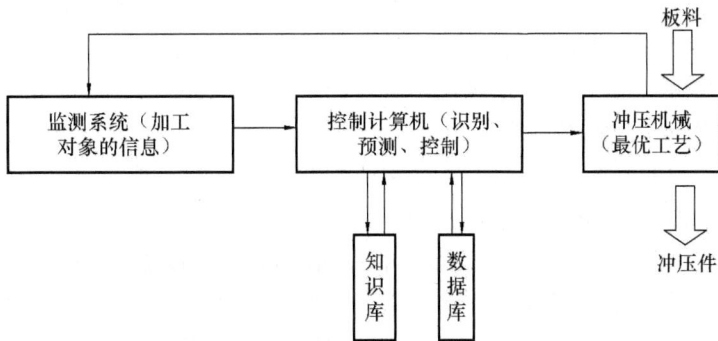

图 10-15　板材智能化控制系统示意图

（1）实时监测。采用有效的测试手段，在线实时监测能够反映被加工对象特征的宏观力学参数和几何参数。

（2）在线识别。控制系统的识别软件对在线监测所获得的被加工对象的特征信息进行分析处理，结合知识库和数据库的已有信息，在线识别被加工对象的材料性能参数和工况参数（如摩擦系数等）。

（3）在线预测。根据在线识别所获得的材料性能参数和工况参数，以板材成形理论和经验为依据，通过计算或者通过与知识库和数据库中已知的信息比较来预测当前的被加工对象能否顺利成形，并给出最佳的可变工艺参数。

（4）实时控制。根据在线识别和在线预测所得的结果，按系统给出的最佳工艺参数自动完成板材成形过程。

由此可见，冲压成形智能化是塑性成形技术、控制技术及计算机技术的多学科交叉的产物。近年来，科学技术突飞猛进，特别是计算机技术更是日新月异，无论是硬件的计算速度还是软件的功能都有了长足的进步。这些相关学科的迅速发展已为传统的加工业实现更为先进的智能化控制创造了先决条件。将板材成形理论与控制技术和计算机技术有机地相结合，就能够实现冲压成形的智能化控制。

2. 板材冲压成形智能化技术的研究现状和发展趋势

板材冲压成形智能化技术的研究 20 世纪 80 年代初起源于美国。80 年代末 90 年代初，日本塑性加工界也开始了冲压成形智能化技术的研究。开展该项技术研究之初的十多年间，全部集中于弯曲成形的回弹控制。直至 90 年代初，该项技术的研究才扩展到筒形件的拉深成形。冲压成形智能化技术总的发展趋势是：以简单的弯曲成形的研究将智能化的概念和方法引入板材成形领域，探索研究途径，再以轴对称壳体零件的冲压成形智能化研究为过渡，最终实现对大型复杂曲面形状零件成形过程的智能化控制。

1）弯曲成形智能化的研究现状

冲压成形智能化技术的研究首先以弯曲加工为对象，用压力机进行板材的弯曲加工时，为了获得高精度的弯曲角，必须精确地确定冲头的最终行程，因此，必须对冲头行程进行预测。迄今为止，有关智能化研究主要是集中在自由弯曲成形过程的冲头行程控制方面。

日本学者杨明、岛进等人以塑性力学模型为控制原理，以载荷位移曲线反推（识别）材料性能参数，再根据回弹理论预测最终行程，实现了 V 型弯曲的智能化控制。用这种方法对低碳钢板进行 90°弯曲，弯曲角度的误差与校正 V 型弯曲相当，可控制在±0.5％以内。最新的动态显示，应用技术的发展方向是利用神经网络理论来提高加工精度。

2）拉深成形智能化的研究现状

拉深成形过程中的变形是不均匀的，忽略摩擦的影响非常困难，所以，有关智能化的研究比弯曲成形要复杂得多，进展也较缓慢。

目前拉深成形智能化控制的研究仍处于探索阶段，还很不成熟，许多问题需要进行深入的研究才能解决，例如寻求合适的识别方法以保证材料参数和摩擦系数的识别精度和速度；寻求对成形临界条件的精确而简洁的描述方法以保证最佳工艺参数的预测精度和速度等。冲压智能化控制技术的研究为板材成形领域提出了许多新的研究课题。

3. 板材成形智能化技术对冲压设备的要求

所谓智能化冲压机械,除应具有自动化机械的基本功能之外,还应具有自动监测、识别、判断和调控的功能,集人类的记忆、推论、判断、学习等诸功能于一体,且应具有准确无误的快速响应能力,以及柔性和独立性等特点。

智能化冲压机械的监测系统和实时控制系统是不可缺的。冲压成形过程中,材料的性能参数及工况条件等都有波动。智能化冲压机械应能够完全适应这种加工条件和材料性能的波动。要具备这种能力,首先必须能够对成形过程进行实时的监测和控制。不同的成形工艺所要求监测和控制的具体物理量可能不同,但作为智能化冲压机械,对自身的力参数和位移参数必须能够监测和控制。

智能化冲压机械除了应能准确了解、掌握和判断材料的性能、变形状态等以外,还必须具有正确、快速的响应机能。从冲压成形过程控制的特殊性角度考虑,要求系统的实时性强。系统正确响应得越快,其智能化水平就越高。对于加工过程中可能出现的突发性烧附、破裂等异常现象系统应能迅速地作出判断和预测并采取必要的防止措施。这些对智能化冲压机械的要求,就如同人类自身的感觉、认识、判断等机能一样,是必不可少的。具有这些机能的智能化技术属于高智能化技术的范畴,如果只具备中一机能,如适应控制、学习控制等,则仅属于较低水平的智能化技术。

10.2.7 成形过程的计算机仿真技术

传统冲压成形过程,主要是依靠技术人员的经验来设计加工工艺和模具,然后通过试模生产,检验成形件是否符合产品的设计要求。在过去的几十年内,随着计算机技术的迅猛发展,计算机仿真技术不断完善并逐渐应用到现代工业生产的各个领域,成为现代工业生产的有力工具。

1. 成形过程计算机仿真技术的研究现状

板材成形的数值模拟是国际上拉深领域研究的主要问题之一,然而多数的研究还集中在汽车工业。在其初始阶段,数值模拟被看作一种理解金属行为的帮助,而从更高的认识水平上讲,数值模拟被看作是影响经济效益的强大工具。数值模拟技术为研发开始阶段提供支持,在产品生产出以前提供可行性分析,大大缩短产品的上市时间,沟通了材料与加工方法之间的关系。

冲压过程是一个十分复杂的力学过程。以汽车覆盖件成形过程为例,零件的起皱、破裂和回弹对原材料的成形性、毛坯的几何形状及定位、冲压方向、拉深筋的形式及布局、摩擦润滑条件、压边力的大小等许多因素都极其敏感。这就使得这项工作十分依赖经验,从而大大制约了汽车工业的发展。到目前为止,CAD/CAM 技术在减轻模具的设计工作强度、提高产品的制造精度方面已经为工程师们提供了十分有效的帮助。但是,如何能在零件设计的初始阶段就对其可成形性进行有效的把握,如何在模具制造之前就能对工艺及成形参数进行合理的优化,不仅是确保产品质量的需要,更是减少试模、修模工作,降低成本费用,提高生产效率和市场竞争能力的重要途径。

为此,国际上许多著名企业和组织,在板料冲压成形有限元数值模拟方面投入了大量的人力、物力和财力,进行了长达 10 年以上的研究和开发工作,已经形成了一些通用或专用的软件,并相继进入了商品化、实用化阶段,如 DYNAFORM、PAMSTAMP、MARC、ANSYS、ABAQUS、OPTRIS、FASTORM、DEFORM 3D 等。这些软件绝大部分具有完整直观的前、后置处理功能,可以直观地在计算机屏幕上观察到材料变形和流动的详细过程,了解材料的应变分布、料厚变化、破裂及皱曲的形成经过,获得成形所需要载荷及零件成形后的回弹和残余应力分布。这种用可视化技术虚拟的现实制造环境不仅模拟了零件的成形过程,更重要的是形象地揭示了材料的变形机理,因而可以使设计人员根据已有的经验实时调整模具参数及成形工艺、修改毛坯形状和尺寸,大大缩短试模和修模时间,有效地提高产品质量和生产效率。

2. 成形过程的计算机仿真步骤

成形过程的计算机仿真系统框架如图 10-16 所示。

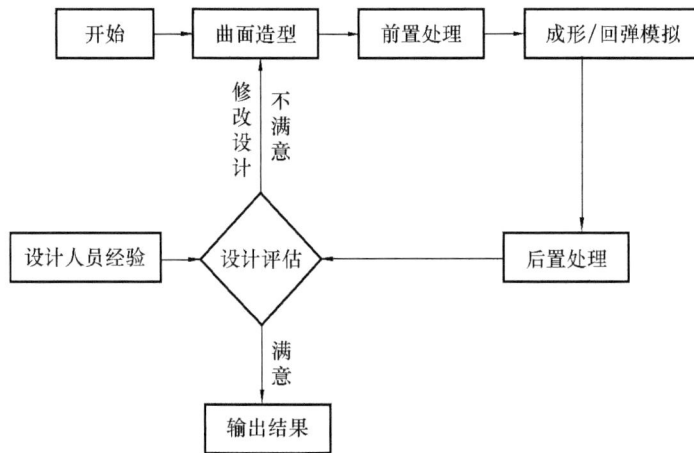

图 10-16　成形过程的计算机仿真原理

整个计算机仿真过程可分如下步骤:

(1) 建立仿真的几何模型。即在 CAE 软件(例如 DYNAFORM、PAM-STAMP、MARL 等软件)中建立模具、压边圈和初始零件的曲面模型。曲面模型可以通过 CAD 软件造型生成,如可以通过 UGII、PRO/E、AUTOCAD、CATTA 等专业 CAD 软件进行曲面造型。

(2) 进行仿真的前置处理。通过 CAE 软件的前置模块对建立的各个曲面模型进行前置处理。

① 对各个曲面模型进行适当的单元划分。单元划分的合理与否会对计算的精确度及计算时间有一定的影响。通常,在弯曲变形较大的部位及角部附近单元划分的较密些。在变形较小或没有弯曲的部位单元划分的较稀疏些。划分完单元后,相对原来的各曲面模型形成不同的单元集。

② 将每个单元集分别定义为不同的部位。包括定义材料性能参数、模具和压边圈的接触参数、动模的运动曲线以及压边圈的力的曲线,确定分析参数后就可以启动运算器进行分析计算。

③ 进行成形模拟或回弹模拟。在进行分析计算后,读取运算数据结果,以不同的方式显示各个目标参数随动模行程的改变而改变的情况。

④ 进行仿真结果的后置处理。仿真结果后置处理模块可根据运算结果,对成形过程进行全程动态仿真。技术人员可以选择彩色云图或等高线方式观察工件的单元、节点处的厚度、应力或应变的变化情况。此外,可以采用截面剖切面方式得到要求的特殊截面,观察目标参数情况,并可以输出结果数据文件。

⑤ 进行设计评估。技术人员根据专业知识和实际的生产经验对整个仿真结果进行评估。如果对整个仿真的结果不满意,就必须对工艺参数和已经设计好的模具结构或加工工艺进行调整设计,再重新进行计算机仿真,直至得到较为满意的结果为止。最后将已经获得的满意的结果数据文件输出,用以进行实际的模具制造以及加工工艺的制定。

参 考 文 献

《冲压工艺及冲模设计》编写委员会.1993.冲压工艺及模具设计.北京:国防工业出版社

《现代模具技术》编委会.1998.汽车覆盖件模具设计与制造.北京:国防工业出版社

陈锡栋,周小玉.2001.实用模具技术手册.北京:机械工业出版社

成虹.2000.冲压工艺与模具设计.成都:电子科技大学出版社

丁松聚.2002.冷冲模设计.北京:机械工业出版社

杜东福.1999.冷冲压工艺及模具设计.2版.长沙:湖南科学技术出版社

杜东福,苟文熙.1989.冷冲压模具设计.长沙:湖南科学技术出版社

段来根.2001.多工位级进模与冲压自动化.北京:机械工业出版社

二代龙震工作室.2010.冲压模具基础教程.北京:清华大学出版社

高锦张.2002.塑性成型工艺与模具设计.北京:机械工业出版社

侯义馨.1994.冲压工艺及模具设计.北京:兵器工业出版社

胡世光,陈鹤峥.1989.板料冷冲压成形原理.北京:国防工业出版社

姜奎华.1999.冲压工艺与模具设计.北京:机械工业出版社

李硕本.2002.冲压工艺理论与新技术.北京:机械工业出版社

梁炳文.2004.冷冲压工艺手册.北京:北京航空航天大学出版社

刘建超.1996.冷冲压与塑料成形加工原理.西安:西北工业大学出版社

刘建超.2002.冷冲压模具设计与制造.北京:机械工业出版社

卢险峰.1998.冲压工艺模具学.北京:机械工业出版社

欧阳波仪.2006.现代冷冲模设计基础实例.北京:化学工业出版社

日本塑性加工学会.1984.压力加工手册.北京:机械工业出版社

太田哲.1980.冲压模具结构与设计图解.张玉良译.北京:国防工业出版社

涂光祺.2002.冲模技术.北京:机械工业出版社

汪大年.1986.金属塑性成形原理.北京:机械工业出版社

王孝培.1990.冲压手册(修正版).北京:机械工业出版社

魏春雪,徐慧民.2009.冲压工艺与模具设计.3版.北京:北京理工大学出版社

翁其金.1990.冷冲压与塑性成形——工艺及模具设计(上册).北京:机械工业出版社

翁其金,徐新成.2008.冲压工艺及冲模设计.北京:机械工业出版社

夏巨谌.2001.塑性成形工艺及设备.北京:机械工业出版社

夏琴香.2004.冷冲压成形工艺及模具设计.广州:华南理工大学出版社

肖景容,姜奎华.1990.冲压工艺学.北京:机械工业出版社

徐政坤.2003.冲压模具设计与制造.北京:化学工业出版社

徐政坤.2005.冲压模具及设备.北京:机械工业出版社

许发樾.1994.模具标准应用手册.北京:机械工业出版社

严寿康.1993.冲压工艺及冲模设计.北京:国防工业出版社

阳勇.2010.冲压工艺与模具设计.北京:北京理工大学出版社

杨玉英.2004.实用冲压工艺及模具设计手册.北京:机械工业出版社

张钧.1993.冷冲压模具设计与制造.西安:西北工业大学出版社

中国机械工程学会锻压学会.2002.锻压手册2(冲压).北京:机械工业出版社

钟毓斌.2000.冲压工艺与模具设计.北京:机械工业出版社

附录 1　冲压常用术语英汉对照
（按字母顺序排列）

A

abrasion　磨损

accept order　接受订货

acceptance, receive　验收

accepted parts　良品

adjustable spanner　活动扳手

advanced manufacturing technology　先进制造技术

age hardening　时效硬化

ageing　老化处理

agile manufacturing(AM)　敏捷制造

air cushion plate　气垫板

air hardening　气体硬化

air-cushion eject-rod　气垫顶杆

alloy tool steel　合金工具钢

alloy　合金

amendment　修正

American Standard Association(ASA)　美国标准协会

annealing　退火

approval examine and verify　审核

assembling die　复合冲模

assembly drawing　装配图

assembly　组装

attachment screw　止动连接螺钉

angular offset　角度偏差

austempering　奥氏体等温淬火

austenite　奥氏体

autocollimator　自准直仪

auxiliary function　辅助功能

B

baffle plate　挡块

bainite　贝氏体

batch　批次

be qualified, up to grade　合格

beam　横梁

belling　压凸加工

bending moment　弯矩

bending stress　弯曲应力

bending　弯曲加工

bending　折弯

bill of material　物料清单

blackening　发黑

blank determination　坯料展开

blank holder force　压边力

blank holder　压边圈

blank nesting　排样

blank shape　毛坯形状

blanking　下料加工

blanking clearance, die clearance　冲裁间隙

blanking punch　落料冲头

blanking force　冲裁力

block gauge　块规

bolster　垫板

bolt　螺栓

boring machine　镗孔机床

bottom plate　下固定板

bottom slide press　下传动式压力机

bottom stop　下死点

box annealing　箱型退火

box carburizing　封箱渗碳

bracket　托架

breaking, (be)broken, (be)cracked　断裂、破裂

brinell hardness　布氏硬度

buffing　抛光

bulging　胀形加工

burr　毛边

bushing block　衬套

bush　外导套

C

calendaring molding　压延成形

caliper gauge　卡规

cam block　滑块

carbide　炭化物

carbide tool　硬质合金刀具

carbon tool steel　碳素工具钢

carburizing　渗碳

case hardening　表面硬化,渗碳

cast iron　铸铁

cast steel　铸钢

cause analysis　原因分析

cause description　原因说明

cavity plate(block)　凹模

center of die,center of load　压力中心

cementite　碳化铁

chamfering machine　切角机

channel　凹槽

character die　字模

check gauge　校对规

chamfer　槽,斜面,圆角,倒角

chemical plating　化学电镀

chemical vapor deposition　化学蒸镀

clad sheet　被覆板

clamping block　锁定块

clearance between punch and die　凹凸模间隙

clearance gauge　间隙规

closed type single action crank press　闭式单动(曲
　柄)压力机

CNC milling machine　CNC 铣床

coefficient of friction　摩擦系数

coil cradle　卷材进料装置

coil reel stand　钢材卷料架

coil spring　螺旋弹簧

coil stock　卷料

cold work tool (die) steel　冷作工具(模具)钢

composite dies　复合模具

concurrent engineering(CE)　并行工程

conical cup test　圆锥杯突试验

connection screw　连杆调节螺钉

consume, consumption　消耗

contour　轮廓,外形,等高线

contouring machine　轮廓锯床

conveyer belt　输送带

copy grinding machine　仿形磨床

copy lathe　仿形车床

copy milling machine　仿形铣床

copy shaping machine　仿形刨床

corner effect　锐角效应

cotter　开口销

countersink　埋头孔,锥口孔

crank shaft　曲柄轴

critical defect　极严重缺陷

cross crank　横向曲轴

cushion　垫子,气垫,缓冲器

cutting die, blanking die　冲裁模

D

D/C,Date Code　生产日期码

defective product/non-good parts　不良品

deflection　偏转,偏斜,偏移,偏差,挠曲

deformation　变形

dent　压痕

depth gauge　测深规

depth of hardening　硬化深度

description　品名

design drawing　设计图

design modification　设计变更

detail drawing,part drawing　零件图

Deutsches Institute für Normung(DIN)　德国标准
　化学会(德国工业标准)

dial feed　分度送料

die approach　模口角度

die assembly　合模

die block steel　模具钢

die cushion　模具缓冲垫

die fastener　模具固定用零件

die height　模具闭合高度

die holder　凹模固定板

die life　模具寿命

die material　模具材料

die pad　下垫板

die repair　修模

die set　冲压模座

die shut height　模具闭合高度

die,stamping and punching die　冲模

die structure dwg　模具结构图

die　模具

diffusion annealing　扩散退火

digital micrometer　数字式测微计

dimension 尺寸

dimensional　尺寸的,量纲的

disposed goods　处理品

distortion　扭曲变形

double crank press　双曲柄轴冲床

draft　草稿,草图

draft taper　拔模斜度

draw die　拉伸成形模

draw hole　翻孔

drawing　拉深成形

drilling machine　钻床

DWG Drawing　图面

E

easily damaged parts　易损件

elastic limit　弹性极限

elastic stress　弹性应力

electric discharge machine　电火花加工

elastic modulus　弹性模量

electrolytic grinding　电解研磨

electrolytic hardening　电解淬火

embedded lump　镶块

enclosure　附件

engineering standarization　工程标准

engraving machine　雕刻机

excessive defects　过多的缺陷

excessive gap　间隙过大

expanding die　胀形模,扩管模

extension dwg　展开图

F

failure model effectiveness　失效模式

failure, trouble　故障

fatigue test　疲劳试验

feature change　特性变更

feature die　凸凹模

feed length　送料长度

feed level　送料高度

female die　凹模

figure file, chart file　图档

finish machined round plate　圆形模板

finished product　成品

finite-element analysis　有限元分析

fit tolerance　配合公差

flame hardening　火焰硬化

flange　凸缘

flexible manufacturing cell(FMC)　柔性制造单元

flexible rigidity　弯曲刚性

floating punch　浮动冲头

flywheel　飞轮,惯性轮,整速轮

fly wheel brake　飞轮制动器

fly wheel　飞轮

form grinding machine　成形磨床

formability simulation　成形仿真

forming die　成形模

friction screw press　摩擦传动螺旋压力机

full annealing　完全退火

G

gap　间隙

graphite　石墨

grinding machine　万能工具磨床

group technology(GT)　成组技术

guide pad　导料板

guide pin　导正销

guide plate　导板

guide post　导柱

guide rail　导轨

H

hand finishing　手工修润

hard alloy steel　超硬合金钢

harden exponent　硬化指数

hardenability　淬透性

hardenability capacity　淬硬性(硬化能力)

hardenability curve　硬化曲线

hardness profile　硬度分布(硬度梯度)

hatching　剖面线

heat treatment　热处理

heater band　加热片

height gauge　测高规

hexagon headed bolt　六角头螺栓

hexagon nut　六角螺帽

high speed tool steel　高速工具钢

high temperature carburizing　高温渗碳

high temperature tempering　高温回火

holder of punch　凸模夹持器

horizontal boring machine　卧式镗床

horizontal machine center　卧式加工中心

hot bath quenching　热浴淬火

hydraulic　水力(学)的,液压的,液力的

hydraulic machine　油压机

hydroformer press　液压成形压力机

I

inclusion　杂质

index head　分度头

inner hexagon screw　内六角螺钉

insert　嵌件

inside calipers　内卡钳

Inspection Specification　成品检验规范

internal cylindrical machine　内圆磨床

internal stress　内应力

interval　间隔,空间,周期

inverted blanking die　倒置落料模

ion carbonitriding　离子渗碳氮化

isothermal annealing　等温退火

J

jack　千斤顶

Japanese Industrial Standard(JIS)　日本工业标准

K

knockout bar　打料杆

L

L/N,lot number　批号

lancing die　切口模

lap machine　研磨机

laser machining　激光加工

lifter guide pin　浮动式导料销

lifter pin　顶料销

local heat treatment　局部热处理

locating element　定位零件(定位要素)

locating plate　定位板

locating pin　定位销(挡料销)

locating ring　定位圈

location block　定位块

location pin　定位销

lots of production　生产批量

low alloy tool steel　特殊工具钢

low manganese casting steel　低锰铸钢

low temperature annealing　低温退火

lower die base　下模座

lower shoe;upper die　单工位冲孔模

lubricate　润滑

M

major defect　主要缺陷

manufacture management　制造管理

manufacture order　生产单

manufacture procedure　制造过程

metallizing　真空涂膜

material change,stock change　材料变更

material thickness　板料厚度

MAX,Maximum　最大值

MIN,Minimum　最小值

minor defect　次要缺陷

missing part　漏件

morse taper gauge　莫氏锥度量规

N

nest　定位孔

neutral plane　中性面

nitriding　氮化处理

nonius　游标卡尺

notch　切口,切痕

not up to grade,not qualified　不合格

numerical simulation　数值模拟

O

one point single action press　单点单动压力机

oil quenching　油淬火

open-back inclinable press　开式双柱可倾压力机

operation procedure　作业流程

outer slide　外滑块

over looked　疏漏

P

pack carburizing　固体渗碳

pad 衬垫,垫板,垫圈,垫片

parameter optimization 工艺优化

partial annealing 不完全退火

parting 分离加工

passimeter 内径仪

piercing 冲孔加工

piercing die 冲孔模

pin 栓,销

plain die 简易模

planning 刨削加工

plastic 塑性的,塑料的

plastic deformation 塑性变形

Poisson ratio 泊松比

polisher 磨光机

polishing 抛光

polishing/surface processing 表面处理

press specification 冲床规格

pressure plate,plate pinch 压板

production control confirmation 生产确认

production line 流水线

production unit 生产单位

profile projector 轮廓光学投影仪

progressive die 级进模

progressive forming 连续成形加工

prompt delivery 即时交货

proposal improvement 提案改善

protractor 分角器

prototype 样件

pulling stress 拉应力

punch press 冲床

punch set 上模座

punch 冲头

punched hole 冲孔

punch press 冲床,(冲裁)压力机

put material in place 落料

Q

qualified products, up-to-grade products 良品

quality control 品质管理

quenching crack 淬火裂痕

quenching distortion 淬火变形

quenching stress 淬火应力

quenching 淬火

R

ram 连杆

rapid prototyping(RP) 快速原型(成形)

ratio,factor 系数

reconditioning 再调质

reducing die 缩口模,缩径模

remark 备注

reset 复位

residual stress 残留应力

restriking die 矫正模,校平模,整修模

reverse angle,chamfer 倒角

reverse engineering(RE) 反求工程

ribbon 压筋

rockweel hardness 洛氏硬度

roll material 卷料

rotating speed, revolution 转速

rough machining 粗加工

round punch 圆冲头

S

safety guard 安全保护装置

salt bath quenching 盐浴淬火

sample 样品

sampling inspection 抽样检查

sand blast 喷砂处理

sawing 锯削

scale,proportional scale 比例

scrap cutter 废料切刀

scrapless machining 无废料加工

scratch 刮伤

screw driver 螺丝起子

scribing 划线

seasoning 时效处理

selective hardening 局部淬火

semi-finished product 半成品

separate 分离

shank 模柄

shaper 牛头刨床

shaving die 切边模,修边模

shearing 剪断

shedder 卸件装置,推料机

sheet forming 板料成形,冲压

sheet metal　板料

sheet metal forming　板料成形

sheet metal parts　冲件

shift　偏移

shim(wedge)　楔子

side core　侧型芯

side edge　侧刃

sintering　烧结处理

sketch　草图

skiving　表面研磨

sleeve　套管,袖套

slide gauge　游标卡尺

sliding block　滑块

slug hole　废料孔

slot　切口,裂口,槽沟

softening　软化退火

spare parts,buffer　备件

special shape punch　异形冲头

spin forming machine　旋压成形机

splitting,crack　破裂

spring back　回弹

spring-back angle　回弹角

spring-loaded stripper　弹簧加载卸料板

square master　直角尺

stability　稳定(性),安定度

stainless steel　不锈钢

stamping factory　冲压厂

stamping missing　漏冲

stamping　冲压

standard components(parts)　标准件

standard operation procedure　作业规范

standard parts　标准件

steel plate　钢板

stop pin　定位销

stop ring　止动环

stop screw　止动螺丝

strain　应变,张力,变形,弯曲

stress relieving annealing　应力消除退火

strength　力(量),强度

stripper　外脱料板

stripper　脱料板

stripping pressure　弹出压力

stroke　行程

surface grinder　平面磨床

surface hardening　表面硬化处理

surface roughness　表面粗糙度

symmetrical　对称的,匀称的

T

take out device　取料装置

tempering　回火

tensile and compressive stresses　拉和压应力

tensile strength　抗拉强度

thermal refining　调质处理

thermocouple　热电偶

thinning　减薄

thread　螺纹

tin plated steel sheet　镀锡铁板

tolerance　公差

tolerance of fit　配合公差

tonnage of press　压力机吨位

top stop　上死点

torch-flame cut　火焰切割

torque　转矩,扭矩,扭转

toughness　韧性

tracing　描图

transfer feeder　连续自动送料装置

trimming die　切边模

trim　切边

triple action press　三动压力机

try machine　试模机

two point press　双点压力机

T-slot　T形槽

turrent punch press　转塔冲床

U

ultimate strength　极限强度

ultimate tensile strength　极限抗拉强度

ultrasonic machining　超声波加工

uncoiler ＆ straightener　整平机

under annealing　不完全退火

under cut＝scrap chopper　清角

unit mold　单元式模具

universal mold　通用模具

unload material　卸料

upper die base　上模座

upper padding plate blank　上垫板

upper plate　上模板

upsiding down edges　翻边

V

vent　通气孔

vertical machine center　立式加工制造中心

vise　台虎钳,钳住,夹紧

virtual manufacturing(VM)　虚拟制造

W

watch press　台式压力机

wet out　浸润处理

wire E. D. M.　线割放电加工机

work hardening　加工硬化

workholder　工件夹紧装置

workpiece　工件、冲压件

work in progress product　在制品

working dischard　加工废料

wrench　拧,扳钳,扳手

wrinkling　起皱

Y

yield stress　屈服应力

附录 2　黑色金属的力学性能

材料名称	牌号	材料状态	力学性能				
			抗剪强度 τ/MPa	抗拉强度 σ_b/MPa	屈服强度 σ_s/MPa	伸长率 δ/%	弹性模量 $E/10^3$MPa
电工用工业纯铁 $\omega_c<0.025\%$	DT1、DT2、DT3	退火	177	225		26	
电工硅钢	D11、D12、D21、D31、D32、D41~45、D310~340	退火	450				
		未退火	560				
普通碳素钢	Q195	未退火	255~314	314~392		28~33	
	Q215		265~333	333~412	216	26~31	
	Q235		304~373	432~461	253	21~25	
	Q255		333~412	481~511	255	19~23	
	Q275		392~490	569~608	275	15~19	
碳素结构钢	05	退火	196	225		28	
	05F		206~294	255~373		32	
	08F		216~304	275~383	177	32	
	08		255~353	324~441	196	32	186
	10F		216~333	275~412	186	30	
	10		255~333	294~432	206	29	194
	15F		245~363	314~451		28	
	15		265~373	333~471	225	26	198
	20F		275~383	333~471	225	26	196
	20		275~392	353~500	245	25	206
	25		314~432	392~539	275	24	198
	30		353~471	441~588	294	22	197
	35		392~511	490~637	314	20	197
	40		412~530	511~657	333	18	209
	45		432~549	539~686	353	16	200
	50		432~569	539~716	373	14	216
	55	正火	539	≥657	383	14	
	60		539	≥686	402	13	204
	65		588	≥716	412	12	
	70		588	≥745	422	11	206

附录 3　几种压力机的主要技术参数

名称	开式双柱可倾式压力机			单柱固定台压力机	开式双柱固定台压力机	闭式单点压力机	闭式双点压力机	闭式双动拉伸压力机	双盘摩擦压力机
型号	J23-6.3	JH23-16	JG23-40	J11-50	JD21-100	JA31-160B	J36-250	JA45-100	J53-63
公称压力/kN	63	160	400	500	1 000	1 600	2 500	内滑块 1 000 外滑块 630	630
滑块行程/mm	35	50 压力行程 3.17	100 压力行程 7	10～90	10～120	160 压力行程 8.16	400 压力行程 11	内滑块 420 外滑块 260	270
行程次数/（次/min）	170	150	80	90	75	32	17	15	22
最大闭合高度/mm	150	220	300	270	400	480	750	内滑块 580 外滑块 530	最小闭合高度 190
最大装模高度/mm	120	180	220	190	300	375	590	内滑块 480 外滑块 430	
闭合高度调节量/mm	35	45	80	75	85	120	250	100	
立柱间距离/mm	150	220	300		480	750		950	
导轨间距离/mm						590	2 640	780	350
工作台尺寸/mm 前后	200	300	150	450	600	790	1 250	900	450
工作台尺寸/mm 左右	310	450	300	650	1 000	710	2 780	950	400
垫板尺寸/mm 厚度	30	40	80	80	100	105	160	100	
垫板尺寸/mm 孔径	140	210	200	130	200	430×430		555	80
模柄孔尺寸/mm 直径	30	40	50	50	60	打料孔 φ75		50	60
模柄孔尺寸/mm 深度	55	60	70	80	80			60	80
电动机功率/kW	0.75	1.5	4	5.5	7.5	12.5	33.8	22	4
备注				备有辊式送料装置		需压缩空气，备有 250kN 纯气式拉深垫	内气垫顶出力 63kN 气垫行程 200mm	气垫顶出力 10kN 气垫行程 210mm	

附录4 冲压模具主要工作零件常用材料及热处理要求

模具类型	对凸、凹模的要求及使用条件	选用材料	热处理要求
冲裁模	冲裁件板料厚度 $t \leqslant 3mm$，形状简单、批量小的凸、凹模	T8A、T10A、9Mn2V	凸模 56～60HRC 凹模 58～62HRC
	板料厚度 $t \leqslant 3mm$，形状复杂或 $t > 3mm$、批量大的凸、凹模	9SiCr、CrWMn、Cr6WV、GCr15、Cr12、Cr12MoV、SKD11、DC11	凸模 58～60HRC 凹模 60～62HRC
	要求凸、凹模的寿命很高或特高	W18Cr4V、120Cr4W2MoV、W6Mo5Cr4V2	凸模 60～62HRC 凹模 61～63HRC
		CT35、CT33、TLMW50	66～68HRC
		YG15、YG20	
	加热冲裁的凸、凹模	3Cr2W8V、CrNiMo	48～52HRC
		6Cr4Mo3Ni2WV(CG2)	51～53HRC
弯曲模	一般弯曲的凸、凹模及其镶块	T8A、T10A、9Mn2V	58～60HRC
	形状复杂、要求耐磨的凸、凹模及其镶块	CrWMn、Cr6WV、Cr12、Cr12MoV、SKD11、DC11	58～62HRC
	要求凸、凹模的寿命很高	CT35、TLMW50	64～66HRC
		YG10、YG15	
	加热弯曲的凸、凹模	5CrNiMo、5CrMnMo	52～56HRC
拉深模	一般拉深的凸、凹模	T10A、9Mn2V	56～60HRC
	形状复杂或要求高耐磨的凸、凹模	Cr12、Cr12MoV	58～62HRC
	要求寿命特高的凸、凹模	YG10、YG15	
	变薄拉深的凸模	Cr12MoV	58～62HRC
		CT35、TLMW50	64～66HRC
	变薄拉深的凹模	Cr12MoV	60～62HRC
		CT35、TLMW50	66～68HRC
		YG10、YG15	
	加热拉深的凸、凹模	5CrNiMo、5CrNiTi	52～56HRC
大型拉深模	中小批量生产的凸、凹模	QT600-3	197～269HB
	大批量生产的凸、凹模	镍铬铸铁	40～45HRC[①]
		钼铬铸铁	55～60HRC[①]
		钼钒铸铁	50～55HRC[①]

注：选用碳素工具钢时，如工作零件要求具有一定的韧性，应避开 200～300℃ 的回火，以免产生较大的脆性。
①为火焰表面淬火。

附录 5　冲压模具辅助零件常用材料及热处理要求

零件名称		选用材料	热处理要求
模座	中、小模具用	HT200、Q235	—
	受高速冲击、载荷特大时	ZG45、45	调质 28～32HRC
	滚动导向模架用	QT400-18、ZG45、45	—
	大型模具用	HT250、ZG45	—
导柱导套	大量生产模架用	20	渗碳淬火 58～62HRC
	单件生产模架用	T10A、9Mn2V	56～62HRC
	滚动模架用	GCr15、Cr12	62～66HRC
模柄	压入、旋入、凸缘、槽形式	Q235	—
	浮动式（包括压圈、球面垫块）	45	43～48HRC
滚动模架用钢球保持圈		LY11、H62	—
定距侧刃		T10A、Cr6WV	56～60HRC
		9Mn2V、Cr12	58～62HRC
侧刃挡块		T8A	56～60HRC
导正销		T8A、T10A	50～54HRC
		9Mn2V、Cr12	52～56HRC
挡料销、定位销、定位板、测压板、推杆、顶杆、顶板		45	43～48HRC
卸料板、固顶板、导料板		Q235、45	
垫板		45	43～48HRC
		T7A	48～52HRC
承料板		Q235	
废料切刀		T10A、9Mn2V	56～60HRC
齿圈压板		Cr12MoV	58～60HRC
压边圈	中小型拉深模用	T10A、9Mn2V	54～58HRC
	大型拉深模用	钼钒铸铁	火焰表面淬火
模框、模套		Q235(45)	(调质 28～32HRC)

附录6 冲模零件表面粗糙度

表面粗糙度 Ra 值/μm	应用范围
0.1	抛光的转动体表面,如导柱与导套的配合面
0.2	抛光的成形面和平面
0.4	(1) 压弯、拉深、成形的凹模工作面 (2) 要求高的圆柱面、平面的刃口表面
0.8	(1) 线切割或成型磨削后要求研磨的刃口表面 (2) 拉深球形、抛物面形件等的凸模工作面 (3) 冲裁刃口表面;凸、凹模拼块的接合面 (4) 过盈配合、过渡配合的表面(热处理件)
1.6	(1) 支承定位面、紧固表面(热处理件) (2) 磨削加工基准面、精确的工艺基准面 (3) 用于配合的内孔表面(非热处理件)
3.2	(1) 模座平面,半精加工表面 (2) 模柄工作表面
6.3	(1) 拉深圆筒形件等的凸模工作面 (2) 不需磨削的支承、紧固表面(非热处理件)
12.5	(1) 无法磨削的定位平面、不形成配合的接触平面 (2) 非配合的粗加工表面 (3) 不与冲压工件和冲模零件接触的表面
25	粗糙的不重要表面
$\sqrt{}$	不需要机械加工的表面

附录7 深拉深冷轧薄钢板的力学性能

钢号	拉深级别	钢板厚度/mm	力学性能		
			σ_b/MPa	σ_s/MPa 不大于	δ/% 不小于
08Al	ZF	全部	255～324	196	44
	HF	全部	255～333	206	42
	F	大于1.2	255～343	216	39
		1.2	255～343	216	42
		小于1.2	255～343	235	42
08F	Z	≤4	275～363	—	34
	S	≤4	275～383	—	32
	P	≤4	275～383	—	30
08	Z	≤4	275～392	—	32
	S	≤4	275～412	—	30
	P	≤4	275～412	—	28
10	Z	≤4	294～412	—	30
	S	≤4	294～432	—	29
	P	≤4	294～432	—	28
15	Z	≤4	333～451	—	27
	S	≤4	333～471	—	26
	P	≤4	333～471	—	25
20	Z	≤4	353～490	—	26
	S	≤4	353～500	—	25
	P	≤4	353～500	—	24

注:(1) 铝镇静钢08Al 的拉深级别用 ZF、HF、F 分别表示,适于最复杂、很复杂、复杂零件的拉深。
(2) 其他深拉深薄钢板的拉深级别用 Z、S、P 分别表示,适于最深拉深、深拉深和普通拉深。

附录 8　部分常用金属板料的力学性能

材料名称	牌号	材料状态	抗剪强度 τ/MPa	抗拉强度 σ_b/MPa	伸长率 $\delta/\%$	屈服强度 σ_s/MPa
电工用纯铁 C<0.025	DT1、DT2、DT3	已退火	180	230	26	—
普通碳素钢	Q195	未退火	260~320	320~400	28~33	200
	Q235		310~380	380~470	21~25	240
	Q275		400~500	500~620	15~19	280
优质碳素 结构钢	08F	已退火	220~310	280~390	32	180
	08		260~360	330~450	32	200
	10		260~340	300~440	29	210
	20		280~400	360~510	25	250
	45		440~560	550~700	16	360
	65Mn		600	750	12	400
不锈钢	1Cr13	已退火	320~380	400~470	21	—
	1Cr18Ni9Ti	热处理退软	430~550	540~700	40	200
铝	L2、L3、L5	已退火	80	75~110	25	50~80
		冷作硬化	100	120~150	4	—
铝锰合金	LF21	已退火	70~110	110~145	19	50
硬铝	LY12	已退火	105~150	150~215	12	—
		淬硬后冷 作硬化	280~320	400~600	10	340
纯铜	T1、T2、T3、	软态	160	200	30	7
		硬态	240	300	3	
黄铜	H62	软态	260	300	35	—
		半硬态	300	380	20	200
	H68	软态	240	300	40	100
		半硬态	280	350	25	—